ゾルゲはなぜ死刑にされたのか

「国際スパイ事件」の深層

解題・石堂清倫

白井久也
小林峻一 編

Рихард Зорге

◆リヒアルト・ゾルゲ　東京　1930年代

写真出典❶

社会評論社

まえがき——小林峻一 1

第一部 戦争と革命の時代に生きたゾルゲ

第二部 歴史としてのゾルゲ事件

第三部　ロシアにおけるゾルゲ研究

第四部　文献と解題

あとがき

◆8歳のゾルゲと父親
ベルリン郊外の高級住宅地で少年時代をすごす。父親は1907年に死亡（ゾルゲ12歳）、母親に強い愛着をもち、彼女の誕生日には欠かさず贈物か電報を送った。❶

◆生後8ヶ月のゾルゲと両親（バクー　1895年10月4日誕生）
父アドルフ・ゾルゲ　母ニーナ・コベリョーワ ❷

◆ベルリン・リヒターフェルデ実科高等学校時代のゾルゲ（矢印）
哲学と歴史が好きで、あだ名は「総理大臣」。❸

◆現在のゾルゲの生家（アゼルバイジャン共和国　撮影白井久也　1998年2月）
バクー郊外　サブンチ地区にあり、難民家族が住んでいる。❹

◆23歳の誕生日(キール　1918年)。この年の初め軍隊を除隊、研究の地をキール大学に移した。秋にはドイツ艦隊の叛乱とキールの労働者の蜂起があり、ゾルゲはキール労働船員合同評議会委員として活躍した。❺

◆第二級鉄十字勲章を授けたころ（1916年）
18歳で志願兵として従軍。1917年の三度目の負傷は弾片による左足大腿部骨折の重傷で、以後、歩行にやや支障を来すことになった。❶

◆コミンテルン時代（オスロにて　1928年4月)❺

◆ゾルゲの2番目の妻、エカテリーナ・マクシーモア(後)とその姉妹。左、姉のタチアナ、右、妹のマリア。
❸

◆友人エーリッヒ・コレンスに当てたゾルゲの手紙 ❻

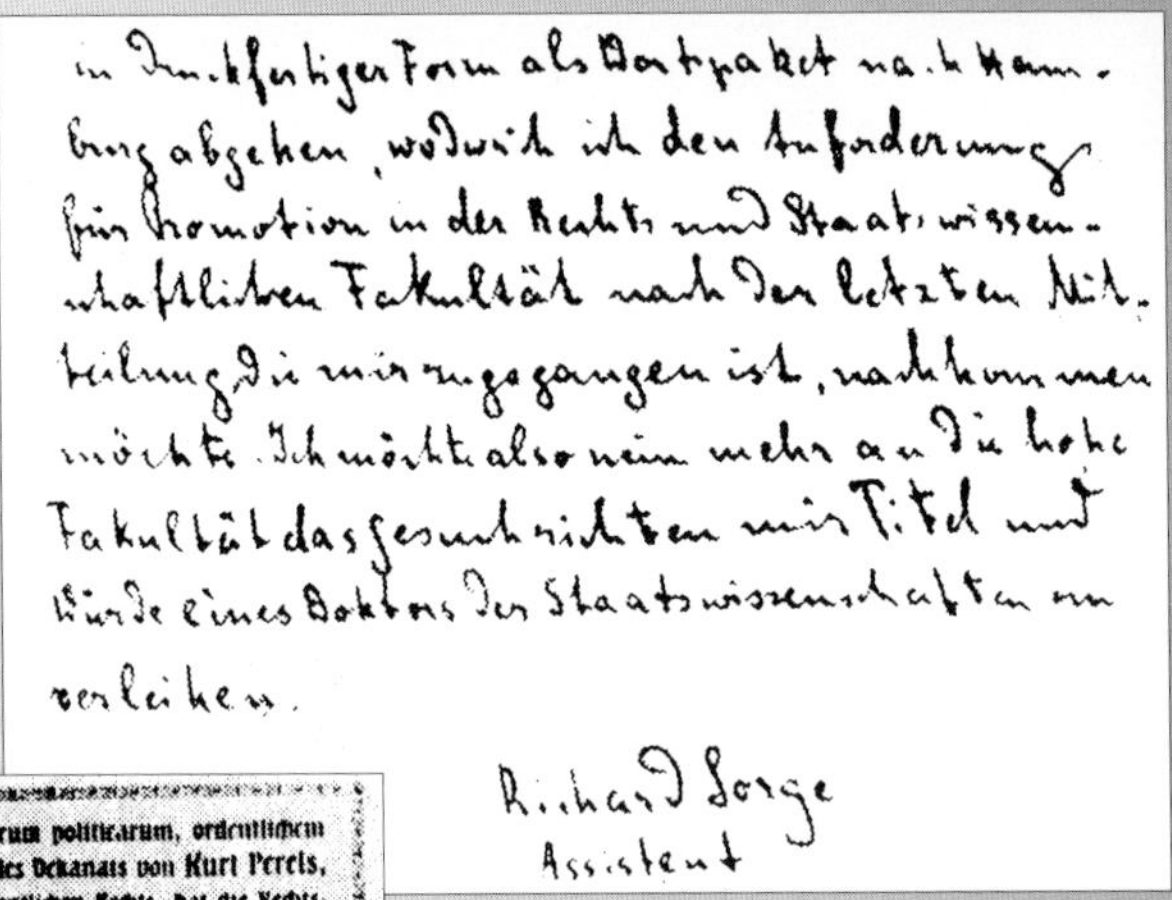
in Druckfertiger Form als Postpaket nach Hamburg abgehen, wodurch ich den Anforderung für Promotion in der Rechts und Staatswissenschaftlichen Fakultät nach der letzten Mitteilung die mir zugegangen ist, nachkommen möchte. Ich möchte also nun mehr an die hohe Fakultät das Gesuch richten mir Titel und Würde eines Doktors der Staatswissenschaften zu verleihen.

Richard Sorge
Assistent

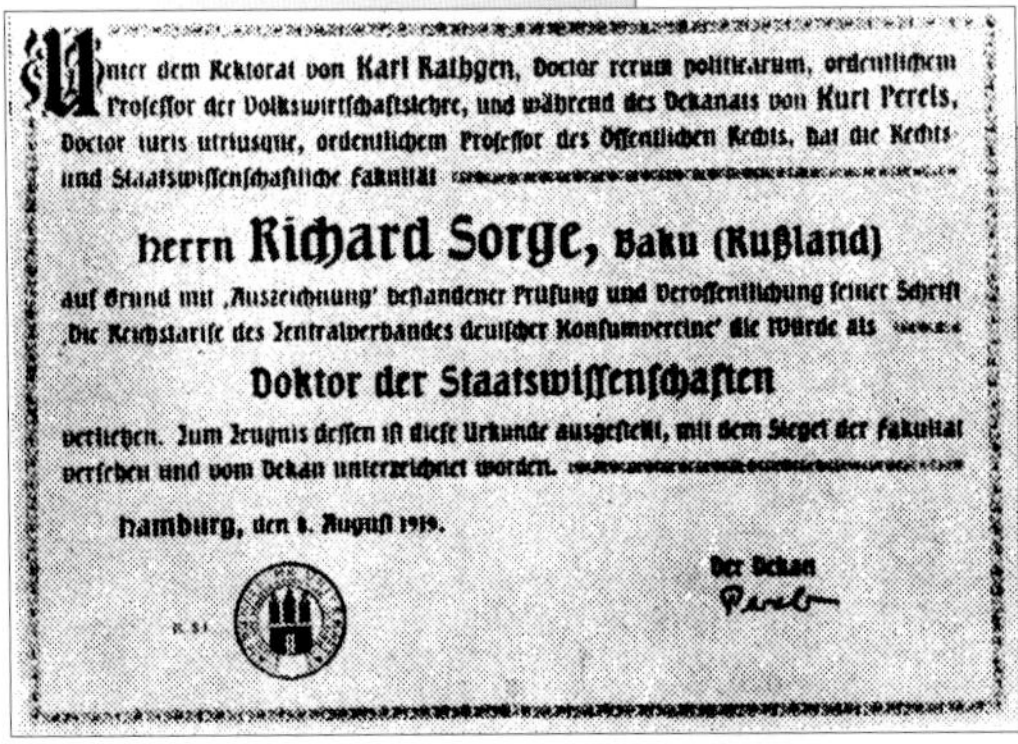
Unter dem Rektorat von Karl Rathgen, Doctor rerum politicarum, ordentlichem Professor der Volkswirtschaftslehre, und während des Dekanats von Kurt Perels, Doctor iuris utriusque, ordentlichem Professor des Öffentlichen Rechts, hat die Rechts- und Staatswissenschaftliche Fakultät

Herrn **Richard Sorge**, Baku (Rußland)

auf Grund mit „Auszeichnung" bestandener Prüfung und Veröffentlichung seiner Schrift „Die Reichstarife des Zentralverbandes deutscher Konsumvereine" die Würde als

Doktor der Staatswissenschaften

verliehen. Zum Zeugnis dessen ist diese Urkunde ausgestellt, mit dem Siegel der Fakultät versehen und vom Dekan unterzeichnet worden.

Hamburg, den 8. August 1919.

Der Dekan
Perels

◆ゾルゲの国家学博士学位授与証
（ハンブルグ大学　1919年8月）❻

◆第1回マルクス主義研究週間の記念写真（チューーリンゲン州イルメナウにて　撮影福本和夫　1922年夏）
最後列右から3人目がゾルゲ。ルカーチ、コルシュ、ゾルゲの最初の妻クリスチァーネの顔が見える。❸

◆R・ゾルゲ著『ドーズ協定とその影響』（ハンブルグ　1925年）❶

◆R・ゾルゲ著『ローザ・ルクセンブルクの資本の蓄積』（ゾーリンゲン　1922年）❼

◆ゾンテル著　不破倫三〔益田豊彦〕訳『新帝国主義論』（叢文閣　1929年）
R・ゾンテル『新ドイツ帝国主義』（ハンブルグ、1928年）の翻訳書 ❽

◆請勿動手［HANDS OFF］の標柱を握り、おどけるゾルゲ（上海　1930年）。赤軍参謀本部諜報局長ベルジンの指令で、「ラムゼイ」グループを組織。ドイツ穀物新聞の特派員として上海に赴任、以後3年間、中国の政治軍事情報の収集・分析にあたる。❾

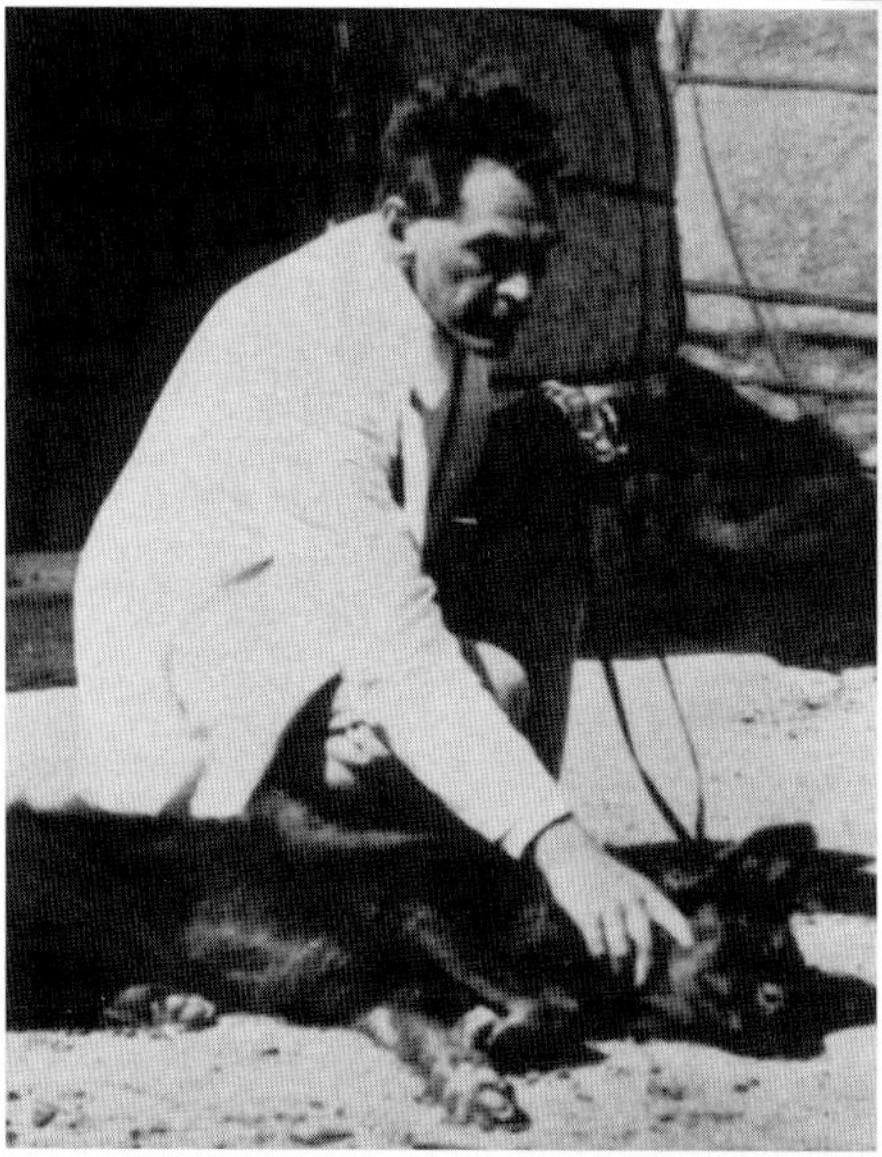

◆ゾルゲ（内蒙古にて　1936年7月）❺

◆上海のアジト　ルート・ベルナーの家
ゾルゲグループのアグネス・スメドレーや
中国の協力者が頻繁に会合を持った。❿

◆ゾルゲの中国自動車クラブ員証
ゾルゲはクラブ創立者の蒋介石と競走するなどして近づきになり、国民党周辺からの情報を得た。❻

AUTOMOBILE CLUB OF CHINA.
This is to certify that
is a Member of the Auto… has paid his dues for the year 1939
Secretaries.
Shanghai 13th March
Affiliated Automobile Clubs and other similar organisations are respectfully requested to aid and assist the holder of this Membership Card

◆尾崎秀実、妻英子、娘揚子とともに
（上海　1931年ごろ）

大阪朝日新聞社の上海特派員であった尾崎はスメドレーの紹介でゾルゲの協力者となった。⓫

◆日中戦争時代のアグネス・スメドレー（ 中列左から3人目 ）。英国国教会のルーツ司教、博古、王明夫妻、周恩来の顔が見える。スメドレーは漢口で中国赤十字の寄付金集めや、負傷兵の救助に全力をそそいでいた。⓬

◆ゾルゲが自由に出入りしたころのドイツ大使館（1941年）。オット大使は2階に住んでいた。❻

◆オット大使夫人、ヘルマ・オット
（軽井沢にて　1940年）❸

◆信任状奉呈のため参内するオット大使夫妻
（1938年5月）❷

◆ドイツの秘密国家警察「ゲシュタポ」
から派遣されたマイジンガー大佐。
ゾルゲの活動を監視していた。❻

◆オット大使、アニタ・モール、息子ポドウィクとともに（1941年）❸

◆東京銀座にあった電通ビル
このビルに同盟通信社ほか各国の通信社があり、
ゾルゲはいつもオートバイや車で乗りつけた。⓮

◆街頭の尾崎秀実（東京時代）⓭

◆外務省スポークスマンの記者会見の席で（1939年）
左からゾルゲ、4人目正面を向いているのがロベール・ギラン。⓯

◆ゾルゲ日本赴任に当たって（1933年）❺

◆秩父宮と握手するディルクセン駐日ドイツ大使
（満州国皇帝溥儀来日の際　1935年4月）
背後でゾルゲが見守っている。❸

◆窓辺でくつろぐゾルゲ
東京市麻布区永坂町30番地（現在は港区六本木の裏手）にあった居宅にて。❺

◆ゾルゲの日本人妻、三宅華子（のちの石井花子）さん ❸

◆ライカを手にするゾルゲ ⑯

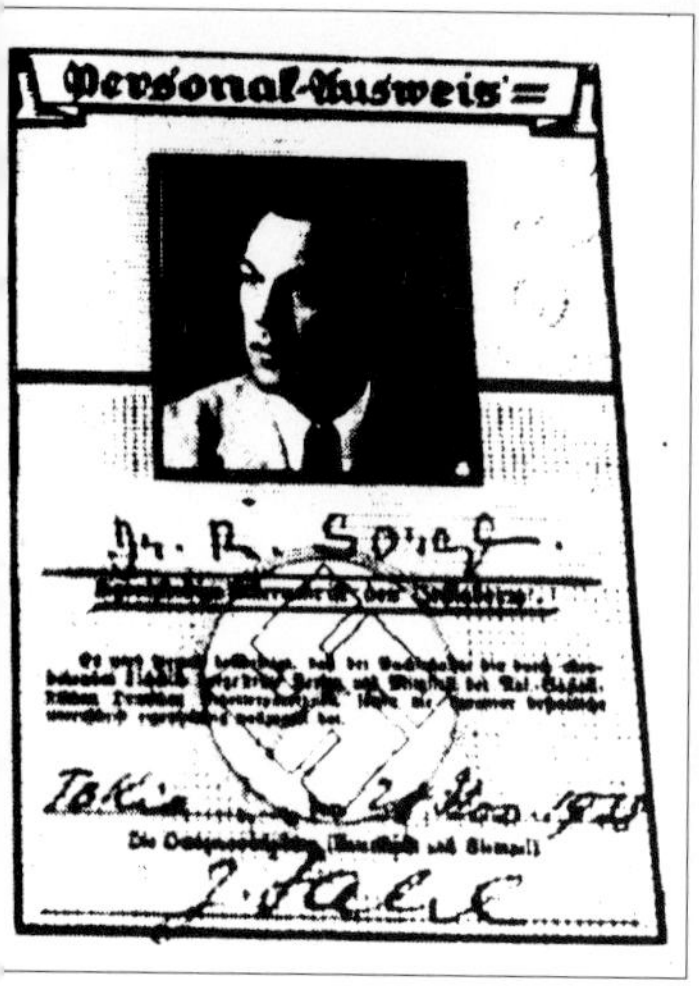

◆ゾルゲのナチス党員証
1934年10月1日 東京ナチス党在外地区グループに加入。のちにゾルゲは東京支部長に推されたが「くだらないことだ」と笑って断った。❷

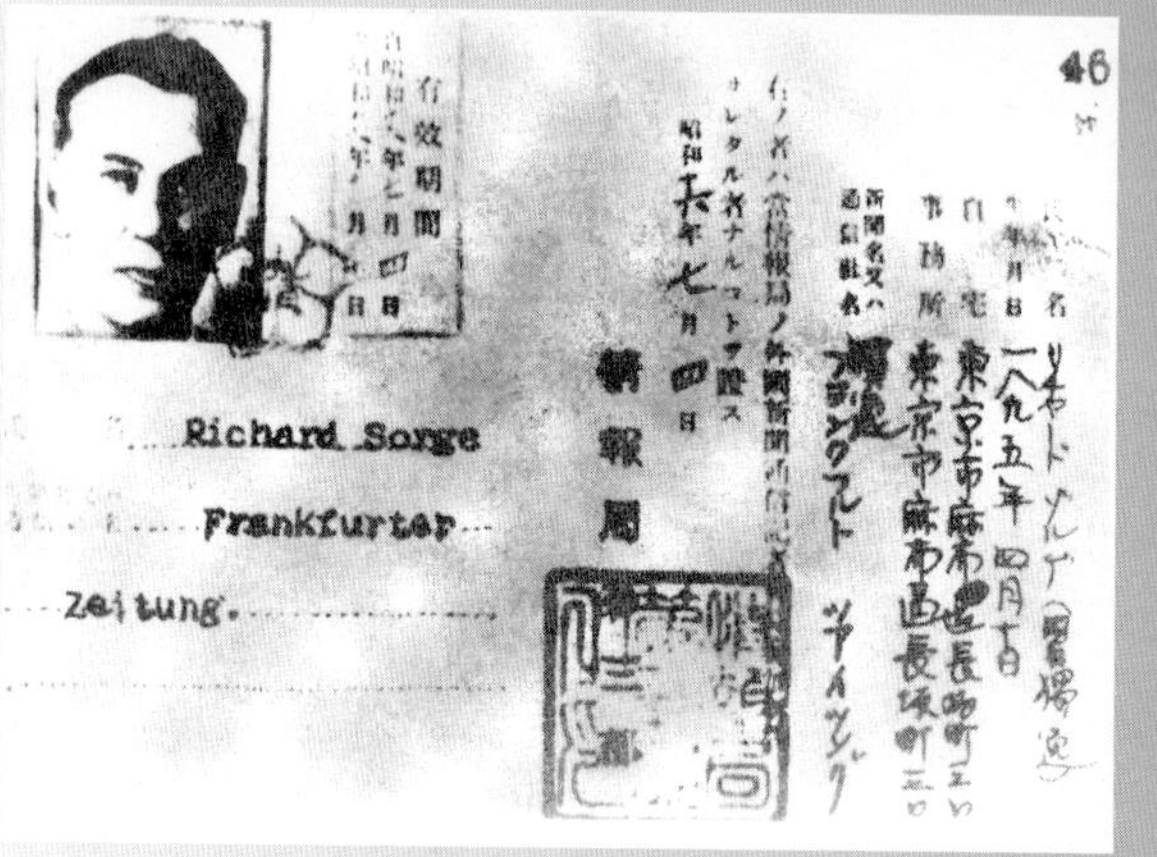

◆外務省情報局発行のゾルゲの外国人新聞記者証（1941.7.4〜12.31）「リチャード　ゾルゲ、1895年4月10日生まれ、自宅・事務所 東京市麻布区長坂町30番地、独逸フランクフルトツァイツンク通信記者」と記載されている。❷

◆無線通信と財政を担当したマックス・クラウゼンとその妻アンナ・クラウゼン（東京の街頭で1938年）❻

◆スパイ容疑で逮捕された直後のゾルゲ ❸

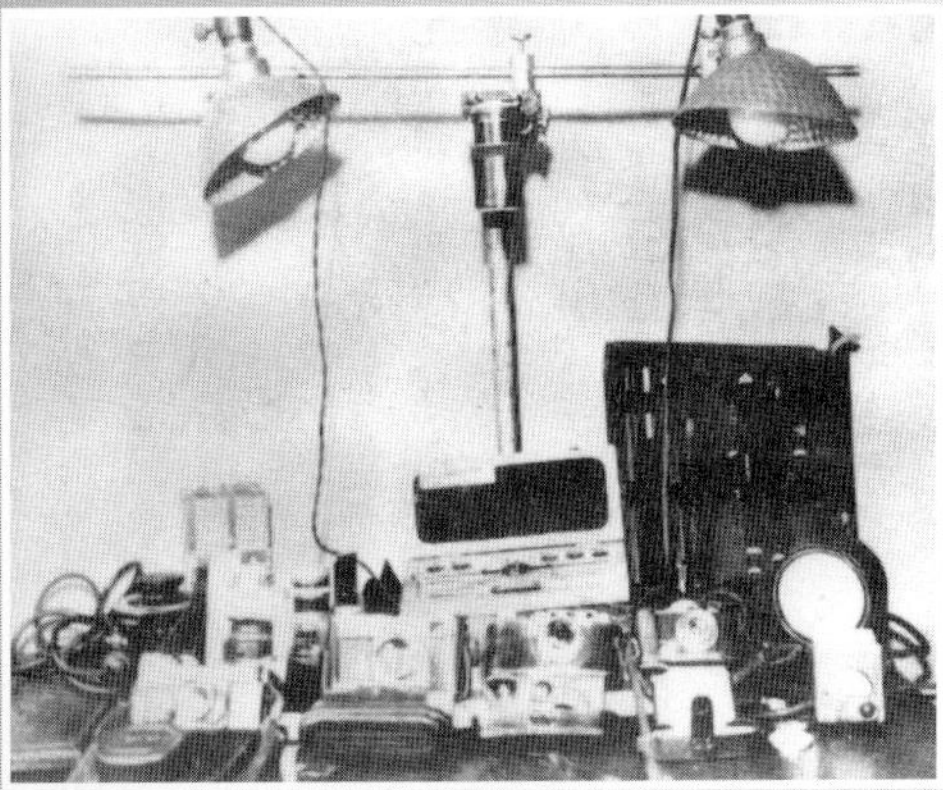

◆特高警察に押収されたカメラや複写装置など。❷

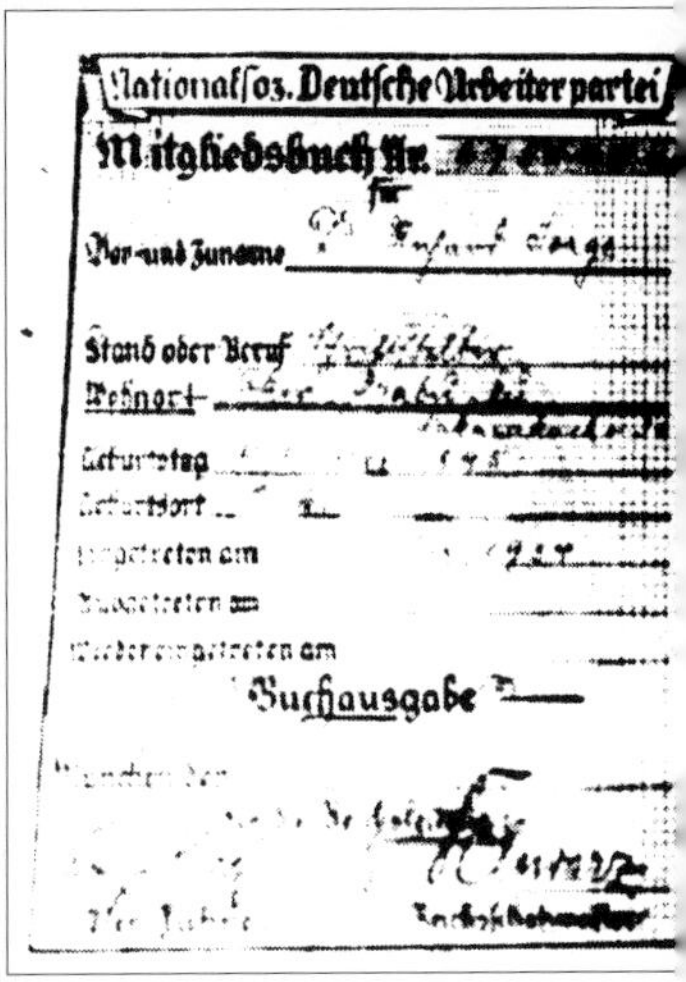

Nationalsoz. Deutsche Arbeiterpartei
Mitgliedsbuch Nr.
für
Vor- und Zuname
Stand oder Beruf
Wohnort
Geburtstag
Geburtsort
Eingetreten am
Ausgetreten am
Wiedereingetreten am
Buchausgabe

◆尾崎秀実
ゾルゲが最も信頼した日本人協力者。⓲

◆ブランコ・ド・ブケリッチ
アバス通信社通信員
ゾルゲ情報のマイクロフイルムを作成。APやUPの記者からの情報を収集した。⓱

◆伊藤　律
ゾルゲ事件の端緒を供述したとされるが、当時彼は日本共産党再建運動にかかわっていた。⓴

◆北林トモ
宮城与徳に協力した。和歌山女子刑務所に収監、病気で保釈となるが、仮出所後いくばくもなくして息を引き取った。❺

◆宮城与徳
アメリカ共産党から派遣された沖縄出身の画家、絵を描きながら、日本各地を旅行して、情報を収集した。ゾルゲ情報を英語に翻訳する仕事を担当。⓳

◆ヤン・カルロビッチ・ベルジン
赤軍参謀本部諜報局長。ゾルゲを中国と日本に派遣した。1935年転任、1937年スターリンに粛清される。❸

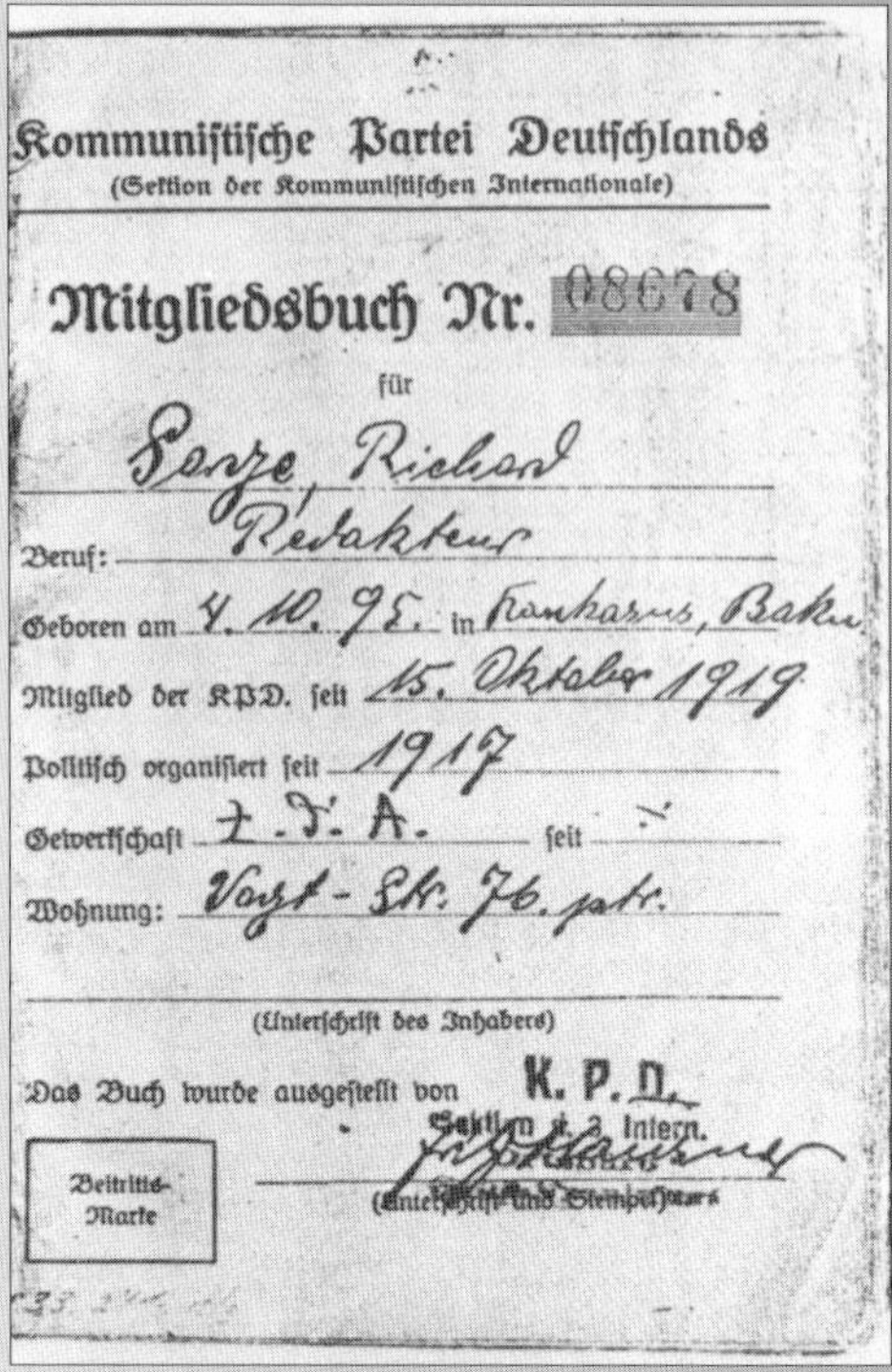

Kommunistische Partei Deutschlands
(Sektion der Kommunistischen Internationale)

Mitgliedsbuch Nr. 08678

für
Sorge, Richard
Beruf: Redakteur
Geboren am 4. 10. 95. in Kaukasus, Baku
Mitglied der KPD. seit 15. Oktober 1919
Politisch organisiert seit 1917
Gewerkschaft Z. d. A. seit
Wohnung: Vogt-Str. 76. part.

(Unterschrift des Inhabers)

Das Buch wurde ausgestellt von K. P. D.
Sektion d. 3. Intern.
(Unterschrift und Stempel)

Beitritts-Marke

◆ゾルゲのドイツ共産党（KPD)党員証
党員番号08678。職業、編集者。ゾルゲは、1918年12月創立されたばかりのKPDに入党した。❷

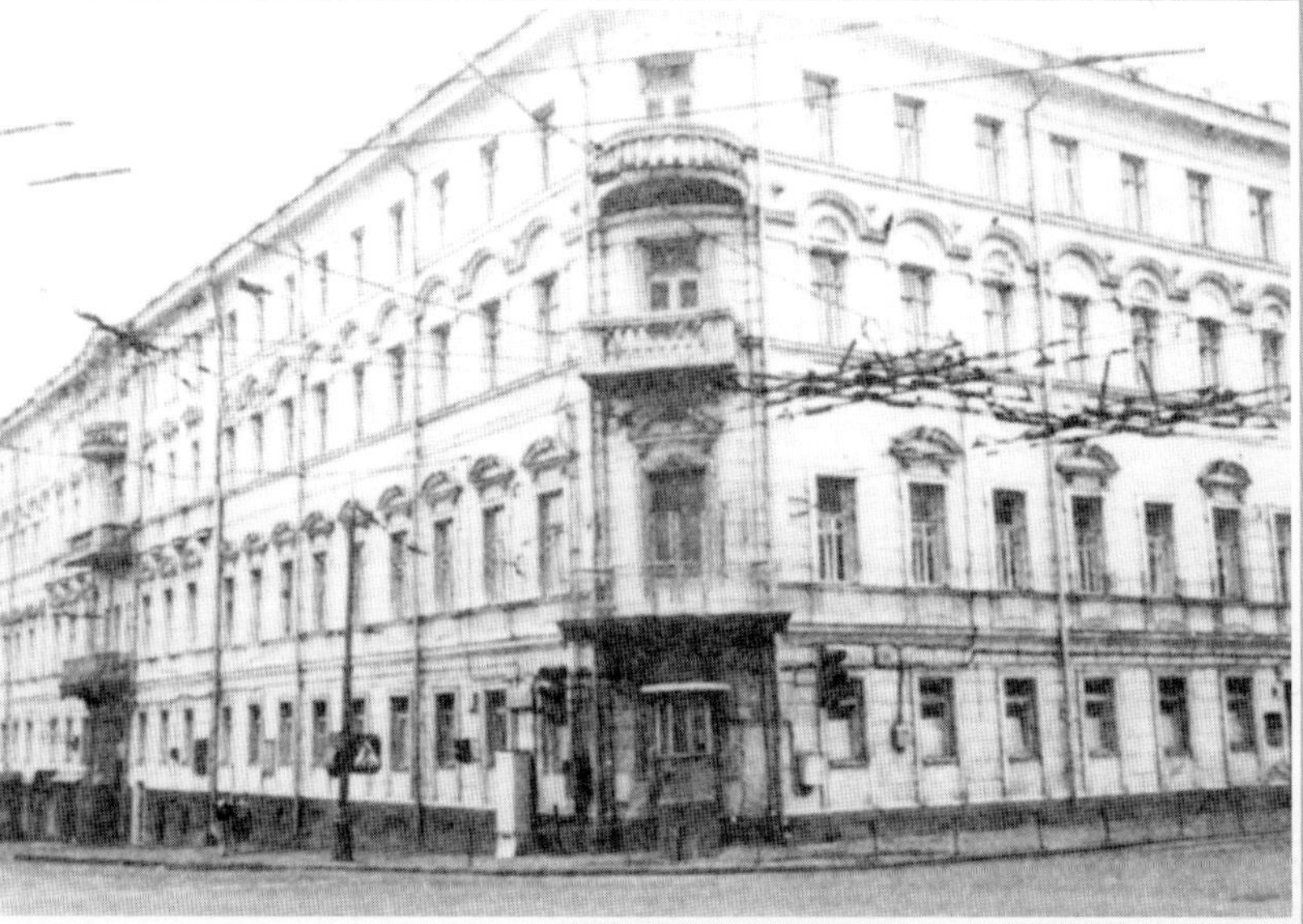

◆クレムリンの近くにある旧コミンテルン本部事務局の建物。❷

まえがき

十一月七日――。

と聞いて、それがロシア革命記念日であったことを即座に思い当たる人は、だんだん少なくなってきているのではないだろうか。ロシア革命は一九一七年のことだった。

ましてや、その日がゾルゲ事件の主役リヒアルト・ゾルゲと尾崎秀実が日本で絞首刑に処せられた命日であったことを思い出す人は、もっともっと少ないことだろう。処刑は第二次世界大戦も終了間近い一九四四年のことだった。

そして半世紀余の時を経て、同じ十一月七日、国際シンポジゥム「二十世紀とゾルゲ事件」が東京で開催された。一九九八年のことである。ゾルゲ事件に関して、〝国際〟と銘打ったシンポジゥムが開かれたのは、日本では初めてのことである。おそらく世界でも初めてではなかろうか。

このシンポジゥムでは、ロシア側二人、日本側二人、計四人のパネリストが報告を行なった。いずれの報告にも、ソ連崩壊後、ここ数年の間にロシアで開示が進んでいる公文書類から得られた新発掘情報が随所に盛り込まれた。当日は約三百人の参加者で、会場は満席となった。年配の男性が多いなかで、女性や若い人の姿も見られた。

会場では、〝ゾルゲ病〟という耳慣れない言葉が使われた。ゾルゲやゾルゲ事件というのは、ひとたび知ってしまうと、ますます知りたくなって深みにはまりこみ病みつきになってしまう麻薬のようなものだというのである。

世紀も変わり目にさしかかっている今もなお、半世紀以上も昔の人物や事件がなぜそんなに人々を魅きつけるのであろうか？

私見を一言でいえば、二十世紀の激動する歴史のダイナミズムを一身に集めて体現したようなゾルゲの苛酷な運命と、未だ解明されざる多くの謎にその理由があるのではないだろうか。

十九世紀末に生まれたゾルゲは、二十世紀に入ると第一次世界大戦に三度出征してコミュニストになる。スカウトされて革命の聖地モスクワに呼ばれ、コミンテルン（共産主義インターナショナル）で働いた。一九三〇年代は赤軍のスパイとして日本で比類のない諜報活動を展開し、第二次世界大戦の勃発から逮捕（一九四一年一〇月）に至るころにかけて、ヒトラーのソ連侵攻や日本の南進政策決定を事前にキャッチしてモスクワに打電するなど、活躍はピークに達した。

戦後の冷戦下においては、ゾルゲは死してなおめまぐるしい毀誉褒貶《きよほうへん》にさらされる。ソ連が知らんぷりをきめこんでその存在を否定する一方で、連合国最高司令官総司令部（ＧＨＱ）は反共宣伝のための格好のターゲットにした。途中から一転してゾルゲをソ連邦英雄に祭り上げたソ連がやがて崩壊するとともに、これまで秘密のベールに閉ざされていた歴史文書が次々と明るみに出てくる……。

このように、ゾルゲは二十世紀前半の歴史の核心地帯を生身で歩み、死後もなお世紀後半の現実政治に色濃く影を落とし、ようやくソ連崩壊後に赤裸々な実像を見せ始めた。ゾルゲまたはゾルゲ事件は、二十世紀の歴史のほぼ全体に濃淡さまざまな刻印を残しているといえよう。その謎の解明が、ある局面では現代史の深層を白日の下に照らしだす所以《ゆえん》でもある。

ゾルゲがなぜ人を魅きつけるのか。先の国際シンポジウムに来賓として参加した石堂清倫氏は、また別の言葉で次のように書いている。

「スターリンあるいはスターリニズムには、戦争と平和の問題を全人類的課題とする体質はなかったのであろう。しかし、ソ連邦がゾルゲに値しなかったとしても、ゾルゲは人類に値したであろう」（本書九七ページ）

多分、これは二十世紀がゾルゲに与えた最高の評価ではないだろうか。人をしてますます〝ゾルゲ病〟へと誘うかのように響く。

本書の第一部には、このシンポジウムのほぼ全記録が収録され、第二部には、シンポジウムのためにパネリストから事前に寄稿された論文がまとめられた。さらに第三部には、近年、ロシアで発表されたゾルゲ事件や同事件関連の論文やレポート、第四部には、ゾルゲの暗号電報、ゾルゲ自身の著作目録、ゾルゲや同事件の参考文献、解題などが収載されている。

もともと第二部、三部の諸論文はそれぞれ独立したものであるから、どこから読み始めていただいてもよいわけだが、一点だけ申し上げておくなら、ゾルゲ事件のことをほとんど知らないとか、改めて事件の概要をおさらいしておきたいという読者には、まず手始めに第二部九八ページの白井久也氏の「ゾルゲ事件の歴史的意義」から読んでいただくのがよいと思う。

内容において、本書は他のゾルゲ本とは大きく異なる特徴を持っている。その最大のものは、海外で発掘された新資料が初めて集大成されているという点だ。

これまで、ゾルゲ本といえば、戦前戦中の特高資料に依拠し、その目線で書かれることが多かった。それしか資料が無かったのだから、仕方がないといえば仕方のないことではあった。ところが、本書には、主に冷戦終了後のロシアにおいて開示されつつある新資料とか、それに基づいた取材結果がふんだんに採り入れられているのである。

ほんの一例を紹介すれば、ゾルゲがスターリン反対派のブハーリン派に属していたという事実が本書によって初めて明らかとなった。

すでによく知られていることだが、ソ連ではレーニンの死後、その後継者をめぐって血で血を洗うようなすさまじい権力抗争が展開された。スターリンはブハーリンと組んで、まずはトロツキー、続いてジノビエフやカーメネフら有力ライバルを相次いで権力中枢から追放し、最後にはブハーリンをも追放してのちには銃殺刑に処するに至る。

ゾルゲは、コミンテルンで働いていた時代、思想的にそのブハーリンの影響下にあり、一時はブハーリンの書記局の一員であったことさえあったのだ。そのために、ブハーリンと踵を接するようにしてゾルゲもまたコミンテルンから追放されてしまうのである。

こうした経歴は、ゾルゲが赤軍の諜報員となった後々までも長く尾を引くことになる。スターリンはゾルゲを気に入らず、諜報員ゾルゲ発の暗号電報を全く信じなかった時期や一面もあったことが判明しているが、その背景にはゾルゲがブハーリン派であったという経歴が影響を及ぼしていると思われるのである。

そのほか、これに関連して判明していることは、スターリンはどうやらゾルゲを二重スパイとみなしていたようでもある。確かに、ゾルゲは一定レベルまでの情報ならナチス・ドイツに提供していたという事実はある。こういったこともスターリンのゾルゲ評価に災いしていた一因であろう。

さらに、先のシンポジウムで明らかにされ、本書にも所収されている新事実として、当時のソ連の諜報システムには重大な欠陥があった。世界中の要所要所から集まってくる情報を的確に総合し分析し判断をくだす機能が全く作動していなかったということである。ここにもまた、ゾルゲ情報が正当に評価されず、スターリン個人の思惑に左右される余地があったのであろう。

次回国際シンポジゥムは、二〇〇〇年九月にモスクワで開かれる予定である。ゾルゲが一命を賭した旧ソ連は、ゾルゲの母や妻の祖国でもあった。続いて三回目の開催候補地としてはベルリンが想定されているが、ドイツはゾルゲの父の祖国であり、ゾルゲ自身も幼少年期を育ち、青年コミュニストとして活動した土地でもある。そのあと四回目の開催候補地には、ゾルゲが日本で活動を始めるより以前に、諜報活動をスタートさせた中国の上海の名が挙がっている……。

こんな熱気があるかぎり、〝ゾルゲ病〟はまちがいなく世紀を越えて二十一世紀にも伝染するだろうし、患者もまた増加することだろう。が、それよりなにより、事件の解明がもっと進んで、二十世紀の歴史の深層がいよいよ鮮明に見えてくるであろうことを期待したい。

二〇〇〇年六月

小林峻一

第一部

戦争と革命に生きたゾルゲ

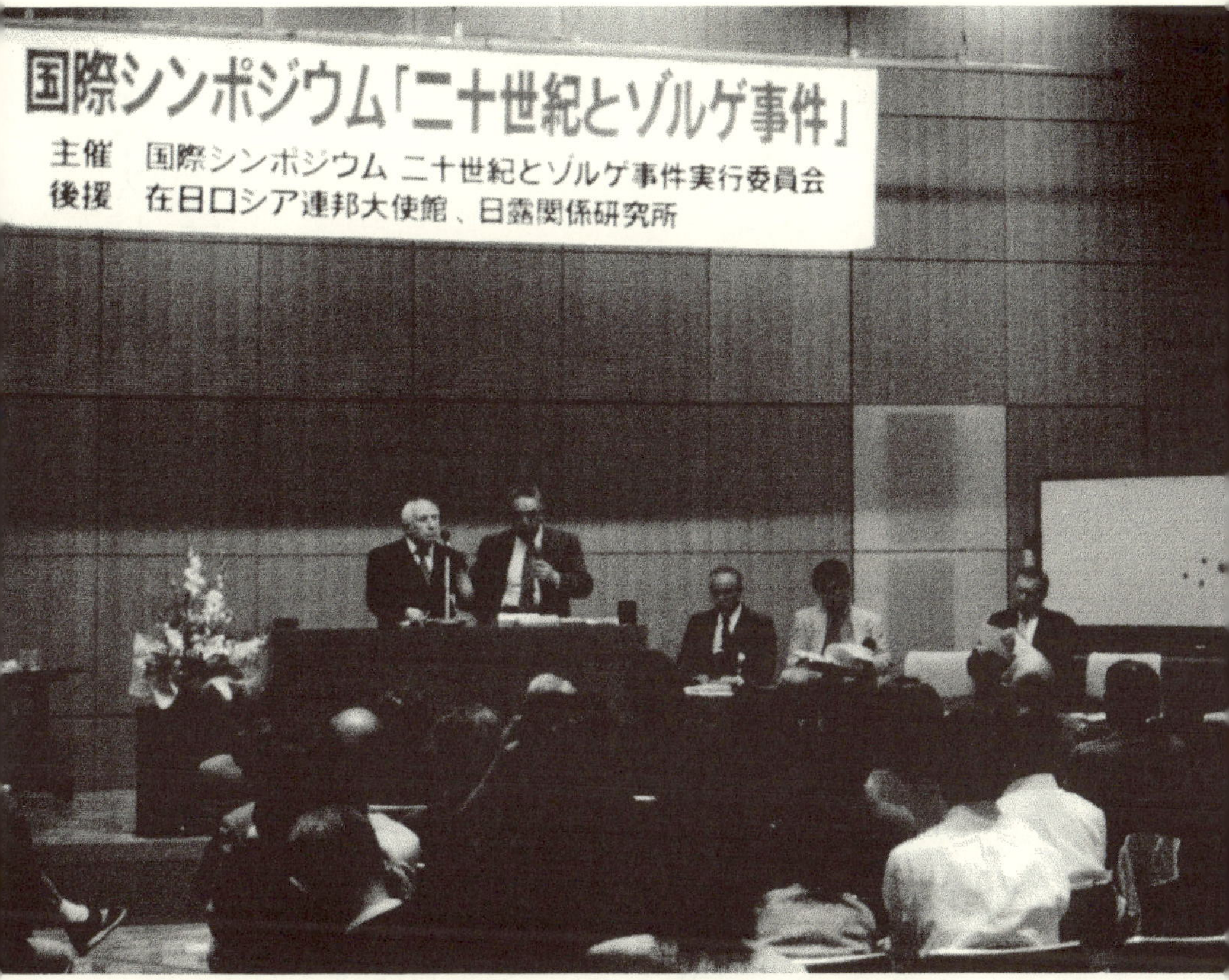

◆シンポジゥム会場　報告する講師　ユーリー・ゲオルギエフ氏（壇上左）

プロローグ

国際スパイ事件の顛末

白井久也

暁のゾルゲ逮捕

夜明けまで、まだ一時間ほどあった。東京市麻布区永坂町三十番地にあるリヒアルト・ゾルゲの木造二階建ての借家は、小雨に打たれながら、漆黒の闇の中で、ひっそりと静まりかえっていた。このゾルゲの家から二百メートルほど離れた鳥居坂警察署に、吉河光貞検事の指揮でゾルゲの逮捕に向かう大橋秀雄警部補ら警視庁特高外事課員と同署外事係員ら計十数人が、続々と集まってきた。

「昭和十六年十月十八日午前六時に一斉検挙せよ」。日本の盟邦ドイツの日刊紙フランクフルター・ツァイトゥンク東京特派員だったゾルゲは、オット駐日ドイツ大使の信任が厚く、駐日ドイツ大使館情報部嘱託を兼ねる大物外国人。検事総長はとりわけ日独関係に配慮して、司法大臣にゾルゲ検挙の許可を申請するほど気を使った。たまたま近衛内閣が総辞職した直後で、東条内閣の組閣の最中だったが、岩村通世司法大臣の留任が決まって、この前日、一斉検挙の決裁が下りたばかりであった。

ゾルゲの在宅は、前の晩から張り込んで、監視を続けていた鳥居坂警察署員の報告によって、確認されていた。ところが、検挙隊がゾルゲの家を包囲する直前に、ドイツ大使館員が車でやってきて話し込んだため、その退去を待って逮捕することになり、三方の通路を固めて、ゾルゲ宅を包囲した。午前六時の逮捕予定時刻が過ぎても、大使館員はなかなか帰ろうとはしなかった。このため検挙隊は、ゾルゲの逮捕と同時に行われるその仲間たちの逮捕の情報が、ドイツ大使館に知られてゾルゲに通報され、大使館に逃げ込まれたら大変だとやきもきしながら、張り込みを続けた。やがて大使館員がゾルゲの家から出てきて、何も気づかずに車で走り去った。ゾルゲとかねてからの顔見知りの斎藤巡査部長が「今だ」とばかり、玄関に駆け寄って、ベルを鳴らした。

二階で物音がしてしばらくすると、ゾルゲがパジャマ姿のまま下りてきた。斎藤が「お早ようございます。先日の交通事故のことでやってきました」と声を掛けると、ゾルゲが玄関のドアを開け、斎藤の肩に手を回しながら客間に上がるように招き入れた。そのとき、庭で見張っていた大橋警部補が飛び込んできて、「早く捕まえろ」と大声で叫んだ。物陰に隠れていた数人の警官が、ゾルゲに襲いかかって、両腕を取り押さえた。ゾルゲは突っ立ったまま、身動きもせず、一言も発しなかった。

吉河検事はゾルゲに拘引状を見せて、ドイツ語で「拘引する」と告げた。だれかがゾルゲのコートを見つけてきて、肩に掛けてやった。ゾルゲは小雨の降る中、自宅から徒歩で数分の鳥居坂警察署に連行され、吉河検事から拘留尋問を受けたのち、ただちに巣鴨の東京拘置所に身柄を移送された。

ゾルゲの連行後、大橋の指揮で入念な家宅捜索が行われた。ゾルゲの家は借家で、家賃は月間五十円。階下は玄関を入って応接間があり、その奥に食堂、台所、風呂場、便所が続いていた。二階は事務室と寝室で、ゾルゲはここで寝起きして、働いていた。一階の応接室と二階の事務室には、膨大な量の書籍、書類、資料のほかに、タイプライター、カメラ、現像用具などがあった。大橋にはそのどれが新聞や通信用のもので、スパイ活動に使われたものか、さっぱり見当がつかなかった。

そこで、書類や資料はいちいち内容を調査することをあきらめて、同じ種類のものは一括して押収することにして、捜索押収調書と押収品目録を作成した。警視庁から一トン積みトラックを呼んで積み込むと、ほぼ満杯となった。押収品の中には、大橋がゾルゲの机の引き出しから見つけたモスクワ中央宛の転任許可願いの英文メモがあり、のちにゾルゲがスパイ活動を認める自供に追い込む決め手となった。

この朝、同じ時刻にゾルゲのスパイ仲間であるマックス・クラウゼンと、ブランコ・ド・ブケリッチは警察に寝込みを襲われ、それぞれ自宅で逮捕された。クラウゼンはドイツ人で、青写真複写機製造業を営みながら、ゾルゲ諜報団の無線通信士を務めていた。ブケリッチはクロアチア人で、アバス通信（フランス通信＝ＡＦＰの前身）特派員をしながら、スパイ活動をやっていた。

警察が押えた証拠品の数々

家宅捜索の結果、クラウゼン宅から無線機および解読中もしくは、組み立て中の暗号通信文のほか、暗号の解読や組み立てに使った「ドイツ統計年鑑（一九二五年版）」などが、スパイ活動の証拠品として、押収された。ブケリッチ宅には写真用暗室が設備されていて、スパイ活動の写真関係を担当していたことが判明。現像用具、複写機、カメラなどが証拠品として押収された。この朝、逮捕を免れたクラウゼンの妻アンナは、それから一カ月後の十一月十九日に、スパイ容疑で逮捕された。

逮捕の前夜、ゾルゲ、クラウゼン、ブケリッチの三人は、ゾルゲの家に集まって酒を飲みながら、情報の交換をした。ゾルゲは「ジョーとオットーとの連絡が、ぱったり途絶えた」と切り出した。ジョーとオットーとは、ゾルゲ諜報団に所属する日本人協力者の暗号（コード）名で、ジョーはコミンテルン（共産主義インターナショナル）から日本に派遣された沖縄出身の米国共産党員で、画家の宮城与徳であった。一方、オットーは本名を尾崎秀実《ほつみ》と言い、近衛文麿前内閣のブレーン役を務めた著名な中国問題通のジャーナリスト出身の日本人協力者で、ゾルゲが諜報団の中で最も信頼している人物であった。

「警察に逮捕されたのだろうか？」

ゾルゲは割合のんきに構えていたが、クラウゼンは二人の有力な日本人協力者との連絡が途絶えたと聞くと、にわかに悪い予感に襲われて胸騒ぎがした。「尾崎の電話番号が分かれば、どうしてこれなかったか、確かめることができるのだが……」とゾルゲは言った。このとき、クラウゼンは初めて、まだ会ったことのない日本人協力者オットーの本名が尾崎であることを知った。

「とにかくもう二、三日待ってみよう」。

クラウゼンとブケリッチは、ゾルゲのこの判断に従ってもうしばらくときを稼ぐことにして、ゾルゲの家を後にした。実はこのころ、すでに尾崎と宮城は警察で囚われの身となっており、それを知らないのはゾルゲたちだけであった。

「国際赤色スパイ団事件」の摘発

警視庁が摘発した「ゾルゲ事件」というのは、太平洋戦争開戦前夜の昭和十六(一九四一)年九月から十月にかけて、一味が逮捕された「国際赤色スパイ団事件」である。ゾルゲや尾崎が中心になって、日本政府の最高機密や軍事・国内情勢のほか、在日ドイツ大使館の極秘情報を密かに入手して、ソ連に通報したとして、一般に判明している者だけで計三十五人が治安維持法、国防保安法、軍機保護法、軍用資源秘密保護法などの違反容疑で逮捕された。あるゾルゲ事件研究者によると、「実際にはこの倍以上の検挙者がいた」模様で、今も引き続き調査が行われている。

尾崎やゾルゲのような著名人の逮捕にもかかわらず、検挙当時は新聞紙法によって、記事の掲載・発表が禁止されるなど厳重な報道管制が敷かれたため、政府高官や被疑者の親戚・知人などごく一部の限られた人たちだけしか、逮捕の事実を知らなかった。関係当局の発表に限定して、記事差し止めが解除されたのは、尾崎・ゾルゲの逮捕から七カ月後の昭和十七年五月十六日であった。翌十七日の日刊各紙に、事件の概要と主要メンバーの氏名が、司法省および内務省の当局談とともに公表され、日本国中に大きなショックを与えた。とりわけ何も知らなかった一般国民は、「国際赤色スパイ団」検挙の突然の発表に驚くとともに、国運を賭した戦争の最中とあって、改めて厳重な防諜の必要が痛感させられたのであった。

「世紀のスパイ事件」と言われたゾルゲ事件を、警視庁がいつどういう経緯で探知したか、発表当時はもちろんそれから半世紀以上へた今日になっても、いろいろ取り沙汰されている。一般には日本共産党政治局員だった伊藤律が逮捕中に特高の拷問に屈して、警視庁特高一課の宮下弘警部と伊藤猛虎警部補に情報を売り渡したかのように言われている。官憲の弾圧によって組織が解体された日本共産党の再建準備に関わった伊藤律の口から、米国共産党日本人党員北林トモが帰国しているとの情報を聞き出した特高が、北林を逮捕したところ、北林が同じ米国共産党員仲間の宮城与徳も逮捕されたとてっきり思い込んで、宮城との関係を供述したのが始まり、というのだ。

しかし、現在では、伊藤律は当時、北林トモの名前はもちろん、彼女がかつて米国共産党員であった事実、さらにゾルゲ諜報団の存在すら知らなかったばかりか、直接スパイ組織を密告したことはなかったことが判明、伊藤律密告説は崩壊している。特高はかねてから、ゾルゲ・グループが臭いとにらんで内偵を進めており、北林トモを捕らえて追求したら、宮城のことをしゃべったので、早速、宮城の下宿先を襲って逮捕する一方、家宅捜査をした。そうしたら、画業とは無関係の各種調査資料や和英両文で書かれた情報資料が多数発見された。このため、宮城は身柄を築地警察署に留置され、取り調べが始まった。宮城は最初、取り調べを頑強に拒んだが、拷問に次ぐ拷問。最後まで隠し通せないと思ったのか、監視の隙を見て二階の取調室の窓から飛び降り自殺を図った。宮城の体は植え込みの上に落ちた。見張りの特高刑事が慌てて飛び降り、偶然にも折り重なるようになって宮城を取り押さえた。

通常、逮捕された被疑者が自殺を図るということは、その背後に重大な犯罪が隠されていることが多い。特高一課は事態を重視して、選り抜きの係官を派遣して、宮城を再度厳しく追及した。自殺の理由を詰問され、言い逃れようとすると激しい拷問が加えられた。拷問の合間に次々と突きつけられるスパイ活動の資料や証拠品の数々……。「もはやこれまでだ」。そう観念すると、宮城は急に気が楽になった。まず尾崎との関係を自供。続いて、ゾルゲら三人の外国人の名前をあげて、ゾルゲ諜報団の活動内容を洗いざらいぶちまけたのであった。

当時の日本共産党の活動家は、検挙されたら三日間、何が何でも黙秘を押し通すことが鉄則になっていた。仲間の活動家は、相棒からの連絡が急に途絶えたことによって逮捕の事実を知り、官憲に追求されることなく、身を隠すことができるからだ。宮城の場合、十月十日に検挙、十一日に自殺未遂、十二日に自供という時間的経過をたどった。国賊としてのスパイ容疑だったから、拷問も並大抵のものではなかったはずだ。自供に至る最後の一日は尾崎・ゾルゲの逮捕に結びつく切迫した状況にあったので、その点を考えると、むしろ「宮城は厳しい拷問に耐えてよく頑張った」とさえ、言えるのではなかろうか。

宮城の自供を得て早速、特高一課内で捜査会議が開かれた。宮城の供述によって、ゾルゲのスパイ活動の裏付けが取れたからだ。このとき特高が最も恐れたのは、宮城逮捕の情報が漏れて、ゾルゲが逃亡することであった。特高たちは「ゾルゲをすぐにも逮捕すべきだ」と息まいたが、警視庁上層部は「宮城一人の供述だけでは足りない。尾崎を捕らえて確実な証拠固めをせよ」と指示して、慎重を期した。特高一課は宮城の自供に基づき、東京地方検事局の指揮を受けて十月十四日、目黒区上目黒五丁目二四三五番地の自宅で尾崎を逮捕し、身柄を目黒警察署に留置した。

特高による尾崎秀実の拷問

尾崎は逮捕直後、自分が何のために逮捕されたのか、よく理解できなかった。ましてゾルゲ諜報団の一員として、スパイ活動を行っていたことが逮捕容疑になっているとは、夢にも思わなかった。一方、警視庁はゾルゲ諜報団の検挙スケジュールを立てて、ゾルゲら外国人一味の一斉逮捕を十月十八日に行うことを決めた。逮捕を急いだのは、逃亡を防ぐためである。

しかし、ゾルゲは駐日ドイツ大使が後ろ盾となっている著名な人物。逮捕の衝撃が日独関係に響いてはまずいので、司法大臣の決裁を仰ぐ必要がある。そのためには、尾崎の自供を十五日の深夜か、遅くとも翌十六日早朝までに得ねばならなかった。こうした諸々の事情が考慮され、尾崎の取り調べは特高一課のベテラン、宮下弘警部と伊藤猛虎警部補の二人が担当することになった。

戦前「自白は証拠の本」だった

戦前の刑事訴訟法では、「自白は証拠の王」とされ、とくに任意の自白は、法廷で決定的な証明力のある証拠能力を与えられていた。このため犯罪の捜査・取り調べの段階で、司法警察官は容疑者の自白を得るため、拷問を加えることが常識となっていた。もっとも、逮捕されるとすぐ東京拘置所に身柄を移されたゾルゲら外国人には拷問が加えられなかったことが、定説となっている。だが、日本人の場合は、話がまったく別であった。

宮下は戦後、著した『特高の回想　ある時代の証言』（田畑書店）の中で、尾崎に対する拷問の有無について、「わたしはそういうやりかたは性格的にも反対ですし、いやしくも近衛さんの大事な人なんだから、拷問なんてやりませんよ」と述べて、拷問をきっぱり否定している。だが、全国特高警察官のブロック研究会での体験発表の一部として、摘録された「最近に於ける共産主義運動検挙秘録」（昭和十八年三月）によると、尾崎を検挙するや否や、宮下らはその日のうちに遮二無二自白をさせねばならぬという意気込みで、峻厳な取り調べを行ったと、次のような記述がある。

「彼はまさかスパイがばれて居るとは思わぬので、自分が何か本に書いたもので理論的に苛められるのだろう位に高をくくって居たようであるが、全く頭からロシアのスパイ尾崎と言う風に脅しつけ、名士尾崎の壇から引き下ろし、国賊尾崎として取り扱い、全く彼を猫か犬のように扱って、彼の自尊心を無くさせて終った。そうすると全く彼は猫か犬のように卑屈になったが（以下略）」

宮下の回想録は公刊されて、多数の読者の目に触れる著作。拷問の事実があっても、「やった」とは書くまい。だが、この「秘録」は、特高警察の部内限りの極秘文書だ。本当のことを書かなければ、体験発表の意味がない。体験発表者の署名こそないが、尾崎の取り調べに当たった宮下にしか書けない記述に相違ない、と確信を抱かせる迫力がある。

もちろんここには、拷問についての言及は、一言もない。だが、尾崎の自尊心をなくし、犬や猫のように扱ったという理由は、何を意味するのか？　言葉でいくら、「国賊だ」「スパイだ」と罵《ののし》っても、尾崎ぐらいの人物になれば、こたえないだろう。宮下らが権力を笠に着て、「これでもか、これでもか」と滅茶苦茶な拷問を加えて人間の尊厳を奪い、犬や猫のようにはいつくばらせて許しを乞うまで貶《おとし》めた、と考えるのが自然だろう。かつてゾルゲ事件の検挙と取り調べに関わったある元特高が、戦後、この「秘録」を読んで、「宮下は尾崎秀実に拷問を加えたんだなあ」という感想を洩らしたのは、当然すぎるほど当然であった。

尾崎に対して、過酷な拷問が行われたことは、ゾルゲ事件関係者の証言によっても裏付けられている。満鉄勤務時代に尾崎に兄事して、ゾルゲ事件に連座、尾崎と同じ目黒警察署に身柄を留置された海江田久孝は、看守から直接聞いた話として、「お前なんかのヤキは一寸可愛がられた程度のものじゃないか。尾崎なんか毎日毎日素っ裸にされて竹刀で叩かれて、歩けなくなって這ってここに帰ってきたのだぞ」と言われ、尾崎が滅茶苦茶な拷問を受けたことを回想記の中で、暴露している。

いずれにしても天皇制国家の戦前・戦中の日本では、被疑者に対する特高の拷問は日夜、当然のように行われていたことは、記憶されてしかるべきであろう。

宮下と伊藤による尾崎の取り調べは、峻烈を極めた。尾崎は最初、取り調べの対象が自分の書いた論文に向けられているのかと思って、シラを切っていた。ところが、宮下たちがやがて尾崎の交友関係に矛先を転じて、宮城との関係を追及してきたため、虚を突かれて尾崎は急に黙り込んで、下を向いてしまった。宮下はここぞとばかり机を叩いて、尾崎を怒鳴りつけた。

「ソ連あるいはコミンテルンのスパイとして、いまお前を調べているんだ。日本が戦争しているときに、スパイをやっている人間を容赦することはできないのだ」

宮下のこの言葉を聞いて、尾崎は警察が自分の諜報活動について何もかも知っていることを覚った。尾崎は真っ青になって、椅子から崩れるようにずり落ちた。どうあがいても、もう駄目だ。しばらく沈黙が続いて、椅子に座り直した尾崎は観念して、尋問されるままに供述に応じた。宮下の証言によれば、尾崎は「早朝に逮捕して、わたしは正午ごろから取り調べをはじめて、夕方におちた」そうだ。

近衛内閣が突然、総辞職

尾崎の自供によって、ゾルゲ逮捕に必要な裏を取った警視庁は、司法大臣の決裁を仰ぐことになった。ところが、十六日になって、近衛内閣が突然、総辞職する政変が起きた。後継首班に近衛内閣の陸相だった東条英機に大命が降下。司法大臣がだれになるか分からないため、警視庁上層部はもちろん特高一課や同外事課は固唾《かたず》を飲んで、東条内閣の組閣の行方を見守った。幸い、岩村通世司法大臣の留任が早々と決まり、ゾルゲ一味の一斉検挙の決裁が下りた。こうして、東条内閣が発足する数時間前の十月十八日早朝、警視庁の検挙隊が三つに分かれて、ゾルゲ、クラウゼン、ブケリッチの自宅を急襲して、一網打尽にこの三人を逮捕したのであった。

司法当局はゾルゲ事件の重大性を考慮して、外部への漏洩《ろうえい》を防ぐため、ゾルゲら外国人被疑者三人は最初から、警備が厳重な東京拘置所に身柄を拘置した。日本人被疑者のうち尾崎と宮城はのちになって、警察署から東京拘置所に身柄を移された。これに加えて、あまり前例のないことだが、事件を検事局に送致する前の警察官の取り調べと並行して、検事が同時に取り調べを行う異例の措置が取られた。検事局としては、ゾルゲ諜報団スパイ活動の全容をできるだけ早く掴みたかったことによる。ゾルゲの取り調べ主任に検事局側からゾルゲ諜報団検挙を指揮した吉河検事が、警察側から検挙に参加した大橋警部補がそれぞれ任命された。

自供に追い込まれたゾルゲ

ゾルゲは逮捕された直後、スパイ活動を頭から否認、「オット駐日大使との面会と即時釈放を認めないと、大使の厳重抗議を受けるとともに、独日間の重要な外交問題に発展するぞ」と言って、大橋に脅かしをかけた。しかし、大橋は「スパイ活動の証拠品や検挙メンバーの自白がそろっているので、釈放はありえないよ」と逆にやり込めて、取り合わなかった。数日たって、ゾルゲの心に動揺が見られるようになったときだった。ゾルゲの取り調べ中に警視庁外事課から大橋へ電話が掛かってきて、「明朝オット大使と面会させるから、その前にスパイ活動を自白させよ」と指示があった。

昼食後、大橋はクラウゼン宅から無電機や暗号電文原稿が押収され、クラウゼンが犯行を自白したことを告げた。ゾルゲの顔色が変わった。これを看て取った大橋は、ゾルゲの机の引き出しの中から見つけた取っておきの帰国上申電文原稿(英文)を突きつけ、「これは何だ」とゾルゲに説明を求めた。不意を突かれて黙り込むゾルゲ。もはやこれ以上隠しおおせないと観念したのか、ゾルゲは「事件が公表されないなら、スパイ活動を認めてもよい」と、初めて自供の意思を明らかにした。大橋は「明日、担当検事と外事課長がくるので、そのとき自供してもらいたい」と段取りを伝え、ゾルゲの承諾を取り付けた。

昭和十六年十月二十一日、オット大使との面会に先立ち、東京拘置所の取り調べ室にゾルゲが呼び出された。吉河検事が「君がコミンテルンのスパイであることは明らかである。ね、そうだろう」と問いかけると、ゾルゲは「私はフランクフルター・ツァイトゥンクの特派員で、ドイツ大使館の情報部の仕事もしている。すぐオット大使に会わせて欲しい。私の釈放を要求する」と抗議した。吉河検事がさらに、「君が信頼しているオット大使でも、スパイ活動の証拠があるので、釈放させることはできない。それともオット大使の前で証拠品の説明をさせるか」と切り込んだ。

ゾルゲは急に苦悩の色を顔に浮かべて、黙り込んでしまった。そのうちに顔面に血がのぼって、頬が紅潮、眼が血走り、鼻の穴が開いて息づかいが荒くなった。ゾルゲは突然立ち上がると、上着を脱ぎ捨て、両手の拳《こぶし》を震わせ、わめきながら部屋の中をぐるぐる回った。

「いかにも俺はコミュニストだ。ソ連邦のために日本へ来てスパイ活動をした。それに相違ない。俺は今まで何処でも一度も負けたことはなかった。しかし、今度は負けた。日本の警察に負けた」

吉河検事が、「間もなくオット大使がくるから会わせる」と伝えると、ゾルゲは黙ってうなだれた。

駐日オット独大使と最後の面会

オット大使とゾルゲの面会は、それから約一時間後、東京拘置所の所長室で行われた。オット大使は大使館のスタッフを三、四人従えて、面会にやってきた。看守長の先導で所長室に入ると、ゾルゲは椅子に腰かけずに立ったまま大使に目礼した。

オットが「健康はどうか」など、日本側との事前の打ち合わせで決められた型通りの質問をいくつか終えて、「最後に何か言うことはないか」と尋ねた。そうしたらゾルゲは、「これが最後の別れです」と答えた。ゾルゲの言葉を聞いたオットは真っ青になって、椅子から立ち上がって、ぶるぶると震え出した。

このとき面会に立ち会って、二人の会話のやりとりを一部始終目撃した吉河検事は、ゾルゲの最後の一言が、オットの心をぐさりと突き刺した印象を、のちに次のように語っている。

「これで何もかも、ゾルゲがコミュニストだということも、ゾルゲにしてやられたということも全部わかったわけです」

オット大使は、「よくわかりました。会わせてくれてありがとう。もう事件に関しては何も言いません」と吉河に言って、拘置所を去って行った。信頼しきっていたゾルゲに裏切られて、苦々しい思いだったに違いない。オットを裏切ったゾルゲも、心苦しかった。最後の別れの挨拶は、聞く方も辛かったが、言う方も辛かった。オットとの面会が終わったあとも、ゾルゲの心の動揺は続いていた。

吉河検事は看守長に、その日一日だけゾルゲ専任の看守をつけるよう指示した。ゾルゲが思い悩んで自殺でもされたら大変なことになるので、事故を未然に防止するための措置であった。終夜、つききりで監視を行った看守の報告では、「ゾルゲは一晩中ベッドの上を展転として寝つかれなかった」という。信頼されていたオットを裏切った自責の念が、ゾルゲの睡眠を妨げたのだろう。有能な国際スパイとして名を馳せたゾルゲも、血の通った人間であったようだ。

国際シンポジウム「二十世紀とゾルゲ事件」

Ⅰ　午前の部

司会　ただいまより、国際シンポジウム「二十世紀とゾルゲ事件」を開催させていただきます。

主催は「国際シンポジウム・二十世紀とゾルゲ事件」実行委員会、それに在日ロシア連邦大使館、日露関係研究所の後援となっております。私は本日の司会を務めます樋口弘志です。時事通信社の記者をしておりました。社会部勤務中の一九八〇年（昭和五五年）七月末に、中国で死亡したと伝説的に伝えられていた元日本共産党政治局員の伊藤律氏の生存を確認して、伊藤律氏本人から日本に帰国したいという希望を聞いたうえ、初めて報道した者でございます。このような関係から、今回の国際シンポジウムに実行委員会のメンバーとして参画し、大事な会の司会をさせていただくことになりました。よろしくお願いいたします。（拍手）

それからご報告ですが、昨日、十一月六日の午前に、本日のパネリストをお引き受けいただいたユーリー・ゲオルギエフ氏とワレリー・ワルタノフ氏と実行委員会の有志が、多磨墓地でリヒアルト・ゾルゲと尾崎秀実両氏の墓参を済ませてきましたことを、ここに報告させていただきます。

所定のプログラムに入ります前に、実行委員会からお詫びとご連絡があります。当初、パネリスト報告を予定しておりました「ザ・タイムス」東京支社長のロバート・ワイマント氏のお母さんが十月末に亡くなられまして、このためにワイマント氏は急遽、イギリス・ロンドンに戻っております。残念ながらこの会には出席できなくなりました。ワイマント氏のレジュメにつきましては、実行委員会がまとめた「二十世紀とゾルゲ事件・レジュメ資料集」に「ゾルゲとフィルビー」という二人の大物スパイを題材にした一文が載っておりますので、これをご一読していただいてご了承願いたいと思います。

実行委員会ではワイマント氏のお母様のご逝去に対して、心からお悔やみを申し上げるとともに、ご冥福を祈念しております。

次にご連絡でございます。冒頭の基調報告、続いて行われますパネリスト報告に対する質問につきましては、時間を節約するため、受付に質問用紙を用意しております。お手数ですが、質問の内容と、住所と氏名をお書きの上、受付にご提出願います。午後三時すぎの休憩時間までに質問をご提出いただきますと、主催者側で集約の上、パネリストもしくは講演者がそれぞれの質問に答えるという形をとりたいと思っております。

それから国際シンポジウムの終了のあとに、まだお話をしたい、質問したいという方がいらっしゃいましたら、この会場の近くで開く、パネリストも参加する交流会にぜひご出席下さい。受付に地図が掲示してあります。また、実行委員が受付に立っており、会場までご案内いたします。

では早速、国際シンポジウムに入らせていただきます。最初にご来賓の方々から、ご挨拶を頂きたいと思います。駐日ロシア連邦大使パノフ閣下です。ロマノフ一等書記官が代理として、代読されます。日本語で行いますので、大変わかりやすいと思います。ではロマノフさんお願いします。（拍手）

駐日ロシア大使の挨拶

ロマノフ　みなさん！　ありがとうございます。本日は大使ご自身で是非ともご挨拶をしたかったのですけれども、ロ日首脳会談が来週に始まりますので、パノフ大使はそれに参加するために来週の月曜日にモスクワに行く予定です。それで欠席させていただきました。パノフ大使に代わりまして、大使のご挨拶を申し上げたいと思います。

尊敬する国際シンポジウム参加のみなさん！　我々は今日、心を痛めながらソ連の市民、第二次世界大戦のとき極東における、ファシズムに対する闘争に議論の余地のない貢献をされたリヒアルト・ゾルゲの死去の五十四周年を迎えております。

戦前、特に戦時中におけるゾルゲの活動は世界人民に、ファシズムの真の貌《かたち》を暴露しただけでなく、当時の極東における軍事、政治的な状況の正しい認識にも役立ちました。

ゾルゲとその戦友たちは、とくに日本人の尾崎秀実さんのファシズムの防止、ソ連邦に対する侵略戦争の開始を防ぐために大きな貢献をしました。ヒロイズムのために「英雄の星」という金章を贈られた、この才能と勇気ある人の偉業は、永久に我が国民の記憶に残るでしょう。いつものように今日も我々は、ロシアだけでなく、日本でもあの人を追悼しています。彼のお墓に献花することが伝統となりました。本日も例外ではありません。

半世紀以上にわたってリヒアルト・ゾルゲの思い出に表されている配慮や敬意に対して、日本の世論、日本国民に感謝しております。（拍手）

一九九八年十一月七日

駐日ロシア連邦大使アレキサンドル・パノフ

司会　ありがとうございました。ロマノフ一等書記官でした。パノフ大使から温かいお言葉をいただき、感謝します。続いて日露関係研究所、岡本栄一代表からお言葉を賜ります。

来賓の挨拶

岡本栄一　日露関係研究所の岡本であります。私どもの研究所を代表して、本日ここに多数の参加者を得て、世界で初めての国際シンポジウム「二十世紀とゾルゲ事件」が開催されたことに対して、心からお祝いの言葉を申し上げたいと思います。おめでとうございます。

私の聞くところによりますと、このゾルゲ事件国際シンポジゥムは、ゾルゲ事件に関心を持つ有志の方々が、実行委員会を組織して、いかに素晴らしいシンポジゥムを実現するか、合議制によってお互いに知恵を出し合い、一つずつ行動を積み重ねて開催にこぎつけたそうであります。

また開催に必要な資金については、実行委員の方々がそれぞれ分担を決め、企業や団体を回って寄付を集める一方、個人的な友人や知り合いにカンパ協力を求めたと聞いております。私ども研究所も日露交流の推進を目的としています。従いまして、この国際シンポジゥムの趣旨に賛同いたしまして、協力をさせていただきました。

このゾルゲ事件国際シンポジゥムは既成の権威に頼らず、自分たちの手弁当で、持てる力をフルに発揮して、善意の企業、団体、個人の力を結集して開催することになったものです。一人一人の力は小さくても、みんなが力を合わせれば素晴らしいことができる。その典型的な見本が、このゾルゲ事件国際シンポジゥムであります。私は市民ボランティア活動によるこのような国際シンポジゥムの開催を、大変嬉しく思っております。

本日の国際シンポジゥムのメインテーマであるゾルゲ事件とも深い関わりのある日本とロシアの二国関係は、昨年十一月に東シベリアのクラスノヤルスクで開かれた当時の橋本首相とエリツィン大統領による日ロ非公式首脳会談を機会に、新しい段階に入りました。このとき、両国首脳は東京宣言に基づき「二〇〇〇年までに平和条約を締結するよう全力を尽くす」ことに合意したのであります。

これを受けて、今年四月に静岡県の川奈で開かれた二回目の日ロ非公式首脳会談では、当時の橋本首相が日ロ間に横たわる懸案の北方領土問題について「国境線確定方式」による包括的な解決案を提案、エリツィン大統領が橋本訪ロのときに、直接、橋本首相に回答することを約束いたしました。

ところが、今年七月の参議院選挙で自民党が大敗、橋本首相はその責任をとって辞任、後任に小渕恵三氏が選ばれました。小渕首相はこの国際シンポジゥムの直後にモスクワを訪問、エリツィン大統領と会い、橋本提案に対する回答を受け取ることになっております。エリツィン大統領は目下病気療養中のため、小渕・エリツィン会談が実現するかどうか大変見極めが難しいのですが、日ロ外務当局は両国首脳の外交日程に変化はないと言っておりますので、日ロ首脳会談は予定方針通り行われることになろうと思っております。エリツィン大統領が領土問題でどんな見解を示すか、今から予測することは大変難しい問題ではありますが、回答の内容によって日ロ二国関係は新しい展望が開けるか、膠着状態に陥るか、どちらかになるでしょう。

日ロ間の外交関係がどうなるのか、私も日本国民の一人として、大いに気になるところであります。しかし、われわれ民間人は、日ロ間の政府ベースの外交関係がどうなろうと、日ロ両国民がお互いに引っ越しできない隣国として、末長く友好的に付き合っていかなければならない立場にあります。その場合、最も重視されねばならないのは、日ロ両国民による民間交流であります。

現在、日ロ間には民間交流を行う民間団体が生け花や囲碁などを含めると、約三十あります。わが日ロ関係研究所も昨年十一月に設立して以来、まだ日は浅いのですが、日ロ民間交流を積極的に進めようとしている団体の一つであります。

つい最近、これらの民間交流団体を包括する形で「日ロ友好フォーラム21」が設立され、日ロ友好議員連盟の桜内義雄会長が、このフォーラムの会長に就任されました。日ロ関係は、今や政府ベースの外交はもとより、民間ベースでも交流が盛んとなり、新しい発展段階を迎えようとしております。

北方領土は日ロ関係に突き刺さった「トゲ」と言われ、日ロ関係の発展を阻む大きな要因となっております。だからといって、「北方領土を返せ」と要求するばかりでは、ロシアの国民世論の反発を買うだけで、問題の解決にはなりません。大事なことは日ロ民間交流を推進することにより、日ロ両国民が相互の理解と信頼を深め、その基礎の上に立って領土問題の円滑な解決を図る方策を見い出すことであります。

本日の国際シンポジウムは、日ロ二国間関係を単純に議論するものではありませんが、ロシアを含めた研究者、専門家、それに一般の参加者も交じえてゾルゲ事件を巡って広範な討論を行うことは、ひいては日ロ両国民の相互理解、相互信頼を深め、それがやがて領土問題の解決を促進し、日ロ関係の飛躍的な発展の原動力となるものと私は確信しているものであります。

それでは本日の国際シンポジウムのご成功を祈り、私の挨拶に代えたいと思います。国際シンポジウムに参加された皆さんのご健康とお仕事の発展を、心から期待しております。ご静聴ありがとうございました。（拍手）

司会　岡本代表ありがとうございました。次は、ご来賓の評論家・石堂清倫様からご挨拶をいただきたいと思います。石堂先生お願いいします。（拍手）

来賓の挨拶

石堂清倫　石堂でございます。私の発言は今世紀中にゾルゲ事件の研究者が果たしえなかった課題についての反省として、お聞きいただければありがたいと思います。

ゾルゲと尾崎が活動しました十年近い期間は、アジアにとっては中国大陸における革命運動をいかに展開するかという歴史課題を巡って行われたと思います。ご承知のように中国革命は最初の段階では、コミンテルン（共産主義インターナショナル）が指導いたしましたが、遵義《じゅんぎ》会議以後の中国共産党は現実にコミンテルンの指導を離れて、独自の発展を遂げたと思います。

そのことはわれわれは長い間はっきりと掴むことができませんでしたけれども、一言で申しますと国民党と共産党との対立を解消してその間に協力関係を作ること、国共合作をめざして日本帝国主義に反対するための全中国の人民戦線を、いかにして形成するかという方向に向かって行ったと思います。

その段階で、毛沢東思想にたとえて申しますと、『毛沢東選集』の第一巻から第三巻に当たる時期の毛沢東路線というものは、今日でもわれわれが尊重すべき重要な課題を果たしたと思います。つまり「国共合作」の成功によりまして、中国革命が勝利をおさめましたが、この間における情報活動としてゾルゲ・尾崎秀実が果たした役割は、極めて大きかったと思います。

ところが、一方ヨーロッパを見ますと、ゾルゲが活動したのは二〇年代止まりになっております。ゾルゲの著書『新ドイツ帝国主義』を今日見ましても、一九二三年のドイツ十月革命の大失敗を経て、革命的導火線はヨーロッパではもはや消滅してしまって、相対的安定の時期に入って、いかにしてドイツの将来の発展を図るかという課題に対しては、もはやコミンテルンが指導することができなかった段階であります。ちょうどワイマール共和国の歴史的課題として、ワイマールの先に何があるかということです。

スターリンおよびテールマンによって代表されるコミンテルンの方針は、ドイツ社会民主党を撃滅することにあったと思います。社会民主党を撃滅した後に、初めてプロレタリア革命が成功するという見通しをたてました。中国大陸における民族統一戦線と裏腹に、労働戦線の分裂を目標に活動していったと思うのです。

今日、われわれがゾルゲの『新ドイツ帝国主義』を見ますと、その大転換が起こるまでの、前半の時期を取り扱っています。そこにおけるゾルゲの研究を、われわれは今までドイツ語版の『新ドイツ帝国主義』で知っておりましたけれども、ロシア語版はその一カ月前に出版されております。それには失脚したアウグスト・タールハイマーが序文を書いています。タールハイマーはゾルゲが理論研究から、あるいは政策研究から諜報活動に転換するための一つの踏切点になっているように思うのです。恐らくドイツ語版とロシア語版は、内容において著しく相違する点があるのではないかと思います。ところが、その点についてわれわれはほとんど情報を持っておりません。

ワイマール共和国で、ドイツ共産党とドイツ社会民主党は正面から対決いたしましたけれども、もしこの二つの党の間にアジアで成功したような国共合作に当たるところの合作が行われたならば、恐らくヒトラー・ファシズムは成功しなかっただろうと思います。アジアで成功したことが、なぜ、ヨーロッパで成功しなかったか。そこに重大な問題があるのでありまして、ゾルゲも尾崎もその問題に深く関わっておったと思うのです。

日本軍部が重視したゾルゲ

石堂　このことは今後、われわれが解決しなければならない問題でありますが、とくにゾルゲ事件の解明に当たって非常に大きな寄与をしました、みすず書房の『現代史資料・ゾルゲ事件』(全四巻) を読んで、私たちがもう一つ思いますのは、あそこで語られない事項がたくさんあるということです。たとえば尋問する側に立って、警察、検事局側が意図的に回避した一連の問題があります。また、外務当局が、ドイツ大使館のディルクセン大使が、その後任のオット大使が、それぞれ極力ゾルゲを官庁方面に推挽《すいばん》したにもかかわらず、この事実は調書には少しも出てきません。

第二に、ゾルゲが日本の軍部によって非常に重視された事実が、これまた語られておりません。軍務局長が東京憲兵隊長を呼びつけて、「ゾルゲ先生の諸般の活動に便宜を計れ」と命令した事実があります。また、尾崎が陸軍参謀本部から、「ゾルゲの案内をせよ、新しい通信員で諸事不案内であるからお前が各方面を斡旋《あっせん》せよ」と要請をされましたけれども、これを尾崎は二度とも断っております。

ところが、尾崎自身がわれわれに語ったところによりますと、朝日新聞の幹部に呼びつけられて、社命としてゾルゲの世話をするように命じられたということです。こういう事実は調書には出てきません。語られなかった、あるいは日本の国家権力が触れることを避けた問題があります。軍部や外交機関はゾルゲに何を期待したのであったか。その問題が少しも語られておりません。これを解明できなかったのも、私たち古い世代の者の責任でありますけれども、この語られなかった部分にこそ、重要な問題が多々あるのではないか。日本の外交機関や、あるいは軍部が何をゾルゲに期待したのであったか。それは日本の将来を決定する国家意思を決定する上で、大きな関わりのある事項があったのであろうと思うのです。

これは私たちには解明できませんでしたけれども、二十一世紀にわたって研究を続ける若い世代の方々に、ぜひこれらの問題の解決をして頂きたいと思います。

それに関連しまして、私たちはとくにロシア国家に対してお願いしたいことがたくさんあります。一つはゾルゲが中国および日本で入手した各般の情報のすべてを公開していただきたい。まだ伏せられた問題がたくさんあります。

ソ連に拒否された身柄交換

石堂　それからゾルゲと同じようにヨーロッパでコミンテルン、あるいはソビエト国家のために情報を収集いたしましたトレッパーの「赤いオーケストラ」機関があります。トレッパーはゾルゲとほぼ同じ時期に、独ソ開戦を予告したことで知られております。トレッパーは非常に大きな対ソ貢献がありましたけれども、戦後、ソビエト機関に身柄を拘束されまして、ブティルスク監獄に投獄されたときに、同じ監獄に入れられた、関東軍の師団長だった元陸軍次官、富永恭次中将が知り合いになりました。

トレッパーが富永中将に対して「あなた方の軍部では、なぜソ連に捕らえられている日本軍人とゾルゲの身柄の交換の提案をしなかったのか」ということを質問しますと、富永中将は「とんでもないことである。わが方は三回にわたってゾルゲとの身柄交換の交渉をした。そのたびごとに、ソ連政府からゾルゲなる者は関知しないという回答があって、やむをえずわれわれは彼を処刑したのである」ということを富永中将自ら語っている。これらの資料は、恐らくロシアの関係機関に今でも保存されているのではなかろうかと思います。

ソ連に関するそれらすべての資料は、もはや半世紀以上経過しているので、これが公開されることによって、ゾルゲ事件の本当の意義が明らかになるのではないでしょうか。それは必ずしも、ソビエト国家の安危に関わるだけの問題ではなく、戦争か平和か、民主主義かファシズムかの分かれ目に人類が立ったときに、日本の国家機関自身がいかに苦労して最終決定に悩んでいるのか、そのような最終決定の段階でゾルゲ事件や尾崎が大きな働きをしているのでありますから、そのような角度からこのゾルゲ事件、あるいは尾崎の問題を見直すことができるならば、日本現代史の隠された部分を明らかにすることにつながっていくと思います。

ゾルゲや尾崎は決して、個々の小さなスパイ事件をやったのではありません。人類が当面している二十世紀最大の問題の発端を巡って、右にするか、左にするか、すべての国家が苦悩していたのです。日本国家もそうであります。ドイツ国家もそうであります。彼らはそれに深い関わりがあろうと思いますので、埋もれているゾルゲ事件関係資料の公開が達成されることを私は心から祈っていることを申し上げまして、ご挨拶に代えます。

（拍手）

司会　ありがとうございました。石堂さんは今年九十四歳になられました。ご覧のように矍鑠《かくしゃく》とされております。これからも若い研究者を激励していただきたいと思います。

それでは基調報告に移らさせていただきます。基調報告は国際シンポジゥム「二十世紀とゾルゲ事件」実行委員会委員長で、東海大学平和戦略国際研究所・白井久也教授です。

白井　会場の皆さん今日は。よくいらっしゃいました。主催者として大変嬉しく思っております。東京をはじめとする首都圏の方が多いと思いますが、中には大阪とか九州、遠くは沖縄から来られている人もいると聞いております。それだけゾルゲ事件に対する皆さんの関心が、非常に高い現れではないかと思っております。本当に今日はありがとうございました。

私が実行委員会から与えられました役割は、私が基調報告で言いたいことは、皆さんがお持ちになっているこのシンポジゥムの基調報告ということでありますが、本日のシンポジゥムの「レジュメ・資料集」に収録されている「ゾルゲ事件の歴史的意義」の中に、全部書いてあります。私は内外のシンポジゥムによく招かれますが、壇上で自分の報告のレジュメを棒読みにするパネリストがいます。聞いている方は退屈です。時間も、もったいない。私の基調報告はお読みいただいたことにして、「ゾルゲ事件の歴史的意義」について、補足的な話をしようと思います。

日本で盛んなゾルゲ事件研究

白井　ゾルゲ事件は半世紀以上も前に摘発された古い国際スパイ事件であります。にもかかわらず、そのシンポジゥムがなぜいま開かれなければならないかについて、少し申し上げたいと思います。現在、日本にはゾルゲ事件を研究している人が、だいたい百人ぐらいおられるのではないかと思います。国連の加盟国は全世界で、百八十八国ありますが、日本はその中でゾルゲ事件の研究が最も盛んな国であります。

なぜ盛んかといいますと、事件そのものが太平洋戦争開戦前夜の一九三〇年代および四〇年代初めに、日本を舞台に行なわれた国際スパイ事件であったこと、この事件を摘発したのは戦前の特高警察で、事件関係者の警察での尋問調書、検事の尋問調書、予審判事の尋問調書、それからゾルゲや尾崎が獄中で書いた手記、裁判記録など膨大な資料が残っていて、研究者にとって非常に好都合なことです。裁判は当時三審制だったんですが、戦争中はのんびり裁判をやっているわけにいかないということで、二審制に改められました。しかも、これらの記録や資料はみすず書房が出版した『現代史資料』全四十六巻（含む別巻）の中の『ゾルゲ事件』（全四巻）に収録されているのです。日本の研究者はこれを一生懸命研究しています。もちろん外国の研究者も、『ゾルゲ事件』シリーズを研究して、いろいろな論文を書いているわけです。国際スパイ事件であるゾルゲ事件は日本を舞台として行なわれたことによって、また、膨大な記録や資料が日本に残されたことによって、日本でゾルゲ事件研究が非常に盛んなのは、当然のことであります。

さて、私がなぜそのゾルゲ事件に首を突っ込むようになったか、申し述べてみたいと思います。私はいま東海大学の教員をしておりますが、この以前はジャーナリストとして三五年間、朝日新聞の記者をやっておりました。その後半の一九七五年から七九年にかけて満四年間、社命によってモスクワ支局長を命じられ、モスクワで特派員生活を送ったのであります。

当然のことながら、ゾルゲ事件も私の守備範囲に入ったわけですが、日本の全国紙は毎日朝刊と夕刊を発行。しかも、東京とモスクワの時差は六時間もあるため、昼夜の別なく働かざるをえません。世界中を見渡して、モスクワほど特派員の勤務条件が厳しい任地はないのです。しかも、モスクワは世界的なニュースの発信地となっていて、様々な問題が起こる。ソ連の内政・外交、クレムリンの人事、日ソ漁業交渉、その他もろもろの日常の出来事を報道しなければなりません。このためゾルゲ事件に興味があったのですが、特派員のときは実際はなかなかその取材まで手が回りませんでした。

一九七九年にモスクワ勤務を終えて、東京に帰ってきました。それから若干暇ができましたので、ゾルゲ事件関係の資料をこつこつと集めたり、生き残った関係者にインタビューしたりして、取材を積み重ねて勉強しました。その結果、明らかになったことは、日本の作家やジャーナリスト、評論家が著したゾルゲ事件の本を読みますと、だいたい先ほど申し上げた特高警察の資料を使って書いているわけです。だから研究者の目線は、特高とほぼ同じ見方でゾルゲ事件を解剖しているということに気付いたのであります。

そのころはまだソ連の資料を使ってゾルゲ事件研究をやる人は、皆無でした。ゾルゲ事件のように国際的なスパイ事件は客観的な研究が欠かせないのに、それにしては随分、不完全ではないかと思って、ソ連の研究者と情報交換をしたり、交流をしながら研究をする必要を痛感したわけです。それでとりあえず私はこの時点で、自分の研究した成果を『未完のゾルゲ事件』（恒文社）という本にまとめました。これは一九九四年に出版されました。当時のゾルゲ事件研究としては、もっとも新しいデータを盛り込んだ本であります。

これに前後して、新しい資料がぞくぞくと発掘される段階に至りました。このシンポジゥムのパネリストとして本日の午後に報告されるNHKプロデューサーの三雲節さんを中心とする取材班が、一九九一年にソ連が崩壊する前後にモスクワに乗り込み、ソ連の国防省、それから国家保安委員会（KGB）などと接触していろんな資料を発掘しました。その中にはゾルゲが日本から極秘にモスクワに送っていた暗号電報もあります。三雲さんたちはこれらの資料をもとにして『国際スパイ・ゾルゲの真実』（角川書店）という本を出版しました。この本にはゾルゲ電報の翻訳が数十通載っています。これは日本で初めてソ連ならびにロシアの資料を使って、ゾルゲ事件を解剖した著作となりました。

二十世紀を代表する国際スパイ事件

白井　それ以後、ロシアの文書を本格的に使っての研究はありませんでした。そこで私たちは今から二年ほど前にモスクワに行きまして、今日ここにロシアを代表してお見えになっていますゲオルギエフさん、ワルタノフさんたちの協力を得ながら、新しい資料を発掘するルートを開くことに成功したのです。

こうして発掘したゾルゲ事件関連資料は、われわれだけが独占して持っているのではなくて、やはりゾルゲ事件に関心がある人たちに公開して、ゾルゲ事件に対する世間の関心が益々深まっていくということは、非常に意義あることです。私たちはいつも言ってるのですが、ゾルゲ事件は奥行きが深いうえ大変な幅があって、非常に面白い国際スパイ事件です。研究をやりだすと止められません。一種の病《やまい》にかかるわけです。それをわれわれは〝ゾルゲ病〟と言っております。（笑い）次々に新事実が現れ、謎とされていた問題が解明される。ゾルゲ事件研究は、言わばパズルを解くような楽しさがある。研究者の多くがゾルゲ病にかかるのも、当然であります。ゾルゲ事件とは、そういう世にも稀な国際スパイ事件であります。

さて、二十世紀は余すところわずかであります。その二十世紀がいかなる世紀だったかを特徴づけるものは、やはり三回にわたって世界戦争が行なわれたということでしょう。第一次世界大戦、第二次世界大戦、それから最後は「冷戦」という名の世界大戦です。この三つの世界大戦を通じて最も特徴的なことは、敵対国の国家機密とか軍事機密をいろんな形で入手して、それを戦略、戦術に適用して兵力の運用を図り、敵国を圧倒的に叩くことがよく行なわれた事実です。そういうことで二十世紀は他方、新しい「情報戦争の時代」であったとも言えるわけです。

その意味でこういう観点からゾルゲ事件を眺めますと、ゾルゲ事件は二十世紀史上に残る最も国際的な、最も代表的なスパイ事件であったわけです。ですからわれわれがゾルゲ事件に関心を集中して、いろんな形で研究するのは当然のことでありまして、私をはじめ、今日ここにお見えになった皆さん方はこれからゾルゲ病にとりつかれるわけですが、（笑い）それは大変愉快なことであります。壇上から見ますと、だいぶお年寄りの方が多いわけですが、頭を使うということは長生きするために大変重要なことであります。ですから皆さん、ガンやエイズでは困りますが、どうぞ重症のゾルゲ病にかかっていただきたいと思います。（笑い）新しい知的興味が湧き起こってくるはずです。

本論に入る前に、ゾルゲ事件を研究するための雑誌や資料などについて若干、ここで紹介しておきたいと思います。こういう雑誌があるのを皆さんご存じでしょうか。『ゾルゲ事件研究』です。ゾルゲ事件についての専門家、研究者が集まって、半年に一回こういう雑誌を出している国は、世界広しといえども日本一カ国しかありません。これはさきほど本シンポジゥムのご来賓としてご挨拶された石堂清倫さん、歴史家の今井清一さん、それからゾルゲ事件の主犯として死刑になった尾崎秀実《ほつみ》の異母弟にあたる評論家の尾崎秀樹《ほつき》さん、この人たちが責任編集をしている雑誌であります。こういうものが出るほど、日本ではゾルゲ事件研究が盛んであるのです。

またこれとは別に、「三号罪犯と呼ばれて」という雑誌もあります。これまでに六号発行されています。これは元群馬大学学長の畑敏雄さんが代表を務める「伊藤律の名誉回復を求める会」が定期的に刊行している雑誌であります。

ゾルゲ事件摘発の端緒は？

白井　日本ではゾルゲ事件摘発の端緒について、元日本共産党政治局員の伊藤律が特高警察の拷問に屈して自供し、これによってゾルゲ事件が摘発されたという端緒説があります。それに対してそうではない。特高警察は伊藤律が自白をする前からゾルゲ事件関連の情報を入手して、摘発の手を進めていたのだという説があります。

前者の立場をとる人が作っているのが「ゾルゲ事件研究」で、後者の立場をとる人が作っているのが「三号罪犯と呼ばれて」であります。いずれも世界に類がないゾルゲ事件の専門的な研究誌です。読むとなかなか面白いと思います。是非、ご講読をおすすめします。定期購読者は必ずやゾルゲ病にかかることを私が保証いたします。（笑い）

では、次ぎにいま皆さんが会場にお入りになる前に無料で配っている朝日新聞のことについて、お話したいと思います。

朝日新聞は今年一月から「百人の二十世紀」というテーマで、毎週の日曜版で今世紀に活躍した人たちを取り上げて、ヒューマン・ストーリーを書いています。たとえばレーニンとか、マッカーサーとか、あるいはヒトラーとか、湯川秀樹とか、ツェッペリンとか、本田宗一郎とか、いろいろな人が出てきますが、その中でリヒアルト・ゾルゲも取り上げました。朝日新聞のご好意でゾルゲの特集が載った日曜版を無料で配っておりますから、まだお持ちでない方は是非受付でもらって下さい。

この記事を書いたのは私の後輩で、政治部の佐々木芳隆記者です。元来は安全保障を担当している記者ですが、「百人の二十世紀」でゾルゲを取り上げることになりまして、私のところにやってきて取材協力を要請しました。そういうことなら、私もOBとして引き受けましょうということで、彼と一緒にモスクワやゾルゲが生まれたアゼルバイジャン共和国の首都バクー、その郊外にある生家などを案内してきました。佐々木記者はこのときの取材の成果を「ソ連に裏切られたスパイ」という記事にまとめて、日曜版に掲載したわけであります。

さっき申し上げたように、ゾルゲ事件摘発の端緒については伊藤律が自供し、それによってゾルゲ事件が摘発されたという端緒説と、そうではなくて特高は伊藤律の自供を得る前から内偵を進めて一網打尽に挙げたという説があるわけです。この記事を読んで思うのは、やはり朝日新聞の記者は立派だなという感想であります。後輩だから言うわけではなくて、記事が良くできているということです。彼がどういうことを書いたかといいますと、ゾルゲ事件摘発の二つの端緒説のどちらも採用していない。彼は独自に取材をした材料によって、次のようにゾルゲ事件を紹介しているのです。

受け渡し場所が変更された活動資金

白井　一九三九年暮れ、太平洋戦争が始まる二年前にゾルゲ諜報団にとって致命的なことが起こりました。モスクワ中央が資金や秘密文書などの授受の場所を一方的に変更する指示を行ったのです。スパイ活動には活動資金がたくさんかかります。それまでゾルゲ諜報団がどうやって活動資金を得ていたかといいますと、上海に伝書使を派遣してモスクワからきた伝書使と落ち合って資金を受け取る。同時に日本で収集した秘密情報の文書や資料を渡す。あるいはカメラで撮影したフィルムを渡す。そういうやり方をやっていました。

ところが、一九三九年になってモスクワ中央の命令によって、こういうやりとりを上海ではなしに、「東京で行う」ように変更されました。具体的にどういうことかと言いますと、ゾルゲ機関員が在日ソ連大使館関係者と直接接触して、活動資金の受け渡しをやることになりました。

これはスパイ活動にとって、非常に危険なことであります。なぜ危険なのか？　戦前、戦中の日本は天皇制国家で、特高警察が四六時中目を光らせていました。とくに外国人の活動は大公使館員も含めて全部、特高に監視されているわけです。だからどこに行くにも特高の尾行がつく。それにもかかわらず、大使館と接触しろというのです。ゾルゲ諜報団にとって、これほど危険なことはありません。モスクワ中央はなぜ活動資金の受渡し方法を変えたのか？　ここにこの事件摘発の謎を解くカギがあるのではないかということを、佐々木記者は渡部富哉・社会運動資料センター代表から取材をして、そこに重点をおいて記事を書いたのです。これは従来の日本のゾルゲ事件研究者には、なかった視点であります。佐々木記者の問題提起はさらなる実証研究の積み重ねによって、追求していく必要があります。

ロシアで一九一七年に革命が起こり、資本主義国は「革命を輸出されたらかなわない」として一斉にソ連の内戦に乗じて干渉戦争を仕掛け、それが何年間も続きました。ソビエト政権はこのとき存亡の危機を経験したので、自分の国を防衛するために周辺国がどういう軍事的意図を持っているか探る必要が生まれました。こうして一九二〇年に赤軍参謀本部に諜報機関が発足を見たのです。

ゾルゲは一九三三年九月に、ソ連赤軍参謀本部の諜報機関のスパイとして、日本にやってくるわけですが、それにはラトビア出身のベルジンという大将が関わっております。ベルジンはロシア革命後、反革命分子を取り締まるためにソビエト政権が作った全ロ非常委員会（チェーカー）の指導者、ジェルジンスキーの戦友で、赤軍参謀本部の諜報機関の創設者。ゾルゲをコミンテルン（共産主義インターナショナル）から引き抜いて、赤軍諜報員として使った人物です。

ベルジンはゾルゲを日本に派遣する前に「ソ連大使館と絶対に接触してはならない。日本共産党員、日本共産党を除名された者はすべて特高の監視下にあるから、そういう者を決して諜報団員にしてはいけない」ときつく言い渡しました。

しかし、ゾルゲは残念ながら諜報団を組織するに当たって、そのメンバーや協力者の中に、共産党関係者も入れざるを得ませんでした。重要メンバーの一人、宮城与徳は沖縄出身の米国移民ですが、米国共産党員で、コミンテルンから派遣されて日本にやってきました。宮城は米国にいたときに知り合った同じ米国共産党員仲間の北林トモとの関係で、特高に逮捕され、拷問されると泥を吐いて、ゾルゲ諜報団が一網打尽に挙げられる羽目に陥ります。諜報団の中で宮城というのは最も弱い環だったわけです。ベルジンは長年の活動経験からそういうことが分かっているので、絶対に共産党関係者は諜報団に引き込んではいけないと、ゾルゲに釘を刺したのでした。特高の監視下にあるソ連大使館との接触を固く禁じたのも、このためでした。

ところが、モスクワ中央は突然、手のひらをかえしたようにゾルゲ機関員がソ連大使館員と接触して、活動資金を受け取れというのです。ゾルゲはなぜモスクワ中央がそんなことを言い出したのか、合点がいきませんでしたが、命令とあれば仕方がない。ゾルゲの指令に基づいて資金担当のマックス・クラウゼンは、東京・日比谷の帝国劇場、同じく日比谷の東京宝塚劇場、それから銀座のスエヒロというステーキハウスなどで、ソ連大使館員としばしば落ち合って金銭の授受をやったのです。やってる本人はだれにも感付かれないだろうと思っているけれど、その一部始終が特高の網の目に引っ掛かったことが想像されます。

朝日新聞の佐々木記者はここに目をつけて、ゾルゲ事件摘発の端緒はそういうところにあったのではないかという説を書いたのです。こういうことを日本人が新聞で書いたのは初めてのことです。「百人の二十世紀」でとりあげられた「ソ連に裏切られたスパイ」は、そういう意味で記念すべきゾルゲ事件特集記事ですから、是非、持って帰っていただいて、大いに研究の資料にして下さい。

話は変わりますが、昨日の朝日新聞の夕刊を御覧になりましたか？　今日これからパネリスト報告を行うワルタノフさんは一昨日モスクワから成田に着きましたが、朝日新聞の市川速水記者がぜひソ連の代表団に会いたいと言うので、私はスケジュールが詰まっているから「箱乗り」をすすめました。箱乗りとは、要人の密着取材のことです。要人は移動のとき必ず、自動車に乗ったり、電車に乗ったり、飛行機に乗ったりします。こういう移動手段を新聞記者の用語で箱と言います。従って、同じ箱に同乗しながら取材することを箱乗りと言います。京成電車で成田から日暮里まで一時間ほどかかるから、同じ電車に乗ってワルタノフさんから直接聞いたらどうかと知恵を貸しました。よその通信社や新聞社が来るかなと思ったらだれも来ない。これは朝日の特ダネになるなと思ったら、やっぱりそうなりました。

市川記者はそれでワルタノフさんに密着取材して、第二社会面トップで「ゾルゲは仕事中毒」という特ダネ記事を物にしました。この記事の内容は、要するにゾルゲは東京で物凄く働いて、たくさん機密情報を仕込んで、どんどんモスクワに送った。それなのにゾルゲ情報はモスクワ中央で、あまり信用されなかったというものです。スパイとしてのゾルゲの知られなかった一面が明らかにされ、これが特ダネになったのですね。ゾルゲやゾルゲ事件に関しては、埋もれた資料がまだまだたくさんあります。われわれ研究者は万難を排して、埋もれた資料の発掘に努めなければなりません。

では、本論に入りましょう。ゾルゲ情報は歴史的に見て、価値ある二つの大きな情報がありました。その一つは、日本が一九三一年に、軍事謀略によって満州事変を起こして、その翌年に日本の傀儡《かいらい》国家、満州国を造り、満州国と協定を結んで関東軍が兵力をどんどん増強しました。関東軍の異常な兵力の増強は、ソ満国境の軍事力バランスを一挙に崩して、ソ連は日本が攻めてくるのではないかという恐怖感にとらわれてしまいました。一九四一年六月二十二日、突如、ナチス・ドイツは「バルバロッサ作戦」を展開、百五十個師団の大軍がソ連になだれ込み、独ソ戦争（大祖国戦争）が始まります。もしこのとき日本が東の方から対ソ侵攻すれば、ソ連は両面作戦を強いられて、お手上げにならないとも限りません。赤軍参謀本部もスターリンも、文字通り崖っぷちに立たされたわけです。

日本は「南進」か「北進」か？

白井　東京で諜報活動をやっていたゾルゲは、果たして日本はソ連を攻めるのか攻めないのか、必死になって探りを入れました。日本も攻めようか攻めないか迷いました。なぜならば当時日米交渉が同時進行していまして、日本が南進つまり、アジア太平洋に進攻すると当然、イギリスとアメリカとの権益とぶつかるから、英米との間に戦争が起こる。一方、北進すれば独ソ戦で苦戦を強いられているソ連を叩きのめすことも可能だ。「南進」か「北進」か、どちらを選択するのが得《とく》か、日本は迷いに迷ったあげく、一九四一年七月三日の御前会議で、日本は北進せずに南進すると決定が下されるのです。

それをいち早く、ゾルゲが尾崎秀実《ほつみ》から情報を入手して、モスクワに打電しました。当時、モスクワはドイツ軍に包囲され、このままではお陀仏《だぶつ》という危ない状態にありました。スターリンは日本が攻めてこないということを知って、極東ソ連軍の大軍をシベリア鉄道によってどんどんモスクワに送りました。この援軍のおかげでソ連軍はドイツ軍の包囲の鎖を断ち切って反撃に出て、勝機を掴んだのでした。こういうことでゾルゲの情報はソ連にとって大変役立った、ということが言われているわけです。

もう一つは、ゾルゲがドイツの対ソ侵攻の期日を事前に予告したことです。一九四一年六月二二日にドイツがソ連に攻めてくるわけですが、その数週間前にドイツの侵攻をゾルゲが通報したことです。これが「凄い情報である」と言われています。

ところが、これらを具体的に検証してみると、本当にそうなのかという疑問が起きてきます。とくにドイツ軍の侵攻については……。これはロシア語版の「保安勤務　諜報と防諜の情報」(一九九八年 №一～二号)という雑誌です。ロシア連邦保安局の発行で、この中に「ところで、攻撃は電撃的に行われたのであった」という論文が載っていて、私の翻訳が「レジュメ資料集」(本書二一五ページ)に収録されています。あとで結構ですから、皆さんよく読んで下さい。

この論文は、ボリス・スイロミヤトニコフという人が書いたものです。これを読みますと、ドイツがソ連に攻めて来るぞという情報を送ってきたのは、ゾルゲだけではありません。ゾルゲは自分だけが送ったと思い込んでいますが、当時、ヨーロッパにはソ連の諜報団員がたくさんいて、ドイツの戦争準備や、対ソ侵攻の情報をどんどん送ってきました。在外公館からもドイツの対ソ侵略が近いという情報が入りました。それでスターリンのところにドイツ軍の情報が集中したのです。だが、スターリンはいずれも「偽情報だ」と言って無視してしまいました。

それだけではありません。英国のチャーチル首相も早くからドイツが攻めてくるぞと言って、ソ連に警戒を呼びかけたのですが、スターリンは一切、信じようとはしませんでした。それは当時、ソ連とドイツは不可侵条約を結んでいて、いわば友好関係にあったので、だからチャーチルがそういうことを言うのは、「ドイツとソ連を戦争させようとする陰謀ではないか」と、スターリンは疑ったのです。このためスターリンは、ドイツの対ソ侵攻にまつわるいかなる情報も、受け付けませんでした。ゾルゲ情報の評価については、やはりこういう新しい資料を使って、研究し直さなければならない、いろいろな問題があることをここで指摘しておきます。

ソ連共産党の苛烈な党内闘争

白井　ゾルゲ事件を考える場合そういう問題の一つとして、非常に大事な視点は、ソ連共産党内部における権力闘争と情報機関の関係があります。これは今まであまり顧みられなかった大事な視点で、これについてわれわれは研究しなければなりません。一九一七年にレーニンが指導するロシア革命が成功して、ソビエト政権が誕生しますが、レーニンは社会革命党（エスエル）の過激派に狙撃されて、一命は取り止めたものの、三回ばかり発作を起こして、最後は生ける屍《しかばね》になって一九二四年一月二一日に死去します。レーニンが死ぬ前後から、その後釜を巡って、だれがソ連共産党の権力を引き継ぐかということで、苛烈な党内闘争が起きました。日本共産党の党内闘争など、それに比べればちゃちなものですよ。何しろ、スターリンは政治警察を使って、自分の反対派をどんどん粛清、しかも肉体的に抹殺していったからです。

白井　最初、スターリンはジノビエフ、カーメネフ、ブハーリンと組んで、トロツキーを追放する。トロツキーが追放されると、次にスターリンはブハーリンと組んでジノビエフ、カーメネフを粛清する。最後に残ったのはブハーリンだけです。ブハーリンを片づけるのは簡単です。スターリンはこうして反対派を次々に粛清することによって、権力を握りました。その手下となって働いたのが、ソ連の政治警察です。

ソ連の政治警察は長い歴史があり、レーニン時代に創設された反革命・サボタージュおよび投機取締非常委員会（チェカー）に始まって、国家政治保安部（GPU）、合同国家政治保安部（OGPU）、内務人民委員部（NKVD）という具合に、どんどん肥大化していきました。一方、ソ連軍は参謀本部の中にゾルゲが所属した諜報機関を作りました。これはその頭文字をとってGRU（グルー）と呼ばれ、NKVDとは別に、諜報活動をやっていました。

一九三四年のキーロフ暗殺事件をきっかけに、スターリン大粛清が始まって、ソ連軍にもその粛清の波が押し寄せてきました。ゾルゲの直属の上司であったベルジンが粛清される。ベルジンの後任だったウリツキーも粛清されていく。こうして一九三八年にはベリヤがNKVDのボスになって、GRUを監視下に置き、トップを送り込んだのでした。このためNKVDがソ連の諜報組織のすべてを牛耳る組織体制が確立されました。ゾルゲが諜報活動をやりはじめた頃に比べると、諜報組織そのものが再編成されてがらっと変わってしまいました。この結果、GRUの諜報員だったゾルゲ情報は組織的に信用されなくなってしまいました。

この背景には、諜報員としてのゾルゲの出自に絡んだ複雑な事情があります。ゾルゲは最初、コミンテルン常任幹部会員で、のちにスターリンに粛清されたブハーリンの系列に属する人物だったのです。ブハーリンで諜報活動をやっていました。コミンテルンで諜報活動をやっていました。

人一倍猜疑心の強いスターリンは従って、ゾルゲを疑いの目で見ておりました。ベリヤもスターリンと同じでした。ゾルゲ情報が絶えず眉に唾を塗って見られたのは、このためでした。

ベリヤたちはゾルゲの情報を見て、「こんなのは駄目だ」ときめつけ、スターリンのところに上げようとしませんでした。スターリンに見せるときでも「これは問題だ」というコメントをつけるという始末です。こうして貴重なゾルゲ情報が闇から闇に葬られる事態が生じるようになりました。ゾルゲならびにゾルゲ諜報団にとってこんな残念なことはないでしょう。この問題に関する詳細は、ワルタノフさんやゲオルギエフさんがこのあとのパネリスト報告で、述べられるはずです。

だからソ連共産党の党内闘争史も研究しないと、ゾルゲ事件の本質は分かりません。共産党の権力闘争と絡んで、どうやってソ連の諜報組織が再編成され、その過程でGRUが地盤沈下していったか、これも非常に重要な視点です。いままでは残念ながら、日本の研究者の多くは、そういうことにはあまり考えが及ばず、特高資料を重箱の隅をつっつくようにして、ああでもないこうでもないとやっていたんですね。そのこと自体はもちろん、大事なことでありますが、いまやゾルゲ事件研究はロシアの資料を使って、もっと多角的な立場で研究しなければいけないというのが、私の考え方であります。

日露歴史研究センターの発足

白井 それでは、どうやって研究を進めるか。いろんなやり方があるわけです。しかし、ゾルゲに関する情報や資料を持っているのは、ロシアの国家機関です。それは参謀本部であり、ロシア連邦保安局（FSB）であり、いわばそういうお役所です。いかに白井久也がゾルゲ研究家として個人的に頑張っても相手にしてくれません。日本だってそうでしょう。一個人がお役所にいって名刺を渡して極秘資料を下さいといっても、くれるわけがないです。ロシアは官僚主義の見本みたいな国家。全然、駄目です。

私たちは外国を相手に研究を進めるにはまず、しっかりした組織を作ることが先決だという結論に立ち至りました。一昨年の春に、東京と関西の学者仲間で歴史問題に興味のある有志が二、三十人ほど集まりまして、具体的な話し合いをしました。その結果「日露歴史研究センター」という民間交流機関を作りました。これは皆が会費を出し合って、ロシア側と接触して、先方の学者や研究者と個人的に仲よくなったり、お役所とも交流をするための機関です。相手はお役所ですから。公式の申込みをするため、便箋も作らなければならない。封筒も作らなければなりません。電話を一発かけて、頼みますじゃ駄目です。そういうものをすべて用意して、今ようやくロシアの関係機関と、交流が始まったところであります。

これからは、ロシアといろんな形で交流をすることによって、新しい資料が日本にどんどん入ってきます。今回世界で初めて開かれたこのゾルゲ事件国際シンポジゥムも、こうした日ロ交流の一環です。これだけの人がお集まりいただいて、何か面白い話が聞けるのじゃないかなと、みんなが関心を持っている。入場料はたった千円ですからね、安いものです（笑い）。今日は新しい知識を仕入れて帰ることができるのですから、みなさんはものすごく楽しいのではありませんか。

会場の受付にはたくさんのゾルゲ事件の文献や資料がありますから、是非、お買い求めになって研究してください。新しい世界や地平が広がります。そういう意味で私たちは、シンポジゥムをこの一回だけでは終わらせないで、今後も続けていこうと考えています。毎年開くのは大変ですから、一年か二年おきに開きたい。国際シンポジゥムですから最初に東京でやったら、次回はモスクワでやる。その次はベルリンで、と限りなく夢が広がるわけです。きょう来られた方々は、是非、名前と住所を登録しておいて下さい。これからいろんな案内状や「ニュースレター」を送りますから。問題は資金です。お金がないと、何事もうまく運びません。ゾルゲ事件関係の文献や資料を読むだけでなく、われわれのゾルゲ事件研究の趣旨に賛同されたら是非カンパをして下さい。われわれも金集めをやりますが、皆さんからのカンパを大事に使って、ゾルゲ事件がらみの日ロ交流を長く続けたいと思います。

つい最近のことですが、ある協力者が私たちの組織に新しい資料を提供され、幸先のいいスタートを切ることができました。ドイツの有名な雑誌「シュピーゲル」に載ったゾルゲに関する数十編の記事や論文のコピーです。ゾルゲはロシア人とドイツ人の混血ですが、育ったところはドイツです。しかも日本にはドイツの有名な新聞社の特派員として来ました。その関係でいろんな記事や資料を日本からドイツに送っています。それからカール・ハウスホーフアーという有名なドイツの地政学者がいましたが、その人が出版していた「地政学雑誌」にもたくさん論文を寄稿しています。それはドイツ語で書いたものです。だからドイツにもたくさんゾルゲ関連の資料があるはずです。今度、私たちが入手した、「シュピーゲル」の記事は、ドイツのゾルゲ事件がどういうふうに扱われているかを知るのに、もってこいの資料です。できだけ早く邦訳に取りかかって、研究を進めるつもりです。これは日本のゾルゲ事件研究家にとって貴重な資料となるでしょう。これからは未知の分野で、ゾルゲ事件研究の新しい展望が開けそうです。皆さんも私たちと一緒に、ゾルゲ事件の研究をやっていこうではありませんか。必ず面白い発見があると思います。

今日はお年寄りの方が非常に多いですが、そのためには長生きしていただかなければなりません。ポックリいってしまっては、面白いことを楽しめなくなりますから。是非、余生を元気でお過ごし下さい。だいぶ時間が長くなりましたが、これをもって私の報告を終わりたいと思います。午後に質問の時間がありますので、その際またいろいろお話することもあるかと思います。私の報告は一応、これをもちましてを終わらせていただきます。皆さん、ご静聴ありがとうございました。(拍手)

司会　白井さんありがとうございました。硬いシンポジウムの雰囲気が、一気に和らいできました。

ロバート・ワイマント氏は先ほど申し上げましたようにイギリスに帰国されており、まだ日本に戻っておりません。実行委員会が発行しました「ニュースレター」の第一号にワイマント氏の横顔が、それからワイマント氏のレジュメは「国際シンポジゥム・レジュメ資料集」に載っておりますので、是非これをお読みいただくということでご了承下さい。続きまして、ロシア語版「今日の日本」の編集者でいらっしゃるユーリー・ゲオルギエフ氏に報告をお願いします。ロシア有数の日本通であるばかりでなく、ロシア科学アカデミー歴史学博士候補として専門分野の研究で活躍していらっしゃいます。

ゲオルギエフ　司会者から日本語で話すように要望がありましたが、非常に大勢の方々が集まっておられますから、ロシア語でやることにします。報告の後で質問がありましたら、日本語の知識を使って、日本語でしゃべることにします。

皆さん、お手許に「レジュメ資料集」があると思いますが、その中に私が著しました三つの論文が載っています。時間の関係でその三つのテーマの内の一つ、「二十世紀の研究者および学者としてのゾルゲ」というテーマで、これからお話をしたいと思います。ゾルゲの研究者あるいは学者としての側面はこれまで、彼のスパイ、諜報員としての活動に覆い隠されてきました。しかし、私は彼の学術面の活動については、独立した章を与えて研究すべきだと思いますし、また、そうした側面からの彼の研究というのは、彼の諜報員としての活動よりは、面白いとも思っております。その中でまず最初に私は、マルクス主義者、マルクス主義研究者としてのゾルゲについてお話をしたいと思います。

マルクス主義者としてのゾルゲ

ゲオルギエフ　いわゆるゾルゲの著作というものの半分は、彼のコミンテルン時代に「国際共産主義通信」（インプレコール）という機関誌の中で発表されています。こうしたコミンテルン時代のゾルゲの著作を読んでみますと、ゾルゲはそこで極めて明確に階級的なアプローチをとっていることが見てとれます。こうした階級的な発想の表現が、マルクス主義の学術的な最も力強い部分であることは、皆様がよくご存じだと思います。

もっとも、ゾルゲが活動していたコミンテルンの時代には、こうしたマルクス主義における階級的なアプローチの方法が絶対化されておりました。こうした結果といたしまして、当時の有力なマルクス主義の理論家は、階級理論の絶対化の結果としましてドグマ的になり、あるいはセクト的になったわけであります。当時、コミンテルンはファシズムの問題とか、あるいは軍事化の阻止であるとか、あるいは平和の問題に従事しておりました。しかし、当時の階級主義の絶対化理論の状況のもとでは、当時のコミンテルンの活動家は、こうした問題がいかに大きな重要な問題であるかということを、現実に理解することができなかったわけであります。

ゾルゲ自身も、有能な研究家であり活動家でありましたが、やはりこのカテゴリーから完全に脱却することはできませんでした。彼自身は研究者であるという本質を守り続けました。彼はつねに自分の研究については、現実から理論へ、あるいは個別化から一般化へというアプローチをとっておりました。その結果といたしまして、彼の研究活動の中で先ほど申し上げましたようなセクト主義から、脱却することができたのであります。

一つの具体的な例としまして、一九二八年にロシア語およびドイツ語で出版された彼の主要な著作、『新ドイツ帝国主義』を例にとって申し上げたいと思います。この著作の中で帝国主義を分析しながら、彼はレーニンの立場に移行してきました。ゾルゲは若いころにローザ・ルクセンブルクに非常にひかれておりました。当時の若い共産主義者はみんなそうでした。ローザ・ルクセンブルクの帝国主義の理解というものは、レーニンよりははるかに限定された幅の狭いものでありました。ローザ・ルクセンブルクの理解によりますと、資本主義というものはつねに資源を求めている。源泉をもとめているという立場にたっているということです。しかし、『新ドイツ帝国主義』では、ゾルゲはレーニンの有名な帝国主義の五つの定義を理論として取り入れました。この中で、ゾルゲはレーニンのいう帝国主義の五つの原則というものが、全体として一つの古典的な帝国主義の基本を作っていると述べています。

さらに彼は、この古典的な帝国主義の定義以外に、新しい新古典的経済原則があり、それはそれぞれの国によって、たとえばドイツだとか日本だとか、そうした国によって個別に適用されるというようなことを述べています。ゾルゲはドイツの状況を分析しながら、この五つの原則のうち、たとえばドイツの資本主義は、まず第一に植民地を持っていないということ、あるいは世界の植民地的な分割に参加していないということ、第二に自国の資本の輸出を行っていないということで、レーニンの五つの古典的な定義のうち、二つはドイツが非常に弱い部分だと述べています。

こうした分析を経て、彼はこの本の中で、当時ドイツにおいては新帝国主義が形成されつつあると書いているのです。現在、振り返ってみると、ドイツに関するこのゾルゲの分析は正しかったと思います。現実にドイツでは十年ないし十五年を経て、新しい帝国主義というものが、政治的にはファシズムという形をとって形成されました。私の考えでは一九二八年当時、ゾルゲが用いた分析の手法は、第二次大戦後のドイツの状況を分析するうえでも、有効だと考えています。

私自身は日本経済の専門家ではありませんが、もし仮に私が今日の日本の資本主義を分析するとしましたら、やはり一九二八年にゾルゲが用いた手法は、私にとっても役立つだろうと考えています。

やや退屈で、難しい話を少し長くお話しましたが、私が意図しましたのは、ゾルゲは単なる軍事スパイではなくて、深い知識を持ったマルクス主義に立脚した研究家であったということを、申し上げたかったわけであります。

もう一つ、彼のジャーナリストとしての側面に関係する話を申し上げたいと思います。一九三三年から四一年の間、ゾルゲはいわゆる新聞記者として当時のドイツの、戦前のドイツの「ベルリン・ビュルガー・ツァイトゥンク」、あるいは「フランクフルター・ツァイトゥンク」あるいは「ツァイトシュリフト・フュア・ゲオポリテーク」といった新聞、雑誌などに寄稿しておりました。

私は実は学生時代に、日本語を勉強する前にドイツ語を勉強いたしました。このため私は、当時のゾルゲの記事のコピーを直接ドイツ語で読むことができるのです。私はゾルゲの記事をドイツ語で読んでいつも、満足しております。理由を申し上げますと、彼は当時のいわゆるブルジョワ新聞・雑誌に寄稿していたわけでありますが、彼の立場は明らかにマルクス主義者として書いております。ただ一点、マルクス的な用語を使わなかったということです。でもその手法は、マルクス的な手法でありました。

現在のロシアでは、ゾルゲのこうした著作は立派な地政学の研究者、あるいは政治学者が書いた論文や記事として読まれています。日本の皆さんはご存じかどうかわかりませんが、少なくもヨーロッパでは非常に知られた事実であります。ただ、ヨーロッパでもゾルゲのこの件に関する話というのは、間違った部分が多いのですが、ここでゾルゲが寄稿した記事に関する一つのエピソードをお話したいと思います。

それはヨーロッパ向けの記事の一つで、一九三六年二月二六日に東京で起こりました一部の軍人による政府転覆の計画についてであります。記事全体では他にも面白いものがありますが、一点だけに限ってお話を申し上げたいと思います。この事件、つまり「二・二六事件」というものは、最終的には反乱を犯した青年将校側が負けるという形で終わったことは、皆さんよくご存じだと思います。

ソ連紙に転載されたゾルゲ論文

ゲオルギエフ　しかし、ゾルゲはこの記事の中で、確かに青年将校は負けて壊滅したわけですが、軍の日本の政治および政府に与える影響は急上昇した、と分析しております。彼は当時の「ベルリン・ビュルガー・ツァイトゥンク」にこう書いています。「この事件の結果として、日本は議会政治に決別して軍事独裁に向かった」と。このドイツの新聞に載った記事は、一九三六年四月十五日のソ連イズベスチヤ紙に転載されました。この記事は非常に大きな反響を呼びまして、二日後には当時、有名な共産主義者でありましたカール・ラデックが強い関心を示しております。

カール・ラデックはコミンテルンの指導者の一人で、三〇年代にイズベスチヤの政治評論員としてのキャリアを終わっております。この記事に関してカール・ラデックは以下のコメントを述べています。

「イズベスチヤはベルリン・ビュルガー・ツァイトゥンクの記事の一部を引用した。この記事の意味するところは以下である。つまりベルリン・ビュルガー・ツァイトゥンクはドイツ軍および重工業の代弁者である。従って、このベルリン・ビュルガー・ツァイトゥンクの評価というのは、日本における軍部のこの事件に対する評価と一致すると考える」

カール・ラデックはドイツの新聞に載ったゾルゲの記事を通じて、日本政府の動向を読み取ったわけであります。ゾルゲの記事はベルリンでもモスクワでも、それなりに重視されていたと思いますし、その結果として、ロシア語に転載されたわけですが、このことは逆に日本にこだまとなってはねかえってきて、逆の反響があったと思います。それで、これから申し上げるような出来事がありました。

ゾルゲはカール・ラデックがイズベスチヤ紙に書いたこのコメントをロシア語で読みました。ゾルゲはカール・ラデックをよく知っておりました。二人は一緒にコミンテルンで働いていたこともあります。しかし、当時ラデックがコメントしたその記事が、ラデック自身彼のかつての同僚であるゾルゲが書いたものとは夢にも思っておりませんでした。

ゾルゲはただちに東京からモスクワに対して、ドイツの新聞に現れた「ＲＳ」、つまりリヒヤルト・ゾルゲの署名入りの記事をソ連紙に転載して検閲機関の余計な注意を引かないようにという電報を打っています。

これ以外にもお話したいことはありますが、いま申し上げた二点を取り上げただけでも、ゾルゲはマルクス主義の研究者としても、またジャーナリストとしても、二十世紀を代表する人物だったということを指摘できると思います。

最後に私はこの席を借りまして、きょう、ワルタノフさんとこちらに参りまして、皆さんと直接に意見を交換できる機会を作ってくださったこのシンポジゥム実行委員会に、感謝いたします。

私はもちろんロシア人ですし、ロシア人としてわれわれにはわれわれなりの伝統があり習慣、やり方があります。

昨日、われわれはゾルゲの墓参に行ってきました。ロシア人のやり方に従いまして、お花とウオッカと黒パンをロシアから持参し、ゾルゲの墓にウオッカを注ぎ、そして黒パンを供えて、お参りしてまいりました。

また同じように、お客に招かれたときには必ず主人に何か贈物をするというロシアの習慣があります。そういうことで私は研究者の立場から、私の最新の著作の一部を実行委員会に差し上げたいと思います。十九頁の文献目録を作るために約半年かけました。ロシア語、ドイツ語、日本語で書かれたゾルゲ関連資料の文献目録として、これが最新のものだと思います。それと私は旧コミンテルンの公文書館で非常に興味のあるゾルゲ関連の資料を幾つか発見し、コピーを取りました。この二つの文書を実行委員会に進呈したいと思います。

白井　これを日本語に翻訳して、皆さんのお手許に届くようにいたします。ありがとうございました。

司会　通訳はロシア東欧貿易会嘱託の吉田臣吾さんでした。予定より五分ほど早いですが、休憩に入ります。質問票が受付の方に用意してありますので、パネリスト報告に関するご質問は午後三時十分までに、誰宛で、どういう質問なのか、明記して受付に提出してください。

今回は初めての国際シンポジウムということで、ゾルゲ事件に対する皆さんの関心を深める狙いで、沢山のゾルゲ関係の書物を受付に用意いたしております。ゾルゲ事件関連の様々な著書のほか、資料「三号罪犯と呼ばれて」など、多数そろえています。是非お買い求めください。

午後一時からこの場所で、実行委員会編集のゾルゲ事件関連のビデオを放映する予定でおります。大変珍しい作品です。お見逃しなきよう、お願いします。それでは暫時休憩といたします。

国際シンポジウム「二十世紀とゾルゲ事件」

Ⅱ　午後の部

司会　それでは、シンポジゥムを再開いたします。午前に続いて午後も私、樋口が司会を務めさせていただきます。最初のパネリスト報告は、ＮＨＫプロデューサーの三雲節さんです。三雲さん、よろしくお願いします。

三雲節　ただ今、司会者からご紹介していただきましたように、私はふだんテレビの番組を取材し制作している者でありまして、決してゾルゲ事件を専門に研究している立場でないということを、最初に申し上げておきたいと思います。

ゾルゲ事件特集の番組を放映しましたときは、ちょうど現代史の謎解きを次々と放送していた時期で、前後四五分ずつ合わせて九〇分の特集番組でした。改革（ペレストロイカ）が始まってソビエトという大国が大きく揺れて、いったいソビエトという国は、どこへ向かって行くのかという、息詰まるような雰囲気がみなぎっていたときでした。ゾルゲ事件の特集番組は、そうしたソビエトが崩壊していく年に、現地で取材したものです。

ゾルゲ事件特集番組の制作

三雲　この十年ぐらい前の一九八七年、ソビエトという国に初めて取材に行きましたときに強い興味を持ちまして以後、番組の制作を続けていきました。ドキュメンタリー番組を作る場として、当時のソビエトは非常に新鮮だったのです。なぜかといいますと、長年にわたって情報が閉ざされて全然出てこない、いわゆる「鉄のカーテン」に阻まれていたからです。そこで、日本も含め周辺の国々がいわゆる西側の情報という形で、ソ連の中にある生《なま》の情報ではなく推測や憶測に基づいた情報によってソビエトという国を推し測ってきたのです。逆に言えば、「カーテン」の中に入れば、そこは新鮮な情報の宝庫だったのです。

そのときゴルバチョフ大統領という魅力的な人物が登場してきて、ペレストロイカという政策を掲げたわけです。同時に彼は情報公開（グラスノスチ）という言葉を使い始めました。彼には世界が東西に分断された関係を何とか改めようという気持ちが、問題意識としてあったのではないか。そういう新しい段階を迎えて、われわれ取材し番組を作る側の人間もソビエトの外側からではなくて、内側に入って本当の姿を見、資料を探し出すことができたら、ソビエトの真実の姿に迫ることができるのではないかという気持ちが初めて持てるようになってきたのです。いまこの会場でご覧いただいた番組の中でわれわれが努めてやろうとしたのは、推測や伝聞に頼るものではなく、第一次資料といいましょうか、生《なま》の資料を使って、隠されていた真実に迫る手法であります。

たまたまゾルゲがかつて命がけで守ろうとしていたソビエトという大国が揺れて、大荒れのときであったこともあり、歴史の上では皮肉なことでしたが、取材を通して、一方ではゾルゲという人物の魅力、謎の多さ、スケールの大きさに触れることができ、様々なことを感じました。その点について、当時、番組を作るだけではなく記録としてまとめ、角川書店から『国際スパイ　ゾルゲの真実』という本を出版しています。

現代史の中で、ソビエトという国が倒れ、まもなく八年たとうとしていますが、今不満を感じる部分があります。それは当時、ソビエトが掲げたグラスノスチという公約がその後も、本当に変更されることなく続いているんだろうかという問題で、これが一番重要なことだと思います。そういった問題点を検証するためにも、私たちが調べたゾルゲ事件は、重要な役割を果たすのではないかと思います。

当時、私がグラスノスチという言葉にのっかって、ソビエトを取材しようと始めた動機は、日ソ関係の探求にありました。それまで日ソ関係の日本側の資料、見方というのはたくさん出されていましたし、研究もされていましたが、それに対してソビエト側はどう判断し、交渉してきたのかという点についてはあまり資料がありませんでした。

ソビエトの情報公開

三雲　ちょうどそのころ、ゴルバチョフ大統領がソビエトの首脳として初めて、日本にやってきました。ソビエトはまさに変わろうとしている。ソビエトがグラスノスチを掲げるということなら、日ソ関係を捉えなおすチャンスだと考えて、何度もモスクワに行きました。ソビエト側が日ソ関係、対日関係をどう見ているのかということを、できるだけわれわれに生の資料を公開してほしいと申し入れて、何本も番組を作りました。そのときにソビエト外務省、軍、国防省、それからきょうここにお見えのワルタノフさんの戦史研究所にも行きまして、様々な資料を出していただいています。非常にフレッシュな資料が集まりました。いいかえれば当時としては、ソビエトは日本よりはるかに進んだ情報公開をしてくれたのです。

ソビエトは資料を積極的に出していこうという気持ちがあったと思います。しかも、ゾルゲ事件は諜報事件であって、それも秘密情報です。しかし、そうであっても決して究極の秘密とは思えません。仮に究極の秘密でも、たとえばアメリカでは、二五年ルール、三十年ルールがありまして、よほど特別な判断を下したもの以外は、あらゆる情報を一定の年限を区切って必ず公開する。それは情報公開の一つの在り方です。そういうものが、一方の大国アメリカにあるのに、グラスノスチを掲げるロシアではどうなっているのか。たとえばこういう諜報に関するものは、日ロ関係を説き明かす一つの重要な情報なのだと、公開を求めて交渉を何回も積み重ねた結果、最終的にOKを得ることができました。

ただ、対ソ交渉に当たったとき、一番の問題はどこに資料があるのかということでした。この点については、ソビエトの中での混乱もあったと思います。今回の報告のレジュメの中でも書き切れなかったくらいですが、ソビエトのあらゆる機関からわれわれにアプローチがありました。ある映画会社は、「われわれはいまゾルゲの映画を準備している。それを作るための全部の資料を持っている。その資料をあなたたちが使ったらどうか」と接触を求めてきました。

同じような接触が、国家保安委員会（KGB）からもありました。ペレストロイカの中でそれぞれの組織が広報のセクションを持っていました。KGBでさえもまだ動き出したばかりなので、盛んに情報を売り込みたいとPRをしたのです。早速、情報を得るためにソビエトに行きまして見せてもらいましたが、そこで分ったのは、どれもわれわれが考えていることとちょっとずつズレがあることとでした。

そのことがあの国の一つの問題だと思うのですが、われわれが求めている本当の資料は一体どこにあるのか、さっぱり分らない。組織の縦割りの弊害なんですね。その資料に基づいて、この本ができたのです。私の手元に今、十冊ぐらい資料のファイルがありますが、どれも日付と文書が異なり、そのうちのどれが正しく正しくないかを判断する材料がありません。しかし、私はそれをちゃんと見ることができました。

もちろん、そこに至るまでに壁に突き当たって、ゾルゲ事件の番組はもうできないかもしれないという気持ちになったときに起こったのが、ゴルバチョフが追放されるもとになった「クーデター事件」でした。後から聞いたことですが、とくに国防省関係者が言うには、軍も二つに分かれてすごく揺れていました。つまりゴルバチョフ路線でいくのか、そうでない反動的な動きになっていくのか、まったく予想がつかなかったからです。

そういった流れの中で、果してグラスノスチという言葉を鵜《う》呑《の》みにしてよいのか。それに安易に寄りかかるわけにいかないのではないかという一種のせめぎ合いがあったことは確かなようです。軍部だけでなく、ソビエト全体でいろんな資料がありました。情報公開は共産党を含めて、全体として開かれた制度を作っていくべきなのか、それとも全面公開はできないのではないかという激しい議論の真っ只中に、われわれは飛び込んでしまっていたのです。

この頃、突発的なクーデター事件の取材に走り回って、番組を作ったりしているうちに一週間ぐらいが過ぎてしまいました。その間はゾルゲ事件の取材のことは、まったく忘れている状態でした。変化が起こったのは、クーデター終息の直後でした。そのとき軍の方から、それまで絶対駄目だと言っていたのに「資料を見せる用意がある。ただし全部見せるわけにいかないので、見たい資料のリストを作ってほしい。リストにあるものはお見せしよう」という申し出がありました。このことはあの国にとって、グラスノスチの確かな一つの結果としてあったことなのだろう、と私は思っております。

　軍が公開・提示してくれた資料の中で最も重要なものは、ゾルゲが日本で入手した秘密情報をモスクワに打電した電報のコピーです。全部で四十通ぐらいになると思います。日本語に翻訳して番組の中でも紹介しましたし、本の中にも日本語訳をすべて収録しました。ただ残念なことに最初に出版した本が絶版になっておりまして、のちに出版された文庫本では、この部分が省かれております。

　本日のシンポジウムの中で、いくつかの問題として、今後研究を進めていくための、もしくはゾルゲ事件を説き明かしていくための原則作りというのでしょうか、そういうものができたらいいのではないかと、私なりに考えてきました。

　それは日本について言えばですね、午前の部の基調報告で白井さんが言及されましたように、日本には公開資料が溢れています。ただそれは特高調書が中心となるもので、ゾルゲを中心に取り調べた被疑者グループが語ったものです。ですから日本の中で誰と誰がどういう関係を持ち、どういう情報が流れ、それがどういう節目でどう扱われていたかはくまなく調査できることだと思います。

ゾルゲ情報の評価

三雲　しかし、ゾルゲという人物がソビエトの諜報員として果たした役割を考えると、日本国内で起こったことだけを追及しても、彼のすべてを検証したことにはならない。極端にいえば半分にしかならないと思います。彼にとって諜報というものが本義であったとすれば、やはり彼の集めた情報がソビエトにどう伝わり、ソビエト国内でどう評価されたかが伴わなければ完結しないと思います。つまり日本の中のゾルゲ事件という扱いで把《と》える限り、ゾルゲ事件の全体像は見えてこないというのが、私の見方です。

　その一方で九一年にグラスノスチが展開する中で、ソビエトはゾルゲ事件関連の基本的な資料を公開してもいいと一度は判断したものの、先ほど申し上げたように混乱状態が続いていたこともあって、秘匿されてきた資料を全面的に公開して、真相を明らかにする決断がなかなかつかなかったようであります。私がソビエトで入手した資料も残念ですが、すべてではなく限られております。ですから今後はゾルゲ事件についても、日本で諜報活動をしたゾルゲ、ゾルゲから諜報を受け取ったソビエトという二つの関係の溝を埋めていく作業が必要になると思います。その溝を埋めていくときに、まず必要となるのは日本側の資料に呼応するロシア側の資料というのは、国防省や軍の参謀本部の資料室のどこに何番のコード番号で保存されているか、誰もが同じようにアクセスできる形で確定されなければならないことでしょう。

　本日のシンポジウムは「二十世紀とゾルゲ事件」というタイトルになっておりますが、二十世紀の中で続いてきた日ロ関係というものを考えるときには、双互の資料を突き合わせて考えるという、このごく当たり前のことがまったく混乱していることを否定できません。日本は日本の中である立場からいろんなことを言い続け、いろんな反応を示し、ロシアはロシアの中でソビエト時代を含めていろんな反応をしている。だから日本の中ではゾルゲはいつまでたってもスパイ・ゾルゲであり、処刑された犯罪者として扱われ、日本の国益を売ろうとした男という「負の部分」が強調されることが多いと思います。これに対して一方のロシアでは、ゾルゲは祖国を救った英雄という日本とは対極の評価があります。それも、ゾルゲの行動と目的の全体像を正確に伝えていないと思います。そうした接点がないまま、この相互の対極の評価を埋めるための資料の整理を続けていかなければならないのが、現状だと思います。

そうした資料の付き合わせをしていくときに、もう少し具体的な話で考えますと、やはりいろんな研究資料や本を読んでいていつももう一つはっきりしないのは、ゾルゲ情報の軍事的影響がどの程度だったのか、公開できないもしくは、されていない評価についてであります。今回の「レジュメ・資料集」を読んでみて感じたのは、この点についての意見のばらつきがずいぶんあるということでした。

それではゾルゲが送った情報、一つはドイツがソビエトに侵攻するという情報、もう一つは日本はドイツを援助する戦争に参戦しないという情報、この二つの情報は当時のロシアにとって貴重な情報であることは間違いないわけですが、ただそれはゾルゲが伝えたことによって価値が生まれたのか、それともすでに既成事実としてソ連上層部が知っていたものなのか。ゾルゲはそれを伝えた単なる一人にすぎないという位置づけでいいのか、という問題が起きてくるかと思います。

私の考えからすれば、前者についても後者についても、ソビエトにとっては非常に重要な情報だったろうと推測しています。にもかかわらず、前者はあまり重く受け止められず、後者の方が重く受け止められる結果となった。重く受け止められる理由というのは、やはりソビエトという国が、ゾルゲを長とする有能な諜報組織を作ろうとした理由そのものと関係があると思うのです。これは、当時のソビエトの日本に対する諜報分析が極めて少なかったことに由来しています。ここにゾルゲが活躍する余地があったといえるでしょう。

それでなくてもソビエトは日露戦争で敗北した歴史を過去に持っている。日本という国が極東にあってロシア、ソビエトの国力が弱まっていくと当然、侵略してくるという意図を持っていることだけは間違いないと考えていたはずです。しかも、そのことを軽視すると、大きな打撃を受ける可能性がある。ただソビエトはヨーロッパを中心とする国家のため、極東地域に対する情報が恒常的に不足していて、軍事情勢に対する分析や判断のシステムがまだ十分に備わっていない。その中で万が一にも日独の対ソ攻撃が同時進行で行われると、ソビエトは存亡の危機を迎えるので、日本がどういう軍事的行動に出るかつねに警戒しておかねばならない。その点、日本に関する情報は決して軽んじられるものではなかったろうと私は思います。ゾルゲ情報の信頼性を支える最も良い証拠となったのは、先ほど申し上げたドイツの対ソ攻撃開始を事前に予測したことでした。

二つ目はゾルゲ関連資料の情報価値の確定です。今回のレジュメの中にもいくつかの形でゾルゲが送った電報の内容が書かれていますし、様々なゾルゲ事件関連の本にも書かれています。先ほどご覧いただいたようなわれわれが集め、番組の中で資料として使ったものもあります。ただそれらには非常なばらつきがあります。それからあの番組の中で私が一番核心だと思っているのは、ゾルゲがモスクワに伝えたドイツの対ソ攻撃の日付ですね。これはほとんどの本が六月二二日と特定している。今回パネリスト報告をされるワルタノフさんの書かれたレジュメの中にも「彼は日付を特定して情報を伝えた」というふうになっていますが、対ソ攻撃の日付を伝えた情報はゾルゲから送られていないというのが、私がモスクワで取材したときのソ連国防省の公式見解でした。

ゾルゲの本国召還と処刑問題

三雲　そのときに確認したことですが、ゾルゲが送った電報のファイルを調べたところ、六月二一日までの電報の中にドイツの対ソ侵攻が六月二二日に決定したという電文は見つけることができませんでした。これはゾルゲの情報の「質」の問題を追及するときには、決して疎《おろそ》かにできない点でもあると思います。一番大事な情報が、いまだに本当なのかどうか確定できない状況であることは、一次資料の公開が少なく、ゾルゲ情報の資料に極めてあやふやな部分がある一つの例であろうと思います。

さらにもう一つ付け加えたいことがあります。多くの研究の中に、ゾルゲがもしモスクワに帰ったら、必ずかつての上司だったベルジンやその他のコミンテルン関係者と同じように処刑される運命は逃れられなかっただろうと言われて、また、推測もされています。だが、本当にそうなのだろうか。これは歴史を研究される方にとっては仮定の話ですから、まともな議論にならないことはあるかと思いますが、ただあまり機械的にといいますか、単純にゾルゲはモスクワに帰ったら処刑を免れなかっただろうという答えを出すのは、いささか簡単に断定し過ぎているのではないでしょうか。

その一つの反証は、処刑を免れた後、戦争が終わってモスクワに帰ったゾルゲ諜報団の無線技師マックス・クラウゼンは、結局ドイツに戻り、生涯をまっとうすることができたことです。もちろんゾルゲの場合は、タイミングの問題がありました。一九四四年十一月七日の革命記念日にあえて処刑するという日本側の決定が少しズレていたり、あるいはソビエト側が日本人捕虜とゾルゲの身柄交換に応じることがあれば、ゾルゲの運命は大きく変わったこともありえなかったわけではないと思います。

ゾルゲの処刑はまさに戦争終結の直前でした。処刑のタイミングが遅れていれば、日本で戦争終結を迎え、ゾルゲは生き延びることができたはずでした。戦争が終り、日本が占領下におかれたときに、ゾルゲはすでにこの世にいなかったわけですけれども、やがてアメリカが調査してその結果を発表したことによって、ゾルゲ事件は世界中に知れわたることになります。そのことがゾルゲという人間をソビエトの英雄として迎えた最大の理由だろうと私は思います。そのときにソビエトにとってゾルゲが知られていない人間だということは、必ずしも国策？として得《とく》なことではないと考えたと思います。もっとも一九六四年になるまでの間、ソビエトはゾルゲなる人物は、自国と関わりないという姿勢をとってきたわけですが、しかし、仮に彼が生きていれば事態は大きく変わっていただろうと、あえて反論を込めて問題提起したいという気持ちがします。この点はソビエトとゾルゲの関係を改めて考えるポイントになると思います。

最初に申し上げましたように、現代史というジャンルで私どもテレビ局の人間はいろいろな資料を探したり、いろいろな証言者に会ったりして、何とかその時代を説き明かしていきたい気持ちを持って、番組を製作しているのですが、二十世紀が本当に歴史として語られるようになったときに、それはいかなる時代だったのだろうか考える場合、イデオロギーの対立や戦争の時代だったという規定の仕方では、二十世紀の本質を本当に十分に把らえることはできないだろうと思います。私はそれとは別の違う視点をからめながら、二十世紀とはこういう世紀であったと、歴史として確定できたらいいなと思っています。

今日の時点で考える限り、私は経済というものの大きさを度外視できないと思います。今年の夏、八月十七日にロシア通貨ルーブルが引き下げに追いやられたとき、久し振りにモスクワに行っておりました。ソビエト時代、ペレストロイカ時代、エリツィンの出てきた時代で、ロシアという国は節目節目に大きく変化しているよう言われていますが、私には必ずしもそうとは見えませんでした。私が受けた印象はロシアはどの時代もほとんど同じ国で、ロシアには同じような生活をしている人たちが住んでいるということでした。ロシアという国が社会のあり方という面では、イデオロギーや社会主義の国であったり、共産主義の国であったりした時代と、今との決定的な違いを見つけ出すことができなかったのです。

ロシアにはこの国の生活のスタイルがあり、この国らしい民族や人々の考え方があり、それを賄う経済というものがあって、そのこと自体は少しも変わっていません。だが、世界が西と東に別れていた関係から一つのグローバルな体制に統一されて行ったときにも、ロシアという国は、やはり世界の中で突出しており、経済的な混乱の引き金になったことを見て、また、多分これからもそれが起こりうることを予測していくと、世界の中にロシアを位置づけるとき、経済の実験と失敗、もしくは崩壊という見方がより必要になると思います。

二十世紀が終わったときに、かつての戦争やイデオロギーの対立が、組織と離れてどのぐらいの比率で語られるだろうかということが、私には非常に興味があります。この問題を分析していくと、ソビエトという国は先ほど申し上げたように第二次大戦が終って、イギリスやアメリカとの間で冷戦を始めたことが、もう一度、歴史として語るときがくるのではないかというふうに思っています。こうした観点に立って、今回のシンポジウムの中で、ゾルゲ事件について歴史がこれから作られていく現代史の節目として集約する形で、次の研究につなげていくことができれば、と思っております。

最後にもう一つ付け加えておきたいことがあります。きょうこの会場で久し振りに自分の作った番組のダイジェストを見ましたが、一番気に入っていた部分が入っていなかったのが残念だったなと思っています。その部分は私が書いた本の冒頭にあるので、読ませていただきます。

「いま誰も信じられないかもしれません。でも当時のモスクワは夢のような場所に思われました。週の労働は五日、労働時間は九時間、労働者は十分な休憩をとり、豊かでゆとりのある生活をする。それは私にとって理想を実現するものでした。そうした雰囲気はそのころのモスクワにあったのです」

これはゾルゲと一緒にコミンテルンに招かれ、モスクワで諜報員教育を受けたルネ・マルソーさんというフランス人の女性が、インタビューで述べた言葉です。彼女はそのままスパイとして上海に行って、ゾルゲに協力しましたが、この取材の当時はモスクワに戻って、年金生活をされていました。ソビエト・ロシアの成立と崩壊という、現代史の中の大きな変化に翻弄《ほんろう》されたこういう人たちの姿を見ながら、もう一度、ゾルゲ事件を振り返ってみるのも大事なことかと思います。

司会　三雲さん、どうもありがとうございました。最後のパネリスト報告は、ロシア国防省付属戦史研究所副所長のワレリー・ワルタノフさんです。極東国際大学東洋学部卒の専門的な歴史学者であると同時に、現役のロシア海軍大佐であります。ゾルゲ事件関係の第一次資料に依拠した画期的な報告を期待したいと思います。

ワルタノフ　本日の国際シンポジウムの参加者の皆さん、尊敬する来賓の皆さん。まず私の報告を始める前に、一点だけコメントしておきたいことがあります。私はこれまでロシアの内外で開かれる様々な会議であるとかシンポシジュムとか、そういう場所にしばしば出席しておりますが、そこから得ました結論は、こうした会議が長時間にわたりますと聴衆の皆様はだんだんくたびれてきます。注意が散漫になってきます。そこで、経験のある主催者というものは、一番面白い報告を一番最後に持ってくるということをするわけです。ということで本日、私がパネリスト報告の終わりを務めることは、シンポジゥムの主催者が私に対して高い評価をくださっていると、そう考えて、大変感謝いたしております。(笑い)

私自身、ある意味では喜んでおりますけれど、ゾルゲに対するロシアの評価というのは、もしかしたら日本でこれほど聴衆を集めて、このような質の高い報告を行うほど高くはないかもしれません。しかし、歴史学者の間では、日本の歴史家同様、ロシアの歴史家もゾルゲならびにゾルゲ事件について、深い興味を持っております。

私が働いております戦史研究所でも、一九三〇年代から四〇年代のソ日関係をテーマにして、開戦前夜、および戦中に分けて、二巻本の歴史資料集を刊行しております。この二巻本はすでに編集を終わっておりまして、第一巻は今年中に出版されると思いますが、この中の一章がタイプ原稿にして約一五〇枚、それが軍事諜報員としてのゾルゲの日本における活動について割《さ》かれております。この二巻本の出版準備作業の中で、先ほど申し上げました戦史のほかに、数百の資料を検討いたしました。

私自身としましては、今回のパネリスト報告を書くための分析作業を進めるに当たって最も重点をおいたのは、ゾルゲが送りました暗号電報の内容であります。これは少しずつ公表されておりまして、先ほど皆さんがご覧になりましたビデオのフィルムの中にもその一部が公開されておりますが、私は電文そのものではなくて、ゾルゲが送ってきた電文について、モスクワの上層部がどういう決定を行ったかという点に重点を置いて検討しました。

ゾルゲ情報の信頼性

ワルタノフ　その過程でいくつかの問題点がありました。これらの問題に対する解答は、私の報告のレジュメの中に入っておりますが、一番大きな問題点は、モスクワはゾルゲ情報を信頼していたか、信頼していなかったかという点であります。ロシアで一般的に広く知られておりますのは、たとえばメチコフスキーという人が『電撃侵攻』という本の中で具体的に書いておりますように、ゾルゲは結果的にドイツ側の挑戦の片棒をかつぐ役割を果たしたという、そういう考え方です。それは結果として、ゾルゲ情報がそれほど貴重なものとは考えられなかったという結論にほかなりません。なお、このメチコフスキーの本は、今年中に第三巻が出る予定になっています。

さらに、軍情報部の部長であったスドプラートフの回想録の中にも、ゾルゲのことが書かれております。ゾルゲは日本におけるドイツの軍事諜報員との接触を禁じられた結果として、三七年以降、ゾルゲの情報に対する信用度は低下したという、そういう記述であります。あるいはロシアの資料によりますと、ゾルゲはドイツとソ連の両方に軍事諜報を送っていた。つまり「二重スパイ」だったという説があります。

私はこうした意見には、まったく賛成できません。その理由は、こうであります。もしモスクワが、ゾルゲが自分の地位を高め、ベルリンの情報を流布するために、ドイツの軍事諜報員を使っていたことを知らないでいたとしたら、ベルリン側は逆にゾルゲがモスクワの諜報員だとは知らなかったという結果になるわけですから、この点をとってみてもゾルゲが二重スパイだったという議論は、成り立たないと思います。

さらに、ゾルゲ情報の信頼性という点につきましては、彼の日本での活動の全期間を通じて問題点となります。言うならばゾルゲの電報というものが、ロシアの諜報本部の決定において大海の一滴に過ぎないものであったのか、それとも極めて重要な役割を果たしたのか、それはまさに鏡の中に写すように考えられると思います。

彼が日本で働いていた時期には、仮名を使って様々な人が本部長になりました。それはベルジンであり、ウリツキーであり、パンフィーロフであり、その他様々な人々であります。しかも、これらの人たちはそれぞれ、その性格が異なっておりました。ゾルゲの電報につけられました彼らのコメントを分析しますと、彼らの対応は各自異なっていたということが言えると思います。というのは、彼らの残したコメントを通じまして、ゾルゲの活動に対して二つの異なった評価があったと言えるからです。

具体的な例として挙げられるのは、当時の赤軍第四本部長でありましたゲンジン大将宛の電報についてのコメントがあります。この情報は当時の共産党書記長のスターリンまで上げられました。しかし、上層部は情報の一部は信用したけれども、決してすべてを信用していなかったというコメントが付けられています。

こうしたわけで私は常に、ゾルゲの電報に付けられているこうしたコメントについては、同じような形の性格を見て取ることができます。またそれについては、「さらにより一層の興味を引くような情報を送るように」というコメントが付けられています。一方では、「あなたの情報は非常に大きな意味がある」というコメントも付けられています。あるいは、「こうした情報は極東第一方面軍に送る」というメモをつけたものもあります。

とくによく現れてくるのは、ソ連のナンバーワンを意味する第一号情報に当たるスターリン、ウォロシーロフ、モロトフ、ベリヤら党の上層部に直接送れという指示であります。この場合のコメントのキーワードはつねに「データ」あるいは「事実」という言葉で、それがしょっちゅう書かれております。つまり「データ」「データ」とつねにメモが付いているわけであります。

これから推察できることは、彼らは情報の内容については信用していたが、ゾルゲ個人については信用していなかったということであります。

この点につきましては、ウォロシーロフ宛のウリツキー本部長のコメントが非常に良い例になると思います。「日独会談についてのこの報告は、われわれの東京における諜報員、工作員の驚くほどの努力で作成された。情報は信頼できる。しかも、彼は正確さの高い情報を送ってきている。さらに、とくに極秘資料に当たっている」ということが書かれています。これには「他の資料と比較すると、われわれの東京発の資料というものが、非常に確度の高いものだ」とコメントが付けられています。

決定的なスターリンのコメント

ワルタノフ　こうしたことで、ゾルゲの評価は高まっておりますし、その評価は彼の情報の内容によって高まってきたということが言えると思います。こうしたデータがスターリンに挙げられまして、そのデータをもとにしたスターリンの決定というものが、諜報本部に戻ってきます。そこにはスターリンのコメントが付けられていまして……。

ほかでもないスターリンのコメントが付くということは、コメントを付けられた人間にとっては決定的な宣告であります。当時、スターリンは必ず赤色や青色の色鉛筆を使ってコメントを書いていました。青鉛筆を使った場合は彼が満足していない、不信があることを現していました。

ゾルゲの電報に関する決定について分析を続けていきますと、面白い事実にぶつかります。一九四一年の春などは、ゾルゲからの情報は諜報本部のみならず軍の本部、さらにはそれより上の政治本部の最高のレベルまで上げられておりました。当時、こうした電文は電文のまま最高レベルまで上げられたのでありますが、一九四一年の三月から四月にかけて、「電文を上に上げる必要はない、メモだけでよろしい」という局長の決定がありました。

しかも、そうしたメモというのは、ゾルゲが送った三本ないし四本の電報を一本にまとめて書かれました。電報の全文がメモの形で書かれることはありませんでした。電報のごく主要な部分だけが書かれたわけでありまして、しかも、そのメモの内容を決定するのは、そのメモを書いた人の評価によって決められたわけであります。

さらに詳しく見ていきますと、ゾルゲの電報に付けられるコメントの内容が変わってきました。従来はこうしたコメント、あるいは決定というものは「直ちに上層部に報告」ということが書かれていたわけでありますが、当時のコメントというものは「再調査する」あるいは「情報を確かめよ」、あるいは「上部の指示を仰げ」という内容に変わってきています。

そういうわけで、ゾルゲとモスクワ中央の首脳部との、いわゆる信頼関係の危機というのは、恐らく一九四一年の春以前に起きたことが推測されます。同時に一九四一年の三月、東京ではゾルゲの活動資金面での困難が生じました。一九四一年三月以降のゾルゲの報告はどんどん評価が下がってきて、最終的に五月には最低のレベルに落ちまして、当時、彼の報告は諜報本部で手を加えられて、上に上げられるようになりました。

とくにこの時期は、ゾルゲがオット駐日ドイツ大使を通じて、ヒトラーの対ソ開戦についての意図を探る、その時期とまさしく一致します。この時期になりますと、彼の電報に当時の本部長のゴリコフ自身のアンダーラインによって次のようなコメントが付けられます。ゾルゲの報告書によりますと、「オットの報告によれば、赤軍の前線は数週間で崩壊するだろう。とくに前線におけるロシアの防衛能力が非常に低い」という指摘が行われております。

これに対して、当時の本部長がコメントを付けている。「アンダーラインの部分を省いて報告せよ」とゴリコフ本部長自身が、報告しているわけです。

変更されたゾルゲの暗号名

ワルタノフ　この時期に、ゾルゲの報告と並行して、他のソースからの情報ももたらされました。そういうわけで一九四一年五月三十日の電報のコメントにつきましては、次のようなことが述べられています。当時の「ソ連大使館を通じて、ゾルゲの情報を確認せよ」というコメントがついています。さらに一九四一年六月一日付の、「六月後半にドイツの対ソ侵攻があるだろう」というゾルゲの電報に対しましては、同本部長自身が、「この内容は疑わしい」というコメントを付けています。

さらに六月になると、参謀本部によって軍事諜報にはめったに起こらないような異例の決定が行われます。というのは、ゾルゲの暗号名が変更されたのです。一九四一年六月二十日のゾルゲの電報は古い暗号名であるが、「ラムゼイ」という署名が使われています。それが同年六月二六日になりますと、「インソン」という署名に変わります。この件については私は専門家に、「諜報員の暗号名の変更はあるのか。あるとすればどういうことなのか。またどういうことをもたらすのか」聞いてみました。そうすると、「ソ連の諜報活動では非常に異例のことである」という返事でした。

はっきりした理由がなければ、こうした変更はないわけでして、なぜ暗号名が変えられたかということについては、専門家もはっきり分かりませんでした。理論的に考えますと、一九四一年六月二十日にモスクワのゾルゲに対する不信がピークに達しました。ドイツの侵攻に関するゾルゲの最後の電報には、何のコメントも付けられてないからです。一九四一年六月当時のゾルゲと中央との関係は、直接、管理者であるモスクワの「ディレクター」とゾルゲの関係に止まっていたと思います。この場合のディレクターというのは、本部長の暗号名でありますが、一九四一年六月当時のゾルゲとモスクワの関係とは、ゾルゲと本部長の間に止まっていて、それより上のランクにはいかなかった状態ではないかと思います。

東洋でも言いますが、「どんな悪いときでも必ず良いことはある」という考え方があります。こうしたゾルゲに対する不信というものは、実際に起こった現実によってすべて粉砕されました。というのは、何よりもドイツによる対ソ侵攻の期日のみならず、その作戦の内容が、ドイツの対ポーランド侵攻によく似ていたこと。あるいは動員した部隊数やその方向というものすべてが、それまでのゾルゲの報告の正確さを裏付けたわけで、これによってゾルゲは一気にスターリンの信用を回復しました。

これ以降、電報に付けられているコメントの分析をしますと、ドイツのソ連侵攻以降、ゾルゲに対するわが国軍の最高機関であった軍政治本部の信頼は回復いたします。この時期はゾルゲ=ラムゼイ時代ではありません。ゾルゲ=インソンの時代になっておりました。インソン時代のゾルゲの電報のコメントがどう決定されたかについて、以下で述べようと思います。

この時期のゾルゲの電報については、どちらかというと電話電報、テレグラフィーと言います。これは非常に重要な情報について、こうした用語を使うわけですが、これを国防本部、人民委員部本部、その他最高首脳部に上げろという指示もありました。さらにスターリン、モロトフ、その他、参謀長に伝達せよという指示がありました。

極東ソ連軍をモスクワ防衛戦へ投入

ワルタノフ　この点について申し上げますと、従来の電報というものは軍政治本部政治局止まりでありました。しかし、これ以降の時期になると、赤軍本部、さらにもっと上の国防省組織の決定を行う最高のレベルまで、ゾルゲの情報が達し始めたということが、言えると思います。

一九四一年六月、大祖国戦争すなわち独ソ戦争が始まる以降の赤軍情報本部のメモ、コメントは非常に興味を引きます。そこに書かれていることは、「現状におけるゾルゲの情報取得の範囲が広く、信頼性が高いことを考えて、過去の彼の連絡を再検討せよ」というコメントがつけられております。

とりわけゾルゲ情報の中で最も高い評価を与えられたのは、一九四一年九月十四日の日本が対ソ侵攻をしないという決定についての通報であります。とくにこの点はモスクワがゾルゲ情報を信頼した結果、戦略的に極東軍管区内にあった十数個の師団をモスクワ防衛戦に投入することができたという大きな成果をもたらしました。

最後に、二十世紀に極秘の諜報活動を行ったゾルゲの死というものは、二十一世紀になってもその名を汚すことのない、また特別の評価が与えられることを期待します。

白井さんは今後、ゾルゲの問題を次々と研究していくと、「ゾルゲ病」がますます進行すると言いました。（笑い）私も同じような症状を呈しているのではないかと思います。そういうわけで、今やゾルゲ研究のセンターを作る時期が熟しているのではないでしょうか。しかも、ゾルゲという人物は単に軍事諜報員だけではなくて、ゲオルギエフさんが報告した通り、それ以外の側面も持った人です。だからこそ、ゾルゲ研究センターというものは、国際的な性格を持つべきだと思います。そこには日本の研究者だけでなく、ロシア人、ドイツ人も参加して、活動拠点も東京が一番居心地が良いところかもしれませんが、モスクワやベルリンにも軸足を移して、やるべきではないかと思います。ゾルゲはある特定の国に結びつく人ではなく、世界的に認識される人だと思うからです。もし私のそうした考えがうまくいって、成果をあげることができれば、この次の国際シンポジウムはモスクワで開催し、そこに皆様をお招きしたいと思います。どうもありがとうございました。（拍手）

司会　ワルタノフさん、ありがとうございました。では、次に本日の基調報告者、ならびにパネリスト報告をなさった方に、語り尽くせなかったこと、補足したいことなどのお話を賜りたいと思います。白井さんの方からお願いします。

白井　特にコメントすることはございません。ご質問がありましたら、質疑応答のときにお答えします。

ゲオルギエフ　一九九八年は三つの記念すべきことがあります。まずブハーリンの生誕一一〇周年です。彼は十月九日に生まれました。そして今年は彼が銃殺されてから六〇周年になります。さらに彼が政治的な名誉回復を認められてからちょうど十周年です。ブハーリンの三つの記念すべき時期であるということで、今年の十一月にモスクワでブハーリンのシンポジゥムが行なわれます。

私が日本へ出発するときに、このシンポジゥムは私が所属するロシア民族社会問題独立研究所で行われることに決まっておりました。これはかつてのソ連共産党中央委員会付属のマルクス・レーニン主義研究所であります。なぜ独立研究所でやるかといいますと、昔のコミンテルン本部があった中にあるからです。ブハーリンはコミンテルンで十年間活動しました。一九一九年から二九年の期間です。

ゾルゲは粛清されたブハーリン派

ゲオルギエフ　なぜこの席で、こうしたことを申し上げるかといいますと、まさにコミンテルンという場所でブハーリンとゾルゲが知り合いになったからです。なおかつブハーリンがコミンテルンにいたという理由によって、ゾルゲが赤軍参謀本部に移ることになりました。二九年当時、ブハーリンは右派であるという理由で、常任幹部会員などコミンテルンの全役職を解任されました。それ以降、コミンテルンではブハーリン派の粛清が行われました。こうしてコミンテルンを追われたメンバーの中に、ゾルゲが入っていたわけであります。

というわけで、現在、ロシア研究者は古い文書の中に、ブハーリンとゾルゲの関係を示す資料を探しております。これまでのところ、そうした事実を証明する書類は見つかっておりません。ただ本日われわれが日本側のゾルゲ事件国際シンポジゥム実行委員会にお渡しした資料の中には、ゾルゲがブハーリン派であるという理由で、コミンテルンを解職された資料のコピーが入っております。

スターリンは自分の敵について、決して忘れませんでした。スターリンはゾルゲがブハーリン派であったことを知っておりましたし、そうした単純な理由で、ゾルゲを信用していなかったと思います。その結果、ゾルゲが日本で逮捕されたときも、スターリンはゾルゲを救出しようとはしませんでした。

三雲　先ほど、朝日新聞に載ったゾルゲの記事を拝見しましたら、失礼な話かもしれませんがワルタノフさんのご年齢を拝見して、ゾルゲが逮捕された当時と同じ年齢だなと思いました。ちなみに私の年齢は四二歳でありまして、尾崎秀実さんが逮捕されて獄中にいたころの年齢かなと思っております。ゾルゲも尾崎さんもそういう年齢のときに活躍していたんだなと、新たな感慨を持っております。

ゾルゲのテレビと本を出したときに、タイトルを『国際スパイ　ゾルゲ』とつけました。この意味は、私自身がゾルゲという人物に関してナショナリズムとか、ナショナリティ、自分が帰属する国家ということからずいぶんかけ離れた、いわばノン・ナショナリティーといいましょうか、無国籍ということに近い彼の性格とか人生があるのではないかと思ったからです。

ゾルゲの経歴を見ても、バクーという、旧ソビエトの中ではありますが、ロシアではなくてアゼルバイジャンという国で、ドイツ人の父とロシア人の母の間に生まれ、そして父の母国のドイツに戻って育ちました。その彼がまたコミンテルンに招かれて、その後の活動は北欧、イギリス、上海に行き、そして日本で十年近くを過ごす。その日本でゾルゲは言葉が不自由なんですね。日本語が決して堪能ではありませんでした。そういう意味で彼は日本の資料を読んだり、日本の情勢を分析するときは、必ず通訳が必要だったと思います。

私自身、仕事で海外に行って、その国の言葉に不自由で非常に辛い思いをしたことがありますが、そういうときに自分の国・日本に対する気持ちが強くなるものです。ゾルゲもそういう状況にいて八年間、当然、辛い部分も抱えながらも、生活をしていたと思うのですが、もう一方では彼は淡々と生きている。日本だからということではなく、日本がとくに好きだからということでもない。ゾルゲという人物はもっとも国籍とか国とか祖国に縛られない人だったのではないかと、私は思っています。

そういう気持ちを込めて、『国際スパイ　ゾルゲ』というタイトルを付けたのを思い出しております。

ワルタノフ　聴衆の皆さん。本シンポジゥムは開会後すでに、五時間を経過しておりますが、五時間前と同じお顔を拝見しまして、いかに皆さんがわれわれの話に関心を持っていただいているかが分かって、とても嬉しく思っております。

私は二点申し上げたいと思います。先ほど、私が冒頭に白井さんと渡部さんの名前を上げてとくに感謝したときに、恥ずかしいことにもう一人、お名前を挙げることを忘れておりました。それは岡本さんであります。岡本さんのご支援に対して、遅ればせながら御礼を申し上げます。

それでは最後に残された時間を使いまして、私をこのシンポジウムに派遣した私が働いている研究所について若干、述べてみたいと思います。

私はロシア連邦国防省付属の戦史研究所の副所長であります。われわれの研究所は、軍事の歴史を専門といたしますロシアでも有力な学術研究機関であります。恐らく皆さんは今日のテレビのフィルムの中にもインタビューに答えておりましたわれわれのかつての所長でありました、ボルコゴーノフさんをご存じだと思います。ボルコゴーノフさんの後を引き継ぎまして、現在の所長はザラタリョフさんでありますが、彼はロシアだけでなく外国でも戦史の研究家として有名であります。またエリツィン大統領の顧問の一人でもあります。

ザラタリョフさんは十月四日に東京に向けて飛び立ちましたけれども、十一月二日に東京からモスクワに帰ってきております。東京というのは、ロシアの戦史研究家にとっては訪問したい興味を引く部分だと思います。われわれの研究所の活動は広い範囲にわたっておりますが、その中にソ連、ロシアと日本との関係があります。一九四五年のソ日戦争についても、われわれは研究を行っています。一九三八年から三九年に起こりました、ロシア語でいうハサン湖（張鼓峰）事件、あるいはノモンハン事件についても、研究を行っております。

また、私どもの研究所では第二次大戦の外国人の軍事捕虜に関する十巻物の研究も行っております。このうち第一巻は、すでに刊行されました。第二巻は捕虜問題の基本問題を扱ったもので、ドイツ人捕虜についてで、原稿はすでに印刷所に渡されています。われわれは、ソ連における日本の軍事捕虜について、二巻本の作成を準備しております。

われわれはこの本の作成に当たりましては、軍事、中央のみならず全般的な政府関係の資料を利用いたしました。しかし、この本がロシア側の一方的な見方になることを希望しませんから、日本側から資料の提供、あるいは情報の提供を期待しております。日本側からロシア側の歴史研究者に対して、協力が寄せられることを期待いたします。

司会　それではこれから、パネリストに対する質疑応答に入ります。会場の皆さんにこれまでご提出いただいた質問票は沢山ありまして、時間の制約もあって、そのすべてにお答えすることは物理的に不可能です。甚だ勝手を申し上げて恐縮ですが、実行委員会の方でそのうちから数問選択して、各パネリストからお答えいただくことにしましたので、この点、ご了解くださ い。まず最初に、松本市の亀井正さんからいただきました白井さんへの質問です。

ゾルゲはドイツ共産党に入党し、モスクワに派遣されてソ連共産党に入ったと聞きました。なぜ在日ドイツ大使館に勤務することができたのでしょうか。ドイツ大使館はゾルゲの前歴を知らないで、大使館の有力な一員として迎えたのでしょうか。

白井　ゾルゲは日本に来るとき、ドイツ人になりすましてやって来たのです。彼は事前にドイツで『フランクフルター・ツァイトゥンク』紙の編集局の幹部と会って、特派員契約を結びました（注、同社はこれを否定し、「三六年、通信員契約をした」としている）。一方、「地政学雑誌」という専門の学術雑誌がドイツで発行されていました。同誌の創始者がドイツ人の政治学者カール・ハウスホーファーでした。ゾルゲは日本に着任する前にこのカール・ハウスホーファーにも会いまして、この雑誌への定期寄稿を申し出て快諾を得たのです。ゾルゲ自身の国籍はドイツですが、ドイツ共産党員からコミンテルンの要員に引き抜かれ、ソ連共産党員となってモスクワで活動を始めて間もなくして、ソ連の市民権を取っております。だからそういう意味においては、ゾルゲはソ連人でもあったわけでありますが、その身分を隠して日本に潜入するために、つまりドイツ人のパスポートを持って日本にやって来たわけです。

ゾルゲはソ連解体後、独立したアゼルバイジャン共和国の首都バクーの出身です。お母さんがロシア人、お父さんがドイツ人の混血でありまして、成人する段階でドイツ語で育っているわけですね。だからロシア語はコミンテルン時代、エカテリーナ・アレクサンドロブナ・マクシーモワ（愛称カーチャ）というロシア人の女性を家庭教師に迎えて、学んだといういきさつがあります。このカーチャはゾルゲの恋人となり、やがてモスクワで結婚登録して正式に結婚、新婚生活を送りました。

男なら誰でもそうでしょうが、私もゾルゲの女性問題について興味があったので、調べました結果、結論はゾルゲが付き合った女性数十人のうち、やはり一番好きだったのはカーチャではないかと思っております。カーチャとの往復書簡をもとにして書いたマリーナ・チェルニャクの「スパイの妻　カーチャの追憶」という論文がありまして、それは「レジュメ・資料集」のほうに私の翻訳（本書二四五ページ）を載せてありますから、それをお読みいただければ、カーチャに対するゾルゲの愛情がいかに濃いものだったか、お分かりいただけると思います。

ゾルゲはドイツからアメリカ経由で、日本にやってきます。一九三三年九月のことで、ヒトラーが政権をとってから八カ月後でした。私は一九三三年九月九日生まれですから、そういう意味でもゾルゲと私とは不思議な縁で結ばれているように思います。当時、日本はヒトラー・ドイツの最大の友好国でした。ドイツの新聞記者の肩書を持つゾルゲは、着任するとすぐドイツ大使館に挨拶に行きました。東京でジャーナリスト活動を始めるので、ドイツ大使館も協力してほしいというわけです。これは日本の新聞記者も同じです。私もモスクワ特派員になったときにやはり日本大使館に挨拶に行きまして、大使以下、大使館関係者に名刺を渡して「よろしくお願いします」と言って、モスクワでのジャーナリスト活動を始めました。

ゾルゲが普通のジャーナリストと違っていたのは、ものすごく勉強家だったことです。特高警察が逮捕するためにゾルゲの家に踏み込んだら、日本関係の書物が一千冊ぐらいあったといいます。その中には『万葉集』から『日本書紀』『古事記』『平家物語』まで名だたる日本の古典文学が含まれていたそうです。私は日本人ですが、残念ながらいまだに『万葉集』も『日本書紀』も読んだことがありません。非常に恥ずかしいことだと思います。ゾルゲは日本で八年間諜報活動をやるのですが、そのかたわら一生懸命日本のことを研究して、日本研究ではドイツ人社会では最も抜きんでた知識を持つようになるわけです。ゾルゲが最初に付き合ったデュルクセン大使、その後任のオット大使も、やはりゾルゲの日本に対する知識の深さと類稀《たぐいまれ》なその人間性にすっかり惚れ込んで、ゾルゲを重用しました。

駐日ドイツ大使の信任厚いゾルゲ

白井　ゾルゲは軍部とのいろいろなつながりが出て来ただけでなく、協力者の尾崎秀実《ほつみ》からも様々な高度な政治情報を仕入れて、オット大使に教えました。大使もゾルゲに日本の極秘情報を教えてもらった見返りに、ドイツ本国から得た極秘情報を漏らすという具合に、ゾルゲと大使との間に持ちつ持たれつの関係が自然にでき上がっていったのです。これは新聞記者が取材のときに使う定石のテクニックですね。相手から秘密の情報を取るために、相手が欲しがっている情報を与えるということによって、信頼関係が生まれてますます仲良くなっていくわけです。

こうしてゾルゲはドイツ大使館の広報担当者に任ぜられ、館内に一室与えられて、オット大使の代わりになって、日本の政治・軍事情勢に関する報告を書くまでになったのです。大使はそれをさも自分が書いたような顔をして、ドイツの外務省に公電で送りました。日本のことを知り尽くしたゾルゲ独特のものすごく深い分析ですから、ドイツ外務省はオット大使が大変な情報源を持っていると高く評価、ヒトラーにも大使は信用され、昇進の道を歩んで行ったのです。

ゾルゲは新聞記者として腕利きだったし、それにやはり人柄が良かったのですね。ゾルゲにじっと見詰められると、たいがいの女の人はよろめいてしまうと言われたものです。そういう人間的な魅力に富んでいました。私なんかいくら見詰めても女性は一向によろめいてくれない。ですから女性は今だに女房一人しかいません（笑い）。そこがゾルゲのゾルゲたる所以《ゆえん》じゃないかと思います。

ゾルゲが寄稿しておりました「地政学雑誌」は、実はドイツでは非常に評価の高い雑誌でして、地政学的な物の考え方をするヒットラーは、この雑誌の愛読者でした。ゾルゲはその地政学雑誌に質の高い論文をどんどん書いて寄稿したので、ヒットラーを含めたドイツの要人とか軍部の人たちは、次第にゾルゲの論文に感化されていくという、そういう効果もあったわけです。

そういう意味でゾルゲの取材活動は、われわれジャーナリストは大いに参考にしなければならないと思っております。昔は国防保安法とか軍機保護法があったから、新聞記者の深く突っ込んだ取材活動はこれらの法律で引っ掛けられる恐れがありました。しかし、いまはこうしたスパイ防止法はないわけですから、新聞記者はゾルゲに見習って大いに特ダネを書かねばならない。そうすると、もっともっと面白い新聞ができるはずです。現代の新聞記者は取材競争にもっと力を入れて、お互いに切磋琢磨《せっさたくま》して特ダネ記事を書くことが使命の一つであることが、ゾルゲの取材活動から浮かびあがってくるのではないかと思っております。

司会　次は、ワルタノフさんへのご質問です。ソ連におけるゾルゲの地位は高かったのでしょうか。またゾルゲがスターリンに見放された理由は何でしょうか。

ワルタノフ　ソ連あるいはロシアを通じて、必ずしもいつもというわけではありませんが、ゾルゲの人生、活動に対する評価は高いものでした。そのことを裏付けるものとしては、一般市民に対しては異例のことでありますが、ソ連の最高の勲章でありますソ連邦英雄章という勲章が軍人でないゾルゲに与えられています。

逮捕の直前に、こうした勲章を授与する意向がゾルゲに伝えられましたが、彼はそうした称号のために活動しているわけではない。まさに自分の心のために活動しているのだと言って断ったということです。

ゾルゲの評価が高かったことを裏付けているものとしては、そうした国家の側からの英雄称号の授与だけでなく、たとえばモスクワでもゾルゲの銅像があり、あるいはゾルゲの名前がついた通りがあり、さらにはゾルゲ名称の博物館、ロシアの国立・公営博物館の中にゾルゲに関する展示品があるということで、国民の中にも彼の名前は生きているわけでありますし、これからも生き続けていくだろうと思います。ゾルゲに関する本は最近になってとくにたくさん発行されていて、十冊以上になると思います。このこと自体、ソ連時代のみならず現在のロシアにおいても、ゾルゲが高く評価されている証明ではないかと思います。

だれも信用しなかったスターリン

ワルタノフ　ゾルゲに対するスターリンの信頼度ですが、これについて詳しい話をするなら、もう一つシンポジウムをやらなければならないでしょう。皆さんがお聞きになるつもりがあるなら、私のほうは心構えがあります。冗談は別にしまして、ゲオルギエフさんの報告にも述べられていますが、コミンテルン時代からゾルゲに不信があったと思います。

もう一つ、別の情報によりますと、ゾルゲが海外に出張した際に、会ったことのあるソ連の軍事エージェントから、ゾルゲがスターリンを高く評価していないという趣旨の電報がモスクワに送られて、それがスターリンの不信を招いたという見方があります。しかし、私の調査ではそうした事実はありません。恐らくこれは、ゾルゲを大物視するための誇張ではないかと思います。そういうことはすでになかったということが明らかになっています。ただ、こうした情報がスターリンに届けられたということは事実です。これがスターリンのゾルゲに対する不信、あるいは信用を低めているという理由になるかもしれません。最後にもう一言申し上げますと、ご質問に対する答えにはなっていないと思いますが、質問はなぜスターリンはゾルゲを信用しなかったかということですが、ではスターリンが信用した人間はだれかいたでしょうか。(拍手)

司会　ゲオルギエフさんにご質問が出ています。簡単ににお答え願いたいと思います。日本の御前会議で、日本軍の「南進」が決定され、これによって日本軍が南部仏印へ進駐、これに対してアメリカ、イギリスが対日石油輸出を全面禁止し、それが引き金となって太平洋戦争の開戦につながるわけですが、対日石油禁輸は日本をソ連の背後から遠ざけることで、ソ連を援助しようとする米英的な考え方だとする説について、いかがお考えでしょうか。

ゲオルギエフ　私自身、このテーマを十分に理解しているとは言えないと思います。この問題については、ゾルゲ問題とは本質的には関係がなく、日米関係、日ソ関係全体の中の問題だと思います。

ゾルゲがこの点を研究したことは理由がありまして、一九二六年と一九三九年に、石油が日本の政治にどういう影響を及ぼすかという問題を扱ったことがあります。ゾルゲが論じた点というのは、日本の軍事に関する決定というものは、どこから燃料を供給するかという問題と密接に関係しているということです。三〇年代の当時、日本は石油をアメリカ、イギリス、当時のオランダ領インドネシアから受け取っていました。

アメリカ、イギリスからの石油の供給の削減ということが、ロシアに対して日本が圧力をかける方向づけになったということもあると思います。……失礼しました。供給を続けることがむしろ日本がロシアに対して勢力を向けるということになるという考え方で、供給がありました。しかし、最終的に日本が南の方に向かう判断を下したときに、アメリカとイギリスは石油の供給を停止いたしました。

そうなると、日本は石油をどこに求めるか。南かあるいは北か、ということになるわけですが、北ということになると一九二五年から日本はサハリン、つまり当時の樺太《からふと》に石油の利権を持っておりました。しかし、ご存じの通り日本は南の方に軍事力を向けることが決まりまして、サハリンの石油採掘権は一九四四年に喪失しました。

これが、ご質問に対して記憶にある範囲で、お答えできる答えです。もう一度繰り返しますが、ゾルゲは太平洋戦争前の日本の政治の決定において、石油というものが非常に重要な役割を果たしていることを強調していたわけです。

司会 ゾルゲに比べて尾崎の影は小さく薄いと思いますが、これは上申書、転向者のためなんでしょうか。

三雲 今回のシンポジウムで私が申し上げられる守備範囲というのは、ロシアでのできごとと情報を、一取材者として見てきたことです。それにもとづいて日本の中で起こったことを調べてきたつもりですが、日本国内のことについては、より詳しい研究者の人に譲るべきことかなと思います。ただ感想としてお話すれば、一つのプロジェクトとしてゾルゲという人物がいて、その大きなプロジェクトの司令塔となったのはまさしくゾルゲであって、その重要なプレーヤーとなっているのが尾崎さんだと思います。

この構図を考える限りは、尾崎さんは優秀であり、有能で、適切な材料を掘り起こして提供した人として重要だと思いますが、組織としての中枢となり判断し責任を持って行動したのは、やはりゾルゲではないかと思います。

司会 予定していた時間をほぼ消化しました。本日のシンポジゥムは閉会の挨拶に移ります。今回のシンポジゥムの実行委員で、『闇の男 野坂参三の百年』で大宅壮一ノンフィクション賞を受賞されました小林峻一さんにご挨拶をお願いします。

小林峻一 皆様、お疲れ様でした。本日のシンポジゥムではいろんな角度からたくさんの情報が出され、成果もたくさん得られたように思います。基調報告の白井さん、パネリストのゲオルギエフさん、ワルタノフさん、三雲さん。言い換えますとゾルゲ病の真正患者さんと感染予備軍の皆様方、本当にご苦労様でした。全体をまとめて、私がお話することはとてもできません。断念いたします。その代わりに、実行委員会の舞台裏のことを少しだけお話させていただきます。

本年の春に実行委員会がスタートいたしまして、十数名の方が参加しました。とくにこの三、四カ月間は繁忙を極めて、これだけ盛り沢山の討議内容のいろいろな分担をやっていただきましたが、その中でも白井委員長と渡部事務局長、このお二人のシルバーパワーの爆発は大変なものでした。皆それに引きづられて、よくここまで来たなという感じが痛切にいたします。しかも、実行委員会の一人一人は手弁当で、完全なボランティアでした。とくにこの点を付け加えさせていただきます。

そういう事情もございまして、何かと手違いがあったばかりか、「レジュメ・資料集」にも校正ミスが目立つような気もしますが、そのへんは今、申し上げました事情をお汲み取りのうえ大目に見ていただきまして、お許し頂だければと思います。それでは二十一世紀のなるべく早い時期にモスクワで開く、次回のゾルゲ事件国際シンポジゥムで是非またお目にかかりたいと思います。どうも皆さん、長いことありがとうございました。（拍手）

質問と回答

ノモンハン事件とゾルゲの諜報活動

質問［兵藤直彦（大宮市在住）**］**　ノモンハン事件（一九三九年）での日本の敗因は、尾崎・ゾルゲの諜報活動にあると言われていますが、その前後の二人の活動と事件の関わりについてお聞かせください。

回答（白井久也）　ノモンハン事件というのは、太平洋戦争開戦二年前に旧満州国（現在の東北地方）とモンゴル人民共和国の国境地帯を流れるハルハ河沿岸のノモンハン地区で、日本の関東軍ならびに満州国軍が極東ソ連軍と外蒙古軍の連合軍と戦火を交えた局地戦争のことで、ロシアではハルハ河会戦と呼ばれています。

一九三九年五月から八月にかけて数次にわたって大規模な戦闘が行われ、当時、無敵と言われた関東軍が猛烈な砲火と機動力を駆使した極東ソ連軍に、潰滅的な打撃をこうむり、日本側は大命によって作戦を中止。九月に日ソ間で、停戦協定が結ばれました。

日本軍とソ連軍が初めて戦った本格的な近代戦で、日本軍のほぼ一個師団が全滅するような惨敗を喫したのは、ゾルゲ諜報団の知られざる活躍があったという説があります。日本ではゾルゲを逮捕して取り調べを行った吉河光貞検事が言い出したもので、同検事は「法曹」（昭和四七年十二月号）に載ったインタビュー記事の中で、ノモンハン事変が起きる前年に、満州国に亡命を求めた極東内務人民委員部長官ゲンリヒ・サモイロビチ・リュシコフ三等大将の証言を挙げています。リュシコフ証言については、日本陸軍や参謀本部がどのように評価を行ったか、現段階では直接的な資料は発見されていませんが、ありえないことではないと言えるでしょう。今後、研究されねばならない分野の一つです。

リュシコフは一九三八年六月十三日早朝、ソ満国境の琿春《こんしゅん》東方地域で、単身徒歩で越境して、関東軍に投降しました。当時、ソ連で軍や秘密警察の粛清が進行中で、親しかった友人が粛清されたのを知って、身の危険を感じて亡命したものです。リュシコフは当時、三八歳でしたが、生え抜きのソ連秘密警察最高幹部で、スターリン粛清の引き金となった三四年のキーロフ暗殺事件について、当時のソ連共産党書記長のスターリンに随行して、レニングラード（現在のサンクト・ペテルブルグ）に赴き、現地調査に当たるなど、スターリンの信任の厚い人物でした。リュシコフは極東に赴任するに当たって、スターリンと二回もクレムリンで会い、エジョフ内相、ウォロシーロフ国防相立会いの下で、スターリンから極東内務部長官としての任務に関する公式指令を受けたほどです。

その彼が身辺に危険を感じるようになったのは、最も親しい同僚だったレニングラード内務部長官ザコフスキーが逮捕され、続いてウクライナ内務部長官レプレフスキー、白ロシア内務部長官ベルマンらが粛清され、やがてスターリンの魔の手がわが身に及ぶことが必至と察知されるに至ったからです。

ソ満国境を越えたリュシコフは、琿春国境警察隊に捕らわれ、琿春特務機関に引き渡されましたが、現地から報告を受けた陸軍参謀本部は事の重大さを知って、リュシコフの身柄をただちに東京へ移送するように指令しました。リュシコフは東京で参謀本部第二部第五課の保護の下で、マラトフと名前を変えて対ソ諜報活動に従事、参謀本部はリュシコフの対ソ諜報を参考にしながら、対ソ政策を企画、立案したのです。しかし、ソ連の対日参戦によって、リュシコフの身柄の処分が問題になり、一九四五年八月二十日、大連の関東軍特務機関に身を匿《かくま》われていたリュシコフは、関東軍情報部大連出張所長竹岡豊大尉によって射殺され、非業の死を遂げたのでした。

リュシコフ情報をモスクワに送る

リュシコフは亡命直後、身柄を満州から東京に移送されて、参謀本部で尋問を受けました。このときリュシコフはソ連国内で吹き荒れるスターリン粛清や極東シベリアの軍事情報などについて、注目すべき証言を行いました。このリュシコフの情報は、日本側から駐日ドイツ大使館付武官ショル大佐に回され、ショルが仲が良かったゾルゲに伝えました。ショルの本国宛ての報告は、ナチス・ドイツの諜報機関の総元締めのカナリス提督の注目を引き、カナリスの命によって来日したグライリンク大佐が日本側の了解の下に、リュシコフの尋問を行いました。その結果が、「リュシコフ・ドイツ特使会見報告及び関係情報」と題する数百ページの文書にまとめられました。

その主な内容は、赤軍首脳陣にまで波及しつつあったスターリン粛清に対する不満と、シベリアにおける強力なスターリン反対派の存在のために、極東におけるソ連の軍事機構は、日本の攻撃の前に崩壊するであろうという見通しを述べたものです。また、極東・シベリアにおける赤軍部隊は全部で二十五師団あり、その配置、編成、装備状況などが子細に説明されています。さらに、当時、使用中の軍事無線暗号に関する情報も、暴露されています。

ゾルゲは機密情報がぎっしり詰まったこの文書をショルから借り受けて、リュシコフが自分自身の政治的立場について述べた箇所を省いて、最も必要な軍事機密情報の部分をマイクロフィルムに納め、伝書使を通じてモスクワに送ったのです。ソ連はゾルゲが送ってきたこのリュシコフ情報を克明に分析して、極東ソ連軍の配置や編成を急いで改める一方、軍事無線暗号も改変してしまいました。ところが、日本側はリュシコフ情報に基づいて、極東ソ連軍の軍事力の評価を行い、ノモンハンでソ連軍を見下して力試《ちからだめ》しをしたのです。その結果は、関東軍の潰滅的な敗北に終わってしまいました。

吉河検事が「法曹」に載せたインタビュー記事で述べたところによれば、ノモンハン事件はリュシコフ情報によって関東軍が作戦を遂行したため、それが失敗につながったことが明らかにされています。つまり、関東軍の敗北は、ゾルゲが極東ソ連軍の兵力に対する日本側の評価をモスクワに詳細に伝えたことに関係があるという見解です。この点については、スターリン時代にソ連秘密警察、内務人民委員部（NKVD）の幹部として活躍したパーベル・スドプラートフの息子で、諜報問題に詳しいアナトリー・スドプラートフ氏も、「ハルハ河戦争（ノモンハン事件）に関するゾルゲ情報は、ゾルゲが日本に派遣されていた間に参謀本部諜報局（GRU）のために行った最大の貢献の一つであった」という評価を下していることによっても、吉河検事の説が決して根拠のないものではないことがうかがえます。

ゾルゲ以外の諜報団のメンバーも、ノモンハン事件の情報収集に、活躍しました。ゾルゲは関東軍の攻勢が局地的なものなのかどうか、頭を悩ましていましたが、尾崎秀実はいち早く「日本の攻撃は事件を局地で解決する方針であり、それを拡大するつもりはない」という情報をもたらして、ゾルゲを安心させました。日本陸軍の招待で一九三九年七月にノモンハンの戦場を視察したゾルゲ機関員のブケリッチは、最前線に行かなかったものの、「戦争がこれ以上に拡大することはない」という印象を得て東京に帰り、「ソ連軍は日本が新聞に発表しているよりは優秀で、ソ連の砲兵は日本の砲兵より重砲を多く持っている」とゾルゲに伝えました。

日本軍の軍事情報の収集は、このほかのゾルゲ諜報団のメンバーも行っていました。宮城与徳は、元陸軍伍長小代好信を通じて、ノモンハン戦闘に参加した初期の日本軍兵力、日ソ戦闘の内容、ノモンハン事件に対する国民感情など広範な軍事情報を入手する一方、「八月ごろソ連の戦車隊が逆襲し、日本の総攻撃が不成功に終わるだろう」との風評を掴んで、ゾルゲに教えました。

日本軍の上級将校は無能

これに対して、ソ連側は日本軍の内情についてどんな情報を持っていたのでしょうか。ノモンハン事件のとき極東ソ連軍を最高司令官として、指揮したジューコフ将軍（のちにソ連邦元帥）は、『回想録』（『革命・大戦・平和』朝日新聞社刊）の中で、日本軍は兵隊がよく訓練されて精鋭である。第一線の下級将校、下士官たちは狂信的な頑強さで戦う。しかし、佐官クラス以上の上級将校は無能力である。また、戦車は老朽で、装備が悪く、火砲も劣っていると言っています。ジューコフによれば、日本軍はハルハ河戦争の敗北によって、「いまや日本側は赤軍の力と能力について一層正しい結論を出した」（『回想録』）はずであったのに、日本軍はノモンハン事件の敗北から教訓を得るどころか、その事実をひた隠しに隠して、無謀な太平洋戦争に突入して国を亡ぼしたのでした。

中共諜報団とゾルゲ事件

質問〔米谷匡史〕（東京都練馬区在住）〕　今回のシンポジウムでは、主に日ソ関係に焦点が当てられていますが、ゾルゲや尾崎は中西功などの中国共産党周辺のスパイ網と接触し、情報交換を行っており、ゾルゲや尾崎がつかんだ情報は、中国共産党にも伝わったと思われます。この情報を、中国共産党がどのように評価していたかを巡る情報公開の現状は、どのようになっているでしょうか。日、中、ソ間の情報流通の全体像をどのように把握すればいいのか、ご教示ください。

回答（渡部富哉）　ゾルゲ事件が起こった翌四二年六月十六日、中西功ほか日本人八名、中国人十六名が検挙されました（中西功著『中国革命の嵐の中で』、西里竜夫著『革命の上海で』による）。特高資料にいう「中国共産党諜報団事件」の摘発です。

私はこの二つの諜報事件は区別すべきではなく、相互に絡み合っているもので、これを分離してとらえると、その端緒、事件の真相は明らかにできないと思っています。『中西功訊問調書』は九六年七月、亜紀書房から出版されました。この「訊問調書」の原本を保存していた人は、中西功を直接取り調べた警視庁特高の光永源槌《げんつい》です。その手製の調書の表紙には「昭和十七年六月・ゾルゲ事件」とあり、背表紙には「ゾルゲ事件中国編」と書かれています。警視庁特高は、この事件をゾルゲ事件の側面としてとらえていたことを物語っています。

ゾルゲ事件の端緒の真相は、特高に都合のいいように操作された従来の特高資料だけでは、本当のことは見えてこないでしょう。特高は北林トモの姪青柳喜久代や伊藤律などの供述以前に、北林トモがアメリカから帰国した直後から「外国諜報団容疑者」として警視庁、及び和歌山県において内偵中（「小林義夫氏聞き書」〔和歌山県特高視察係〕社会運動資料センター刊）で、特定の被疑者を尾行、張り込みの対象にし、網を張り、囮《おとり》の仕掛けの中においていたのです。

壊滅した日共の再建運動に関わっていた青柳喜久代が検挙され、彼女の供述から「北林トモは伊藤律と二回会った」との供述を引き出した特高は、ゾルゲ事件の端緒を日共再建運動を主導していた伊藤律の供述に、摘発の端緒を押しつける創作と捏造《ねつぞう》を行ったのです。

「国際共産主義のために献身していたゾルゲ機関が結局は日本共産党に潜り込んだスパイ、裏切り者、革命のユダによって、葬り去られたという筋書きは、たしかに人々の興味を引きやすいが、それもまた一つの神話であり、その神話は特高によって種を播かれ、野坂ら戦後共産党幹部によって膨らまされたものである」と『中西功訊問調書』の解説で、福本勝清は書いています。

今日、ロシア側の資料によって明らかになっていることだが、マックス・クラウゼンの無線連絡と通信施設が当局に捕捉されるのは、ゾルゲ事件が起こる一年前の、四〇年夏のことであり、日本の電波監視局は麻布周辺二キロ範囲まで、頻繁に発信される不法電波をとらえて記録していました。しかし、麻布という地域は今日でも外国の大、公使館や外人の居住区があり、昔から忍者の里としても知られている。地形的に谷あり川ありで、人家が密集し、青山墓地などがあり、入り組んでいる土地柄だったのです。クラウゼンはたびたび送信を中止しなければならないような危険な状況に置かれながら、検挙を免《まぬ》がれたのは、クラウゼンの機転が偶然先回りしたにすぎませんでした。

　ロシア側の研究者が重視しているのは、「決定的な役割を演じたのは、ゾルゲを在京ソ連大使館の名に隠れて活動していたGRU（参謀本部諜報総局）要員とむすびつけようとした、一九三九年のセンターの決定だった可能性も排除できない。この決定は全く正当化できないものだった。一九四〇年、クラウゼンはS・L・ブトケビチから、次いでV・S・ザイツェフから数回にわたって資金を受け取っていた。ザイツェフとはゾルゲも会ったことがある」（「『ゾルゲ事件』関係文書評論草稿」A・G・フェシユーン著）ということで、これが今回の国際シンポジウムの基調報告で、白井久也氏が報告した朝日新聞の佐々木芳隆記者の記事の中心内容なのです。こうしたことは今回の国際シンポジウム以前には、まったく見えていなかったことでした。

潘漢年《はんかんねん》の劇的な生涯と再評価

　ゾルゲ事件と中共諜報団事件の関わりについて、『20世紀どんな時代だったのか』（日本の戦争編　読売新聞社　九八年刊）に興味ある記事が掲載されています。「中国共産党スパイ潘漢年《はんかんねん》」がそれです。潘漢年は上海を根拠に、対日情報活動をしており、国民党の幹部、王斌《おうひん》暗殺の実行者だったことなどが書かれていますが、彼もまた、「ドイツのソ連侵攻」や「日米開戦の情報」を毛沢東に通報していたことなどが書かれています。これを書いた読売新聞の記者は、「潘漢年に独ソ戦や真珠湾攻撃の情報は洩れる筈はなく、潘が入手した断片的情報を総合的に判断したのではないか」と推測しています。私は恐らくこの二つの情報は中西（または西里竜夫）から得たものだと思います。

　潘漢年は中国の解放後、上海市の副市長になりましたが、胡風らの反党集団の一員として逮捕され、汪兆銘《おうちょうめい》（蒋介石に反対する親日反共の国民政権を樹立した）と密かに通じていたとされて粛清され、文化大革命終了直後の七七年に死去するという不遇な晩年を送りました。潘漢年はまた日本外務省が上海で情報活動をしていた岩井英一とも、連絡をとっていました（『上海時代の思い出』岩井英一著　雑誌「滬友《こゆう》」35号から10回　連載　一九七四年～九年）。情報員ですから敵側の政治家とも繋《つな》がりを持たなければ情報はとれませんし、情報は当然、二重の性格をもつものです。

　彼の死後、毛沢東の指示によって名誉が回復され、九八年に彼の活動を伝えるテレビドラマが中国で連続して放映され、伝記も出版されました。このドラマの中でも「日本軍の真珠湾攻撃が十二月初めの日曜日の可能性が大きい」と伝えています。

石堂清倫氏の説明によると、これまで中国では中ソ対立が長く続き、その影響でソ連の情報活動である、一九三〇年代の上海でのゾルゲたちの活動についての研究発表は、これまでなかったそうです。ようやく最近になってノンフィクション作品『太平洋戦争の警報』が出版され、中西たちの活動について評価する出版やテレビ番組などが出始めたそうです。

『太平洋戦争の警報』は、まだ邦訳されていませんが、石堂氏によると、同書の中には「四一年十月、中西のところに『西に向かって走れ』という電報が届いた。西とは延安を指す、尾崎との間の暗号で、『危険・逃げろ』という意味なので、中西が上部に伝えると、『東京に行って状況を調査せよ』と言われ、中西が東京に到着すると、既にゾルゲ事件で尾崎たちの検挙の直後だった。中西は満鉄調査部の『支那抗戦力調査報告』などで顔馴染みだった陸軍参謀本部の将校たちから、真珠湾攻撃の情報を掴み、それを上部に伝えました。毛沢東はこの情報を高く評価して『この諜報団の功績は絶大なり』と称賛し、蒋介石に『わが方の情報によれば……』として伝えました。蒋介石は宋子文に命じて駐重慶アメリカ大使のジャンセンに伝えています。毛沢東は日本軍が南進すれば中国革命にとって有利になり、北進するならば中国革命にとって、より困難な局面を迎えるだろうと予測していた」という記述があるそうです。

中西功著『中国革命の嵐の中で』（青木書店刊）には、これに対応する記述があります。それによると、「四二年一月ころ、私の手もとに電報が届きました。それは『白川』名（尾崎秀実のペンネーム）の暗号で、『すぐ逃げよ』という意味でした」とあり、「一九四〇年十二月に満鉄調査部の『支那抗戦力調査委員会』は第三回目の報告会を上海で開きましたが、そのときも尾崎秀実《ほつみ》は東京から参加しました」、「このとき私は尾崎が投宿したホテルで、尾崎とはかなり長い時間話し会いました」、「尾崎は、ぼくの身辺も最近どうも変なんだ。もう会えないかもしれないね。それで、とにかくお互いに連絡し合う方法をきめておこう。ぼくがきみに知らせる場合は、たいしたことなし、警戒せよ、逃げよの三つに分けて、それぞれこんな暗号で電報を打つから……」とあって、『太平洋戦争の警報』に書かれた事実を裏付けています。西里竜夫著『革命の上海で』にも、「尾崎秀実が逮捕されたことを知ったのは、翌年一月で、中西の報告によってだった」とあり、この間の事情を裏付けています。

発掘された「中共対日間諜団主要諜報」

光永源槌《げんつい》が保存していた資料にはこのほかザラ紙に謄写印刷した、「極秘　昭和十七年九月　中共対日間諜団主要諜報　附対日本兵士宣伝工作　特高第一課」という文書があります。

この資料によると「対米英戦の見透について」（西里竜夫は昭和十六年十一月頃中西より得た情報その他を斟酌《しんしゃく》し日本対米英戦の見透に就て李徳生、陳一峯に提報す）とあり、「要旨日本の一般的見解は米国の建造計画が一九四六年に完成するので、それ以前でなければ日本は絶対に勝算がない故、戦端を開くとすれば現在がその時期だと言われている。然し日米戦には偉大な資材の消耗を予想せねばならないが日本には果してその準備があるか否や疑問であり、日本陸軍のガソリン貯蔵量は三ケ月間位しか無く、海軍は約二カ年間と言われる。然し結局日米戦は不可避と思う」(原文は片仮名、句読点はそのまま)とあります。そのほか「中西功は大東亜戦勃発直前の昭和十六年十月頃呉戩光と共に討議尾崎秀実等より諜知せる情報提供と共に中共側の認識不足を啓発す」とあります。その要旨は「両国の戦争能力に関し中共側組織員(上海情報科責任者)呉戩光《こしゅこう》は日米開戦せば直ちに日本側は米国の強大な軍備経済力に屈伏するであろうとの意見を述ぶるや、中西は日本の軍備殊に海軍力を過少評価することは危険なる旨を強調し、日米が開戦の暁は緒戦に於いて日本が勝つ事は科学上極めて当然である。それは日本海軍軍備の強大なる上に攻撃拠点が仏印に進出し世界有数のガムラン湾を押へることは、シンガポールと蘭印は直ちに占領される。然し問題は持久戦となりたる場合に日本の経済力の弱点、支那問題に在る。殊に石油問題は海軍は二ケ年位の貯蔵量を有するも陸軍は数カ月足らずで此の問題解決に必至となって居る。自分らが日本海軍の話を聞いても戦闘には必勝することを自信を持って話すが後の経済問題には全く触れない。之れは彼等の弱点を暴露するものである」というものです。

中西功と尾崎秀実の関係

この資料は当時の特高資料のままで読みづらい文章ですが、これで見られるとおり、中西の分析のほうが、中共の情報員よりはるかに正確であったことが分ります。これらの中西の情報は尾崎秀実から入手したものであり、中西の情報はまた尾崎秀実に伝えられ、ゾルゲを通してロシア参謀本部に伝えられていました。

この資料で明白なように、尾崎秀実と中西功、西里竜夫らの中共諜報団は密接に結びついていました。中西、西里、白井行幸、河村好雄(中共諜報団事件)、水野成、安斉庫治(ゾルゲ事件)らは、上海の同文書院在学中に、朝日新聞社の上海特派員として勤務中の尾崎秀実が彼等のマルクス主義研究会を指導した関係にあり、尾崎によって彼等は運動に導かれたという間柄です。中西は後に、尾崎の推挙によって満鉄調査部に就職し、「支那抗戦力調査」取りまとめの主導的立場におり、そこに尾崎秀実は満鉄調査部の高級嘱託として関わっています。彼等と尾崎との関係は歴史も長く、個人的にも深いもので、相互に情報交換が行われていました。

中西の前掲書には、「私は東京に来て尾崎秀実に会い、一晩、彼の目黒の祐天寺の家に泊まり、ゆっくり話をしました」「そのとき『ドイツ人』のことについても話をしており、その方面の活動についても、さまざまな話をしました」とありますが、中西は上海時代の尾崎からゾルゲを紹介されていました。

その関係は今後、「中西功訊問調書」や「中共対日間諜団主要諜報」とゾルゲ事件関係資料の突き合わせによって、より鮮明になると思います。

しかし、ロシアのゾルゲ事件研究者には、上海におけるゾルゲの活動との関係で、中国共産党の諜報組織との接触の資料や研究はあるかも知れませんが、ゾルゲが来日してからのち、尾崎秀実を媒介にした「中国共産党諜報団」との間接的な接触、交流などについては知られていないだろうと思います。ロシアのゾルゲ事件研究者も中西功、西里竜夫たちの「中共諜報団事件」をゾルゲ事件と密接に結びついた側面としてとらえていないのではないでしょうか。

今後、この国際シンポジゥムに中国、ドイツ、イギリス、米国などの研究者が加われば、そのことによる重層的な研究の波及効果は極めて大きいものと期待しています。尾崎を媒体にした中国、日本、ロシアの共産主義者の国際的な連携がどんなものであったか、これから具体的に解明されることだと思っています。長い間の中ソ対立の結氷が解け、ようやくこうした歴史的関係について事実に基づいた見直しの機運が出てきました。このテーマは「ゾルゲ事件と国際主義」という次回の国際シンポジゥムに、まったくふさわしい内容だと思っています。

ゾルゲは上海で何をしたのか

質問〔小林治平〕（千葉県浦安市在住）　別添・後藤田正晴氏の回顧録（『情と理』講談社）の一部をご参照下さい。

① ここで言う「上海にMI5、MI6の根が残っている」とは何のことと思われますか。

② 戦後、古本屋に出た資料とは、何の資料のことを言っているのですか。

回答〔渡部富哉〕　ご質問の後藤田正晴の回想録を要約すると、「第八章　事件多発に最高責任者の孤独を」の中で、「一九六六年にイギリス、フランス、ドイツ、イタリーに後藤田が行って、各国の情報機関と話した。イギリスは非常に情報収集が徹底していて深くて執拗だ。MI5（内務省情報保安部）とMI6で片方が防諜で片方が諜報です。行く前にイギリスから注文がありました。それは日本のゾルゲ事件の資料を下さいという。これは戦争の後、神田の古本屋などに出たんですよ。それをまだ専門に調べているんです。何でいま時こんなことをやるの、これは第二次世界大戦のときの話ではないかと言ったら、いやまだ残っているんだ。上海に根が残っている……」と記されています。

この質問について、共同通信社が地方紙に配信した非常に興味のある面白い記事が九七年八月一日、掲載されました。「日米関係の裏面史　秘密のファイル」（『秘密のファイル――CIAの対日工作』〈上、下〉春名幹男著　共同通信社　二〇〇〇年四月刊）がそれです。毎週一回のペースで五六回連載されました。その「第三部・CIA対日工作の源流・秘密工作で部局対立」によると、「米中央情報局（CIA）の初代東京支局長、ポール・ブルームの下には、米国人キャリア要員はわずか二～

三人しかいなかった。だが、四九年十月の中華人民共和国成立、翌五〇年六月からの朝鮮戦争を受けて、日本にも続々、CIAの本格的な〝工作部隊〟が到着した。総数は少なくとも推定百～二百人、これほど多数のCIA要員がいた事実が、当時の要員らの証言から初めて明らかになった。なぜCIA嫌いのマッカーサー元帥や参謀第二部(GⅡ)のウイロビー少将が、宣伝や謀略など、本格的な秘密工作を行うCIA要員の日本上陸を認めたのか? 一つの理由は、ワシントンの米国立公文書館で見つかった。ここに『上海市警察記録一八九四～一九四九』という変わった文書が公開されている。一一九箱以上もの貴重な文書は、上海が陥落する直前、CIA上海支局要員が持ち去った。この中に『ウィロビー・コレクション』と名付けられたゾルゲ事件関係の文書がある」

これは当時、共同通信社ワシントン支局長だった春名幹男氏が、仕事の合間をみて丹念に国立公文書館を調べて、このレポートを物にしたのです。これによると、「ウイロビーはこの『上海市警察文書』とひきかえにCIA上海支局の横須賀移駐を認めた」のだという。さらに、ウイロビーはこの文書をもとにして、五二年、『上海の陰謀』(邦訳『赤色スパイ団の全貌・ゾルゲ事件』)を書いたのです。

ゾルゲの組織と活動を追うウイロビー

私は伊藤律のゾルゲ事件端緒説を覆した『偽りの烙印』(五月書房　一九九三年刊)を書くとき、当然このウィロビーの著作は丹念にメモをとりながら読みました。ゾルゲの上海時代の活動について言及する場合、この資料はかなり重要な比重をもつはずです。この「上海市警察資料」は、本来はイギリスの租界警察の資料ですが、上海の陥落によって、イギリスの租界警察はその貴重な資料を政治的にCIAと取引したのでしょう。私がこれに注目したのは、二つの理由からです。

ウイロビーは、ゾルゲの上海時代の組織と活動を軍の情報機関として、イギリスのMI5とMI6と共通する防諜と諜報の立場から、執拗に追及しています。上海で浮上し、または消えたメンバーは、必ずどこかに派遣されて活動しているという判断があるのでしょう。事実、ゾルゲの上海の組織は一部はスターリンによって粛清されましたが、米国や日本に、あるものは欧州に、姿や名を変えて出現しました。また、ゾルゲとスメドレーの最初の接触は上海でした。ウイロビーはスメドレーを名指しで、「コミンテルンのスパイだ」と決めつけ、スメドレーから名誉棄損で訴えられたから、この資料はウイロビーにとっては宝の山だったのです。

浮上した極秘の諜報組織の氷山の一角から、その地下水系をたぐりよせるのは、MI6の基本的で中心的な活動の一つなのです。それは暗号の解読で、ある一つの鍵をみつけだすと、連鎖的に関連する暗号が続いて判明することにも共通しています。ゾルゲは検挙されたあとの供述では、上海の情報機関員の、名を明らかにしていませんが、ゾルゲの極東派遣に直接責任をもっていたのは、暗号名「アレックス」、本名、ポロビチ大佐でした。このポロビチこそ「ゾルゲが日本に到着する以前から、日本に定着していた諸国共産党のメンバーをゾルゲ諜報団として編成した人物です」(「リヒアルト・ゾルゲの運命に見る『コミンテルンの風景』」ユー・グリゴリエス著「伊藤律の名誉回復を求める会」会報「『三号罪犯と呼ばれて」五号)

彼はポーランド共産党から赤軍に移った人ですが、ゾルゲは上海時代にこの「アレックス」機関で働いていました。

ゾルゲは公式にはベルジンが赤軍参謀本部諜報総局(GRU)の局長の時代に、同局に編入され、ゴリコフがその後身の赤軍参謀本部諜報局(GRU)局長の時代に日本の権力によって逮捕され、処刑されました。それ以前の歴代の局長は全員がスターリンによって粛清され、銃殺されたのです。ゾルゲはそのうちの二人、ベルジンとウリツキーから指示を受ける立場にありました。つまり、ゾルゲは人民の敵として銃殺された二人の局長と関係があったことになります。その系譜からみるとゾルゲの上海時代の同僚のK・M・リンムやGRUの上海駐在の諜報部員で、「アレックス」の変名を持つ、レフ・ポロビチも、ゾルゲから来る多くの情報をモスクワに転送していましたが、彼も一九三七年に「人民の敵」の名において銃殺されました(「『ゾルゲ事件』関係文書評論草稿」A・G・フェシューン著)。この一連の経緯の中で、ゾルゲの上海時代の活動を回顧しなければならないでしょう。

上海には後に東京でゾルゲ機関の無線通信を担当したマックス・クラウゼン夫妻もいました。尾崎秀実やアグネス・スメドレーらがなぜ、ゾルゲ機関に協力したのか、その謎を解く鍵もここにあります。

さらにもう一つの私の関心は、「上海市警察記録一八九四〜一九四九」にあります。これはイギリスの租界警察の記録ですが、同時に中国側警察の記録でもあります。

イギリスのMI5やCIAやアメリカのGⅡにとってこの記録の関心の中心は、当時、上海にあった極東コミンテルンの関係資料にありました。この組織はコミンテルン(共産主義インターナショナル)が地域別に設けた極秘の書記局で、一九二四年のコミンテルン第五回大会で設置が決められました。コミンテルンの支部だった日本共産党は、活動資金と指示をこの極東コミンテルンを経由して受け取り、また日本からモスクワに行く関所であり、窓口でした。

ゾルゲとヌーラン事件

一九三一年六月一日、シンガポールのイギリス警察はマレー共産党とひそかに交渉を持っていたフランス人のコミンテルン機関員を逮捕し、その所持品から判明したイレーヌ・ヌーランという人物が上海で逮捕されました。これが有名な「ヌーラン事件」です。ヌーランは極東コミンテルンの組織部長であり、一九三一年、保釈中の野坂参三が日本を脱出してモスクワに亡命したとき、この極東コミンテルンを経由して、その手引きによってソ満国境を越境したのです。その直後に、この事件が起きました。

また、三二年十月、警視庁特高課長毛利基に直結し日共中央部に送られたスパイM（飯塚盈延《みつのぶ》）による、大森銀行ギャング事件や、日本共産党の全国代表者会議が特高に襲撃された熱海事件も、このヌーラン事件によってコミンテルンとの連絡が断ち切られたことに多くの原因があります。野坂参三が三四年、アメリカ西海岸から日本工作を行ったのは、このヌーラン事件のため上海経由の日本ルートが破壊されたことによるものです。ヌーランはコミンテルン極東局の組織部長で、当時のコミンテルン極東局の政治部長ゲルハルト・アイスラーはこの事件の直後に危険を逃れてモスクワにいったん戻りますが、アメリカに潜入し、三四年、野坂参三のアメリカ潜入と合流してコミンテルンOMS（国際連絡部）の活動を続けています。（「革命の狼火はまだ上らぬか——野坂参三のアメリカ工作」社会運動資料センター　二〇〇〇年六月刊行予定）

これは日本共産党史にとっては重大な事件であるにもかかわらず、日本共産党も党史研究者の誰一人として、これを調査した人はこれまでいませんでした。

「ヌーラン事件」の直接的な影響は、それだけではありません。まず第一に、六月に中国共産党の中央総書記（主席）向忠発や中央委員などが逮捕、銃殺され、中国共産党の上海の各組織は壊滅状態になりました。「この破局に対する復讐として、情報を洩らした『裏切り者』の親戚縁者一切を直ちに殺すように命令したのは周恩来だった」（『ゾルゲ追跡』筑摩書房）と言われています。この真偽のほどはわかりませんが、その衝撃ぶりがうかがえます。

日本では、ヌーランの手帳の連絡用アドレスに、戦後、雑誌「世界」の編集長として活躍した吉野源三郎の名があり、当時、予備役陸軍砲兵少尉だった吉野は、第一師団軍法会議で懲役二年（執行猶予四年）の判決をうけました（『現代史資料』「軍事警察」みすず書房）。このほか、のちに尾崎秀実《ほつみ》とともに上海の東亜同文書院の教授となり、尾崎のあとを継いで左翼学生にマルクス主義の研究会活動を指導した、当時、神戸商工会議所につとめていた野沢房二（ゾルゲ事件で検挙）や、尾崎秀実《ほつみ》が逮捕されたのち、家族の救援にたずさわった松本慎一らがいます。

もう一人、歴史的にあまりにも有名な人物で、後のベトナム革命を指導したホー・チ・ミンがいます。彼が逮捕されたときはヌーランの場合と同じく、釈放とフランスに引き渡されるのを阻止する運動を国際赤色救援会が起しました。その後、彼は八年間投獄されました。ヌーラン夫妻は三七年八月二七日に釈放されましたが、この間、オットー・ブラウンとハーマン・ジブラーはそれぞれ二万ドルを持参して、ゾルゲに手渡し、中国の法官の買収工作にあたりました。ロシアに残っている資料によると、この資金は全部で一〇万ドルの巨費にのぼったといわれています。ゾルゲがモスクワと交信しあった電報も残っており、それを見ると大変な混乱ぶりが現われています。

市川正一と佐野学の逮捕

私がこの「上海資料」に注目しているもうひとつの問題は、戦前の共産党弾圧事件として有名な「三・一五事件」という、小林多喜二の小説にもなった事件がありますが、この事件の翌年、四・一六事件が続いて起こり、三・一五事件で逮捕を逃れた市川正一が、二九年四月二八日に逮捕されます。市川の自供によって上海にいた日本共産党委員長佐野学の所在が判明し、警視庁から特派された浦川特高係長以下の官憲によって佐野は上海で逮捕され、日本に連行されることになったのです。記録によると、佐野は上海でかねて打合せの市川からの連絡を待っていました。このとき極東コミンテルンに派遣されていたゾルゲは、「永安公司前の街頭で会いたし」という市川からの連絡に不審を抱き、佐野に代わって東京からきた密使に会うことにし、佐野は最初の特高の襲撃を逃れたのです。佐野は捕まっている市川のアジトに再度手紙を送り、それがそのまま特高の手に入り、結局、佐野は六月十六日に、中国の公安に逮捕され、二カ月後にようやく日本側に身柄が引き渡されました。その関係資料が「上海資料」にないか、私は注目したのです。

ここに登場するゾルゲがリヒアルト・ゾルゲなのかどうかは、根拠がこれまでもう一つ不確実でした。これまでの資料にはゾルゲが上海に派遣されるのは一九三〇年一月、とされているからです。もしこれが事実ならば、佐野の逮捕は二九年六月だから、別人ということになります。しかし、今回のロシア側のパネリスト、ゲオルギエフ氏は二九年にゾルゲはコミンテルンにいたが、どこで何をしていたか資料がないと報告しているので、これがこの問題解明の手掛かりになることも考えられなくもありません。

ゾルゲは一九二九年十月三一日にコミンテルンから解任されて、赤軍参謀本部諜報総局に採用されたことが判明しています。その前の任務はコミンテルンOMS（国際連絡）の活動でした。A・G・フェシューン執筆の「『ゾルゲ事件』関係文書評論草稿」によると、「参謀本部諜報総局の元日本課長M・I・シロトキンは、ラムゼイは上海で約二年間（一九二九〜一九三一年）非合法駐在諜報員として活動していた」ことを紹介しています。

ゾルゲの日本派遣の根底にあるもの

佐野学の逮捕と直接のかかわりがあったコミンテルンのOMSのゾルゲとは、最近新たに発掘された資料によって、リヒアルト・ゾルゲである可能性がにわかに高まりました。さらに「日本共産党の渡辺政之輔（党委員長）が台湾の基隆で警官包囲の中で自殺をとげたとき（一九二八年十月六日）、その第一報は当時、上海にいたゾルゲから片山潜に伝えられた」（一橋大学加藤哲郎教授・「勝野金政資料」）という情報もあります。これらはまだ裏付けがとれていませんが、私の仮説では、ゾルゲの日本派遣は、上司のベルジンから命令されたからというような他動的なものではなく、もっと積極的にゾルゲが直接関わりをもった中国共産党の中央総書記（主席）向忠発や、日本共産党の二人の委員長が敵階級のために捕らわれたことに対する「弔い合戦」という、積極的で能動的な動機ではなかったか、と思っています。

ゾルゲは上海時代にごく短期の休暇で、東京や日本統治下にあった南洋群島に来ていることも今日では明らかになっています。これは私の仮説をますます実証し、裏付けているように思えます。こうした仮説を立ててゾルゲ事件の真相に挑戦し、「事実は小説より奇なり」という結果が得られて、仮説が事実によって裏付けられた真説となれば、そうした研究の方法も楽しくかつ面白いものではありませんか。

「上海に残っている根っこ」とは、このような問題を指しています。ゾルゲ研究には上海時代のゾルゲを丹念に調べる必要があると思います。

②の神田の古本屋に出ていたゾルゲ事件関係資料とは、恐らく、みすず書房刊の『現代史資料・ゾルゲ事件』のことでしょう。この本は今日でも古本市に出ますので、容易に入手が可能です。私もゲオルギエフ氏に全四冊を提供しました。公安関係ではこれとは別に「ゾルゲ事件関係資料」(「ゾルゲを中心とする国際諜報団事件」警察庁警備部)を刊行していますから政府機関からのお土産とすれば、この可能性が強いでしょう。

宮城与徳を日本に派遣した〝ロイ〟とは誰か

質問〔岩永倬俊〕(千葉市在住)〕　「ロイ」とは誰で、その人物像を具体化してください。雑誌「諸君!」の一九九八年七月号は読了しました。

回答〔渡部富哉〕　「ロイ」とは情報をゾルゲに英語に翻訳したり、ゾルゲと尾崎の連絡の任にあたった、最も重要な役割を演じることになった、沖縄出身の宮城与徳に、日本行きの指令を直接伝えたとされる謎の人物のことです。

これまで「ロイ」とは一体誰れのことなのか、全く知られていませんでした。それは謎に包まれていました。日本共産党の名誉議長で、当時、コミンテルン執行委員だった野坂参三こそが「ロイ」であるとする説がまことしやかに流布されたりしていました。野坂本人は死ぬまでそれを否定していましたが、私が雑誌「諸君!」(一九九八年七月号)に「ロイと呼ばれた男の正体」を発表するまで、日本共産党史の研究者ですら「ロイ・野坂参三説」に反論する材料がないため、疑問視しながらも言われるまま、という状態だったのです。

みすず書房の『現代史資料・ゾルゲ事件』によると、宮城自身は日本派遣の経緯について、次のように述べています。

「昭和七(一九三二)年末、アメリカ共産党指導者、独系米人某、及び日本人部責任者矢野または武田某より日本派遣並びに特殊任務に服すべき旨を命じられ」「矢野及び白人の男と両方から日本へ帰れと言われました」「なおこの外人は今後ロイと連絡せよと申しておりました。ロイとはロスアンゼルス居住の米国共産党員で、私はかねて同人と個人的に交際していました」「昭和八年九月ごろ、矢野とロイと二人で私のところに来て、至急日本に帰れと申しましたので、十月初めころ私は米国を発ってきたのです」

概略、以上のようになっています。この資料で読みとれるところでは、宮城の日本派遣について関わった人物は、米国西海岸一帯の日系共産党員の指導的立場にあった矢野努および、コミンテルンから派遣され、かつアメリカ共産党の指導者でもあったドイツ系白人と、ロサンゼルス在住で宮城と交際のあったロイの三人です。

宮城与徳を日本に派遣した「ロイ」が野坂参三であると主張するならば、宮城が横浜港に上陸したのが一九三三年十月のことですから、野坂がそれ以前に、アメリカに潜入していたことを立証しなければなりません。ところが「ロイ」こと野坂参三説を主張するジェームス・オダ（小田）著『スパイ　野坂参三追跡』（彩流社　一九九五年刊）によると、「アメリカの西海岸に反軍国主義の拠点をおくことがコミンテルンで決定されたのは三二年秋だから、三四年三月以降に実行に移されることは考えられない」「だから野坂が到着したのは三四年ではなく、三三年であったと考えるのが合理的」だと書いています。しかし、ここにはまったく事実の裏付けはありません。それなのになぜ「合理的」だというのでしょうか。

さらにオダは同著の中で、「野坂の配下として長年はたらいていた長谷川泰次が、野坂はロイとして知られていたと自供するようになった」「したがってこれはたんなる推測ではなしに、歴《れっき》とした真実となったのである。野坂は徹頭徹尾、ゾルゲ事件に関与しなかったと言い切ろうとしている。ゾルゲ事件の発覚は、元をただせば野坂の関与によるものである」「野坂は三八年ころから日本国内に出入りしゾルゲグループの摘発に直接大きな貢献をした」と論理は大きく飛躍しています。野坂がアメリカで「ロイ」と名乗っていたことが事実であったとしても、それがどうして宮城を日本に送った「ロイ」とイコールに結びつくのでしょうか。

また、松阪大学の荒木義修教授によると、「（野坂は）恐らく一九三三年に、初めてアメリカに密航し、十一月には片山潜が死去した。そこで、急遽、葬式に出席するために、モスクワにひきかえしたのであろう。そして、翌一九三四年には、とんぼ返りするかのように、再び、アメリカに帰り、一九三五年のコミンテルンの第七回大会までアメリカに滞在した」「と見るのが、もっとも自然である」（『占領期の共産主義運動』芦書房　一九九三年刊）と書いています。ここでも具体的な根拠は示されず、これまでのオダや袴田里見などの憶測の辻褄合《つじつまあ》わせをしているにすぎません。

〝ロイ〟の謎を解明するコミンテルン文書

私はこのような「ロイ」野坂参三説を紹介しながら、それは何らの根拠がないことを指摘しました。私は九七年にモスクワに行ったとき、コミンテルン史の研究家で、今回の国際シンポジゥムのパネリストであるゲオルギエフ氏が、モスクワのコミンテルン公文書館から発掘した「ロイ」に関する資料を、受け取りました。ゲオルギエフ氏は次のようにいっています。

「野坂参三は実はコミンテルンの情報員（スパイ）だったが、三三年当時、まだ、アメリカには行ってはいません。宮城与徳とゾルゲの連絡を直接手配したのは、一九二五年当時、駐日ソ連大使館にいたことがあるヤンソンです。アメリカには当時二人のロイがいました。一人はヤンソンであり、もう一人は日本人で、レーニンスクールで勉強した学生です。その人の名はロイ・フレークで、宮城与徳を日本に送ることについて、アメリカで最初に直接話を持っていった人と認めていいでしょう。このロイ・フレークの本名はクモト・デンイチです」

ゲオルギエフ氏はこう言って、英文で書かれた一枚の資料を私に見せた。そこにはこう書かれていました。

「私（ゲオルギーエフ）は旧ソ連共産党中央公文書館で、一九三三年四月に行われたヤンソンとフレークの会談記録を見た。会談がどこで行われたかは記されていなかった。会談でジョンソン（ヤンソン）はフレークに、ニューヨークに行ってブラウダー（アメリカ共産党書記長）と連絡をとり、彼から指令をうけとること、今後連絡はブラウダーを通じて保つこと。印刷物はモスクワにいるジョンソンに送るように指示した。フレークに関して言えば、彼はほかでもない有名な情報員ロイで、本名はクモト・デンイチである。彼は一九三三年十月十九日、ソ連に到着し、国際レーニンスクールで学んだ。米国共産党との連絡は『ニシ』を通じて行った」とありました。ここに出てくる「ニシ」とは鵜飼宣道のことで、野坂をスパイだときめつけるその刀で、野坂がスパイなら彼もスパイだ、と非難されている日系共産党員のジョー・コイデ（小出）のことです。

続いてゲオルギエフ氏は、もう一枚の英文資料を見せました。それはレーニンスクールのクモト・デンイチに関する「極秘セクター《D》の学生、同志フレークの一九三四年～三五年の学業評価」です。そこにはクモト・デンイチに関する非常に高い評価が詳しく書かれていました。

そこには「クモト・デンイチは一九三三年十月十九日、ソ連に到着し、国際レーニンスクールに学んだ」とあります。この三三年十月十九日という日付は、宮城与徳が日本に向けて出発することを確かめたうえ、クモト・デンイチがレーニンスクールへ入学のためにモスクワに到着したことを示しています。また、クモト・デンイチが米国に帰国するのは、一九三五年五月のことでした。

ゲオルギエフ氏が提供したこの資料は、原資料のコピーではなく、彼が書き写したもので、「この資料についての公開の許可がおりていないので、今のところファイル名は明らかにはできないが、内容については信頼できる」という。事実この資料の記載事項は野坂の自伝『風雪のあゆみ』（第七巻）で裏付けられたと言えるでしょう。

こうしたことがゾルゲ事件後、半世紀を経てようやく明らかになったのです。これをゾルゲ事件国際シンポジゥムの準備の進行中に、いくらかでも国際シンポジゥムに関心がもたれるように、雑誌「諸君！」に掲載してもらったのです。質問者はこれを読んだが、もっと詳しくクモト・デンイチの人物像を知りたいという。しかし、クモト・デンイチが日系米国共産党員で木元伝一であると特定するにも、かなり時間がかかったのです。「日系共産党員名簿」を調べてようやく確認したものの、『風雪のあゆみ』に書かれている以外にはどんな情報にもたどりつけませんでした。読売新聞社の友人に頼んで、ロサンゼルスの日系人共産党員だった人の調査をやってもらいましたが、ロサンゼルスには該当する人物の存在は見当たらず、探しあぐねていた矢先、ハワイに移住したことが分かりました。早速ハワイを調べてみたところ、ホノルル・アドバタイザー誌の伝えるところによると、九五年一月に木元伝一は死去したと掲載されていました。一九五〇年代のマッカーシズムに反対した「ハワイの七人」の英雄として市民に知られているそうです。タッチの差で歴史的な証言に到達する機会が消えてしまいました。

新しい情報を求めて、また、国際シンポジゥムの宣伝にもなるのではと思い、私はこの情報を共同通信社に送りました。「ゾルゲ事件　なぞの人物『ロイ』は日系二世　故野坂参三氏とも面識」という記事が、九八年十一月七日付の全国の地方紙に掲載になりました。この記事が日系米人の研究をしているハワイ大学のジョン・ステハン教授の目にとまり、教授から「ロイに関することでハワイで得られる資料などについて必要なことがあれば協力する用意がある」という連絡が届きました。これまで全く日本では不明とされていた「ロイ」が、具体的に明らかになってきたのです。私はここまでの材料で、雑誌「諸君!」に書きました。その後、思わぬところで、木元伝一の聞き取りをした人物がいることがわかりました。『ハワイ　さまよえる楽園』を書いた、中島弓子氏です。彼女の手紙によると、「ジャック木元氏には数回（三～四回）お会いし、一度は長めのインタビューも試みました。当時の資料は何かのお役に立つかもしれませんので「コピーを送ります」といって、木元夫妻の写真を同封して送ってくれました。これが現在まで残る、木元伝一の唯一の聞き書きです。

質問者が木元伝一の具体的な人物像を求めていますので、ジョン・ステハン教授から得た情報と、この聞き書きから木元伝一の足跡を紹介します。

解明された木元伝一の足跡

木元伝一は一九〇六年三月、ハワイ・オワフ島のエバに生まれました。八歳（一九一四年）のとき日本の教育を受けるため日本に帰国し、十歳（一九一六年）のときにハワイに戻りました。一九二〇年にハワイでは大ストライキが発生し、父と兄がそれに加わり、家族中が立ち退きをうけ、その後、ホノルルに移り住み、叔父が経営する花の栽培を手伝ったりして生計をたてました。伝一はマッキンレー高校に通いながら、放課後は本願寺派の日本語学校で勉強しました。一九二五年に中学校を卒業し、ハワイで二番目に大きい「ハワイ報知新聞」に就職し、日本の共産主義運動に興味をもつようになり、一九三〇年の元旦号に日本共産党員の大量検挙について長文の記事を書きました。

三一年夏、木元はハワイからロサンゼルスに行き、米国共産党に入党しました。折りからの大失業時代のカリフォルニアで反失業運動に加わり、同年、宮城与徳も米国共産党に入党しています。宮城の「訊問調書」に書かれている「ロイとはかねて懇意にしていました」とは、この当時のことを言うのです。木元はここでは「ロイ・レーン」「サブロウ・ナカノ」などと名乗っていました。彼はハンガーマーチ（飢餓行進）でサクラメントに知事を訪ねる計画などの実行にかかわりました。失業救済の運動はロサンゼルスの海岸沿いと内陸の二方面に分かれてサンフランシスコまで行進し、大規模な集会となりましたが、彼はこれにも参加しています。三二年一月にはロングビーチで開かれた共産党の集会が警察に襲われ、大量の日系人が逮捕され、市民権のない日系人は国外追放になるなど、大きな問題が起こりました。この事件には宮城与徳の従兄弟もいました。彼らは日本に強制送還されることが、そのまま監獄に直行することだとして猛反対し、自由出国を勝ち取り、自らの意思でソビエト・ロシアに亡命しましたが、そのほとんどがスターリン粛清にあい処刑されたことが今日では明らかになっています。（『モスクワで粛清された日本人』加藤哲郎著　青木書店　一九九四年刊）

一九三二年、宮城与徳は、当時アメリカで活動していた合同国家政治保安部（ＯＧＰＵ）のアルトゥル・アルトゥゾフとレオニード・エイチゲンの徴募に応じ、情報活動の訓練を受けています。（『ＫＧＢ　衝撃の秘密工作』ほるぷ出版　一九九四年刊）

宮城与徳に日本派遣の指示を伝達

一九三二年九月、宮城の「訊問調書」によると、宮城はコミンテルン関係者で、独系白人のアメリカ共産党の指導者カール・ヤンソンと矢野努から一カ月の日本行きの指示を受け、その後の指示はロイ（木元）を通じて受けることになりました。木元は当時、太平洋労働組合書記局（プロフィンテルン加入）の機関誌「太平洋労働者」の発行責任者ハリソン・ジョージの下で、日本語の機関誌を発行していました。その原稿を英語から日本語に翻訳したり、ロスに集まってくる日本語の資料を英訳したり出来る人を探していたので、木元はそれに応募して担当することになったのです。

一九三三年四月十四日、ヤンソンとフレーク（ロイ・レーンつまり木元伝一）が会談。ヤンソンはフレーク（木元）にニューヨークに行って、アメリカ共産党書記長ブラウダーと連絡をとり、彼の指示に従うようにと指示します（「モスクワ資料」）。

一九三三年八月、上海で活動していたハリソン・ジョージは、米西海岸で日本向けの宣伝誌「太平洋労働者」の印刷、発行の準備にかかっていました。ジョー・コイデ（小出）はモスクワのレーニンスクールを卒業し、アメリカに帰り、このハリソン・ジョージの活動を手伝うことになりました。

一九三三年九月、ゾルゲがアメリカを経由して日本に上陸。ロイ（木元）は宮城に至急日本行きを指示し、同年十月、宮城は横浜港に上陸。ゾルゲ機関の活動が開始します。ロイ（木元）

は宮城の日本行きを確認して、コイデと交代の形でレーニンスクールに留学のため、モスクワに到着しました。ヤンソンに宮城の日本行きについての報告も当然行ったことでしょう。「コイデから『片山潜がコーヒーが好きだからコーヒーを持ってい け』と言われて持参したが、モスクワについたその二日前に片山潜は死去（十一月五日）していた」と、中島弓子さんの聞き書きにあるから、木元のモスクワ到着は十一月七日のこととなるでしょう。

ロイ（木元）は片山の代わりに日本共産党の代表の座を引き継いだ野坂に会って、ハワイ産のコーヒを片山に代わって野坂に贈りました。ここで木元は野坂に初めて会いました。野坂は小さな娘（特高に虐殺された岩田義道の娘・岩田みさご）と一緒に暮らしていたそうです。学校の休みに東シベリア方面に汽車旅行をして、モンゴル、バイカル湖を渡ったりして、青春時代の楽しい思い出だったと語っています。

野坂参三と加藤勘十の秘密会議

一九三五年五月、ロイ（木元は）プロフィンテルンから呼び出され、アメリカに戻って岡野進（野坂参三）の手助けをするようにと指示を受け、ハンブルグから船でアメリカに帰国し、野坂参三がセットした加藤勘十の秘密会談の通訳として活躍しました。野坂の自伝『風雪のあゆみ』の詳しい記述が、この事実を裏付けています。

ところで、この秘密会談には二つの意味がありました。加藤を通じて日本で反ファシズムの運動を起こすことを伝えること、もう一つは加藤から直接日本の労働運動を中心にした社会運動の現状を聞くことでした。野坂は加藤がアメリカに持参した報告書「日本の労働運動」を下敷きにしてコミンテルン執行委員会で、日本報告をしています。

ジョー・コイデは野坂の秘書として、「国際通信」を発行し、木元はプロフィンテルンの日本人向けに、「太平洋労働者」の発行に専念しました。この仕事は三七年まで続きました。

一九三七年一月、在米日系共産主義者の機関誌「同胞」が発行され、木元はその創立に関わりました（注、復刻された「同胞」の解説には木元の名は見当らない。恐らく彼の秘密活動の経歴のためだと思います）。こうして木元は合法的な大衆活動に入ったため、非合法で活動している野坂との関係は切れてしまいました。

木元はハワイの英雄として知られている

奥さんとは高校時代からの知り合いで、二人は一九三六年にロサンゼルスで結婚しました。一九三八年八月、日本の警保局資料「日系共産党員名簿」には「ＲＯＹ・ＤＡＮＥ（三一歳）三一年入党ダウンタウンユニットＡ・８（受持ち部署）」などと記載されています。その頃、アメリカ共産党から、ハワイに戻って、ハワイの指導部で労働者の組織活動をしていたジャック・ホールを援助するように指示されたので、四月にハワイに戻り、ハワイ共産党の創設にあたりました。

日米開戦に伴い、米国の戦時情報局（ＯＷＩ）で働き、対日心理作戦に従事しました。

一九四六年、ハワイ共産党のトップに就任し、四八年まで国際桟橋倉庫労働組合（ＩＬＷＵ）を支持する新聞「ホノルル・レコード」で働きました。この新聞は延安時代の野坂と交流があった共産主義者、コージ・アリヨシ（有吉）が編集していました。四八年、木元は英、日両文の「ハワイ・スター」を創刊し、編集長となりました。

五一年、マッカーシー旋風が米国全土を襲い、ハワイでもスミス法の下で、「共産主義者の陰謀」に関与したとして、「ハワイの七人」の一人として起訴されましたが、保釈金も払えず、入獄し、控訴して勝利し、ハワイでは「ハワイの七人」の英雄として高い評価を得ています。

一九五八年、テレビ修理工になり、のちに「トップ・テレビ・サービス」の経営者になりました。一九七五年、夫婦で日本を訪問し、野坂参三を訪れ、野坂のアメリカ潜入時代の回顧談を交わし、思い残すことはなくなったと感想を残しています。（『風雪のあゆみ』第七巻）

一九九五年一月、木元は死去しました。享年八八の大往生でした。

以上が木元伝一の略歴です。中島弓子さんは著作『さまよえる楽園』のため木元のインタビューをしましたが、当時はもちろん木元伝一が、宮城与徳を日本に送り出した謎の人物「ロイ」であるなどとは全く知るよしもなかったし、本人も言わなかったので、「ロイ」に関する聞き取りは全く残っておりません。

木元と親交があった『評伝　宮城与徳』（沖縄タイムス社　一九九七年刊）の著者野本一平氏も「木元とは何回も話し合う機会があったが、ロイに関することは一切、口にはしなかった」と悔しそうに手紙で書いてきました。

中島さんの記録によると、このインタビューは九二年九月でした。ジョン・ステハン教授は日系人を調査している関係から、木元のごく簡単な略歴だけをコンピューターに入力していました。こうして半世紀を経てようやく、これまで謎とされていた宮城与徳を日本に送った「ロイ」は、木元伝一であることが判明したのです。

もう一人の「ロイ」、つまりカール・ヤンソンについては、コミンテルン史研究家の岩村登志夫教授によると、ゾルゲの上司、ベルジンの前任の、対日工作の責任者だった人で、ベルジンとはラトビアの同郷人で、野坂参三をモスクワに手引きした案内人でもあり、日本共産主義運動史上貴重な人物です。紙数に限度があり、「諸君！」には書ききれませんでしたが、それらを含めて詳細な報告書を社会運動資センターから出版する予定です（「ゾルゲ事件で獄死した画家、宮城与徳を日本に派遣した〝ロイ〟と呼ばれる男は日系共産党員木元伝一だった！〝ロイ〟野坂参三説に決着をつけた五十六年の真実」）。

ニューマンが送った特ダネ

質問（**伊藤三郎**（『グッバイ・ジャパン』日本語版編集者）

東京都狛江市在住〕 私は偶然の機会から、日米開戦前夜に米紙ニューヨーク・ヘラルド・トリビューンの東京特派員だったジョセフ・ニューマン氏と知り合いとなり、彼が五〇年前に書いた『グッバイ・ジャパン』について、私とのインタビューを補足する形で追加・編集して、その日本語版を朝日新聞社から出版しました。ニューマン氏の特派員活動で特筆大書されねばならないのは、ゾルゲ諜報機関の有力メンバー、ブケリッチから機密情報を得て、「ナチスドイツのソ連侵攻」や「日本の南進作戦を決めた御前会議の内容」などの大スクープ記事を連発したことです。

日本の官憲はニューマン氏をゾルゲ一味と見て、かねてから内偵を進めていましたが、ニューマン氏は四一年十月十四日、尾崎が逮捕された当日、休暇のため東京からハワイへ出発したため、まさに間一髪で逮捕を免れることができました。私はニューマン氏を純粋のジャーナリストと思って接触し、彼の本を現代史の証言記録として出版したのですが、彼が奇蹟的に逮捕を免れたことが、いまだに心に引っかかっております。もちろん彼がスパイだというわけではありませんが、彼の離日は日米開戦必至の情報を掴んだことと関係があるのではないかと見ることもでき、何かそこに釈然としないものが残っているのです。ニューマン氏は数年前に亡くなりましたが、来日時に東京・日比谷の日本記者クラブでの記者会見に出られた白井久也さんのご印象をお聞かせください。

回答（白井久也） ジョセフ・ニューマンは一九一二年生まれの、米マサチューセッツ州出身のジャーナリストでした。同州ウィリアム・カレッジ卒業後、ニューヨークの小さな通信社で働いたあと、英字紙「ジャパン・アドバタイザー」記者を経て、四〇年秋から四一年十月に離日するまで、「ニューヨーク・ヘラルド・トリビューン」東京特派員を務めました。同紙は六六年に廃刊されましたが、それまでモスクワならびにロンドン特派員を歴任。東西冷戦下の国際報道の最前線で活躍しました。のちに米ABC放送の特派員となった経験を生かして、カストロによるキューバ革命のドキュメンタリーやコロンブス五百周年記念ドキュメンタリーを制作・放映するなど、多彩なジャーナリスト活動を展開しました。そのニューマンが東京特派員時代、同じ特派員仲間として親しく付き合っていたのが、ユーゴスラビア出身でアバス通信（のちのフランス通信）特派員だったブケリッチでした。

独の対ソ侵攻は真夏の雪の天麩羅か

諜報団のリーダー、ゾルゲは在日ドイツ大使館からヒトラーの対ソ侵攻の機密情報をいち早く入手してモスクワへ通報するのですが、肝心のスターリンが真剣に耳を傾けてくれず、ゾルゲは大変苛立っていました。そこでブケリッチは、米国の新聞に報道させることで、この機密情報の信憑性《しんぴょうせい》をモスクワにアピールしようと考えて、ニューマンにその全容を教えました。ブケリッチからこの機密情報を四一年五月下旬に耳打ちされたニューマンはびっくりして、同じ米国の特派員仲間に打ち明けて、意見を求めましたが、その反響は「ヒトラーのソ連侵攻は真夏の雪の天麩羅《てんぷら》みたいなものだ」と冷やかなもので、取りつく島もありませんでした。このためニューマンはすっかり気落ちして、原稿を見送っていると、ブケリッチは「早く原稿を送れ」と再三ニューマンをせきたてたので、ニューマンが渋々原稿を書いて五月三一日に送ったところ、大特ダネになったのです。欧州に侵攻したヒトラーが、同時に対ソ侵攻に踏み切り、戦術上不利な二正面作戦を遂行することはとても考えられなかったからです。ニューマンがこの特ダネを送ってから三週間後に、ナチス・ドイツがソ連に侵攻して、ニューマンの特ダネ記事が正しかったことが証明されました。

日本の官憲は当時、外国特派員はすべてスパイと見なして、特派員が書いた記事を検閲によって厳重にチェックする一方、日常の行動の監視も怠りませんでした。ブケリッチとニューマンの接触は、当然特高の網に引っかかりました。特高はニューマンが書いたヒトラーの対ソ侵攻の特ダネを読んだものと思われ、ニューマンに対する疑惑をますます深めて行ったに違いありません。

こうした中で何よりも決定的だったのは、ニューマンがブケリッチから情報を入手して書いた、御前会議で日本は南進作戦を遂行することになったという記事です。近衛内閣は日米開戦に先立って、四一年に国防保安法を作りました。国防上外国に秘匿すべき国務に関する重要事項として、御前会議、枢密院会議、閣議、帝国議会秘密会議の議事を国家機密の対象とし、これを漏洩《ろうえい》した者には死刑を含む厳罰に処すことが定められたのです。

ニューマンのこの大スクープ記事はこの新法を犯す疑いがあり、逮捕状が用意されました。しかし、ニューマンは身に迫る危険をまったく知ることもなく、ハワイで休暇を過ごすため、日本を後にしたのです。特高がニューマンの事務所に踏み込んだのは、ニューマンが竜田丸で横浜港を出港してから数時間後でした。ニューマンはホノルル滞在中、ニューヨークのヘラトリ本社から、「危険につき東京帰任に及ばず」との指令を受けて、事の重大さを初めて知り、「自分がいかについていたかが分かった。逮捕を免れたのは神の加護だったに違いない」と、安堵の吐息を洩らしたそうです。

戦争史の流れ変えた機密情報

一九九四年五月十三日、五二年ぶりに日本を訪れたニューマンは、日本記者クラブで開かれた、「ニューマンを囲む会」に出席、内外のジャーナリストからゾルゲ事件について感想を求められて、次のように答えました。

「ゾルゲ・グループが入手した情報は、戦争の歴史の流れを変えるような高度の機密情報であった」

だからこそ、ニューマンはジャーナリスト魂を発揮して、「これこそ特ダネだ」と思って、ニューヨークに送稿したのです。ジャーナリストとスパイは別個の職業ですが、知られざる情報を入手するための日常活動の形態は極めて似通っており、はっきり垣根を設けて区別をつけることはできません。国防保安法のような国家機密保護法があれば、御前会議で決まった日本軍の「南進決定」の機密情報を入手して新聞に書いた場合、スパイ容疑でニューマンを引っくくることが可能です。

事実、特高はこうした観点に立って、ニューマンを逮捕しようとしたわけです。特高がゾルゲ一味を逮捕して、ニューマンが送った原稿のニュースソースが彼らの情報によるものと判明すれば、たとえニューマン自身が官憲の取り調べに際して「自分がやった取材や送稿は、純粋のジャーナリスト活動の一環であって、スパイ行為ではない」と頑強に主張しても、ゾルゲ一味との密接な関係を疑われて、身の潔白を証明するのはかなり難しいことだったでしょう。

しかし、戦後の今日のように国防保安法が廃止されて存在しなければ、ニューマンの情報入手と送稿はジャーリストの通常の取材活動の範囲に収まって、そもそもスパイ容疑そのものが成り立たず、従って違法行為と断定して犯罪者に仕立てることはできません。ニューマン自身、逮捕の危険が迫っていることを知ったのは離日後のことですが、特高がゾルゲ一味を逮捕する当時の緊迫した状況を考えると、本人が気づかなかったとしても、休暇のための離日によって身の安全を確保出来たことは文字通り僥倖《ぎょうこう》と言え、ニューマンは「強運」の星の下に生まれた特ダネ記者だったというのが、私の率直な感想であります。

◆お断り

この「質問と回答」は、「ゾルゲ事件国際シンポジゥム」の当日、会場で集められた質問のうち、実行委員会が「回答が必要である」と判断したものについて、後日、それぞれの専門家に回答を記述していただいたものである。

ゾルゲ事件国際シンポジウム　京都研究集会

ローザ・ルクセンブルクとレーニン

白井　最初にロシア代表団と同行者の皆さんを紹介します。手前の方がユーリー・ゲオルギエフさんです。ロシア語版の『今日の日本』の編集者です。その隣の方がワレリー・ワルタノフさんです。ロシア国防省戦史研究所副所長で、現役の海軍大佐です。いちばん向こうの方が国際シンポジゥム「二十世紀とゾルゲ事件」実行委員会事務局長の渡部富哉さんです。東京にあります社会運動資料センターの代表です。私は同実行委員会委員長を務めました白井久也です。東海大学平和戦略国際研究所教授です。通訳は岩崎義さんです。それではこれから研究集会を始めます。

まず最初に、ゲオルギエフさんにご報告をお願いします。テーマは「ブハーリンとゾルゲはいかにしてコミンテルンから追放されたか」です。最新の未公表データを使った研究です。ゲオルギエフさんは非常に日本語が上手なので、通訳の時間を節約するために、とりあえず日本語で三十分ぐらい話をしてください。それではよろしくお願いします。

ゲオルギエフ　私のゾルゲ研究テーマは、研究者としてのゾルゲと政治家としてのゾルゲという点であります。このテーマは主にゾルゲが活動した二つの時期から出てきたものです。最初は一九一九年から一九二九年までで、ゾルゲはドイツ共産党の活動家としてスタートを切り、のちにコミンテルン（共産主義インターナショナル）要員として働きました。次が一九三〇年から一九四一年まで、活動しました。ゾルゲは主に諜報員として働きました。このときにドイツの新聞と雑誌に沢山の論文を発表しました。私はこの論文をドイツから入手して研究を始めました。それはあまり簡単な仕事ではありませんでした。なぜかというと、非常に資料が収集しにくかったからです。ドイツが戦争中に破壊されたため、どこの図書館にどの資料が保存されているかを調べるのは、非常に困難な作業でした。

私の所属する社会民族問題独立研究所を通じて、ドイツの社会民主党関係の機関と交渉、エーベルト基金の協力を得て、いろいろな図書館に保存してあったゾルゲの論文を全部コピーして、モスクワまで送ってもらいました。当時、ゾルゲはドイツのフランクフルター・ツァイトゥンク紙の東京特派員でした。コピーしたのは、ゾルゲが東京から特派員として送ったものです。内容は大変優れたものですが、印刷が良くないため非常に読みにくい。これが大変困難な点になりました。私のゾルゲ研究はこうして入手した資料の分析に依拠しております。一方、ゾルゲは、コミンテルン時代にコミンテルン関係の雑誌にいろいろの論文を書きました。私はこれもコピーして研究しました。ゾルゲはこのほかに二つの大きな本を書きました。一つは、『ローザ・ルクセンブルクの資本の蓄積』です。ゾルゲが若いときに書いた本でした。労働者向けにルクセンブルクの『資本蓄積論』を平明に解説したもので、一九二二年にロシア語版が出版されました。当時のゾルゲは、理論的な研究をするだけの理論的な力がなかったことを自覚していて、それで一番先にルクセンブルクの『資本蓄積論』のコメントを行ったわけです。

ゾルゲのこの処女作は、ローザー・ルクセンブルクの本のコメントであって、あの当時の宣伝の本として一般の労働者が分かるようにやさしく書かれているので、今日でも非常に良く読まれています。当時、ゾルゲはドイツ共産党員でしたから、当時のドイツ共産主義を目指す若い世代のために、この本の中でローザ・ルクセンブルクの理論を熱心に説明する一方、当時、ある部分では、ルクセンブルクのテーゼに批判的な立場をとりました。

なぜかというと、ローザ・ルクセンブルクはとくに帝国主義に関する問題で、レーニンの立場と少し食い違いがあったからです。ローザ・ルクセンブルクは帝国主義を表面的に分析しました。これは当時の、たとえばドイツ資本主義の対外政策を主として研究したことと関係があります。レーニンの場合はもっと深い分析によって、帝国主義は資本主義の最終段階だと規定していました。資本主義は高度の発展段階を迎えようとしておりいました。当時のゾルゲはローザ・ルクセンブルクの立場に立っていて、まだレーニンの帝国主義論の考え方には到達しておりませんでした。

ゾルゲが二番目に書いた本は、『新ドイツ帝国主義』です。一九二八年に出版されました。日本語の翻訳の出版は一九二九年でした。私は両方を見ました。それでびっくりしました。日本語の訳本は『新帝国主義論』（ゾンテル著）という題名になっていたからでした。本のタイトルからなぜ「ドイツ」が欠落しているのか？　いろいろ考えてみました。その結果、日本の翻訳者と出版社の考え方が分かりました。ゾルゲのこの本はドイツの資本主義論だけでなく、何か一般的な新しい資本主義論の研究書と思ったのではないですか。しかし、これは間違いです。ゾルゲはドイツの復興過程でドイツの資本主義が高度に発展を遂げて、新しい帝国主義の段階に入ったことを具体的な資料にもとづいて立証して、もっと全般的な新帝国主義論を論じたのでありました。

とにかくこれは、非常に面白い本です。なぜかというと、ゾルゲは私の意見では、非常に創造的にレーニンの『帝国主義』のアプローチを使っているからです。皆さんがよくご存じのように、レーニンは帝国主義を規定するに当たって、五つの特徴を指摘しました。たとえば独占の発生、資本輸出、植民地の獲得、その他です。従って資本主義がどういう発展段階にあるかという場合、この五つの特徴がなければ、その国は帝国主義国家として認められないという立場をロシアと多くのソ連の学者はとってきたのです。

ゾルゲはこの『新ドイツ帝国主義』の中で、五つの特徴が全部あると述べて、ドイツは資本主義の経済基盤は正《まさ》しく帝国主義的な形になっていると考えたのです。ゾルゲ自身が実際にドイツで送った生活は、兵役を含めて、そう長いものではありませんでしたが、ゾルゲは当時のドイツの資本主義は帝国主義だと、その核心を実に見事に把握していました。私の意見ではそういう意味で、ゾルゲのこの本は、非常に面白いです。今でも、この本を読んで研究していると、得ることが多々あります。

『新ドイツ帝国主義』は主にコミンテルン時代のゾルゲの研究の成果でありました。私の意見では、ゾルゲは単なる普通の学者ではなく、非常に成熟したマルクス主義的な経済学者であったと確信しております。しかし、この本はゾルゲの研究遺産の一部にしかすぎません。

もう一つの大きな部分は、ゾルゲの三〇年代の日本研究です。同時に太平洋と極東の国際関係も、ゾルゲの大きなテーマでした。この関連資料は主に当時のドイツの雑誌と新聞に発表された論文の遺産であります。こういうゾルゲの遺産は、まだあまり研究されておりません。ゾルゲは日本滞在中に日本研究の大きな本を書いたことが分かっています。軍事的な本の原稿もあったようです。だが、残念なことにはいろいろな原稿が全部警察に押収され、後に戦災で全部焼けてしまって、残っておりません。

ドイツ資本主義に関するゾルゲの研究は、『新ドイツ帝国主義』という本の中に総括されていますが、日本研究は論文がいっぱいあるものの、総括的な研究はまだありません。日本研究の総括は、ゾルゲの存命中に間に合いませんでした。われわれロシアの研究者のこれからの大きな課題は、ゾルゲ自身がバラバラに書いた日本に関する論文を研究して、ゾルゲの日本史観を組み立てて、日本研究の領域を広げることです。非常に面白い作業だと思います。これが私の非常に簡単な報告の二番目の部分です。

ブハーリン派に属したゾルゲ

ゲオルギエフ　三番目はゾルゲとブハーリンの関係です。『新ドイツ帝国主義』の中で、ゾルゲが引用したのはレーニンとブハーリンしかありませんでした。スターリンもトロツキーも一回も出てきません。主にブハーリンが引用されています。ゾルゲがコミンテルン時代に書いた論文も、非常にブハーリンを引用していて、ブハーリンの立場を支持しております。

なぜかというと、私の個人的な考えでは、ゾルゲはレーニンの伝統を支え、それを生かす最大な理論家は、当時はブハーリンだと思っていたからです。ゾルゲがブハーリンのシンパだったことは、誰にも秘密ではありませんでした。一九二九年にブハーリンとスターリンの関係は非常に悪くなりました。一年前の一九二八年に、コミンテルン第六回大会がモスクワで開かれ、この大会でコミンテルンの綱領が採択されました。このとき綱領の内容を巡って、ブハーリンとスターリンが真っ向から対立したのです。それまで何とか取り繕《つくろ》っていた両者の間には大きな亀裂が生まれ、ブハーリンとスターリンの関係はこの第六回大会をきっかけにして、敵対的な関係に変わってしまいました。

ブハーリンはコミンテルン執行委員会（ＩＫＫＩ）常任幹部会員兼政治書記（首席）でしたが、一九二九年春になってスターリンがブハーリンを右翼反対派の首魁《しゅかい》と呼んで、公然とブハーリン攻撃を始めたため、ブハーリンとスターリンの抗争は同年七月の第十回執行委員会総会で、大詰めを迎えたのです。この総会でブハーリンを非難する動議が出され、ブハーリンはコミンテルンの全役職から解任されたのです。

ブハーリンはのちにスターリンの反対派であるという理由で、党の指導部からも追い出されてしまいました。これに伴って、ブハーリンの支持者たちもコミンテルン機関から一斉に追放されました。その中にはゾルゲも入っていました。ゾルゲは自分の意思によってではなく、強制的にコミンテルンから追い出されたのです。ゾルゲがコミンテルンから追放されたという事実は、研究者のあいだでもこれまであまり知られておりません。私はこういう経過を公文書館に保存されている資料を調べて、知りました。

ゾルゲ、コミンテルンから追放

ゲオルギエフ　このような事実は、ゾルゲに非常にネガティブな影響を与えました。コミンテルンから追放されたゾルゲは、赤軍の諜報員にならざるを得なかったのです。ゾルゲは後に日本で諜報活動を行いましたが、スターリンはゾルゲがブハーリン派だったから、いつもゾルゲを不信の目で見ていたのです。なぜ、スターリンはゾルゲにたいしていつも不信の立場をとっていたのか？　理由はこうです。スターリンはゾルゲが自分の敵、ブハーリンの支持者ないしはシンパだったので、ゾルゲを政治的に信用することができなかったわけです。

私はモスクワで、一か月ほど前に資料館で非常に面白い、しかも以前は誰も見なかった資料を二枚見つけました。これはゾルゲが自分でタイプした小さい紙切れでした。ドイツ語で書かれた、コミンテルン国際連絡部（ＯＭＳ）のピャトニツキー部長宛の紙でした。

その内容は「私はあなたの命令によってイギリスに派遣されました。ロンドンに着いてから全然命令がこないので座っていました。英国の共産党の状態は非常に苦しいという報告をモスクワに電話で送りましたが、返事はありませんでした。私を帰国させてくださいと頼んだのに、返事がないので、再度、報告のために私を帰して下さいと頼みました。しかし、変化はありませんでした」というものです。

同じ日にゾルゲは一通の別の手紙をビハンスキーに送っています。もう少し考え直した内容になっています。

ところで、ＯＭＳで働いている人々は、あまり大きな権限と責任を持たされていませんでした。ゾルゲは公務でロンドンに派遣されたのです。コミンテルン本部から命令がないため、いろいろな活動をしながら待ちぼうけを食わされた一番大きな原因は、ブハーリン派の追放が始まってコミンテルンの活動自体が麻痺した結果ではないかと思います。当時のソ連共産党指導部の間で路線闘争が激化し、それがコミンテルンの組織にも影響を与え、コミンテルン要員はいつ追放される分からないため、仕事が手につかなかったわけです。ロンドンに出張中のゾルゲのことまで、とても頭が回らなかったというのが真相ではないでしょうか。私の報告はこれで終わることにします。もし、反対の意見や質問があれば、どうぞ。

白井　それでは次に、ワルタノフさんに報告していただきましょう。質問は一括して、あとで受けたいと思います。ワルタノさんのテーマは「ソ連の軍事諜報員ゾルゲについて」です。よろしくお願いします。

ワルタノフ　ゾルゲという人は素晴らしい才能を持っておりまして、彼のいろいろな活動の中に、その才能が具体的に現れております。コミンテルン機関員として、また学者、ジャーナリストとして活動するときがそうでありました。本日の私の主要なテーマに関して言えば、つまり軍の情報員としてのゾルゲということですが、彼がやった諜報活動の客観的な意義について、これから所見を述べてみたいと思います。

ゾルゲはプロの諜報員ではありませんでした。彼は軍の中にある特別な諜報員養成所といわれる所で、教育を受けたわけではありません。そういうところで専門的に訓練を受けたわけではないのです。それから赤軍の中で、いかなる部隊でも一度も指揮をとったことはありません。彼はいかなる軍の肩書も、持っていません。ここで私が申し上げたいのは、彼はプロの諜報員ではなかった、ということです。

三〇年代、四〇年代はもちろん、ソ連軍の中には無数の諜報員がおりました。ゾルゲは専門的な諜報教育を受けたことがなかったのに、諜報活動の結果は、つまり彼が入手したのは極めて質の高い、第一級の情報で、他のプロの諜報員に比べても、抜群の存在であったことです。ゾルゲが率いた諜報団はそれほど大きなものではありませんでしたが、彼の八年間の諜報活動を通じて情報を集めるために接触した人は、総計すると千二百人に及ぶであろうと推測されます。彼がモスクワのセンターにもたらした暗号電報は何百何千にものぼりました。つい最近まで厳秘に付されていましたが、現時点で公開された情報を見ても、それがいかに凄いものだったかという評価と認識が、ますます世界中で高まっております。

大祖国戦争に関係した、二巻本の資料集があります。それは第二次世界大戦前夜におけるソ連と日本に関係する資料です。その二巻本の第一巻が今年中に発行されるはずですが、その第一巻の中にかつてまったく非公開だった彼が送ってきた暗号電報が、百本ほど解読されて載っています。

ゾルゲ情報の二つの成果

ワルタノフ　諜報員としてのゾルゲの諜報活動は、二つに分けることができます。ゾルゲ情報の輝かしい成果の一つは、一九四一年に達成されます。ナチス・ドイツの対ソ侵攻の期日を事前に予告しました。二つ目の情報の成果は、日本がソ連に対して攻撃を仕掛けないということを最終的に決定した情報を、ソ連に知らせてきたことです。まさにこの輝かしい二つの情報が大祖国戦争の始まりと終わりに対して、決定的な影響を与えたことです。

ゾルゲ情報は当時の世界的な歴史の進行と、極めて密接に結びついていました。もし日本がソ連に戦争を仕掛けるとか、あるいはヒトラーのドイツ側に立ってトルコが戦争に加わるというようなことになれば、大祖国戦争は当然大きな影響を受けるわけでして、つまりそういう意味でゾルゲ情報は事態の進行に対して決定的な役割を果たした、そういう情報だったのです。

第二次大戦は一九四五年にソ連の勝利で終わりました。その中で大きな転換点となったのは、ドイツの対ソ侵攻の下で戦われたモスクワ攻防戦でした。独ソ戦の開戦後まもなくして、首都モスクワはドイツの大軍に包囲され、それを撃退しようとするソ連軍との間で激しい攻防戦が展開されました。当時の満州（現在の中国東北地方）に駐留する日本の関東軍は、ドイツ軍の対ソ侵攻に呼応して、ソ連極東地方に侵攻しようと虎視眈々と機会をうかがっていました。東西両正面から日本軍とドイツ軍の攻撃を受けたら、ソ連は大変です。

しかし、日本は最終的に対ソ攻撃をせずに、南方に侵略を進めたのです。ゾルゲはいち早くこの情報をキャッチして、モスクワに通報しました。このためソ連は極東とシベリアと、中央アジアに展開していた兵力の一部をモスクワの攻防戦につぎ込み、ドイツ軍を撃退することができたのです。そういう意味でゾルゲ情報は、モスクワの攻防戦でソ連軍が勝利を収める大転換をもたらしたのです。

歴史家やゾルゲ研究者の中には、ゾルゲのこの功績を評価しない人がいます。ゾルゲが日本の南進決定を通報しようがしまいが、ソ連軍がモスクワ攻防戦でドイツ軍に勝つための選択肢は一つしかなく、スターリンは極東、シベリア、中央アジアから兵力の一部を引き抜いて西送しなければならなかったという見方です。

しかし、私はそういう評価に対しては賛成することができません。実はゾルゲ事件国際シンポジゥムに参加するための準備として、私はリトマス試験紙でゾルゲがモスクワに送ってきた情報の検証を試みました。ゾルゲのいろいろの情報を、極東、シベリア、中央アジアからのソ連軍の移動の状況と対比すると、最初にゾルゲの暗号電報があって、それに続いて大きな師団の移動が始まったことが分かります。

兵力バランスを心配したスターリン

ワルタノフ　当時、ソ連の国内では、さらに六つ大規模な戦闘が行われていました。レニングラード、ボルガ、北コーカサス、などです。しかし、これらの地域からモスクワ攻防戦に兵力は投入されておりません。まさにゾルゲが日本は北進をやめ、南進が最終的に決定されたことを知らせたおかげで、スターリンは極東、シベリア、中央アジアから軍隊をモスクワに送ることができたわけで、ゾルゲはこの点で決定的な役割を果たしたと言えます。

こういう状況をさらに特徴づけると思われる面白い事実を、私はシンポジゥムの報告書を作る段階で発見しました。つまり極東その他の地域からモスクワへ兵力を移動するという戦略的な作戦が提起され、ワトゥーチンというソ連軍参謀本部の将軍（中将）がスターリンに決断を仰ごうとしたら、スターリンは極東その他の地域から軍隊を移動させることは、極めて危険を伴うことだということは意識していました。だからスターリンは、ワトゥーチンにこう言ったそうです。

「分かった。それでは君の言う通りやろう。ただし君の予想がはずれて、別の危険が迫った場合には、君はここから飛び下りることになるよ。それでもいいかね」

スターリンは極東などのソ連軍を引き抜いてモスクワに回すことは、ソ日間の兵力バランスが崩れて、日本軍の対ソ攻撃を誘発することにならないかと心配していたのです。たまたま二人は三階で話し合っていたのです。だからスターリンは、こんな冗談を言ったのです。

ワトゥーチン中将は参謀本部に帰るや否や、早速、ヘラリーという参謀をつかまえて、次のように言いました。「われわれが考えているのと別なことがおこったら、君は五階から飛び下りることになるよ」。当時、モスクワには何十階建てという建物はありませんでした。高層ビルが林立する今日ならさしずめ「君は二十階から飛び下りることになるよ」という話になったかもしれません。

それからもう一つ、当時の日本におけるゾルゲの情報活動が、極めて困難な条件のもとに行われたことを指摘しておかなければなりません。もし困難な条件がいくらかでも緩和されれば、ゾルゲはもっと大きな成果を挙げたに違いありません。

五つあったソ連の諜報機関

ワルタノフ　ゾルゲの諜報活動が極めて困難だったことを特徴づける条件として、少なくとも三つ指摘しなければなりません。その第一は、当時活動していたソ連の情報機関はゾルゲ機関を含めて全部で五つあって、しかも、相互に横の連絡がないため、入手した情報の分析に欠陥があり、諜報活動自体が困難な状況に陥ってしまいました。

第一番目はゾルゲ機関が属した参謀本部諜報部（ＧＲＵ）です。二番目は対外的な政治情報の収集に当たっていた内務人民委員部（ＮＫＶＤ）の諜報機関です。この組織を指導したのはフィーチンという将軍です。三番目はコミンテルンの国際連絡部（ＯＭＳ）で、一定の諜報活動をやっていました。それから海軍も政治総本部に情報部を持っていました。海軍の情報機関は軍全体の情報機関とは別個のものでした。さらに、ソ連共産党の中央委員会もまた、情報活動をやっていました。モロゾフという人が責任者でした。一般に「ＭＩＩＳＴＯ」と呼ばれていました。このほかにスターリン個人の諜報機関がありました。『偽らざるスターリン』という本に出ています。この諜報機関はスターリンから直接指令を受け、諜報の成果はスターリンだけに伝える構造になっていました。

諜報活動は元来、複数の情報機関が、複数の情報源から入手した様々な情報を総合的に分析して効率よく使ってこそ、生きてきます。この見地からいうと、たくさんの情報機関が個々ばらばらに諜報活動をするのは、効率が極めて悪い。情報は錯綜している場合が多いので、情報を一元的に統括するコーディネーションが必要となります。しかし、わが国の場合、このコーディネーションがまったくありませんでした。この結果、ある特定の情報対象について、情報機関によって、全然逆の評価が行われることがしょっちゅうあって、正しい決定を行うことが極めて困難でした。ゾルゲ情報も決してこの例外ではありませんでした。

ゾルゲの仕事を困難にさせたもう一つの状況は、今申し上げたことと重なりますが、外国から入ってくるいろいろな情報を集めて分析するという点に関して言えば、ソ連はそういう能力が極めて低かったことを否定できません。ゾルゲが活動していた軍の諜報機関は他の諜報機関に比べて、情報の入手という点について言えば、一番抜きんでていたわけですが、情報を分析したうえで、こうやるべきだと進言するスターリンの取り巻きの能力が低かったため、豊富なゾルゲ情報が活用されなかったことが沢山ありました。要するに情報の統括とその分析のメカニズムが弱かったのです。これが、ソ連の諜報機関の最大の欠陥です。スドプラートフというＮＫＶＤの大物諜報員が自分の回想録の中で、そういう趣旨の指摘をしています。

ゾルゲとスターリンの個人的関係

ワルタノフ　ゾルゲの活動を困難にした三つ目の状況は、ゾルゲに対するスターリンの個人的な関係です。ゲオルギエフさんがまさに正確に指摘していましたが、コミンテルンでゾルゲが仕事をしていたとき、ゾルゲとスターリンの間に反感が生まれました。スターリンは自分に対する侮辱や悪い評価をのちのちまで覚えていて、決して許さない性格の人間でした。このことは最近わかった新たな事実ですが、スターリンとゾルゲの関係に対して極めて否定的な作用を及ぼしました。

ソ連の諜報員がヨーロッパのある国で、ゾルゲに出会いました。ゾルゲがちょうど日本にくる前です。この諜報員が自分の活動経過をモスクワに報告するとき、ゾルゲがスターリンを批判したかのように告げ口をしていたのです。これは事実ではなくて、ゾルゲは接触した情報員に対して、スターリンについて非難めいたことは一言も言ってはおりません。ところがその報告はスターリンに届けられたために、スターリンはゾルゲに非難されたように思い込んでしまったのです。さらにゾルゲは「二重スパイ」であるかのようにも評価されています。ジューコフ元帥が回想録を書きました。検閲前と検閲後の原稿が保存されていますが、検閲前の原稿によると、次のようなことが書かれています。

あるときスターリンはジューコフやその他の人たちと話をしていました。日本にいるソ連の諜報員からドイツがソ連に攻撃を仕掛けると通報してきているが、この情報は信用しないと言いました。日本はソ連の敵対国であるドイツの同盟国。日本で諜報活動をやっているソ連の諜報員は、ドイツの「二重スパイ」に違いないとスターリンは思い込んでいたのです。そのときジューコフは日本にいるソ連の諜報員が一体誰のことか分からなかったが、後で考えてみたらゾルゲのことであることが分かったと書いています。

スターリン時代に活動したＮＫＶＤの大物スパイにスドプラトフという人物がいて、彼も回想録を出しております。その本を読みますと、ゾルゲはドイツ側の信頼を獲得するために上級機関からここまではドイツに情報を流してもよろしいという許可をもらっています。情報をとるためにはやはりその見返りとしての情報の提供が必要ですから、こうしてゾルゲを通じてモスクワ情報がベルリンに流れていたことは確かなのです。そのことは同時にゾルゲがモスクワのために仕事をしているということとは全然別なんです。しかし、ベルリンは誰一人ゾルゲがソ連の諜報員であったことを知りませんでした。

ゾルゲがドイツ側にソ連の情報を流したのは、モスクワの了解済みのことでした。ところが、ゾルゲがモスクワのために一生懸命に仕事をしていることは責任者以外、誰も知りませんでした。つまり、それはどういうことかというと、ゾルゲがドイツの情報員ではないことを間接的に示しているわけです。

揺れ動くＧＲＵのゾルゲ情報評価

ワルタノフ　ＧＲＵはゾルゲの情報活動を非常に高く評価していました。ゾルゲが送ってくる電報をもとにして、決定を行うのだから、ゾルゲに対して二重スパイの疑惑がずっとあったことは事実です。モスクワのセンターとゾルゲの間の関係が決定的に悪くなったのは、四一年の早春です。つまりモスクワは情報の信頼度という観点からすると、どうしてもゾルゲを信用せざるを得ない。ところが、同時に彼は人間として、個人として信用されていませんでした。つまり四一年三月、四月までは、それ以前の決定によってゾルゲの情報は第一号情報として処理されていました。このため、ゾルゲ情報はスターリン、モロトフ、カガノビチ、ベリアらに回付されていました。ところが、四一年三月、四月以降に下された決定からみると、そのころを境としてゾルゲがもたらす情報に対する取り扱い方が、ガラッと変わってしまったのです。まず、第一級扱いの特別連絡が廃止されました。さらに三月、四月以降の段階では彼の送ってきた情報は、メモの形で集約されるようになったのです。つまり、三つか四つの暗号電報をまとめて一つのメモに仕上げて、それが上部に渡され、この結果ゾルゲが通報してくる情報の中で、最も重要と思われる箇所が結果的に全部消されてしまったのです。

一九四一年の六月下旬に、ゾルゲに対する評価は最低になってしまいました。ところが、六月の一番最後の二九日か三〇日になると、モスクワのゾルゲに対する関係が好転しました。彼が送った情報は前と同じように、そのままスターリンに渡されました。それから特別連絡も復活しました。スターリンたちがゾルゲ評価を改めたということです。話は簡単で、要するにドイツが何月何日にどの地点で対ソ攻撃を行うとゾルゲが通報してきた通り戦争が起こった結果、ゾルゲ情報はまったく正確で、完全なものだったということが判明したのでした。これによってゾルゲに対するモスクワの評価ががらっと変わって、以前の良好な関係が復活しました。このことがあってから、日本が北進せず、南進を決めたという情報の価値が、がぜんモスクワで信用されるようになったのです。

結論を申しますと、軍事諜報員として彼が日本に赴任する前に、二つの課題を申し渡されました。つまりドイツがソ連にたいしてどういう行動をとるか、ドイツ大使館から入手せよというのが、一つの課題でした。二つ目の極めて重要な課題は、果して日本はソ連を攻撃するかどうかを、調べることでした。

ゾルゲはただ単なる普通の下級諜報員ではありませんでした。彼は極めて才能のある、深く物事を考えることができる、そういう人間でした。ゾルゲは結果としてこの二つの課題を両方とも見事に成し遂げたわけです。つまり彼の独自の諜報活動によって、ドイツと日本がソ連に対して共同行動をとれないようになったことです。二十世紀の諜報員としての彼に対する評価ですが、上部から与えられた二つの課報目的を完全に遂行したことによって、彼の評価が最大級のものになったことは、今さら指摘するまでもありません。

ご静聴ありがとうございました。

白井　ただ今、ゲオルギエフさん並びにワルタノフさんから、新しい資料に基づいたゾルゲの評価についてご報告がありました。それではこれに対するご意見、反論などあるかと思いますので、どうぞご自由にご発言ください。

ゾルゲの著作とコミンテルン

勝部元（大阪国際平和センター館長）　ゾルゲが『新ドイツ帝国主義』を書いたバックグラウンド、つまりドイツ共産党の内部にどういう事柄があり、また、どういう問題があって書いたのか、その理由をうかがいたい。と言うのは、私はその当時、ベルサイユ条約下のドイツとサンフランシスコ条約下の日本が似たような状況下にあったと思ったからです。日本共産党はモスクワ製の綱領を発表して、日本は米国帝国主義の従属国だと規定し、だから日本にとって一番大事なことは民族問題だとして、民族統一戦線を組み、今度は資本家も一緒に手をつないでやるのだ、と言ったのです。それから日本の学界で、民族問題を巡って大論争が起きました。そのとき私は『新ドイツ帝国主義』の古い日本語訳を読んで、「ああこれか、これぞわれわれが願っていた本だ」と思ったのです。後になって、私と石堂清倫さんと北村喜義君の三人が新たに訳して、『リヒアルト・ゾルゲ　二つの危機と政治』の中に収録して出版しましたが、そのときにわっと飛びついたわけです。

つまりドイツの帝国主義がベルサイユ条約体制に押さえつけられて、敗戦ドイツでもナショナル・ボリシェビキが生まれて、民族問題が無茶苦茶に高まる現象が起きました。こういうドイツ国内の状況に対応して、民族問題に関する論争の高まりを踏まえて、ゾンテルというペンネームでゾルゲは、この本を書いたのではないか、と私は見ております。ゾルゲの研究分析を日本に応用すれば、日本の帝国主義は米国の従属下にあって、日本は米国の植民地だという考え方は明らかに間違いであって、日本の帝国主義は戦争に負けたけれど依然残っていて、復活の道を歩んでいるのだという考え方が成り立つわけで、ゲオルギエフさんは、この辺りのことをどう考えておられるのでしょうか。

ゲオルギエフ　私は先生たちが翻訳された『リヒアルト・ゾルゲ　二つの危機と政治』について、部分的なコピーをもらって注意深く読みましたが、非常に面白かったです。とりわけナショナル・ボリシェビズムの部分を読んで、レーニンがこの問題にどう取り組んでいたか、私はよく分かっていないので、『レーニン全集』を読んで分析してみなければならないと思っております。ゾルゲの『新ドイツ帝国主義』に関して言えば、私は日本の研究者ではなくて、ロシアの研究者ですし、コミンテルン研究の専門家なので、主にこの本をドイツの見地からではなくて、コミンテルンの見地から見たいと思います。

なぜかと言いますと、ゾルゲは一九二五年にドイツ共産党を辞めて、以後、同党とは関係がありせんでした。ゾルゲはコミンテルンに入って、スウェーデン、ノルウェーなどスカンジナビア諸国に行って活動し、一九二九年には英国にも短期間いました。この間、ゾルゲは一度もドイツ共産党の状態を研究したことはありませんでした。私がこのシンポジウムの報告のレジュメに発表したアプローチもそうですが、この本はコミンテルンの目で見たものです。と言うのも、この本の出版はドイツ共産党の指導部ではなくてコミンテルン指導部、つまり編集委員会がＯＫを出したもので、私はこれに関する資料を入手しております。私はこの事実に基づいて、いろいろ検討したいと思っております。

研究必要なイバール・リスナー

勝部　反論するようですが、当時のドイツ共産党がコミンテルンから離れ、大胆なことをやれますか。コミンテルンとドイツ共産党は、大体、同じ方向にありました。私はわずか二ページぐらいでしたが、ドイツのナショナル・ボリシェビズムについて論文を書きました。ただしそういう問題に興味のある日本の専門家、コミンテルンの専門家、ドイツ革命史の専門家というのは、この問題についてまったく何も言っておりません。ナショナル・ボリシェビズムについては何も書いていません。こんなに重要な問題をなぜ書かないのか、そう思って私は書いたのです。ベルサイユ条約によってドイツは植民地を失ったというのは、バルガ理論によってそれが急速に広まったのです。ですから、一つの本をマルキシストで、党員である人が書く場合、コミンテルンであれ、自分が所属する共産党にであれ、その情勢を反映しないわけがありません。私も日本共産党のそういう情勢を反映して、ゾンターを使ったのです。

ついでにお聞きしますが、『ソーニァ・レポート』(ユリウス・マーダー著) はお読みになりましたか、ゾルゲの上海時代、つまり中国におけるゾルゲについては、いろいろ書かれていますが、ゾルゲについて詳しいソーニアの本については、誰一人紹介していません。

もう一つは、ゾルゲの対抗者で、ドイツ諜報員であったイバール・リスナーについて、どの程度研究されているか、お聞かせ願いたい。この人は、私が戦時中にたまたま横浜拘置所で独房に入れられたときに、隣の房にいて、私が通訳をやったりしたことがあります。後で、「これがリスナーか」と分かったのですが、リスナーがゾルゲと非常に仲が良かったのです。リスナーはゾルゲのことをたくさん書いております。本もあります。このイバール・リスナーについては、どういうふうに研究されていますか。

ゲオルギエフ　先生、ロシアにおけるゾルゲの研究はまだ始まったばかりです。私は日本語が分かるので、上海時代を除いて、ゾルゲの研究をしましたが、リスナーという人物はよく知っております。リスナーはドイツの諜報員として日本で働き、ゾルゲとも会ったことがあり、回顧録を書き残していたことはよく知っております。しかし、ロシアではリスナーについて、単独研究はまだやっておりません。私たちはマーダーの本をドイツ語で読みました。しかし、マーダーについても、独立した資料を持っていません。リスナーについては、これまであまり大きな興味を持っていませんでした。読んだばかりです。まだゾルゲ研究のために役立つところまで行っておりません。

平井友義（広島市立大学教授）　ゾルゲがモスクワに送った電報の署名は、ロシア語で明らかに「ラムザイ」となっております。ところが、日本や外国では英語読みの「ラムゼイ」が使われています。これは当然、ドイツ語読みにすべきです。そうすれば「ラムザイ」とするのが、正しいと思います。いかがでしょうか。

白井　私はドイツ語はよくわかりませんが、一般に「ラムゼイ」と英語読みが通用していることは確かです。ゾルゲについては、混乱を防ぐためやはり用語統一が必要でしょうね。われわれも今ようやく、ロシアの研究者と資料交換して共同研究をやると、こういう段階です。これまで日本の研究者は主として、特高資料を使って研究してきました。ゾルゲ事件については、みすず書房が『現代史資料』シリーズの中で全四巻刊行してきましたが、これは特高資料に基礎を置いているため、研究者の目線は特高と同じものになって、特高と異なった視点でゾルゲ事件を見直すことが困難でありました。

モスクワにたくさんゾルゲならびにゾルゲ事件の資料があるのに、なぜ日本の研究者はモスクワへ行って、ロシアの研究者と接触したり、資料を入手したりしてこなかったのか？　日本人研究者のゾルゲ事件に対するアプローチの仕方は、これまで非常に問題があったと思います。今ようやくこういう形で、ロシアの研究者との交流が始まったばかりです。もう少し長い目で見ていただいて、そういう用語の統一なんかも、やらなければいけないのではないかと思います。

帝国主義を規定する五つの定義

北村喜義（富士大学経済学部教授）　ゲオルギエフさんにお尋ねします。レーニンが規定した帝国主義の五つの定義は、独占資本、金融寡頭制、国際的な資本家の独占団体による世界分割、資本主義強国による植民地分割と再分割であります。ゲオルギエフさんのおっしゃる新ドイツ帝国主義によれば、敗戦ドイツは植民地を持っておらず、また、勝部先生のおっしゃるように敗戦日本も同じ立場です。そういうことで果して帝国主義と言えるのか？　そうすると、帝国主義とファシズムの境目は、どういうふうに解釈すればいいのか。

ゲオルギエフ　ゾルゲが言った五つの定義が全部入っていれば、帝国主義の古典的な経済基盤になることは、確かです。これ以外にも、ゾルゲはいろいろなコンビネーションが可能だと思っていました。革命前のロシアは、帝国主義の国家でしたが、資本輸出はほとんどやっていませんでした。しかし、この五つの定義は、ロシア帝国主義の国家形態に影響を与えました。ドイツの場合は、ファッショ独裁となりましたが、ロシアは半封建的帝国主義の形態をとっていました。帝国主義と一口に言っても、それはいろいろでした。

私は帝国主義の本格的な分析はやっておりませんが、ゾルゲのこの問題に関する研究の内容を分かりたいと努力しました。私の意見では、ゾルゲのアプローチは旧ソ連の著名な経済学者バルガのドグマチックな帝国主義研究を乗り越えたという感じがあるので、非常に興味を持ちました。とにかくわれわれの研究は、まだ始まったばかりです。もっと深く研究せねばなりません。帝国主義の問題は、専門家がいろいろいますから、理論的にはそんなに難しいものではありません。ゾルゲが最初に取り組んだ『ローザ・ルクセンブルクの資本の蓄積』の中に、帝国主義の研究にはいくつかの問題点がある、と書かれています。もう一回ゾルゲの『新ドイツ帝国主義』に戻って、ゾルゲはどんな問題点を考えていたか、こういう分析はまだ行われておりませんが、それはわれわれに提起された問題点の一つであります。

北村　その通りですね。ゾルゲの『新ドイツ帝国主義』は一九二三年、二五年、二六年、二七年のドイツ資本主義の発展段階は違う、と言っています。それはそうと、最後のところに「中国革命万歳」と書いてあります。白井先生、中国革命とは国共合作をにらんだ革命のことでしょうか？

白井　私はそれについて研究していないので、それがどういう内容のものか分かりません。

ゲオルギエフ　ロシア語のテキストには、そういう言葉はありません。

北村　私が訳した原本にはあったのですが……。

ゲオルギエフ　分からないですね。（笑い）ゾルゲは戦争と闘わねばならないと考えていました。どういう戦争かというと、中国革命に対する戦争とソビエト・ロシアに対する戦争、こういう二つの戦争の脅威と闘わねばならないというものでした。世界で戦争が勃発する場合にはどうすべきか、これについてはゾルゲは何も言いませんでした。私の意見では、これは当時のコミンテルンのセクト主義の現れではないか、と思っております。平和擁護のゾルゲのテーゼは、当時、なお未成熟でした。もう少し頑張らなければならなかった、と言えるでしょう。

これに関連して、私はコミンテルンの公文書館で面白い資料を見つけました。コミンテルンの中で平和協議委員会が開かれ、戦争とどう闘ったらよいか、協議したのです。私は非常にびっくりしました。ゾルゲはこの討議に、積極的に参加しました。戦争の問題とどう取り組むべきか、全般的な問題提起を行ったのです。この委員会の委員長はドイツ人のゲシュケでした。ゲシュケとゾルゲは友人関係にありました。ゲシュケの援助で、ゾルゲはコミンテルンに入りました。ゾルゲはゲシュケの報告のためにテーゼを準備しました。非常に珍しいことです。

私はこのときのゾルゲの発言と報告の内容をコピーしました。これまでゾルゲ研究者のだれも見なかったものです。私と北村先生の二人が力を合わせて、このコピーを使って新ドイツ帝国主義の共同研究をやりましょう。いろいろなアプローチによって、何かの問題が研究されるなら、もっと早く何らかの結論がでるでしょう。

日本のコミンテルン研究者の限界

白井　これに関連して、私の方からご報告を申し上げておきます。実は、ゲオルギエフさんと知り合いになったのはつい最近のことで、九六年でした。そのとき、モスクワのいくつかの公文書館の代表や責任者と懇談する機会がありました。旧マルクス・レーニン主義研究所付属公文書館は現在は現代史資料保存研究センターと改称しておりますが、同センターのアンデルセン所長の話では、「ソ連崩壊後それまで秘匿されていた文書が公表されるようになったため、米国の研究者が、今だとばかりやってきて、一年なり、二年なりモスクワに滞在して、わがセンターに通って毎日、コミンテルン関係資料をコピーしているのに、日本から一人もやってこない。これはどういうことですか」と首をひねっておりました。

私は学者や研究者の実情に必ずしも詳しくありませんが、ロシアでなぜ資料が公開されて閲覧やコピーが自由になったときに、日本のコミンテルン研究者はモスクワに行って資料を収集しようとしないのか。ロシア人から見ると、非常に不思議に思えるのですね。今どき日本でコミンテルンの研究をやっていたら、飯が食えないせいかも知れませんが、（笑い）そう言われればそうだなと、同感した次第です。

私たちは九七年四月に「日露歴史研究センター」を設立して、ここが窓口になってロシアの公文書館が保管している様々な資料の提供を求めるルートを作りました。ここにおられる勝部先生や同志社大学社会問題研究所所長の田中真人教授、北村喜義先生もメンバーになっておられます。東京の会員で一橋大学の加藤哲郎教授はコミンテルン関係の日本語資料を何百点もコピーして持ち帰り、研究をやっておられます。また、日露歴史研究センターは、東京で先般開かれた国際シンポジゥム「二十世紀とゾルゲ事件」の主要なプロモーター役を務めました。関西の先生方も是非、われわれの日露歴史研究センターを利用され、ロシア側と交流を深め、大いに研究の成果をあげられることを期待いたします。

勝部　素人めいた質問ですが、あのナチスがどうして、ゾルゲがナチス党員になるとき、彼の前歴をよく調べなかったのか、どうしても解《げ》せません。ゾルゲはドイツ共産党員として活躍し、たくさんいろいろな物を書いているので、よく調べればすぐに身元は割れたはずなのに……。ナチスはどうして、ゾルゲが党員になることを許したのか、あるいはゾルゲの前歴を全然知らなかったのか。このことをどう考えておられるのでしょうか。

合同国家政治保安部発行の身分証明書

ゲオルギエフ　私には理由はこうだという答えは、まだありません。ゾルゲはスターリンの抑圧によって、政治家ならびに研究者の道を閉ざされ、コミンテルンも追い出されて、ゾルゲを利用するつもりのある団体は、軍事諜報機関しかありませんでした。なぜかというと、ゾルゲの『獄中手記』によると、一九一九年からソ連の諜報機関から非公式の任務を与えられて、本来の仕事とは別個の活動をやってきたことが書いてあります。私はこれを知って、びっくりしました。関係はずっと以前からあったからです。

それから昨日、NHKディレクターの三雲節さんからもらった『国際スパイ　ゾルゲの真実』(NHK取材班、下斗米伸夫編著)のページをめくってみたら、ゾルゲの写真を添付した証明書のコピーが載っているのを見つけました。これは一九二七年のオーゲーぺーウー(ソ連人民委員会議付属合同国家政治保安部)の証明書でした。当時、ゾルゲはコミンテルンで働いていたのに、ゾルゲはオーゲーぺーウーにどういう関係をもっていたのか？　三雲さんに早速、「この写真をどこから入手したのか」と問いただしたところ、「覚えていません」と答えました。そこで、「なぜ、オーゲーぺーウーの発行と書いてあるのが分かりませんでしたか」と問い詰めると、「普通の証明書と思っていました」と返事しました。(笑い)

白井　私の記憶に間違いなければ、この証明書はモスクワのソ連軍事力博物館所蔵の展示品の一つです。

ゲオルギエフ　そうですか。何といいますか、非常に恐ろしいことですね。私はモスクワに帰ると、ゾルゲがコミンテルンで働いていたときに、オーゲーぺーウーがなぜ証明書を発行したか、すぐ調査を始めようと思っています。三雲さんはゾルゲの証明書を本の中で発表しても、これがなぜだか説明することができないからです。

杜撰《ずさん》だったゲシュタポの身上調査

白井　勝部先生のご質問にお答えになるかどうか分かりませんが、ゾルゲが日本にやってきたのは、一九三三年九月のことでした。ヒトラーがちょうど同年一月にドイツで政権をとって間もなくのときです。ゲシュタポ（ナチス・ドイツの秘密警察）はまだ生まれたばかりで、フランクフルター・ツァイトゥンク紙の特派員になるための身分証明書発行に必要な前歴調査もなかったか、あるいは杜撰《ずさん》なもので、ゲシュタポがドイツ共産党員の履歴をうっかりして見逃してしまったか、と考えられます。

ゾルゲが来日して日本で活動しているとき、ゾルゲはソ連の「二重スパイ」ではないかという疑惑が生まれて、ナチ党秘密情報機関長シェレンベルグがゲシュタポの記録によってゾルゲの身元調査したところ「ゾルゲがドイツ共産党員であったという決定的な証拠はみつからなかったが、少なくともシンパである」と結論を下さざるを得ませんでした。そこでシエレンベルクはナチス・ドイツの公安局長ハイトリッヒと相談のうえ、ゾルゲに覚《さと》られないようにその行動を監視することになりました。監視役にはマイジンガーというゲシュタポの大佐が選ばれ、ドイツ大使館を舞台にしてゾルゲの監視を行うのですが、マイジンガーはゾルゲにすっかり丸め込まれて、シェレンベルグに対して、「ゾルゲはオット大使の信任が厚く、大使館でも名声が高い」と報告してくる始末で、全然役にたちませんでした。

しかし、「ゾルゲがベルリンへ送ってくる日本やソ連の機密情報や調査の行き届いた入念な報告は、ドイツにとって極めて価値ある貴重なもので、仮にゾルゲがソ連の秘密情報機関員だとしても利用価値がある」と、シェレンベルグは判断して、ゾルゲを引き続きドイツの課報員として使うことが決まったと、自分の回顧録『秘密機関長の手記』（邦訳書）に、その内幕が暴露されています。いずれにしてもこの問題の発端の原因は、ドイツの防諜機関がソ連諜報員としてのゾルゲの自己同一性（アイデンティーティ）を最後まで突き止めることができなかったことによるもので、公平に見て、ドイツ側の手落ちにあるのではないでしょうか。

ほかにご質問はございませんか。この研究集会は午後六時に開会して、すでに二時間半たちました。では、とくに新たな質問もないようなので、これで閉会したいと思います。

それから勝部先生、ロシア側研究者の勉強のために、先生がお書きになった「リスナー事件」（三部作）の論文を、ゲオルギエフさんに差し上げていただけませんか。

本日はゲオルギエフさん、ワルタノフさんお二人による未公開資料に基づく質の高い報告に加え、それを叩き台にして活発な討議が行われ、その意味では実りのある日ロ交流が達成されました。日露歴史研究センターとしては、これからもいろいろな形で、ゾルゲ事件だけではなく様々な分野で、ロシアの研究者、専門家との交流を続けてまいりますので、今後、関西の先生方の強力なご支援をお願いいたします。本日はどうもありがとうございました。（拍手）

第二部

歴史としてのゾルゲ事件

朝日新聞

ソ聯つひに大戰に突入す

獨、對ソ宣戰を布告

ヒ總統進撃命令を發す

（上）ヒツトラー總統
（下）スターリン首相

伊も對ソ宣戰布告

駐獨大使に通告

駐ソ獨大使宣戰通告

ソ聯も戰闘命令を發す

ソ聯外相聲明

獨空軍大擧、爆撃開始

獨軍戰況發表

毅然たる

獨芬聯合軍

◆1941年6月22日、ドイツ軍はソ連に侵攻を開始した。これより1ヶ月前、ゾルゲはわずか2日違いで開戦日を特定、モスクワに通報した。

世界史の問題としてのゾルゲ事件

石堂清倫

ゾルゲ事件は、いわゆるスパイ事件のうちでも格段に高い評価をもっている。その中心人物であるリヒアルト・ゾルゲと協力者尾崎秀実《ほつみ》は、日本国家の権力中枢から第一級の情報を取得したのだから、そのように評価されるのは当然である。だが彼らはそれだけの成果を収めるのに、超人的な勇気と余人には思い付かない天才的な技術をもっていたわけではない。尾崎の例でいえば、社会部記者としての手腕は大したものではなかったが、中国社会の本質の究明と、目前に進行している中国革命の現実の分析では抜群の能力を示した。とくに西安事変の報道を機として、彼は一挙に中国問題の最高の権威になった。いうまでもなくいわゆるスパイ的術策の能力とは無縁のものである。

理論的水準高いゾルゲの著作

ゾルゲの戦前の著作、とくにゾンテル名義の『新ドイツ帝国主義』は、敗戦により武装力を解除され、植民地を失ったドイツはもはや帝国主義国ではないとする一般論にたいして、新たに帝国主義国家として復活し、ファシズムと戦争の危険を包蔵していることを警告したものであり、事後の発展も彼の予見の正しかったことを証している。コミンテルン（共産主義インターナショナル）関係の各種出版物における論述も凡庸《ぼんよう》なものではなく、期待される新進の理論家としての実力を証するものであった。彼が一転してナチ権力下の偽装した評論家としての論文も、たとえばナチの有名な理論家カール・ハウスホーファーの「地政治学雑誌」に寄稿した日本に関する諸論文などは、今日なお価値高いものである。

ゾルゲは日本にきて、日本の歴史と社会について短時日のうちに深い研究をとげ、それがナチ治下においても評価されるくらいであった。ドイツ大使ディルクセン、次のオット大使は、新来の通信員ゾルゲの深い日本研究と的確な判断に傾倒したようである。スパイとしての奇手とは何のかかわりもなかったのである。日本の軍部がゾルゲを信頼し、彼の情報収集に協力し便宜をはかったのも、ゾルゲを通じてナチ政権の真実を理解しうると信じたためであろう。ところが、警察や検事局の尋問調書には、軍との密接な関係を推知できるような供述は絶無であり、かえって奇異を感じさせるほどである。おそらく軍部は検察当局に、ゾルゲと軍の関係について緘口令《かんこうれい》をしいたのではないかと想像される。

ついでにいま一つ不思議なことがある。東京のゾルゲ集団にイングリッドという女性名が一回だけでてくるが、この人物について司法当局はけっして追求しなかった。後年にアイノ・クーシネンがイングリッドの名で、宮廷その他の上流社会に出入りしたと述べている。調書がイングリッドを不問に付したのは、秩父宮らとの交渉が表面化するのを恐れたからであろう。この点でゾルゲ事件の調書は、一面的であることがわかる。もし全面的に調査したら、スパイ事件の側面が希薄になったかもしれないのである。ここにいわゆるスパイ事件にない一つの特徴がある。

尾崎秀実の場合も同様である。彼が近衛文麿首相のブレーンに迎えられたのは、わが国の対中国政策が行き詰まっているのに、在来の中国通の知識では一向に役立たないからであったと思われる。彼が満鉄の高級嘱託に招聘《しょうへい》されたのは、関東軍の支配下で満州の経営にあたる満鉄には経営上多くの矛盾があり、安定した立脚点を欠いていたため、尾崎自身の見解、また彼を通じての近衛内閣の対中国方針を確かめたかったのであろう。当時、満鉄の重役たちが尾崎に接近しようと百方手をつくすのを目撃したものとしては、そのように判断するほかないのである。

ゾルゲも尾崎も、権力の中枢に潜入しようと努力した形跡は皆無であり、反対に、権力の方から迎えにきたのである。これが一般のスパイ問題と根本から区別される第二の点である。

もともとゾルゲは理論畑の人物であり、その点で嘱望されていたが、途中で情報活動に転身した事情は別に考えるべきである。転身の時期が、コミンテルンが世界革命の一組織からソ連邦防衛の一手段に変化したときにあたることが、彼の運命に影響したことを銘記しておきたい。しかし、彼がその一命を献《ささ》げたのは、一つの国家の利害のためであったとはいえないであろう。近づきつつあった新しい戦争は、ソ連邦一国の浮沈に限定されるものではなく、全世界の人民の運命にかかわるものであった。もしドイツのファシズムが勝利し、それとともに日本軍国主義が東アジアを制圧するとしたら、人類は前代未聞の不幸と抑圧に苦しむことになったであろう。

戦争防止は人類の道義的義務

それはすでに第一次世界大戦の経験が教えるところである。帝国主義時代の戦争は必然的に世界戦争となり、未曾有の破壊を全世界にひろげることになる。それは交戦国相互の破壊となるだけではなく、国家的紛争とは関連のない諸国民の生活を脅かし、戦争は当該の国家の政策を実現する手段であり得なくなり、人間生活の前途を閉ざすものとなることが明らかであった。それはあらゆる手段によって防止すべきであり、全人類にとって戦争の防止は道義的義務になっていた。

第一次世界大戦は、ロシア、ドイツ、オーストリア・ハンガリーの帝国を崩壊させた。新しく社会主義国が生まれた。資本主義諸国では労働者の解放運動が、植民地では民族の自立の運動がわき起こった。古いものが死んだが、新しいものが生まれるのは困難をきわめた。なによりも新興の諸運動は道理によってではなく、暴力によって抑えこまれようとしていた。ファシズムは同時に新しい戦争を志向した。ファシズムと戦争を阻止することが第一義の任務になってきた。

しかし、国家間の関係は複雑多岐をきわめていた。それぞれの国家内でも諸集団間の関係には変動と矛盾が絡みあっていた。したがってそれらの関係についての情報は、部分的または一面的であって、そのままでは安定した判断は困難であって、多種多様な情報は整理し、分析し、加工したうえでなければ的確なものとはなりえなかった。そこには社会の歴史と現状の広範な分野にわたる知識の裏付けが必要であった。

そのような知識のうえに解析と綜合の方法的能力をそなえた人物は、どこにも見つかるものではない。たまたまそこにゾルゲがおり、尾崎がいた。その生得の能力を戦争阻止の大義に結び付けた点にも、特記すべき意義があると思われる。

ゾルゲは広く情報を集めることができた。だが、そこには一種の交換関係があり、ゾルゲは同時に多くの情報を与えてもいた。尾崎は多くの新聞雑誌に、研究誌に、業界紙に驚くほどの数の寄稿をしており、各地の講演にも快く出講し、三面六臂《さんめんろっぴ》の大活躍をしていた。情報の取得者というよりは、情報の与え手として知られていたのである。ゾルゲからの情報を必要とした日本は、困難な選択に当面していた。権力の中枢に踏み込んだ軍部は、最終的にナチス・ドイツと結んだが、そこへゆくまでに多くの抵抗があり妥協があった。

後退させられた対英米協調派は、宮中や海軍や財界になお有力な支持点を残していた。陸軍と海軍の対立は敗戦にいたるまで厳存していた。日本軍の北進と南進は係争の問題であった。陸軍自体いくつかの有力な傾向に別れていた。あるものは満州占領をもって軍事行動を終わり、「世界最終戦争」に備えて国力の涵養《かんよう》を図ろうと主張した。第二のものは、華北五省を第二の満州国にしない限り、満州自体の保持ができないと考えていた。ビルマはおろかインド亜大陸まで占領することが、皇国の使命と強調する一派もあった。それを統一した国軍として統率しうる人材は、一人もいなかった。

レーニンは、「日本は他の一国との同盟なしには戦争ができない」と言ったことがある。日露戦争がそれであった。いまや同盟者としてナチス・ドイツが選ばれたが、そのドイツは黄色人種を劣等民族として軽蔑している。反ソの目的では日本を同盟者として利用するかと思えば、ソ連と不可侵条約を平然として結ぶ国家である。そのドイツとどのような根本的関係を結び得るかについて、ドイツ通のゾルゲの助言を必要としたのはむしろ当然であったかもしれない。

ゾルゲ逮捕に好都合な内閣交代

諸勢力の妥協の形の上で、全軍を統一した東条英機大将が対米戦争を決行するには、まず近衛内閣を打倒しなければならなかった。それにはゾルゲをスパイ罪で逮捕するのが、絶好の手段になった。もし近衛内閣が対米交渉に成功したならば、ゾルゲは検挙されることはなかったであろう。ゾルゲはあるときには頼もしい助言者であり、あるときには反国家的存在たりえた。最終的にスパイとされたのは、複雑な国際政治の転変のためであったと思われる。

尾崎についても同様なことが言いうるであろう。尾崎をスタッフの一人とする満鉄調査部の「支那抗戦力調査」が、それを語っている。この調査は満鉄上海事務所を中心に軍依託の主要調査として着手し、一九四〇年三月に完了し、印刷されている。その結果は、国民政府相手の戦争は事実上停滞しており、今後軍事手段による日中問題の解決は困難であり、蔣介石政権と外交交渉を再開して、問題の政治的解決を図るほかはないことを含意していた。明言はしていないが、中国から日本陸軍の全部隊を引き上げることが、政治的解決の前提になることを暗黙のうちに了解しているのである。

主要報告者の中西功は、支那派遣軍総司令部嘱託として軍情報に接近していた。南京総軍はこの調査報告を支持し、結論を参謀本部、陸軍省、関東軍司令部、その他支那派遣艦隊司令部など中央と出先の主要な軍機関に報告させ、報告団は軍用機によって各地に送られている。財政的崩壊に当面する中央政府はもとより、それに同意したかったのである。

中国諜報団と満鉄調査部の検挙

この調査の結論である戦争の終結は、軍が同意したというよりは、軍の意向にしたがってこの調査が行なわれたというべきである。ところが、軍内部には戦争の打ち切りを非とする主戦派がいた。東条大将を主とする一派は、まず中西グループを「中国諜報団」として、ついで満鉄調査部の良心的調査員を「治安維持法違反」を名として検挙し、南京総軍の計画を瓦解させた。それは日中関係が和戦を選択する段階での一種の奇襲作戦であった。

ソ連邦は自国の命運に関わる情報をゾルゲから得ながら、逮捕されたゾルゲの身柄をソ連に拘束されている日本人と交換したいという日本当局の提案を拒否することによって、日本の手によってゾルゲを殺させた。早くからスターリンにはゾルゲを裏切る行為があったとされ、それについて今後の調査が待たれる。スターリンあるいはスターリニズムには、戦争と平和の問題を全人類的課題とする体質はなかったのであろう。しかし、ソ連邦がゾルゲに値しなかったとしても、ゾルゲは人類に値したであろう。

ゾルゲ事件の歴史的意義

白井久也

ロシア革命記念日に処刑

日本で初めての本格的な試みとなる、ゾルゲ事件国際シンポジゥムが開かれる十一月七日は、今から八十一年前の一九一七年に、世界を震撼《しんかん》させた「ロシア革命」が起きた記念すべき日である。この日はまた、本日のシンポジゥムのテーマである国際スパイ事件「ゾルゲ事件」の主犯として、死刑判決を受けたフランクフルター・ツァイトゥンク紙東京特派員リヒアルト・ゾルゲと南満州鉄道（満鉄）嘱託尾崎秀実《ほつみ》が、今から五十四年前の一九四四年に、東京拘置所で絞首刑を執行され、命を落とした命日でもある。

ゾルゲ・尾崎がロシア革命記念日の十一月七日に処刑されたのは、単なる歴史の偶然ではない。国際スパイというと、戦前はベルギーのブリュッセルに本拠があったソ連のスパイ機関、「赤いオーケストラ」を指揮したレオポルド・トレッパーの名前が思い起される。また、戦後はイギリスの海外秘密情報部（ＳＩＳ）の高官で、ソ連の二重スパイでもあったキム・フィルビーや、日本占領の主役を務めた米軍の独立情報機関、「キャノン機関」を率いたジャック・キャノンらが有名だ。それだけではない。国際スパイは映画や小説の題材としてもうってつけのようで、ショーン・コネリー演ずるイギリスの諜報機関員ジェームス・ボンドの超人的な活躍を描いた「００７」のシリーズ作品は、映画ファンの人気をさらった。

しかし、本日のシンポジゥムで取り上げられるゾルゲや尾崎は単に、敵対国の国家機密や軍事情報を盗みだしたり、秩序破壊のための諜報工作を行う一般の国際スパイとは異なっている。彼らは共産主義イデオロギーを信奉し、確固たる自己の信念に基づいて諜報活動に身を挺《てい》した、いわゆる筋金入りのコミュニストであった。この点がゾルゲと尾崎をして、共産主義イデオロギーとはあまり縁のない普通の国際スパイとは異ならせる、とりわけ際立った特色となっている。

ゾルゲと尾崎を治安維持法違反などの罪で裁いた東京地裁は、四三年九月二十九日に、死刑判決を下した。戦前の日本の裁判制度は戦後と同じ三審制だったが、戦時中ということもあって、治安維持法や国防保安法関係の重要犯罪については、一九四二年二月の裁判所構成法特例措置によって、裁判制度は三審制から二審制に変更された。被告人の人権無視も甚だしいが、戦争をやっているときに、裁判をのんびりやっているわけにはいかないという考え方によるものであった。

一審で予想もしない死刑判決が下った尾崎は、大審院に上告して棄却され、死刑判決が確定をみた。ゾルゲも上告の手続きをとったが、弁護人の手違いから上告期限が一日過ぎてから申し立てたので受理されず、ゾルゲも死刑が確定した。ゾルゲは「大きい裁判、大きい裁判」と絶叫したが、すでに後の祭りであった。

死刑判決が確定したため、司法当局は法律上一定期間を経て死刑の執行を命令できた。処刑の日に、ロシア革命記念日の十一月七日が選ばれたのは、ゾルゲも尾崎もともにコミュニストであったことに深い関係があるようだ。「日本武士道の情けから、特にロシア革命の十一月七日が選ばれた」とされている。多分、そういうことなのだろうと思われる。だが、ロシア革命記念日に処刑が行われたことについて、旧ソ連のゾルゲ事件研究者ブトケビチは、『ゾルゲ・尾崎事件』(邦訳書)の中で、「ファシスト死刑執行吏の手のこんだサディズムを後日になって正当化しようとする企て以外のなにものでもない」と厳しく批判している。

ゾルゲ事件の概要

本論に入る前に、ゾルゲ事件とは一体いかなるスパイ事件であったのか、ここで若干その説明をしておきたい。最初にゾルゲ事件の概要を頭に入れておかないと、シンポジゥムの内容が理解できず、その展開についていくことが難しいと思われるからだ。

ゾルゲ事件そのものは一九四一年十月に、日本の官憲によって摘発されてから半世紀以上経た古い国際スパイ事件である。リヒアルト・ゾルゲや尾崎秀実が中心になって、日本政府の最高機密や軍事・国内情勢に関する様々な情報のほか、在日ドイツ大使館の極秘情報を密かに入手し、ソ連に通報していたとして、現在一般に判明している者だけで、計三十五人が治安維持法のほか国防保安法、軍機保護法、軍用資源秘密保護法などの違反容疑で逮捕された。その中には、「昭和の元老」と言われた西園寺公望の孫である西園寺公一や五・一五事件で殺害された犬養毅首相の息子で、戦後の造船疑獄事件で法相として指揮権を発動して辞任した、犬養健らがいる。

逮捕者のうち起訴された者は全部で二十人で、その他の者は不起訴となった。主犯格のゾルゲと尾崎は死刑を宣告され、一九四四年十一月七日のロシア革命記念日に処刑されたことは、前に述べた通りだ。このほかに米国共産党員で、画家の宮城与徳ら五人が獄死した。ゾルゲ事件関係者の判決一覧は次の通りである。

リヒアルト・ゾルゲ	死刑、一九四四年十一月七日、執行。
ブランコ・ド・ブケリッチ	無期懲役、一九四五年一月十三日、獄死。
マックス・クラウゼン	無期懲役、一九四五年十月九日、釈放。

アンナ・クラウゼン　懲役三年、一九四五年十月七日、釈放。
尾崎秀実　死刑、一九四四年十一月七日、執行。
宮城与徳　未決拘留中、一九四三年八月二日、獄死。
小代好信　懲役十五年、一九四五年十月八日、釈放。
田口右源太　懲役十三年、一九四五年十月六日、釈放。
水野　成　懲役十三年、一九四五年二月二十二日、獄死。
山名正実　懲役十二年、一九四五年十月七日、釈放。
船越寿雄　懲役十年、一九四五年二月二十七日、獄死。
川合貞吉　懲役十年、一九四五年十月十日、釈放。
河村好雄　未決拘留中、一九四二年十二月十五日、獄死。
九津見房子　懲役八年、一九四五年十月八日、釈放。
秋山幸治　懲役七年、一九四五年十月十日、釈放。
北林トモ　懲役五年、一九四五年一月、服役中に危篤となり、仮釈放直後の二月九日、病死。
菊地八郎　懲役二年。釈放日不明。
安田徳太郎　懲役二年、執行猶予五年。
西園寺公一　懲役一年六月、執行猶予二年。
犬養　健　無罪。

事件摘発を巡る二つの端緒説

このゾルゲ事件の摘発を巡って、日本国内には現在二つの端緒説がある。一つは特高によるスパイ組織摘発のきっかけは、元日本共産党政治局員伊藤律の供述によるものだとするスパイ説である。もう一つは伊藤律の供述を得る前から、特高は内偵を行っており、伊藤律の供述は事件摘発の直接の端緒と結びつかないとするスパイ否定説である。この二つの説は水と油のように相容れることなく、今も厳しい対立が続いている。

前者はゾルゲ事件の首謀者の一人として、処刑された尾崎秀《ほっ》実《み》の異母弟である文芸評論家尾崎秀樹《ほつき》氏が、文壇登場の処女作となった『生きているユダ』（五九年五月、八雲書店）以来、半世紀近くにわたって一貫して主張を続け、とくに作家松本清張が『日本の黒い霧』（七三年四月、文藝春秋）の中で、「革命を売る男・伊藤律」を発表したことで、定説化された。

これに対して、後者を代表する意見を唱えているのが、社会運動資料センター代表渡部《わたべ》富哉氏である。同氏はゾルゲ事件摘発の端緒は、伊藤律の供述だとする説がまったく根拠がないデタラメであることを『偽りの烙印』（九三年六月、五月書房）によって、立証した。

元来、ゾルゲ事件発覚の端緒とされる伊藤律の供述なるものは、内務省警保局発行の『特高月報』（昭和十七年八月号）に収録されているゾルゲ事件に関する膨大な報告の中の「捜査の端緒」に、「伊藤律の自供中米国共産党日本人部員某女」に関する供述をしたことが始まりであると書かれていることによる。一九三九年十一月に検挙された伊藤律は、特高の拷問と日本共産党組織の壊滅による敗北感に襲われて、自分と一緒に組織の再建活動をしていた青柳喜久代（北林トモの姪）から「誰と誰を紹介されたか」と尋問され、伊藤は「アメリカ帰りのおばさん」に二度会ったことを供述した。その後ゾルゲ事件が起こってから、伊藤は「アメリカ帰りのおばさん」が北林トモであることを特高宮下弘から告げられ、今度は北林トモの実名を入れた手記を書かされた。この手記の下書きが出来上がると、特高は数カ所を書き直したうえ、「手記の日付がバラバラでは具合が悪いから、一九四〇年七月末に統一しておけ」と伊藤に命じた。伊藤は「おかしいな」と思いながら、言われた通りに書き直した。これが特高のしかけた罠《わな》であったことに伊藤が気がつくのは、伊藤が北京での二十七年間の監禁生活を経て日本に帰国してからのことであった。

伊藤律を実際に取り調べた特高宮下弘は、『特高の回想　ある時代の証言』（田畑書店）の中で、伊藤が取り調べの際、北林トモの名前をあげたことを暴露して、『特高月報』の記述に信憑性《しんぴょうせい》を持たせる細工を施している。しかし、伊藤が特高の取り調べに対して最初から、北林トモの実名を本当に供述していたのなら、『特高月報』は何もわざわざ「米国共産党日本人部員某女」と回りくどい表現は使わずに、「北林トモ」とはっきり書いたはずだというのが、渡部氏の主張である。

いまさら言うまでもないことだが、『特高月報』も宮下の回想も権力側の主張である。にもかかわらず、日本の多くの研究者や専門家が具体的な検証もせずに頭からその言い分を鵜呑《うの》みにするのは、いかがなものか。仮にそうだとしても、伊藤の供述はどのような状況下で行われたのか、十分吟味《ぎんみ》する必要があろう。伊藤が生前、身の潔白を訴えるために書き残した「ゾルゲ事件について」（遺稿）によれば、結果的に「特高の罠」にはまったことが、悔恨の情をもって語られている。革命家にあるまじき転向という行為が、伊藤の致命傷になったからだが、伊藤自身がそういう立場に追い込まれた裏には、伊藤の供述に作為を加え、ゾルゲ事件摘発の端緒とすることによって、大いに手柄をたてたという実績と評価を得ようとする「特高の陰謀」がなかったとは言えなくもないのだ。この点に関して言えば、伊藤律より特高の方が明らかに役者が一枚上だった。

だが、伊藤律の供述に特高の不自然な作為があることを見破った渡部氏は、伊藤の無実を晴らすため、徹底した裏付け調査を行った。その結果、「警視庁職員録」による特高の人事配置の分析は、伊藤の供述以前にゾルゲ事件の特捜チームが編成されていたことを証明する決め手となった。さらに、渡部氏は北林トモ夫妻が和歌山県に移住した三九年十二月以前から、特高はすでに北林トモに尾行・監視をつけていた事実をつきとめ、当時の和歌山県特高視察係小林義夫氏からこれを直接裏付ける事実関係を聞き取ることに成功した。この結果、渡部氏は「北林トモに対する特高の捜査は四〇年七月の伊藤律の供述とは関係なく、それ以前から始まっていた」との確信を持つに至ったのであった。

渡部氏らが発起人となって結成された「伊藤律の名誉回復を求める会」（世話人幹事代表　畑敏雄東京工業大学名誉教授）は、伊藤律スパイ説の根拠は崩れたとして、尾崎秀樹氏にたいして、スパイ説の撤回を申し入れた。だが、尾崎氏は「伊藤律が特高に北林トモの名前を供述したことには変わりがない」とスパイ説を固持、今日に至るも両者の対立が続いている。果して、どちらの言い分が正しいのか？

では、ロシアのゾルゲ事件研究者はこの問題について、どう思っているのか？　私の知る限り、事件摘発の端緒が伊藤律の供述にあるとしている研究者はほぼ皆無で、九五年にモスクワでゾルゲ記念集会が開かれたとき、ラベーギン氏は講演の中で、「伊藤律はゾルゲ事件に関係がない」と明らかにしたと聞いている。いずれにしてもゾルゲ事件を巡る伊藤律問題は、日本共産党による伊藤律の除名問題や、二十七年間にわたる北京での伊藤律の監禁事件、さらに日共から晩年に除名処分を受けた野坂参三のゾルゲ事件関与の疑惑などとも密接な関連があり、今後研究者や専門家による徹底した解明が待たれていることを、ここで強調しておきたい。

二十世紀はいかなる世紀か？

では、これから本論に入ることにしよう。われわれが同時代人として生きてきた二十世紀は、余すところあとわずかしかない。われわれは今、世紀末の真っ只中にいる。歴史は「過去・現在・未来」と途切れることなく、連綿として続いているが、二十世紀という歴史区分で過去百年間を振り返る場合、歴史家はこの世紀を何の世紀と呼ぶだろうか？　私は歴史家ではないけれども、その私をして言わしむれば、二十世紀は「戦争」と「革命」と「植民地解放」の世紀であった、と規定できるのではなかろうか。

二十世紀に入って間もなくして、ヨーロッパの帝国主義列強の矛盾・対立が深まって、第一次世界大戦（一九一四年〜一八年）が始まり、その硝煙の中からレーニンが指導するボリシェビキが権力を奪取、ロシア革命が成功を収めて、世界最初のソビエト国家が生まれた。レーニンの死後、権力を握ったスターリンは、「一国社会主義」の建設を推進したが、ナチス・ドイツのポーランド侵攻を契機に、第二次世界大戦（一九三九年〜四五年）が勃発。ドイツ、イタリア、日本の枢軸国側とアメリカ、イギリス、フランス、ソ連、中国などの連合国側が壮絶な戦いを続けた。全世界を巻き込んだ六年間にわたるこの世界戦争は、ヨーロッパでもアジアでも枢軸国側の完敗を見て、終結した。この第二次世界大戦はイデオロギー的には、「ファシズムとデモクラシーの戦い」と言われ、デモクラシーが勝利を収めた。

大戦の結果、世界は米ソ両国を盟主とする東西二大陣営に別れ、第三次世界大戦の変形ともいえる、「冷戦」(コールドウォー)が始まった。米ソ両国は核兵器を新たな世界戦争の抑止力として、直接的な軍事衝突を避けながら、資本主義対社会主義と言った体制・イデオロギーの「二者択一」を求める外交政策をそれぞれ展開、相互に同盟国を結集して、国益や勢力圏の拡張を図った。一方、大戦中に登場した東欧諸国やアジアにおける反ファシズムの民族解放闘争は、戦後の米ソ冷戦構造の中でもその力を発揮して、ユーゴスラビア、中国、ベトナム、キューバなど独自の主張を持つ社会主義国家の出現とその形成の基礎となり、とりわけ世界各地の植民地解放運動に大きな影響を与えた。なかでも植民地支配を脱して独立を達成したアジア・アフリカ諸国を中心とする第三世界の確立・発展は非同盟運動の母体となり、米ソ対立を軸とする東西二極構造の抗争に、一定の歯止めをかけたのであった。冷戦そのものは、一九九一年のソ連崩壊によって終わりを告げ、世界は目下、冷戦後の「国際新秩序」の確立を求めて新たな胎動を続けている。

さて、このような二十世紀の百年の歴史の中で、ゾルゲ事件を振り返った場合、それはどのような位置づけが与えられるべきなのか? この問いかけを解く鍵は二十世紀の日本、ドイツ、ソ連、アメリカ、イギリス、中国などのそれぞれの命運に関わるこれらの諸国のパワーゲームの中で、ゾルゲ・尾崎がコミュニストとしての使命感に燃えて、わが身の危険を顧みることなく、「反戦・平和」のために必死の諜報活動を行ったことに求められるべきであろう。換言すれば、風雲急を告げる当時のヨーロッパやアジアの時代状況が彼らにそうした行為を要請、かつ課したもので、そのような意味でゾルゲと尾崎は二十世紀という「戦争」と「革命」と「植民地解放」の世紀が生んだ、「時代の申し子」であったというのが、私の意見である。

関東軍の侵攻を警戒するソ連

ゾルゲが最初、赤軍参謀本部第四本部(のちの赤軍参謀本部諜報局で、同局はロシア語の頭文字をとってGRU《グルー》と呼ばれる)のスパイ要員として、日本に送り込まれた一九三三年は、ドイツでヒトラーが政権を握って首相になってまだ間もない頃で、なお一抹の不安があったとは言え、欧州の政治情勢は相対的に安定していた時期で、世界戦争勃発の危機の到来から依然としてほど遠かった。これに対して、東アジアとりわけ極東は軍事的に不穏な情勢が続き、「もし次に戦争が起きるとすれば、ヨーロッパよりも極東の方が先ではないか」と、ソ連が危惧する兆候があった。

なぜならば、日本はゾルゲが来日する二年前の一九三一年に、関東軍の軍事謀略によって中国・東北地方に傀儡《かいらい》国家「満州国」を建国、同国を足場に軍事力を強化して大陸侵略政策を推進、その急激な軍事膨張は、ソ満国境に極度の緊張をもたらして、絶えずソ連の安全を脅かしていたからだ。ソ連はユーラシア大陸にまたがる巨大な大陸国家だが、帝政ロシア時代からウラル山脈以西の欧露ならびにウラル地域を中心に国家的な発展を遂げてきた歴史があるだけに、革命後のソ連になっても、安全保障の重点はヨーロッパ正面を第一義的に考え、軍事力の配置もこの基本線に沿って行われてきた。

こうした中で、もし次の戦争が極東でおきたらどうなるのか？　アジア正面の防衛はあまりにも手薄で、関東軍の侵略を撃退するのは容易ではない。そこへヨーロッパ正面での戦争が続発すれば、ソ連は否でも応でも「二正面作戦」を迫られ、国家の命運が尽きない保証はない。ソ満国境に強大な軍事力を展開する日本軍部の真意は一体どこにあるのか？　だが、当時のソ連はまだ極東における諜報活動態勢が不備のため、この問いに満足に答えることが出来なかった。スターリンが悪夢にうなされたのも、当然であった。ゾルゲの対日派遣は、こういう点を十分に考慮した上で、ソ連という社会主義国家の生き残りを賭けた対日極東諜報活動に万全を期すために投じられた、ウルトラCともいうべきスパイ人事の布石であった。

ゾルゲは帝政ロシア末期の一八九五年、沿カスピ海の石油産地として有名なバクー（現アゼルバイジャン共和国の首都）郊外で、ドイツ人の父とロシア人の母との間に生まれた。三歳のとき家族とともに、ベルリンへ移住。一九一四年高校生で入隊し、ドイツ軍の志願兵となって第一次大戦に参戦、三回負傷した。一九一八年に除隊後キール大学、ハンブルグ大学で学ぶが、このときの経験がもとで、反戦思想ならびに共産主義イデオロギーに傾斜していった。除隊後、独立社会民主党をへてドイツ共産党に入党。モスクワへ派遣され、ソ連共産党員となり、コミンテルン（共産主義インターナショナル）でアジプロ関係の活動家として活躍した。その後、ＧＲＵにスカウトされ、日本の大陸侵略による中国情勢の緊迫化の中で中国へ派遣され、当時、朝日新聞上海特派員だった尾崎秀実と知り合いとなり、のちの日本での諜報活動に当たって、最も信頼の出来る同志となる人脈を作り上げることに成功したのであった。

ゾルゲは赤軍参謀本部第四本部に引き抜かれる前から、すでにコミンテルンの若手理論家ならびに諜報活動家として、著名であった。コミンテルンは世界革命を目指す国際共産主義運動の総元締め。ゾルゲは「コミュニスト・インターナショナル」や「マルクス主義の旗の下に」など、一九二〇年代のコミンテルン系理論誌に論文や書評を書きまくったが、この当時の最大の業績とされているのは、『新ドイツ帝国主義』を著したことであった。ゾルゲはレーニンの『帝国主義論』を第一次大戦に敗北した戦後のドイツに応用、ドイツに復活した金融資本はファシズム化の形態を取って、勃興してくるプロレタリアの階級闘争に対抗しようとしており、プロレタリアはドイツのこのファシズム化の傾向と帝国主義諸国間の新しい戦争の可能性に対して、明確な行動綱領を持つべきだと提唱。特にコミンテルンで閑却視された統一戦線の再認識と平和のための闘争の組織化の必要を訴えた。ドイツのファシズム化は一九三〇年代にヒトラーのナチズムを生み、やがてヒトラーの対ソ侵略という形で、歴史はゾルゲが危惧する方向に進んで行くのだが、スターリン主義的な古いマルクス主義の教条に決別し、新しい国際状況を踏まえて、ソ連を新ドイツ帝国主義による戦争の危機から防衛すべきだと強調したことは、新進コミュニスト・ゾルゲの面目躍如たるものがあった。このため、その著作は当時としては「先見性に富んだ分析だった」と、今でも研究者の間では評価が高い。

対日諜報活動の使命

コミンテルンから赤軍参謀本部第四本部に移籍したゾルゲは、中国で約三年間にわたる諜報活動を終えてソ連に帰任後、直属の上司である同第四本部長・大将ベルジンから、「ソ連と日本との間の戦争が回避されるよう尽力してもらいたい」という指令を受け、所定の任務を遂行することになった。

第一は満州事変以後における日本の対ソ政策の詳細を視察して、日本がソ連攻撃を計画しているかどうか綿密な研究を行うこと。第二はヒトラーの政権獲得後のドイツと日本の関係を詳細に観察すること。第三は日本の対華政策について絶えず情報を獲得すること。第四は日本の対米、対英政策を注視すること。第五は日本の対外政策上、軍部の役割、とくに陸軍部内の動向、中でも青年将校一派に綿密な注意を払うとともに、国内政策の一般動向を見守ること。第六は日本の重工業に関して絶えず情報を獲得し、特に戦時経済の拡張の問題に留意すること、などであった。ゾルゲに与えられた任務は、ソ連防衛の見地から日本の対ソ政策やその他の外交政策を研究するのが主たる目的で、ゾルゲのこの諜報活動が成功すれば、ソ連は日本との戦争を回避できるかもしれず、コミュニストのゾルゲは強い使命感に燃えながら任地の日本へ赴いたのであった。

ゾルゲと尾崎が主として東京で、諜報活動に心血を注いだ三三年から四一年までの八年間と逮捕から死刑に至るまでの三年間は、天皇制を基軸とする日本の国家機構の中で、軍部が政治を独裁的に牛耳って、中国大陸侵略の手を広げ、これを阻止しようとするアメリカ、イギリスなどと太平洋戦争を起こし、日本の負け戦がほぼ確定した時期と重なっていた。

ゾルゲは来日後間もなくして、諜報団の本格的な組織づくりを始めた。ゾルゲは東京赴任に先立ち、ベルリンからフランス、アメリカを回り、それぞれの国の連絡員から日本で接触すべき人物の指示を受けた。まず、アバス通信記者のブケリッチの住居を訪問して、諜報活動の具体的な打合せをした。次にゾルゲはジャパン・アドバタイザー紙に広告を出して、それを読んで連絡がついた米国共産党員で、画家の宮城与徳と会い、以前、朝日新聞上海特派員をしていた尾崎秀実を探し出して、連絡をつけるよう頼んだ。宮城の調査で、尾崎は朝日新聞大阪本社勤務であることが判明。ゾルゲは尾崎と奈良で落ち合い、諜報活動について全面的な協力を求めた。尾崎とゾルゲは上海勤務時代、ともにコミンテルンが目指す「世界革命」の理想に燃えて、コミュニストの同志として協力関係を持った過去があり、二人は思想的な固い絆《きずな》でがっちりと結ばれていた。このときの二年振りの再会は、両者のこうした結合関係を瞬時にして甦らせ、尾崎はゾルゲにはっきり協力を約束したのであった。

尾崎秀実は共産党員ではなかったが、共産主義イデオロギーの信奉者であった。一九〇一年、東京に生まれた。東京帝国大学卒業後、朝日新聞社に入社、上海特派員として活躍。このとき懇意になったアメリカの女性ジャーナリスト、アグネス・スメドレーの紹介で、赤軍参謀本部第四本部から中国に派遣されたゾルゲと知り合った。特派員時代、中国の左翼文化運動に触れ、中国革命の熱烈な支持者となった。東京に戻ったあと、三八年に朝日新聞社を退職。近衛文麿内閣の嘱託となり、近衛のブレーン役を務めた。近衛内閣総辞職後は、満鉄嘱託に。ソ連、中国、日本の労働者階級が連帯することによって、アジアで世界革命が開始できるという独自の東亜共同体論を構想して、『現代支那批判』『現代支那論』などを著したほか、逮捕後に獄中から妻子にあてた書簡集『愛情は降る星のごとく』は、敗戦直後のベストセラーになった。

ゾルゲ諜報団の日常的な諜報活動は、在日ドイツ大使館に本拠を構えるゾルゲがグループ全体の「司令塔」となり、メンバー各自がゾルゲから与えられた命令に基づいて、担当分野の情報を収集する一方、必要とする日本人協力者を組織して、彼らからも情報の提供を受けた。尾崎は政府要人と接触、時局に関する意見を交換して、国家機密の入手に全力をあげた。ブケリッチは新聞記者の日常活動をしながら、諜報団が収集した資料の写真撮影や現像などを担当した。宮城は画家の特技を生かして、軍人の肖像を描いたりしながら、軍関係の情報や市井の噂などを拾い集めた。こうして多角的な情報源から集められた機密情報は、ゾルゲの手元で一元的に管理され、ゾルゲが独自の分析・判断を加えて、モスクワ中央へ送る報告を作成、ゾルゲがモスクワで見つけてきた無線技師クラウゼンの手で送信した。誰がどんな情報を収集しているか、総合的に知っているのはゾルゲ一人だけで、ほかの誰も各自が何をやっているのか、その詳細は関知しなかった。この方法だと、グループの誰かがもし仮に日本の官憲に捕まっても、横の連絡がないため各自が何をやっているのか知らないと言って官憲の追及をかわし、ゾルゲ諜報団の組織全体を防衛できるメリットがあった。

しかし、何か特別なことが起きた場合は、この限りではなかった。例えば――ノモンハン事件（ソ連名ハルハ河会戦）の際に、ゾルゲは各自に命じて満蒙国境方面に対する関東軍の増援計画を探ることに専念させ、この国境紛争がどの程度まで拡大するか、判断を下す材料の収集を求めた。とりわけ関東軍の兵力配置、装備、兵站《へいたん》などに関する情報が極度に不足していたソ連指導部ならびに同軍部にとって、ゾルゲ諜報団が送信してくる関東軍の動静についての詳細、かつ的確な軍事情報は、極めて貴重な価値を持っていた。のちに極東ソ連軍がノモンハンで大攻勢に出て、満ソ国境を越境して進撃してきた関東軍諸部隊を完膚《かんぷ》無きまでに叩きのめすことができたのは、ゾルゲ情報をもとに火力と機動力を中心にした兵力の再編成を行い、機甲兵

日本におけるゾルゲ・グループの情報源（1933－1941）

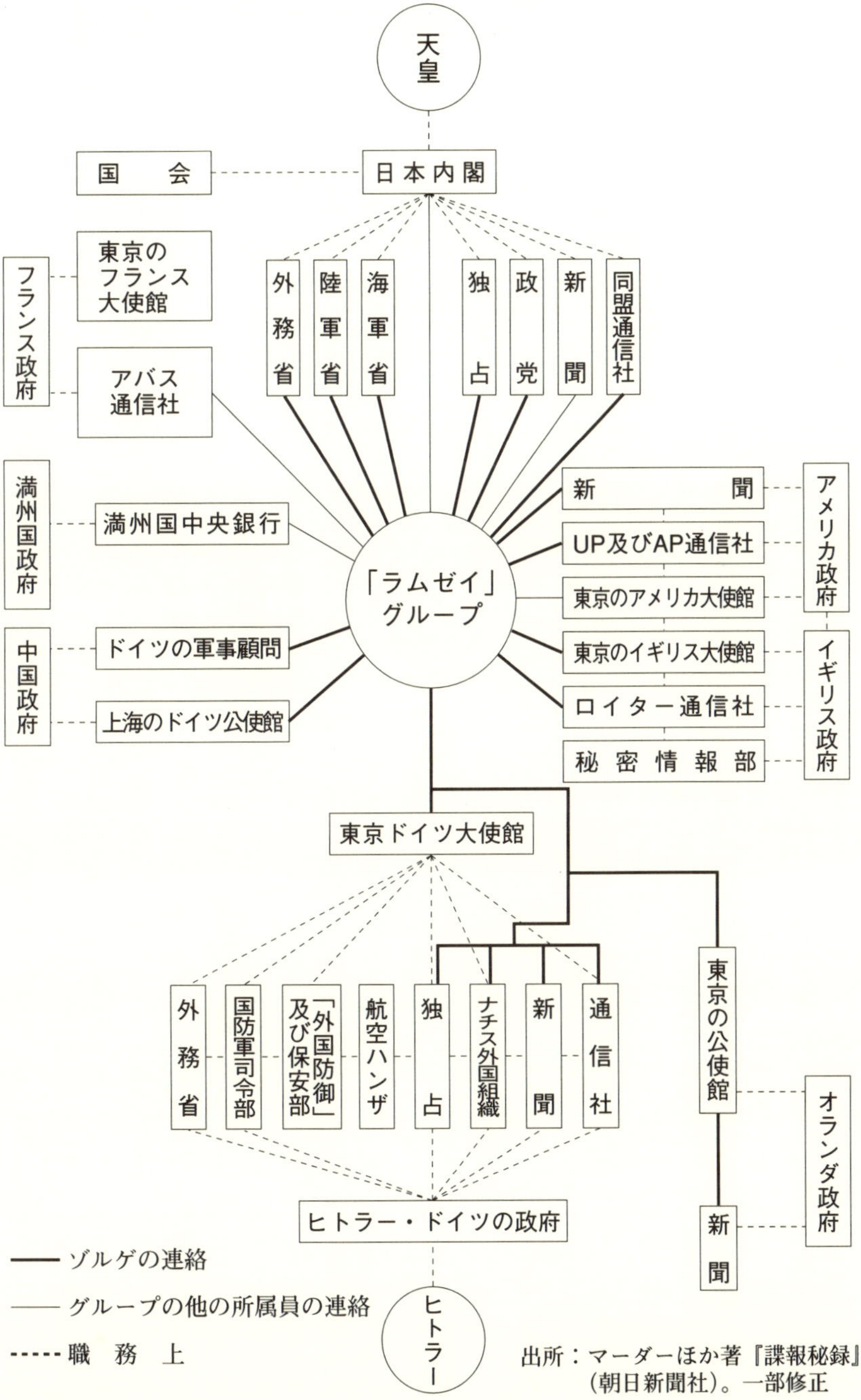

出所：マーダーほか著『諜報秘録』（朝日新聞社）。一部修正

団が中心になって、関東軍に集中反復攻撃を加えることができた結果によるところが大であった、と見るべきであろう。

再検討が必要な「ゾルゲ神話」

ただし、ロシアの研究者の中には、アナトリー・スドプラートフ氏のように、「ゾルゲ情報そのものは、様々な神話や伝説がまつわりついて過大評価されているので、それに惑わされることなく、等身大の評価を行わなければならない」とする慎重な意見の持ち主もいることを忘れてはならない。ゾルゲ情報の極め付けとされている御前会議の「南進」決定のスクープなどが、まさにそれに当たる。太平洋戦争開戦前夜の、四一年七月二日の御前会議で、日本は「北進せず、南進する」ことが決まったが、ゾルゲはこの決定を尾崎からいちはやく入手して、モスクワに打電させた。スターリンはこのゾルゲ情報によって、極東ソ連軍の一部の兵力を引き抜いて西送した。このためソ連軍は、モスクワを包囲していたドイツ軍を破って攻防戦に勝利をおさめることができた、と言われている。とりわけ日本の研究者はこのゾルゲ情報がソ連にとっていかに重要であったかを証明する恰好の具体例として、これを高く評価している。

しかし、モスクワ攻防戦当時の独ソ戦の戦況は戦術的に見て、ソ連軍は増援軍を新たに投入しなければ、敗北を喫しかねない際どい状態にあった。スターリンはそのときどきの戦局と独ソ両軍の兵力配置や兵站の問題などを考慮しながら、戦争指導を行った。スターリンが極東ソ連軍からモスクワ攻防戦へ増援軍を派遣したことは、ソ連軍全体の兵力運用という見地から見れば、当然の軍事的な決断であった。同時に日本の「北進」がないことが分かっていたにもかかわらず、スターリンは中央アジアから兵力の一部をソ満国境に送って、モスクワへ移動した極東ソ連軍の兵力の穴埋めを図った。それは、増援軍の派遣によって脅かされる極東の安全確保にとって、不可欠の措置であった。スターリンは、御前会議による南進決定のゾルゲ情報があろうとなかろうと、大局的見地に立って兵力運用をしなければならなかったのである。スターリンのこうした戦略的な意思決定にとって、ゾルゲ情報は取るに足らない些細な情報と思われても仕方がない側面があったことを否定できない。従って、ゾルゲ情報にたいする思い入れがあまり度を越すと、判断を誤りかねないことを自覚する必要がある。スドプラートフ氏の指摘に耳を傾けねばならないのは、このためである。

それにもかかわらず、ゾルゲは国際スパイとして超一流であったという「ゾルゲ神話」がなぜ生まれてきたかと言えば、権力者や権力機関がそのときどきの情勢に応じて、自分の都合の良いようにゾルゲを利用したからにほかならない。スドプラートフ氏によれば、戦後の東西冷戦構造の下で、アメリカ下院の「非米活動委員会」が活動をはじめると、ゾルゲが凄腕の赤色スパイであったことが意図的に吹聴され、「ソ連の脅威」を封じ込めるために、全米で徹底した「赤狩り」が行われた。フルシチョフは非スターリン化政策の一環として、スターリンが黙殺したゾルゲにソ連邦英雄の称号を贈って、ゾルゲの名前を政治的に利用した。ソ連国防省もソ連邦英雄に祭り上げられたゾルゲの神話づくりにことのほか熱心で、モスクワでは小学校にゾルゲ博物館が開設されたばかりか、ゾルゲ名称をつけた通りがデビューし、ゾルゲの銅像も建てられ、同省の権威向上に一役買った。こうして、確固たるゾルゲ神話が確立された今日、人為的な加工が行われていない「等身大のゾルゲ像」を描きだすのはかなり困難な作業だが、われわれがゾルゲ事件を客観的な実証研究の対象とする以上、「まずゾルゲにまつわる神話や伝説を破壊して、真のゾルゲ像を描くための基礎づくりをする必要がある」というのが、スドプラートフ氏の指摘であった。

ゾルゲ「二重スパイ」の疑惑

その意味で、例えば「ゾルゲ二重スパイ説」の具体的な検証は、ゾルゲ事件研究者に課せられた大きな課題の一つ、と言えるだろう。ゾルゲは一般的にはソ連のスパイだと思われている。だが、ゾルゲが諜報活動で得た機密情報を通報していたのは、モスクワだけにとどまらなかった。特定の分野に限られていたが、ゾルゲは独ソ戦の最中、ソ連の敵の本拠地ベルリンにソ連関連の機密情報をかなり大量に流していた。この情報パイプ役を務めたのが、ゾルゲを最も信頼していたオット駐日ドイツ大使であった。

オット大使は元来、ドイツ陸軍の諜報将校の出身であった。このためオットは、ドイツ軍の諜報活動の総元締めであるカナリス国防軍司令部諜報部長と、職務上も個人的にも親しかった。ゾルゲがオットと親しくなればなるほど、ゾルゲはソ連とドイツの二重スパイではなかったのかという疑惑がつきまとって離れないのは、当然であった。

ナチ党秘密情報機関長ワルター・シェレンベルグは、彼の死後に公表された回想録『秘密情報機関長の手記』（邦訳書）の中で、ゾルゲ二重スパイ説がらみの面白いエピソードを書き残している。それによると、ゾルゲは日本や極東問題に関する高度の情報収集能力を買われて、ベルリンのドイツ通信社（DNB）総裁フォン・リトゲンに個人的な私信の形で様々な情報を送ってきた。ところが、ナチ党関係者がゾルゲの政治的前歴に難癖をつけてきたので、リトゲンがシェレンベルクにゲシュタポ（ナチス・ドイツの秘密国家警察）の調査記録に当たるように頼んできた。早速、シェレンベルクが調べてみたら、ゾルゲがドイツ共産党員だった決定的な証拠はみつからなかったが、「少なくともシンパである」という結論を下さざるをえなかった。シェレンベルクからこの調査結果を耳打ちされたリトゲンは、ゾルゲがソ連秘密情報機関と接触をもっていることを承知したうえで、その豊かな経験を利用する方が得策と判断。ナチ党側からの攻撃にたいして、シェレンベルクがゾルゲの身を守ることで、両者の意見が一致した。ただしそれはあくまでも、「ソ連、中国、日本に関する興味ある機密情報をゾルゲが提供する限りにおいて」と言う条件付きであったことが、シェレンベルクの回想録に記されている。

もっとも、二重スパイの疑いのあるゾルゲが決定的な時点で意図的に誤った情報を流して、ドイツに打撃を与えない保証はなかった。とりわけこの点を心配したシェレンベルクは、ナチス・ドイツの国家保安本部長官ハイドリッヒに相談のうえ、ゾルゲに気づかれないようにその行動を監視することを決め、監視役にゲシュタポ大佐のマイジンガーが選ばれ、一九四〇年に東京に着任した。マイジンガーは、ドイツ大使館でゾルゲの動静の監視を始めた。ところが、マイジンガーはゾルゲにいち早く丸め込まれて、「ゾルゲはオット大使の信任が厚く、大使館でも名声が高い」と、シェレンベルクに報告を送ってくる始末だった。翌四一年春、シェレンベルクはベルリンを訪れた日本の警察使節団の代表から、「マイジンガーはゾルゲの監視をしているのか」と聞かれて、びっくりした。マイジンガーに事情を問い合わせたら、日本の警察に対して、「ゾルゲに不利なことは何も言わなかった」と釈明してきた。この一件から、日本の警察が早い段階でゾルゲに注意を向け、疑惑を深めていたことが、ドイツ側に察知されたのであった。

私はただ今、ゾルゲ「二重スパイ説」の典型的な例として、シェレンベルクの所論を紹介したが、これに真っ向から反論を加えたのが、この基調報告の冒頭でちょっと触れた旧ソ連のゾルゲ事件研究者ブトケビチである。ブトケビチは前述書の中で、チェコスロバキアの歴史家チェストミル・アモルトの論文を引用して、ナチス・ドイツの全独警察長官で、のちの内相になったハインリッヒ・ヒムラーが、ゾルゲ事件について自ら報告（ヒムラー関係文書）を書きその中で、外相リッベントロップにたいして、「ドイツ外務省が過去のよく分からない人間を信用していたのはけしからん」と怒りをぶちまけた事実を紹介、ゾルゲが決してドイツの二重スパイでなかった根拠としている。ヒムラー関係文書は「ゾルゲが一〇〇パーセントのナチ党員として自分を偽装することがいかに巧みであったかを物語るとともに、ゾルゲは二重スパイだと言いふらしているシェレンベルクの説が、この説に飛びついた西ヨーロッパの若干の研究者の失望にもかかわらず、まったくのうそであることを示している」何よりの証拠というわけだ。ブトケビチによれば、シェレンベルクの回想録は保身のための自己弁護として書かれたもので、信頼性は皆無とばかり一刀両断のもとに切り捨てられている。確かにシェレンベルクの回想録はそういう一面がないわけではないが、書かれている内容は結構、迫真性に富んでいて、ブトケビチの指摘を全面的には受け入れ難い。ゾルゲ「二重スパイ説」については、埋もれている資料の発掘に基づく、今後の実証研究の成果に、期待が寄せられる所以《ゆえん》である。

吹き荒れる「スターリン大粛清」の嵐

ところで、ゾルゲの諜報活動の根拠地が東京の在日ドイツ大使館内にあったことは、当然のことながらスターリンやソ連秘密警察の総元締めであった内相べリヤの警戒心を強め、「ゾルゲはドイツの二重スパイではないか」という疑惑を生む大きな原因となった。御前会議の「南進」決定の情報とともに、ゾルゲがモスクワに送った機密情報の中で、最大の功績に数えられているナチス・ドイツの対ソ攻撃を事前に予告した極秘情報を、スターリンが頭から「信用できない」と握りつぶした事実に、ゾルゲに対するソ連指導部の不信が現れている。スターリンやベリヤは非常に疑ぐり深い冷酷な男であった。

元来、諜報活動はその従事者に細心の注意と入念な警戒心が求められるうえ、強い忍耐力が欠かせないため、神経をすり減らすこと、おびただしい。まして治安維持法下の天皇制国家・日本では、外国人の行動は特高によって日夜厳しく監視されており、片時も油断は許されなかった。八年間に及ぶ諜報活動で、ゾルゲの精神的なストレスはたまる一方であった。

しかも、ゾルゲの本国・ソ連では、とくに一九三〇年代後半に猛威を振るった、「スターリン大粛清」の嵐が吹き荒れ、赤軍も粛清を免れることはできなかった。トハチェフスキー元帥をはじめとする八人の赤軍幹部は、国家を裏切った「人民の敵」の汚名を着せられて、三七年六月に銃殺された。以後、粛清の波はソビエト三軍の高級将校、政治委員らにも及び、ゾルゲを日本に派遣したGRUの直属の上司、元赤軍参謀本部第四本部長ベルジンやその後任者のウリツキーも、スターリン大粛清の犠牲者として抹殺され、同第四本部の後身である赤軍参謀本部諜報局（GRU）はベリアが統率する内務人民委員部（NKVD）の厳重な監視下に置かれた。あとですぐに取り消されたが、ゾルゲ諜報団は一九三七年十一月末に、全員本国から帰還命令を受け取った。だが、「モスクワに帰れば粛清される」と思い込んでいたゾルゲは、「東京でやる仕事がまだ沢山残っている」と口実を作って、帰還しようとはしなかった。これがもとで東京での諜報活動期間がずるずると延びて、日本の官憲に逮捕されるのは、後のことである。

いずれにしても、ゾルゲのこうした心配は、決して杞憂《きゆう》とはいえなかった。ゾルゲがもし本国の帰還命令に従ってモスクワに帰れば、ドイツの二重スパイとして有無を言わさず直ちに逮捕・粛清されたことはまず間違いないだろう。ゾルゲがソ連のスパイ仲間として、親交を結んでいたアイノ・クーシネン（女性）が回想録『革命の堕天使たち・回想のスターリン時代』（邦訳名）の中で明らかにした数奇な運命をたどれば、この推測が必ずしも当てずっぽうでないことが分かるはずだ。

アイノ・クーシネンはのちに離別するが、フィンランドの革命家で、コミンテルン執行委員会書記を務め、スターリンとも親しかったオットー・クーシネンの妻だった人物。GRUのスパイとして日本に派遣され、ゾルゲ諜報団とは別個に、東京で諜報活動を行っていたが、そのアイノにも帰還命令が出て、ゾルゲが伝えた。このときアイノがソ連に帰ればどんな災難が振りかかるか分からないので、ゾルゲは「きみはとても聡明な女性だ。私が会ったなかで一番明晰な女性だが、きみより私の方が利口だよ」と言って彼女に帰国すべきではないと、忠告した。しかし、アイノはモスクワの空気が「不健康」であるにしても、「私自身には恐れるべき何もなかった」ので、ゾルゲの制止を振り切って、三七年末に帰国の途に着いた。だが、そこに待っていたのは、アイノが思いも寄らない過酷な運命であった。

モスクワに到着したアイノは、投宿先のホテルでＮＫＶＤによっていきなりスパイ容疑で逮捕・投獄され、八年間を強制収容所で送った。その後いったん釈放されるが、四九年に再逮捕されて収容所を転々としたのち、五五年にようやく自由の身になった。スターリンが死んでから二年後、フルシチョフがスターリン批判を行う一年前のことであった。アイノはそれから十年間ソ連で暮らしたのち、夫クーシネンの没後六五年にフィンランドに出国、さらに五年生きて七〇年に八十四歳で死んだ。

このアイノが晩年に執筆した回想録が死後、二年たってから、ウィーンで出版された。同書によると、アイノは逮捕中にＮＫＶＤからゾルゲについて尋問を受け、彼らの口からスターリンやソ連指導部がゾルゲにたいして、どんな感情を持っていたか知るようになった。それは、ゾルゲ情報が何ら信頼されていないこと、ゾルゲの金遣いが荒かったこと、ゾルゲが帰国命令を何回も無視したことなどから、ゾルゲの評価が極めて悪いことであった。スターリンやエジョフ、その後任のベリヤがゾルゲのこのような欠陥を見逃すはずがなかった。アイノは「ゾルゲがそのとき帰還命令に従っていれば、きっと処刑されるであろう」と断じ、同書の中でゾルゲの非情な運命を嘆いている。

ロシアのゾルゲ事件研究者、アンドレイ・フェシューン氏によると、ゾルゲ諜報団に対する帰還命令そのものは、通知されて間もなく、取り消された。三九年に日本におけるＮＫＶＤの諜報組織が本国の事情によって取り潰されてから、残された諜報機関はゾルゲ諜報団しかなく、日本における諜報活動は否が応でもゾルゲたちに依存しなければならない状況が生まれたからだ。このため今度は逆に、ゾルゲが帰還を要求しても、モスクワから無視され、交代要員の派遣がない関係で、帰るに帰れないジレンマに陥ってしまった。ゾルゲはＧＲＵが日本に送り込んだスパイ。同じ使うなら、骨の髄《ずい》までしゃぶれというわけだ。こうしてゾルゲは弊履《へいり》のように使い捨てにされたのであった。スパイとしてのゾルゲの悲劇性は、まさにここにあったといっても決して過言ではあるまい。

ゾルゲの悲惨な運命を物語るエピソードを一、二紹介しておこう。ゾルゲは日本の官憲にスパイ容疑で逮捕されたものの、自分の諜報活動が死刑に相当する重罪を犯したとは思っておらず、いずれ身柄の釈放がありうるとの期待を持っていた。ゾルゲが関知していたかどうか不明だが、日本政府は一時、軍の要請により、ソ連政府との間でノモンハン事件で捕虜になった日本人将兵との身柄交換について交渉をおこなった事実がある。ゾルゲ事件研究家として名高い石堂清倫氏によると、この基調報告の冒頭であげたソ連の大物スパイ、レオポルド・トレッパーの『大きな賭け　赤いオーケストラの首領の回顧』（一九七五年、パリ刊）に、この話が載っているという。

トレッパーは欧州で「赤いオーケストラ」の名で恐れられた、数百人規模のソ連諜報組織のリーダーで、ゾルゲ諜報団の活動費の面倒をみていた。ところが、トレッパーはスターリンが大嫌いなユダヤ人のため、戦前、戦中の諜報活動に感謝されるどころか、せっかくナチの手を逃れて帰国したのに逆に忌避されて、戦後はモスクワのブトゥイルカ監獄に放り込まれてしまった。このとき同じ監房にいたのが、戦時中の陸軍次官で、戦後、ソ連に抑留された陸軍中将富永恭次であった。富永は在フランス日本大使館駐在武官のときに習い覚えたフランス語で、トレッパーとよく話し合った。たまたまゾルゲの話が出て、トレッパーが、「なぜ日本人捕虜とゾルゲとの身柄交換をしなかったのか」と聞いた。富永は答えて曰く「ノモンハン事件でソ連軍に捕らわれた日本人捕虜引き取りのため、ゾルゲとの身柄交換の話し合いを外交ルートで行ったが、ソ連側は、そんな人物は知らないと三回も断ったので、日本側はとうとう身柄交換をあきらめた」事実を打ち明けた。

以下は、トレッパーのこの回顧録をフランス語の原書で読んだ石堂氏が、私に話してくれた感想である。

「仮に身柄交換の取引が成立したとしても、モスクワに帰れば、レーニン派のゾルゲはスターリンによって粛清されたことに、まず間違いあるまい。だが、ゾルゲが日本で殺されずに、ソ連に帰ったら、尾崎も処刑されずに済んだかも知れない。尾崎やゾルゲが何らかの名目で生き残っていて、われわれ人民の側に戻っていれば、彼らが戦後どんな良い働きをしたか分からない。またゾルゲにしてみれば、革命家として日本の反動権力に殺される方が、同志スターリンに殺されるよりも、よほど幸せだったろうが……」

そんな状況に追い詰められていたゾルゲを慰めてくれた日本での唯一の心の友は、酒であった。もともと酒が大好きだったゾルゲは、大酒を食らってストレスを発散させる以外に、傷ついた精神の安定を取り戻す良薬はなかった。ゾルゲは自宅でよくウイスキーを瓶のままラッパ飲みして、前後不覚になって酔いつぶれた。それが国際スパイ切っての「大物」と言われたゾルゲの隠された実像でもあった。スパイの運命は、何と悲惨であり、過酷なものか。それが長年にわたってゾルゲ事件研究を続けてきた私の偽らざる実感である。

スパイの妻の悲劇的な運命

さて、小説も映画も、スパイに「女」はつきものである。現実はどうか？　大物国際スパイとして活動したゾルゲは、とりわけ派手な女性関係で知られ、数多くの女と付き合った。その中でゾルゲから最も愛された女性は誰か？　私の調査の結果では、エカテリーナ・アレクサンドロブナ・マクシーモワのように思われる。

愛称をカーチャというこのロシア人女性は、化学工場勤務のかたわら、モスクワで家庭教師としてゾルゲにロシア語を教えた人物。前述したようにゾルゲは父をドイツ人、母をロシア人に持つ混血だったが、幼児期に出生地バクー（アゼルバイジャン共和国）から父の故国ドイツへ家族と一緒に移住、成年になるまでドイツ語で育ったため、ロシア語は決して得意ではなかった。このため極東での諜報活動に入る前、カーチャにロシア語を教わったが、二人はやがて相思相愛の仲になり、正式の結婚登録をして、モスクワのアパートで新婚生活を始めた。カーチャはゾルゲの子供を宿し、二人は男児が生まれたら「ビリー」、女児が生まれたら「カーチャ」と名付ける約束を交わした。その後、ゾルゲに極東勤務の命令が下り、ゾルゲは後ろ髪を引かれる思いで、モスクワを発った。

カーチャの兄弟姉妹は全部で五人で、カーチャは三人姉妹の長女であった。NHK取材班はカーチャの一番下の妹で、ロシア北方のペトロザボーツクに住んでいた三女のマリヤ・アレクサンドロブナのインタビューに成功して、ゾルゲとカーチャの関係について聞くことが出来た。マリヤによれば、ゾルゲは自分の仕事の内容を明かさなかったため、カーチャは初め、「ゾルゲを学者だと思っていた」そうだ。無理もない。ゾルゲがコミンテルンで働いていた経歴があるからだ。日本へ行くことになって、カーチャはゾルゲに、「私も一緒に連れていって」と頼んだ。ゾルゲは連れて行きたかったが、そんなことが出来るはずがなかった。ゾルゲは「それはとてもむずかしいことで、私だけでは解決できない」と述べ、カーチャに思いとどまらせたのであった。

ゾルゲは東京からカーチャ宛に何回も手紙を書き送った。差出人の名前は、ゾルゲの愛称である「イーカ」が使われた。NHK取材班は旧ソ連の国家保安委員会（KGB）に保管されていたゾルゲのカーチャ宛の手紙十二通のコピーを入手したが、すべてドイツ語でタイプしたものだった。ゾルゲはドイツ人になりすまして諜報活動を行わざるを得なかった関係で、たとえロシア人妻宛の手紙でも、ロシア語を使うことは許されなかったのだ。

NHK取材班、下斗米伸夫共著『国際スパイ　ゾルゲの真実』に収録されているゾルゲのカーチャ宛手紙（日本語訳）によると、そこに書かれている内容の多くは、例えば「貴女と過ごした時間は、私にとって多くの重要な意味を持っている」「貴女のことをいろいろ考えています。またもう一度会えることがくることを、そして数カ月だけでなく、一緒に住むことができる日を願っています」といった間接的な愛情表現にとどまり、ゾルゲが今どこで何をやっているか、具体的な記述は何もない。しかし、じっくりと読んでみると、その文面の背後には最愛の人にも自分の日常活動のすべてを打ち明けることが出来ないスパイとしての苦悩が伝わってきて、憐れにも思われる。

化学工場で働いていたカーチャは、化学事故で水銀中毒にかかって、ゾルゲの子を流産する羽目に追い込まれた。それだけではない。やがてスパイ容疑で逮捕され、シベリアの強制収容所にぶち込まれ、遂にゾルゲとの再会を果たすことなく、病没してしまった。ゾルゲはカーチャの死を知ることなく、絞首刑に処せられたのであった。国際スパイとしてのゾルゲの悲劇性を一段と強める最期であった。

カーチャがスパイ容疑で逮捕されたのは、ドイツ人の反ファシストで、ゾルゲの友人であったビリー・シターリを知っていたということだけであった。シターリはスパイ容疑で逮捕・銃殺されたので、カーチャもスパイにちがいないと思われたのだ。実に馬鹿げた話だが、スターリン時代とはスターリン反対派は言うまでもなく、一般の善良な市民でさえも、無実の罪で一度捕まったら何の弁明も許さずに殺された「暗黒の時代」であったのだ。カーチャは、一九六四年十一月二三日にモスクワ軍管区軍事法廷によって、有罪判決の見直しが行われ、死後、名誉回復が成った。生きている人間とは違って、死んだ人間には観念も感情もない、生きているうちならまだしも、死後の名誉回復の決定が行われて、何の意味があるのか。もちろん、死後もスターリンの汚名を着せられているよりも、有罪判決の無効が宣告され、名誉回復が実現した方が遺族にとって良いに決まっているが、それはそれだけのことである。無実の者を数えきれないほど死に至らしめた、スターリン体制の過ちは、永久に消し去ることができない。

獄中のゾルゲと尾崎

官憲にスパイ容疑で逮捕されたゾルゲと尾崎は東京で巣鴨の東京拘置所で、どのような拘置生活を送ったか？

社会主義国家・ソ連の防衛と、日ソ戦争の防止を日本における諜報活動の最大の任務と心得ていたゾルゲは人一倍、世界情勢や日本の国内事情に関する知識欲が旺盛で、とりわけ独ソ戦の成り行きに重大な関心を寄せていた。ゾルゲは逮捕後、身柄を東京拘置所に移され、当時警部補だった特高大橋秀雄氏の取り調べを受けた。大橋氏は取り調べを円滑に進めるため、ゾルゲと紳士協定を結び、毎朝お茶を飲みながら、新聞の主なニュースを拾い読みして聞かせ、世間話をして気分をリラックスさせ、供述しやすい雰囲気をつくってから尋問を行った。大橋氏が私に語ったところによると、ゾルゲはナチス・ドイツ軍の対ソ侵攻にもかかわらず、赤軍の勝利を信じて疑わず、とくにスターリングラード攻防戦で赤軍がドイツ軍を降伏させると、「それ見たことか」と大喜びして、その日は尋問にすらすら答えたそうだ。

一方、尾崎秀実はゾルゲのような輝かしい党歴はないものの、共産主義イデオロギーを信奉、自分の思想信条が世界革命を目指すコミンテルンの目的と合致するため、ゾルゲがコミンテルンから派遣された諜報員と一方的に思い込んで、献身的な協力を行った。天皇制イデオロギーが支配し、戦争協力が当たり前だった戦前・戦中の日本にあってはまことに珍しい存在で、身の破滅を考えることなく、時代と激しく切り結んだコミュニスト・尾崎の生き様には、思わず心を打たれざるを得ない。

もっとも尾崎については、逮捕されて未決拘留中に思想上の変化が起きて、ナショナリストに転向したという説もある。尾崎の陳述書や上申書や私信の中には、そうとしか解釈できない文言があるのは事実である。独房という異常な環境に放り込まれ、どんな刑が下るかも分からない不安にさいなまれ、心身ともに参った未決囚の書いた文書をどう読むか難しい問題があるが、同じ尾崎から出たものでも、検察側が「客観情勢に関する認識並びに革命の展望」と「現下の世界情勢に対する見解」だけを摘出して、戦時下の思想犯取締りの参考資料にした「尾崎秀実の革命の展望等に関する供述」（一九四二年三月）ほど、当時の尾崎の心情をありのままに吐露したものはほかにはあるまい。戦後、検事総長になった井本台吉が保存していたもので、ゾルゲ事件研究者の渡部富哉氏が、井本の遺族の了解を得て、コピーしたことから、初めてその存在が知られることになった。

それによると、尾崎は第二次大戦のプロセスを通じて、世界革命が完全に成就しないまでも、決定的な段階に至ると確信。具体的には、社会主義国家ソ連の援助によって、日本のプロレタリアが新しい民族国家を造り、中国共産党が覇権（ヘゲモニー）を握った中国と、資本主義機構を脱却した日本にソ連が加わり、日中ソ三民族の結合の下に、東亜諸民族の共同体を形成、これを梃子《てこ》にして、「東亜新秩序」の確立を果たすことを狙っている。尾崎がかねて考えていたことをありのままに述べたもので、この文書を読むと、尾崎が筋金入りのコミュニストであったことがよく分かる。

死刑判決が下りた尾崎は、獄中でしきりに物を書いた。だが、戦時中の物不足のため、書く紙にも不自由した。尾崎が「書く紙がなくて困っている」と言うので、東京拘置所長市島成一は、娘が持っていた紙を都合して、尾崎に与えた。市島はあとになって知ったのだが、それが「白雲録」と題する手記であった。

「白雲録」は普通のノートにして、二冊か三冊の分量であった。日付順に綴じてあり、一種の日記のような体裁になっていた。内容は随筆もしくは随想で、主として戦争の成り行きやその予想、肉親に対する恩愛の気持ち、妻子からの書信とそれについての感想などで占められていた。ただしゾルゲ事件に関する記述は、皆無であった。近頃の死刑囚の手記のように、冤罪《えんざい》を訴え続けるものとは、およそ中味が異なっていた。

雑誌「法曹」（第一一二回・昭和四十五年三月号）に載った市島のインタビューによると、尾崎は生前、市島に対して、「いま書いているものは、私の生きている間はお目にかけないが、あなたに残しておきますから、私が処刑されたら読んでください」と言った。一九四四年十一月七日、処刑の朝がやってくると、尾崎は約束通り市島に「白雲録」を手渡した。尾崎の死後、「白雲録」を読んだ市島は、その立派な内容に「無量の感慨に打たれた」のであった。いろいろな意味で貴重な資料と考えた市島は、当時としては公開できないにしても、「何れ時が来たら部内で印刷に付して関係者に読ませたい」と考え、正木司法省刑政局長に預けた。正木も一読して非常に感心して、「いずれ役にたてる」つもりで、手元に残した。ところが、翌年春の東京空襲で司法省が焼け落ちて、刑政局長室に保管してあった「白雲録」も焼失してしまった。まことに残念と言わざるを得ない。

一方、ゾルゲも尾崎同様、拘置所長の市島にしばしば面会を申し出た。市島によると、「それは私から戦争の成り行きを聞くためだった」ようだ。ゾルゲは戦争の推移については、特別の関心を持っていた。また、ゾルゲが健康にことのほか注意を払っていたことが、市島の思い出として残っている。天下分け目の関が原の合戦に敗れた石田三成が、処刑される前に「体に悪い」と言って、柿を食べなかったことを、市島はふと思い出した。「ゾルゲが最後の日まで毎日の運動の時間を熱心に体操し、深呼吸して非常に健康に注意しておった」のが、市島の記憶に深く刻み込まれている。

処刑の日の朝。尾崎は日課のようになっていた家族宛の書簡をしたためた。そのあとでこの日のくる前からすでに準備をしていた死装束に着替えて、東京拘置所長市島成一から司法大臣の死刑執行命令を言い渡され、市島の先導で処刑場に向かった。教誨師が控えの間の仏壇の前で読経、それが終わると、お供えの饅頭を「さあ、おあがりなさい」と言って、尾崎に差し出した。尾崎は饅頭を手に取り、「私の大好物ですが……」と言ったものの、「よしましょう」と元に戻して食べなかった。ことさら落ちつきを見せようとしたとも受け取られかねない仕種《しぐさ》であった。それを見ていた市島はしかし、「あの場合、到底演出などはできない振る舞いだった」と、深い感銘を受けた。尾崎は市島ら数人の立会い人に「さようなら」と言って丁寧に頭を下げ、十三階段の処刑台を昇って行った。享年四十三歳であった。

尾崎に続いて、ゾルゲも同じ手続きを踏んで、処刑場へ向かった。ゾルゲは教誨師と立会人に感謝の言葉を述べ、控えの間を素通りして処刑台を一歩一歩踏みしめた。処刑に先立って低いがはっきり聞き取れる日本語で、「世界の共産党万歳」と叫んだ。享年四十九歳であった。

望まれるゾルゲ事件の実証的な解明

一九九一年十二月、強大な社会主義国家として、戦後の世界をアメリカとともに二分した東西両陣営の一方の雄、ソ連は崩壊した。ソ連の後継国家となったロシアは社会主義を捨て、資本主義国家を目指して目下、「体制転換の道」を急ピッチで歩んでいる。今から五十四年前に、社会主義の未来を信じ、祖国・ソ連防衛の見地から日本の対ソ攻撃を防ごうと、「反戦・平和」のために命を張ったコミュニスト、ゾルゲや尾崎がついに知ることがなかった世界の地平が前方に広がっている。

ロシア革命の衝撃が世界を揺るがしてから、八十一年……。ゾルゲと尾崎が命を賭して守ろうとした社会主義の祖国・ソ連はもはやこの地球上に存在しない。革命があって、内戦と干渉戦争があって、スターリン大粛清があって、そして大祖国戦争（独ソ戦）があって。最後は冷戦の追い打ちだった。二十世紀の百年間にロシアを襲った苦難の連続は、決して半端なものではなかった。この間に敵も味方も含めて何百万、何千万という人びとがそれぞれの時代の犠牲になった。ゾルゲや尾崎も、決して例外ではなかった。それなのに、平等な社会の実現を目指す社会主義の理想は、スターリンの未曾有の大粛清と「ソ連の崩壊」、さらにロシアにおける「資本主義の復活」によって挫折を強いられた。

人類にとって、ロシア革命とは一体、何だったのか？　七十有余年存続した、社会主義・ソ連の崩壊は、世界に大きな衝撃を与え、その歴史過程について、歴史家を含めた研究者や専門家の手で、本格的な検証が行われようとしている。ソ連による

「社会主義の実験」が失敗に終わった現在、多くの社会主義者にとって、社会主義は見果てぬ「ユートピア」に終わっている。ゾルゲ事件の映画化に意欲を燃やす映画監督篠田正浩氏をして言わしむれば、ロシア革命はまさに「裏切られた革命」だった。二十世紀におけるマルクス・レーニン主義の勃興と没落。だれがこの意外な展開と結末を予想しただろうか。実に劇的な幕切れであった。刑場の露と消えたゾルゲや尾崎は、今この現実をどんな思いで見ているのか？

ゾルゲ事件は戦時中のみならず、戦後も東西冷戦構造の中で反共攻撃に利用されただけではなく、情報公開が徹底せず機密扱いにされている関係資料も多いため、未だにその真相の完全解明は成っていない。従って本日の国際シンポジゥムで、内外の研究者や専門家がゾルゲ事件の過去の経緯を総括的に検証し、新発掘の資料や証言を縦横に駆使して、未解明のまま残されている、この事件の「謎」の徹底的な究明が行われることを期待して、私の基調報告を終わることにしたい。

【筆者紹介】

白井久也（東海大学平和戦略国際研究所教授）

一九三三年、東京生まれ。五四年、早稲田大学第一商学部に入学、同時に山岳部に入部した。大学山岳部の伝統的なしごきに耐えて、鍛えられた山男。

一九五八年、早稲田大学卒業後、朝日新聞社に入社。経済部・外報部を経て、ブレジネフ時代末期の一九七五年から七九年までモスクワ支局長を務めた。ソ連の内政・外交、クレムリン人事、日露漁業交渉、シベリア開発、領土問題などの報道、解説、評論に健筆を振るった。帰国後、共産圏担当の編集委員として活躍。一九九三年に定年退職後、東海大学平和戦略国際研究所教授に迎えられた。

激動する世界を駆けめぐりながらも、いくつかのライフワークを追い続けている。その一つに革命後間もないロシアで消息不明となった大正期の著名なジャーナリスト大庭《おおば》柯公《かこう》の事跡調査がある。難しい手続きを経て、モスクワのロシア連邦保安局（ＦＳＢ）公文書館で柯公の関連資料の閲覧に成功したのは、九六年一一月のこと。この調査記録の公表と評伝の刊行が望まれている。

続いて九七年六月。ゾルゲ事件の資料公開と収集のために再度モスクワを訪問し、今回の「ゾルゲ事件国際シンポジゥム」の段取りをつけてきた。九四年に『未完のゾルゲ事件』（恒文社）を刊行したが、ゾルゲならびにゾルゲ事件研究では、とりわけ「未完」を「完結」させる意欲がにじみ出ている。

積極果敢、行動的である。歩きながら構想し、夜中までペンを執っているかと思えば、朝六時にはジョギングに汗する日課。冬山にはウオッカを欠かさない。九八年三月、長年の夢だったヒマラヤ・トレッキングから帰路の機中で、右下肢深部静脈血栓を発病して、入院・加療。退院するや世界最初の「ゾルゲ事件国際シンポジゥム」の実行委員長にかつがれ、開催に向けて精力的な活動を続けた。

著書に『新しいシベリア』（サイマル出版）『現代ソビエト考』（朝日イブニングニュース）『ドキュメント　シベリア抑留――斎藤六郎の軌跡』（岩波書店）『明治国家と日清戦争』（社会評論社）。共著に『日本の大難題――この国はどうなる　どうすべきか』（平凡社新書）、『シベリア開発と北洋漁業』（北海道新聞社）などがある。

（渡部富哉）

マルクス主義研究者としてのリヒアルト・ゾルゲ

ゾルゲの研究の中の帝国主義・ファシズム論争問題

ユーリー・ゲオルギエフ（時　明人訳）

序論

リヒアルト・ゾルゲには二つの大きな著作がある。一つは、ゾーリンゲンで一九二二年に出版されたもので、ゾルゲは当時ドイツ共産党の専従職員であった。最初の書は『ローザ・ルクセンブルグ資本蓄積論（一般労働者階級読者のための平易な説明）』であった。同著のロシア語版は、一九二四年に、ハリコフで出版された。

第二の著作は『新ドイツ帝国主義』で、ゾルゲは同書をR・ゾンテルのペンネームで出版した。ドイツ語版はベルリンとハンブルグで、ロシア語版は一九二八年にレニングラードで出版された。同年までにゾルゲはすでにモスクワのコミンテルン（共産主義インターナショナル）で働いており、全ソ連邦共産党（ボリシェビキ）の党員となっていた。コミンテルンにいた一九二四年から一九二九年までの間に、ゾルゲは国際共産主義運動の種々な雑誌に、相当数の論文を発表している。ゾルゲの上記の二つの著作および面白い彼の理論的諸論文が、本報告の基本内容となっている。

まず第一に触れたい点は、研究者としての彼にとって現代的な現実、資本主義社会の根本的諸問題、その革命的な改革のための労働者階級の闘争について、ゾルゲの大きな関心がある。とくにゾルゲは帝国主義の諸問題に多大な関心を向けた。このテーマは彼の理論的研究を貫くものとなった。ゾルゲの残した理論的所産をみると、彼は高度な教育を受けたマルクス主義の研究者であり、とくに経済、経済改革に関心を持った者と結論づけることができる。同時に、彼の経歴は組織的な大学教育を受けていないことを物語っている。

彼の大学教育は一九一四年から一九一八年の第一次世界大戦中および戦後にかけて受けたものである。周知のように、青年ゾルゲは義勇兵として、戦争勃発後ただちに戦線に赴いた。まだ中等教育さえ終了していなかった。戦傷で長期の休養の間、大学教育を受けた。一九一四年、ゾルゲはベルリン大学医学部に入学した。一九一六年の休暇中、同大学社会科学部に転部した。一九一八年に負傷して復員したゾルゲは、キール大学社会科学部に移った。以上の学部で、ゾルゲは哲学と経済学を学んだ。一九一九年八月八日、「ドイツ消費者協会中央連盟の帝国税率」という論文によって、ハンブルグ大学で国法学博士学者の称号を受けた。二十四歳であった。このようにして、ゾルゲは法学者であり、国家法の専門家であった。一九二二年から、学者としての活動をフランクフルト大学に設立されたばかりの社会研究所で開始した。この研究所の職員として、一九二四年にコミンテルンからモスクワに呼ばれるまで働いていた。

マルクシズムとの邂逅《かいごう》はマルクス、エンゲルスの著作の独習から始まった。マルクスの同僚として、第一インターナショナルの創設に関わったアドルフ・ゾルゲの偉業についての思い出も、その動機となっていた。ゾルゲはまたドイツの社会民主主義者、哲学者ヘーゲルの著作にも関心を持った。レーニンの基本的著作については、後年、ソ連に移ってから、知ることになる。

ゾルゲの進化、ローザ・ルクセンブルクからレーニンへ

リヒアルト・ゾルゲは、一九一八年のドイツ十一月ブルジョワ民主革命の過程で、積極的な闘争に参加したドイツ・マルキストたちの若い世代に属していた。一九一九年、ゾルゲはドイツ共産党員になった。この世代のマルキストたちの偶像となったのは、当時のドイツ共産党の指導者カール・リープクネヒト、とくにローザ・ルクセンブルクであった。従って、ゾルゲの最初のマルキストとしての文筆の試みとして選んだのは、十九世紀の資本主義を分析したカール・マルクスの『資本論選集』の問題に対するコメントではなくて、彼自身が生きていた時代に合致した、ローザ・ルクセンブルクの著作で、一九一二年に書かれた『資本蓄積論』であった。この著作はゾルゲにとって身近な資本主義発展の帝国主義段階を分析するものであった。このローザ・ルクセンブルクの著作こそ、まさにゾルゲを帝国主義の問題の分析に導いたものである。

マルキシズムについての独自の見解を述べるほど十分な思想的な蓄積を持っていなかったので、ゾルゲはローザ・ルクセンブルクの著作の基本的な著述の説明形態を選んだ。ゾルゲは資本主義から社会主義への革命的変革の必然性についての同書の原則的な立場を正確に述べたのではなく、ローザ・ルクセンブルクの帝国主義分析に対して、レーニンから厳しいが同志的な批判を加えられた多くの論点について、無自覚に批判していた。

ローザ・ルクセンブルクに対するレーニンの批判がいかなる点にあったか、若干述べてみよう。

まず第一にこの二人の代表的なマルクス主義者の間に、資本主義の最新の、そして最後の発展段階としての帝国主義の規定に関して、原則的な見解の相違はなかったことを指摘したい。両者とも帝国主義が資本主義の矛盾の破滅的な先鋭化をもたらし、結局それが第一次大戦と戦後の破壊の原因となった巨大な政治的、経済的危機を招いたということでは、一致している。ローザ・ルクセンブルクとレーニンの間の見解の相違は、帝国主義の本質、その存続能力についての評価にあった。両者は資本蓄積の過程においても、異なった分析をした。

ローザ・ルクセンブルクは、剰余価値のような当時の新しい資本の蓄積現象を考慮しようとはせず、資本主義は自らの内部で剰余価値を利用することができないと見た。ルクセンブルク

の見解によれば、剰余価値の利用の実現にはブルジョワやプロレタリアを介在せずに、非資本主義的階層や植民地のような資本主義の外の第三者の存在が必要であるとした。彼女の見解によれば、資本蓄積過程のこのような性格が、資本主義の帝国主義段階を生み出したのである。

その最も特徴的な点が、植民地への資本主義の拡大にほかならない。そして、植民地領有の余地が次第に減少し、植民地も非資本主義的な階層も資本主義的生産様式に急速に包含されてしまうことになって、ルクセンブルクの意見によれば、それが資本主義の存立の歴史的限界を設定することになるのである。このほか彼女が述べたのは、帝国主義段階における資本主義の潰滅的な矛盾の激化は、資本主義が自らの能力を完全に使い果たすため、資本主義廃絶の可能性さえ開いているということである。

資本蓄積の見解を巡って論争

多くの人々は、ルクセンブルクが『資本蓄積論』の中で、彼女が独創的な「帝国主義理論」を公式化したと見ている。

レーニンの理解によれば、帝国主義とは資本主義の腐食の時期を意味し、それは何よりも独占の発生と発展と結びついている。この腐食の過程は弁証法的には、すなわち資本主義をルクセンブルクが予測したように、直線的な壊滅に導くものではなく、適応と延命を図るものである。

レーニンはあるドイツの新聞に掲載された書評を通じて、ルクセンブルクの著作の出版を知り、ただちに同誌の編集長に手紙を出して反論した。この中で、レーニンは次のように書いている。

「十四年前ツガン・バラノフスキーとフォルクストムラーとの論争で得た結論に、あなたが主要点で近づいたことを喜んでいます。すなわち剰余価値の実現は純粋な資本主義社会では可能であるということです。私はルクセンブルクの本を読んでいませんが、貴殿は理論的にこの点について全く正しいと思います」（レーニン全集第四十八巻　一四八ページ）。

この手紙の中で、レーニンは次のことを確認した。すなわちルクセンブルクは前世紀の八〇～九〇年代にロシアで行われた「市場理論」を巡るナロードニキとマルキストたちの討論を事実上、同書の中で再現した、というのだ。この理論の本質はナロードニキによれば、資本主義に本質的な生産の巨大化と資本蓄積の極大化に向かう移行と、同時平行的に生まれる、かかる資本の移行を阻む大衆のプロレタリア化に力点を置きながら、資本にとって生産した商品と蓄積した剰余価値の実現は不可能であるとの結論を下した。

この議論の過程ですでに、「この市場の理論」を評価して、レーニンはこう言っている。

「かかる資本主義の矛盾（または資本主義のその他の矛盾）からナロードニキたちが好んだ資本主義の不可能性や、以前の社会主義経済制度と比較して、社会主義には進歩的な点がないというのは、乱暴な誤りである」（『レーニン全集』第四巻　四

九ページ）

レーニンはまた、「発展しつつある資本主義生産は消費材のみならず、生産材市場を作りだす。海外市場がなくても、生産物と超過利潤の確保は完全に説明できる。ＶＶ氏およびＮ氏（筆者注：つまりナロードニキ諸氏）の主張する資本主義にとって、海外市場の不可欠性は商品と余剰価値実現のための必要条件ではなく、歴史的条件によるものである」（『レーニン全集』第四巻　四四～四五ページ）と説明している。

ポローニナに滞在中に、レーニンはルクセンブルクの著書を読了し、この友人にして論敵に向けて、詳細な批判を送る決意をした。レーニンは「ルクセンブルクは資本蓄積論について誤りを犯しているとした」（『レーニン全集』第四十四巻　四二一ページ）批判文を書くために、レーニンは彼女の著作の余白に注釈を入れた多くの抜き書きを残している。これらは『レーニン全集』第二二巻に公表された。残念ながらレーニンは反論書を書く構想を実現できず、レーニンに代わってブハーリンが、一九二五年に出版された『帝国主義と資本蓄積』の中で、それを行った。

ルクセンブルクの資本蓄積の見解を巡るこの論争は、ゾルゲの著作の対象外におかれた。それゆえに、一九四一年から四二年の自伝『獄中記』を総括するに当たって、ゾルゲは自分の初期の理論的著作について、かなり自己批判している（『近現代史』一九八五年、№２、一〇〇ページ）。しかし、この著作は「労働者のための普及版」という副題がついていることを忘れてはならない。宣伝文書として労働者のために資本蓄積に関するマルクス主義理論の本質が、分かりやすく説明されていて、今日でも高い評価をうけ、興味をもって読まれている。

同書の価値は、研究書としては残念ながらかなり低いものである。それにもかかわらずゾルゲは『獄中記』の中でルクセンブルクの著作について、「彼女の理論」を批判したと記すことは可能であったと述べている（『近現代史』一九八五年　№２）。しかし、ゾルゲの最後の言明が、現実に対応したものかどうかは、疑問である。偉大なドイツの女性革命家の理論的遺産の問題点について、ゾルゲはいずれ見解を発表することになった。当時すでに、ゾルゲは生々しい政治的な経験を積んでいたからである。

ゾルゲの同著作には、ルクセンブルクに対する批判的論調は欠けている。しかし、実際にはルクセンブルクの理論に対する一定の疑問をゾルゲは持っていた。ゾルゲは「ルクセンブルク主義」との名称を得た彼女の問題のある理論的結論について、明らかに一定の距離をおく試みを行った（とくに、資本主義の急速なほとんど自動的な崩壊に対する概念を生んだテーゼにたいしてであった）。従って、ゾルゲは特別に序文の中で、「批判的研究の結果、ルクセンブルクの叙述そのものに数多くの疑問符をつけなければならない場合には、読者に困難を与えないために比喩的に感嘆符を付した」（八ページ）と書いている。

本報告書ではわれわれもまた、ゾルゲの例に従いＲ・ルクセンブルグの「帝国主義理論」を、将来、詳細に研究するために問題の分析を後回しにする。

資本蓄積の過程について、ローザ・ルクセンブルクを引用しつつゾルゲは、「ルクセンブルク主義」と名付けられた彼女の理論の積極性から距離をおいた。しかし、帝国主義に関するルクセンブルグの見解から完全には自由になることはできなかった。急速かつ「自動的」な資本主義の崩壊の予測から距離をおきながら、ゾルゲは同時に資本主義には長い歴史的展望の中で、自己変革の可能性があることを理解できなかった。ゾルゲは次のように書いている。

「新しい市場の追求はますます難しくなり、世界の非資本主義部分はますます縮小してゆく。従って、理論的には次のような事態がくると述べることができる。すなわち、資本主義はまったく蓄積を実現するための市場を見い出すことができない事態になるということだ。そのとき資本主義から計画的な経済への移行が到来しなければならず、そのような経済では、利潤の獲得が唯一の目的ではなく、共産主義的な社会形態をとることになるだろう。資本主義がこのような自己変革ができない事態に立ち至るならば、資本主義は恐るべき危機のあとに死滅しなければならない」（「指令」五二ページ）。

しかし、このような見地にたやすく立つことはできなかった。ゾルゲは「資本主義は多くの人が予想しているよりも不利な条件から脱することを目指す点では賢いという状況に留意しなければならない。資本主義は信じがたい執拗さで、発生した困難に対応しようと務める」（「指令」七五ページ）と指摘している。

このテーゼを強化するため、ゾルゲは初めて、かつ一回だけ自分の著作の中にレーニンを引用した。「レーニンは革命闘争の困難の中からしかるべき結論を下した。革命家たちにとって不快な見解を述べた。レーニンは『資本主義にとって絶望的な状況はない』と述べ、この言葉によって深い真理を言い表した」（同上）。

レーニンの立場のルクセンブルク的解釈

ゾルゲが引用した括弧内のレーニンの言葉は、引用ではない。ただこのような形で、ゾルゲはレーニンの資本主義に対する見方を正確に伝えようとしたのだ。では、ゾルゲがレーニン的アプローチと呼んだものはいかなる具体的内容を持っていたのであろうか。まさにこの点で、ゾルゲは当時レーニンの著作を十分知っておらず、レーニンの立場をルクセンブルク主義的に解釈したのであった。ゾルゲは次のように、断定している。

「もしもあらゆる外交的、経済的な策略が役立たなかったときには、それは（筆者注、資本主義）帝国主義戦争という過激な手段に訴えることになる。その帝国主義戦争は古い資本主義的分野を灰燼《かいじん》に帰せしめ、それを資本蓄積のために用いる。資本主義は資本蓄積にとって、あらゆる困難を避けるために最も恐ろしい、忌《い》まわしい手段を持っている」（同上）。

われわれはここで、ゾルゲが帝国主義戦争の形態で資本主義の内外矛盾の「ラジカルな解決手段」にアクセントをおきながら、「外交的、経済的策略」と呼ぶ資本主義改革の可能性について、若干しか触れないことに気づく。それだけではない。ゾルゲはルクセンブルクと異なり、資本主義の自己変革の可能性を認めている。これについては、ゾルゲの次の言葉が証明している。

「資本主義は、決して自ら終焉《しゅうえん》を告げることはなく、間接的に大衆を革命化することで、みずからの死滅を助けている。困難な状況からの唯一の出口は結局、革命である」（同上）。

このゾルゲのテーゼは、ゾルゲが帝国主義の問題に関するルクセンブルクの立場から、レーニンの理解への移行を開始した、架け橋と見なすことができる。

ゾルゲの帝国主義分析

この見地から第二の理論的著作『新ドイツ帝国主義』は、ゾルゲがレーニンの帝国主義の見解を完全に自己のものとしたことと捉えることができよう。そして、第一次大戦でのドイツの敗北後、ドイツ帝国主義が再生する二〇年代の具体的な歴史的問題への適用と見ることができる。ゾルゲはルクセンブルグの帝国主義分析に問題が多いアプローチがあることを公然と批判することを絶えず避けたことは、ゾルゲがルクセンブルグの見解を捨てようとしたのではない。それを基礎にしてより科学的で深い帝国主義理解、すなわち新しい市場を求める帝国主義の侵略的拡張主義の形態の外面的表われから、帝国主義の内的な根源的本質、すなわち独占資本の発展と強化によって、生じる資本主義の腐敗という見解への移行とみなすべきであろう。

ゾルゲのこうした帝国主義に関する理論的見解の進化の分析は、ルクセンブルクもレーニンも資本主義体制の革命的な転覆の必要性について、同一の原則的な立場に立っていたがゆえに、当然のことである。

もう一つ触れておくべき重要な点は、ゾルゲの帝国主義に対する見解の進化が、帝国主義列強の侵略政策の対外的表われという点から、帝国主義の内部的本質への理解であったことによって次のように断定することができる。三〇年代に第三帝国の新聞や雑誌に発表された多くのゾルゲの論文にある極東における国際関係の分析で、ゾルゲはしばしば地政学的フレーズを用いているものの、帝国主義列強の政策に対するマルクス主義的理解に基本的に立っていると断定してよい。しかし、このテーマは別の研究テーマであり、本報告では触れない。

ゾルゲが帝国主義分析のレーニン的立場へ移行したことは、第一章の第一パラグラフに公然かつ明確にレーニンの「資本主義の最高段階としての帝国主義」（当時、このレーニンの著作は「資本主義の最新段階としての帝国主義」と呼ばれていた）の著作から、五つの資本主義の特性を引用していることに、見ることができる。帝国主義に関するこれらのレーニンの特性（ゾルゲの場合は、六つの特性である。なぜならばゾルゲの場合は金融資本と金融寡占を別のパラグラフで扱っている）に従って、ゾルゲは新しいドイツ帝国主義の経済的基礎の確立過程について分析している。

しかし、ゾルゲが行った帝国主義の分析を、レーニンの見地の単なる鏡像とみなすのは間違いである。ゾルゲは、ゾルゲにとって今日的な帝国主義をレーニン的視点で眺めようとし、レーニンがすでに見ることができない帝国主義の特徴を記そうと務めた。

ゾルゲは、「資本主義の発展段階としての帝国主義は自ら固有の発達の過程で変化する。この変化は生産力の成長と新しい拡張分野の獲得を通じて、発展の巨大な可能性を秘めた初期の帝国主義から、純粋に独占という特性、すなわち腐敗と停滞の徴候によって、性格づけられる帝国主義への移行を含んでいる。帝国主義時代の資本主義の反動的特徴は初期の帝国主義が持っている進歩的側面に対する一層増大する支配を獲得せざるをえない」(『新ドイツ帝国主義』一五ページ)と述べている。

ゾルゲは第一次大戦前後の帝国主義を区別した。「戦後の帝国主義の特徴的な性格は、少なくともヨーロッパ帝国主義国では鈍重な帝国主義の形態をとった」とゾルゲは述べている(「指令」一一二ページ)。ゾルゲはなぜ「鈍重な帝国主義」という言葉を使ったかと言えば、それが正確な表現であって、破滅しつつある帝国主義という言葉を使わないためである(同上)。

ゾルゲのこのような帝国主義の規定は、レーニンにおけるよりも一層ラジカルに見える。このようなラジカルな規定のなかに、ゾルゲが以前ルクセンブルクの考えにひかれていたことの反響が、明らかに聞こえる。

ゾルゲの著作を読むと、レーニンの引用、とくに『帝国主義論』の多数の引用が見られるにもかかわらず、「レーニン的帝国主義理論」のキーワードを用いたからといって、帝国主義の問題について、レーニン的立場に移行したとは言えない。しかし、ゾルゲは『新ドイツ帝国主義』の出版後一年を経た一九二九年に、ゾンバルトの「発展した資本主義」に関する本の書評の中で、このキーワードを用いることができた。この書評はモスクワの理論誌「マルクシズムの旗の下に」(一九二九年 №4 六〇二ページ)のドイツ語版に発表された。この時点でゾルゲがルクセンブルクの考えから、レーニンの帝国主義理解に理論的に進化することができたとみなすことができる。

現代帝国主義の分析についていうならば、次の点について触れておきたい。帝国主義の全般的研究の方法論と、ゾルゲの基本的な特徴は、レーニンから得ているものの、ゾルゲにとって今日的な新しい帝国主義の分析では、ブハーリンおよびブハーリンの著作『世界経済と帝国主義』(一九一八年)を数多く引用している。ゾルゲはブハーリンに、レーニンの帝国主義的分析を継続させ発展させている政治活動家および理論家を見いだしている、との印象をうける。

このゾルゲの著作の日本語への翻訳は、一九二九年東京で出版され、『新帝国主義論』という表題を持っていたことが興味深い。これは間違いでも誤植でもなく、翻訳者と出版社の意識的努力が、また新ドイツ帝国主義の分析の枠をはみ出たゾルゲの広範な理論的響きを強調したかったことによる、と考える。いずれにせよ翻訳者と出版社は、正しかった。なぜならば、ゾルゲの著作は、ドイツ帝国主義を例にとった新しい戦後の帝国主義の分析であったからである。

新ドイツ帝国主義の経済的基盤

ゾルゲは新ドイツ帝国主義の性格を、その著作の中で二つの大きなテーマに分け、第一章、第二章としている。第一の問題は、新しいドイツ帝国主義の経済的基盤の形成である。この問題について詳細に検討してみよう。

第二の問題は二〇年代のドイツの政治に対するその経済的基盤の反映である。この問題については、戦争の危険に対する積極的な闘争の必要性に対するゾルゲの問題提起に、注意を払うことにしよう。

ゾルゲの見解では、レーニンがあげた帝国主義の五つの特徴全部が、帝国主義の経済的基盤の「古典形態」を形成している（四一ページ）。ドイツ帝国主義はこの「古典的形態」まで、当時はまだ到達していなかった。ドイツ帝国主義は資本輸出が少なく、実際上当時の世界の分配に参加していなかった。従って、ゾルゲはドイツ帝国主義の経済的基盤の組織は「いまだに不完全なものであった」とみなしていた（同上）。ゾルゲはドイツ帝国主義の経済的基盤の「不完全性」を一掃する傾向が存在していたと強調している。「ドイツの帝国主義的基盤に適用されるかかる傾向が存在していた」と書いている。

このほかゾルゲは歴史を回顧し、「戦前期にはこの古典的形態は稀にしかみられなかった」と述べている（四一ページ）。ゾルゲは独占的集中が高いレベルになっていなかったフランス帝国主義や、資本輸出が特徴的でなかったロシア帝国主義の例をあげている。

以上の点から、ゾルゲは次のような原則的な重要な結論を下している。すなわち、「レーニンが帝国主義的政策および帝国主義国家発展の不可欠な先行指標とみなしていた諸条件をドイツ資本は満たしていた」（四一ページ）のである。

第一次大戦後ドイツは植民地を消失し、また侵略政策を遂行するための強力な軍隊を欠いていたので、当時のドイツを帝国主義国家と認めることができないとみなす研究者たちにゾルゲは反対したという点で、ゾルゲは帝国主義問題について非公式の創造的な立場を示した。ゾルゲはかつてかかる点がドイツ帝国主義が克服しようとしていた「弱点」である、と規定した。ゾルゲは書いている。「すべて数えられた諸点は、ドイツ国家の帝国主義的性格になんら関係を持っておらず、帝国主義の要素としてその比重の基準量に過ぎない」（七九ページ）。

ゾルゲが「新」と名づけた彼にとって今日的なドイツ帝国主義は、第一次大戦前のドイツに存在していた彼の命名による「皇帝帝国主義」とは区別すべきものである（一一三ページ）。この両者の間の相違は、まず第一に次の点にある。つまり、ドイツ帝国主義の反動的特性、すなわち腐敗と停滞の要素がますます顕著になって、その帝国主義の「進歩的側面」を一段と上回ってきたということである。それは生産力の発展と、一部労働者すなわち労働貴族の生活水準の上昇という形で現れた。

こうした点から、ゾルゲは新ドイツ帝国主義が行き詰まった性格を持っていると考えた（四五ページ）。この停滞性の重要な要素となったものを、ゾルゲは現代ドイツ帝国主義の「不活発性」と名づけた（一〇八ページ）。この不活発性の要素はゾルゲによれば、帝国主義が依存する労働貴族の相当部分を成長させる可能性が減ったため、ドイツ帝国主義の社会的活動範囲の縮小が見られた、と述べている。ゾルゲは書いている。

「しかし、今日最も重要な問題は、ドイツ労働者階級の貧窮化の過程が、ドイツ資本のかなりの増大にもかかわらず、過度期的なものか否かという点にある（筆者注、このような過程を示す数字をゾルゲは示している）。あるいは別の言葉で言えば、戦前そうであったようにドイツ資本主義の帝国主義的発展に、労働者階級を大規模に動員できるかどうかにかかっている。あるいは広範な大衆の生活水準の上昇により、広範な労働者大衆を参加させることが不可能であるという点に、新ドイツ帝国主義の経済的、政治的、社会的な不活発性の特徴が現れているだろうか？　この問題はもちろん、ドイツ帝国主義の展望と結びついている。また、もしドイツ資本には大規模な、かつ継続的な帝国主義的発展のチャンスが欠如しているとの見地に立つならば、ただちにそれは否定されなければならない」（一〇八〜一〇九ページ）。

もちろん「大規模」「長期」の点については、議論の余地があるだろう。そうは言うものの、ゾルゲのテーゼは一般的に見て正しく、現実がそれを証明したと思える。ここでわれわれが注意すべきもう一つの問題は、新ドイツ帝国主義の「停滞的性格」、その政治的、経済的、社会的分野における「不活発性」のテロリスト的支配の確立が、ドイツで始まったとの結論である。

いずれにせよゾルゲが予言的に書いたのは、ドイツで「ファシスト独裁、すなわち金融資本の表にでない独裁が宣言されることになろう」ということであった（一一ページ）。換言すればドイツ帝国主義にとって形成された客観的条件は、労働者階級に対する伝統的な「飴」と「鞭」にアクセントをおき、「労働者階級に対するファシスト的な闘争の方法」をとることは、自然なことであった（一一九ページ）。

ゾルゲが理解するドイツ・ファシズムのテーマに関しては詳細に後述するが、今はもう一つの点に触れておきたい。上記に触れたような新ドイツ帝国主義の特徴は、ヨーロッパ中央に戦争の危険な震源地の出現を招かざるにはおかなかった。ゾルゲは次のように書いている。

「ドイツ資本は高度に発展した独占システムの諸条件の中で活動しながら、こうした停滞的現象をもっていたので、戦前もそうであったが、資本主義経済組織全般の状況と結びついて、資本主義的基盤の発達を強く妨げてきた。そして、ある決定的な部分では、その発達がほとんど不可能なものになった。さらにドイツ資本主義の一層の発展は、唯一の条件の下でのみ、つまり他の帝国主義の犠牲によって市場を拡大する場合にのみ一時的に可能である」（五〇ページ）。

ここからゾルゲは、次のような結論を下している。「他の資本主義諸国を犠牲にして、新しい帝国主義基盤の強固な発展を目指すことは、愚の骨頂であろう。そのような目的の追求は、新しい世界的な紛争を引き起さざるを得ないことを意味する」(同上)。

新ドイツ帝国主義の経済的基盤発展のこのような破滅的な展望に基づき、ゾルゲは今日と将来のドイツの外交政策を分析した。だからこそゾルゲの著作は、新しい世界戦争が不可避なことについて警告の警鐘を鳴らしている。「新しい帝国主義的勢力として、ドイツがすでに出現して、新しい世界再分割の問題をもう一度提起している」と、ゾルゲは書いている（一五ページ）。そして「忍び寄る戦争状況が進行している」（一六ページ）「この戦争が不可避なことはあまりにも明らかなので、これに触れることはもはや意味がない」（八八ページ）と、断言している。

帝国主義国家に変身した戦後ドイツ

ファシズムと新しい世界戦争の危険性との闘いの問題に関するゾルゲの見解を述べる前に、理論的な先例として、新ドイツ帝国主義の分析に触れることは重要で、かつ興味深く、それはまた第二次大戦後の日本資本主義の性格を考察することのきっかけとなるであろう。ゾルゲは新ドイツ帝国主義の分析の中で、「第一次大戦で壊滅した高度に発達した帝国主義が、顕著な困難にもかかわらず、再び帝国主義の道を歩むという点で、政治的に極めて重要かつ理論的に非常に興味深い現象に直面している」と述べている（一四ページ）。

この「理論的に非常に興味深い現象」について、ゾルゲは次のような表現で、具体的に展開している。

「ドイツは経済的、政治的破滅を経験した国の状態から、またある意味では他の資本主義諸国から民族的な圧迫さえ受けている政治的に独立できない国の状態から、再び帝国主義的基盤に再組織された資本主義に移行し、発展的な積極性と独立性を保持した帝国主義国家の形態で、世界政治の舞台に登場する強国に変身した」（一四ページ）。

上述した現象は、第一次大戦に勝利した列強がドイツを打倒して、ベルサイユ講和条約に署名させ、ドイツを永遠に抹殺すること、つまりドイツという政治組織ではなく、帝国主義ドイツを抹殺する結果から生まれている。「ここで追求された目的は一面では限定されているが、多面では列強が追求した当時の唯一の試みの力と弱さを示している」（五二ページ）のだ。

この政策の力と弱点はどこにあっただろうか。ゾルゲの意見によれば、次の通りである。戦勝国は一方ではドイツ資本主義から戦争の結果重要な産業分野を奪い取り、ドイツに経済的な出血を強い、さらに国内の革命勢力を弾圧する程度に必要な規模に軍隊を縮小させた。戦勝国はそれ以上のことはできなかった。なぜならば、上記の処罰、処置は客観的な限界を持っていたからである。ゾルゲは次のように述べている。

『患者』（筆者注：ドイツのこと）は決して死んではならない。なぜならば死んでしまうと、世界政治の相互関係が破壊され、困難な社会的な紛争によって、ウラジオストクからケルンまでソビエト化の危険が生まれるからである」(五二ページ)。他方、「帝国主義は資本主義列強の単なる偶然な現象ではなく、資本主義の一定の発展段階の形態であるから、戦勝国列強が直面した目的は達成不可能なものであった。換言すれば、資本主義国家として、資本主義経済組織としてのドイツが消滅するか、あるいは遅かれ早かれ帝国主義的再生が可能かのいずれかであったからである」(同上)。

この文章は一九二八年に書かれた。それ以来六十年以上がたったが、歴史はゾルゲのテーゼの正しさを証明している。ベルサイユ条約のすべての制約にもかかわらず、ドイツ帝国主義はヒトラーの第三帝国として再生した。そしてイタリアと日本と結んで、第二次世界大戦が勃発した。ファシスト枢軸国の敗北の後、ドイツおよび日本帝国主義を破壊する試み(これはすでにドイツにとっては二度目のものであった)が行われたが、結果は第一次大戦後と同じであった。

ドイツ・ファシズム　戦争の危険と平和への闘争

ゾルゲが新ドイツ帝国主義に関する著作で行ったファシズムに対する分析に、今ここで少し詳しく触れてみよう。この分析で三つの重要な要素が述べられている。

第一、ファシスト運動の大衆的基盤の定義である。ゾルゲはこの大衆基盤について次の構成要素をあげた。

(a) 新ドイツ帝国主義の確立の過程で零落したプチブル。

(b) ファシスト・イデオロギーにしがみつくことによってのみ、崩壊を避けようとした社会の落伍階級。

(c) 労働者階級のうち、最も貧窮化した階層(一一八ページ)。

第二、ファシスト化しつつあったプチブルの初期の反資本主義的暴動から、金融資本に奉仕するファシズムへの移行という進化の発現があった。

「イタリアにおける古いファシスト運動と、ドイツにおける一九二三年のファシスト運動は、プチブルたちにとって、金融資本に依存しない全く新しい運動であり、政党政治を超えた革命的傾向を持った運動と捉えられたことにある。ファシズムから金融資本陣営への移行は、イタリアで激しい危機を生んだ。つまりファシズムの英雄的時代は過ぎ、この移行はドイツにおいてはその最後の運動が決定的役割を演じたことによって、ファシスト運動の出発点となり始めた」(一〇一ページ)。

これに加えて、「一九二三年のファシスト・グループ(筆者注:プチブル)が現在よりも量的に強力であったし、また、その一部は反資本主義的ムードにあり、大変な革命性を示したため、支配階級はこのファシズムの解体を余儀なくされた(ヒトラーの蜂起を見よ)。しかしながら現在ではこのファシスト分子は、金融資本に対する忠実な武器となっている」(一〇三ページ)の指摘があった。

第三点は、ファシスト運動の鼓舞者ないし組織者としての金融資本主義。

ゾルゲは述べている。「テッセとかボルジッヒなど多数の会社が、今日のファシズムに資金を出していることはだれにとっても秘密ではない」（一一六ページ）。さらにゾルゲは「金融資本はファシスト同盟の組織者となり、その中でも最も強力な組織は、鉄兜団《てつかぶとだん》である（一〇ページ）」と付け加えている。

また、次のように言うことができる。国際共産主義運動の機関誌に発表されたゾルゲの最後の論文は、ドイツにおけるファシズムがテーマであった。この論文は「ドイツにおける民族ファシズム」というもので、一九三〇年の「コミュニスト・インターナショナル」（№9）に掲載された。当時、ゾルゲはコミンテルンを去り、中国で諜報活動に従事していた。この論文には、「S」というイニシャルのサインがあった。この論文の中で、ゾルゲは社会に対して次のように警告している。

「多くの国でファシズムの新しい波が出現しており、プチブルは政府の政策に幻滅し、いわゆる国家の政党に背を向け、ナショナル・ファシズムの陣営に移行している」（「指令」雑誌四六頁）。

ゾルゲはファシスト運動の目的を、「革命的労働運動の暴力的流血の弾圧と資本の公然たる専制の確立」と、明確に規定した（五〇ページ）。

われわれが分析してきたゾルゲの著作と比べて、この論文の中の新しい要素は、ヒトラーのますます増大する力と影響力に力点を置いていることである。「ますます精力的に自らの道を開き、ますますデマゴギーの方法に依拠する積極的な組織となったのは、疑いもなくヒトラーの民族社会主義・ドイツ労働党である」（四八ページ）。

同時にこの論文はファシズムの問題の本質を深く洞察したにもかかわらず、ゾルゲはやはりコミンテルン時代の忠実な息子であった。同時代は国際共産主義運動と労働運動の分裂の時代でもあった。このことは彼の社会民主党にたいする党派的立場から、明らかなことである。ゾルゲは「民族ファシズム」との類似によって「社会ファシズム」と名づけ、さらに「ファシズムと社会民主主義の癒着」についてさえ、語っている（五六ページ）。

しかし、ゾルゲにおけるドイツ・ファシズム分析の基本的弱点は、ファシズムを金融資本の所産ならびに武器として見たことは正しかったが、ただしそれを革命的労働運動に対する弾圧政策としてのみ狭く捉えたことであった。それゆえにたとえばゾルゲにとって、今日的であったイギリスの民主主義を「イギリス資本のファシスト的保守主義者たちの専制にほかならない」と思い込んでしまった（一四八ページ）。ゾルゲは当時はまだ、全文明や全人類にとって、その中にはブルジョワ民主主義自体も含むのだが、ファシズムが巨大な脅威であると理解するまでには至っていなかったのだ。

それにもかかわらず、ゾルゲの異常に発達した新しい感覚は、ドイツ・ファシズムの体験を通じて、ファシズムは労働者階級のみならず、ブルジョワ階級を含むその他の社会階級にとっても、危険であるという理解に到達させようとしていた。ゾルゲは一九二八年にすでに、全ドイツのファッショ化の危険性、ドイツの真の支配者である金融寡占資本の代表者たちの意思と利益を示すファシストの独裁権力の確立を正確に捉えていた。ゾルゲは書いている。

「しかし、労働者階級にたいするファシズムの新しい闘争方法は、その発展の新しい段階において国家制度、すなわち新しいドイツ国家の民主的な制度に対し、多大な影響を与えざるを得ない。労働者階級に敵対するこの闘争の一定段階においては、既存の国家秩序に敵対する闘争とならざるを得ない。既存の系譜に対して刃が向けられるのではなく、その逆に政府がファシズムの力を借りて、既存の国家形態に民主主義の変容を迫るのである。したがって、金融資本の代表者たちの間に社会民主主義と改良主義的労働組合との闘争に対して、様々な見解があるとはいうものの、彼らの間にはある点において完全な意見の一致がある。それは労働者階級を支配する手段がすべて失われた場合には、ファシスト独裁、すなわち金融資本が公然たる支配を宣言する事態を迎えるということである」(一一一ページ)。

最近の歴史的事件が示すように、ゾルゲのこの予見は本質的のみならず、外形的にもドイツでファシスト独裁が確立したことによって、証明された。

ゾルゲの著作の分析によって、ゾルゲが行ったファシズム問題への階級的なアプローチは、ファシズム問題の全側面を捉え、全人類的側面を解明するためには、「少々狭い」ということが分かる。

ゾルゲの著作の中で階級的アプローチだけが異常に大きな支えとなっていることに対して、同じようなコメントができよう。つまり新しい世界戦争の危険との闘争問題、平和維持と保障問題についても、共通のコメントが可能である。ゾルゲが正確に提起した戦争の危険性と平和を求める積極的な闘争の必要性に関する問題は、今日においても彼の著作の巨大な貢献とみなすことができるが、平和への闘争に関するゾルゲの理解は、彼の生きていた時代の特徴を示しており、コミンテルンの設定した党派的性格を如実に示すものである。

戦争阻止の目的はロシア・中国革命の防衛

周知のように、コミンテルンは資本主義の早急な革命的崩壊を目指していた。従って、すべてにおいてこの戦略的な最終目標から出発していた。この時代には戦争の危険に対する闘争も、平和を求める闘争も、完全にこの目標に従属していた。そして、ゾルゲもわれわれに明らかになった著作の中で、このコミンテルンの目標に無条件に従っている。

ゾルゲは書いている。

「ドイツプロレタリアとその他の全帝国主義国家のプロレタリアにとって、戦争に際して今は唯一のスローガンのみが存在している。すなわち帝国主義戦争を市民戦争に変革することである。戦争の勃発を防ぐためのスローガンは次のように述べることも出来る。すなわち、戦争を防ぐためにゼネストを含むあらゆる可能な手段を用いることである」(一四二ページ)。

しかし、ゾルゲは具体的に防止すべき戦争とはなんであったかを解明する必要があるのだ。ゾルゲは次のように述べている。「現下の状況における戦争の危険に対抗する現実の闘争は、帝国主義的祖国の防衛のスローガンの下ではなく、国際連盟のスローガンの下ではなく、いわゆる民主主義のスローガンの下でもない。この闘争は例外なく、中国とロシアの革命の防衛というスローガンの下に、行われなければならない」（一四九ページ）。

従って、このような「狭い」立場の下では現実に起きた第二次世界大戦の防止のような全人類の利害に関わる課題を解決することは、困難であった。以上述べた全体の結論として、次のように述べることができる。

ゾルゲは有能なマルクス主義の研究者であった。しかし、彼の視野は当時の歴史的な具体的な枠組みに制約されていた。彼の知性を客観的に興奮させていたものは、壊滅的な帝国主義の諸矛盾、世界戦争、全世界的帝国主義支配のソビエト・ロシアにおける崩壊の時代であった。世界共産主義者としてのゾルゲの世界観は、早急な世界の社会主義革命の遂行を目指すコミンテルンの思想的立場に厳しく限定されていた。

このため、ゾルゲのマルクス主義研究者としての才能は、帝国主義の批判的分析と、その打倒に捧げられていた。この点において、ゾルゲは大いに成功した。彼の批判的な分析は関心を呼び、今日にも多くの点で、貢献するものをもっている。しかし、残念ながらゾルゲは社会主義内部の労働者の長期にわたる闘争の戦略と、帝国主義の極端な脅威の下におかれた全人類的文明の価値の防衛のために、真の広範な団結の必要性について理解するまでに至っていなかった。このことは、ゾルゲの研究者としての創造活動の限界を示しているが、この限界も客観的歴史的基盤を持っていた。

ゾルゲの理論的創造は、コミンテルンの思想的遺産の興味深いページを示すものであり、当時の国際共産主義運動の力を如実に描いている。そしてまた、その弱点も示している。この点は、巨大資本と独占に対する労働者階級の闘争、生命と尊厳のある人間性を求める闘争の一層の発展過程で考慮し、かつ修正しなければならないものである。

追記

すでに引用したように、『獄中記』の中でゾルゲは「もし自分が平和な社会的条件の中に生きるならば、多分自分は学者になったであろう。そして疑いもなく『諜報員』にはならなかったであろう」（『近現代史』一九九五№2　八二ページ）と言っている。

ゾルゲはここでは疑いもなく、謙遜していると思われる。本報告書で紹介した諸文献は高度な教養を持つ才能のあるマルクス主義の研究者であり、労働者の間にマルクス主義の知識を宣伝するうえで貢献したのみならず、現代の帝国主義の諸問題の科学的解明に貢献した。

知られざるリヒアルト・ゾルゲの実像

ユーリー・ゲオルギエフ（白井久也訳）

二つの専従者の顔持つ活動

リヒアルト・ゾルゲの理知的な生涯は、二つの大きな別個の期間に、はっきり別れている。第一期は一九一九年から一九二九年までで、ドイツ共産党ならびにコミンテルン（共産主義インターナショナル）の専従職員としての活動である。第二期は一九三〇年から一九四一年までで、ソ連軍事諜報員としての活動である。これら二つの時期におけるゾルゲの活動は、その性格や形式の面で、それぞれお互いに著しい差異があるが、この二つの時期ともゾルゲの勤務にたいする思想は、資本主義の抑圧から勤労者を解放するという点で有機的に結びついている。

第一期、第二期を通じてゾルゲは自分の生活や活動を行うに当たって、一貫してこの考え方を貫き通した。思想に対する歴史的な条件や状況のみに、変化がもたらされたのであった。ドイツ共産党ならびにコミンテルンでの活動の時期に、ゾルゲはドイツと世界の社会主義革命の勝利を目指して公然と闘った。世界革命の展望が消え失せたことが明らかになったとき、社会の進歩にとって最も焦眉の急となったのは、ソ連の防衛とその強化の課題であって、ゾルゲは諜報員として、ソ連に対して帝国主義的な侵略を企てる計画を暴露して、これを予防することに個人的に大きな貢献を果たすことになった。

今日、われわれが確認できるのは、ゾルゲの最後の活動の十年間に、ゾルゲは諜報員として社会の中で広範囲に知名度を高めたが、依然として補足的な研究を必要とする空白の部分が少なからず残っている。われわれにとってますます明らかになったのは、次のことにほかならない。諜報員ゾルゲの極め付けの成功は、何と言ってもヒトラー・ドイツの対ソ攻撃に関する準備時期とその戦略的方向性とともに、太平洋戦争における日本軍国主義の計画についての極秘データを暴露したことだ。

これらのことは、ゾルゲが一時的に成功した活動の結果ではなくて、慎重かつ客観的な研究者として、長期にわたって緊張を強いられた活動の当然の結果によるものであった。しかし、社会的に注目を引いているゾルゲの活動全体から見れば、それはまさに氷山の一角にしか過ぎず、なおその大部分が、社会にとって知られることなく、埋もれたままになっているのである。このような状況は、研究者ならびに学者としてのゾルゲに対する関心を高めずにはおかない。ほかならぬゾルゲの諜報活動で直接、優先的な意義があるのは、その政治的な観察である。

有望な「ゾルゲ学」の領域

ゾルゲの諜報員としての活動の資料に精通すると、次のような結論に達することが可能だ。すなわち、ゾルゲと彼のグループがドイツならびに日本で形成した諜報網は、必要不可欠な情報収集に限定されることはまったくなかったことだ。ゾルゲはヒトラー・ドイツと軍国主義・日本の対ソ攻撃計画を阻止する目的で、政策的に働きかけるために、これらの情報網を積極的に利用しようとした。ゾルゲは同じような狙いで、自分の書いた沢山の論文によってヒトラー・ドイツの世論に働きかけるため、それらを第三帝国の新聞や雑誌に掲載したのであった。

当時のドイツの性格を考慮して、ゾルゲは地政学や科学に関する自分の考え方を表現するさい、資料の裏付けのある客観的な事実を採り入れたものに限り、何らかのイデロギーに直接結びつくような論文は書かなかった。ゾルゲの諜報活動の政治的な観察、彼の地政学的な考え方や、彼が協力を組織した当時のドイツや日本の活動家の分布図に対する研究は、われわれにとって重要な研究の分野を成している。それは今日の術語を使えば、「ゾルゲ学」の基礎となる、よく知られた研究のように、われわれには思われる。

ゾルゲが一九三三年から四一年にかけて、ドイツの新聞、雑誌に発表した一連の記事は、研究者によってなお十分研究されているとは言えない。しかし、われわれがそれについて知っているのは、次のような結論を下すことができることである。つまりこれらの記事はゾルゲの日本研究のユニークな遺産と言え、戦前の日本の深い、創造的な研究にとって不可欠の、独特な報告となっている。とりわけ関心をひくのは、戦前の日本帝国主義の経済的基盤とともに、国内政策については軍国主義とファッショ化の要素、また対外政策においては、侵略の要素を作る要因となった日本の特殊性に関する彼の研究の成果である。

大きな科学的な（まさに科学的な！）関心をひくのは、諜報員ゾルゲの職務上の各種の報告である。すなわち機密扱いが解除されたり、公表された彼の暗号電報や書面による報告などである。だが、残念なことには、これらはまだ研究者にとって近寄りがたい重要な分野になっている。もし、それらを見ることができれば、太平洋戦争前夜の極東や太平洋地域における国際関係の分析にとって、非常に信頼できるうえ、重要な原典になるに違いない。これらの原典の共同分析は、この戦争の準備に関する舞台裏に首を突っ込むきっかけをわれわれに与えてくれることになろう。同時にそれはまた、研究者自身が待ち望んでいる「ゾルゲ学」の非常に有望な領域を切り開くはずである。

『新ドイツ帝国主義』分析の基礎

さていよいよ、ゾルゲの創造的な経歴の中で、余り世間に知られていないマルキスト研究者としてのゾルゲについて、語るときがきた。私が覚えているのは、ゾルゲが帝国主義の分析を行うに当たってとった手法はローザ・ルクセンブルクを捨てて、レーニンの立場に立った研究を進めたことである。

現代のマルクス主義の分析に当たって、ゾルゲが個人的に著しい貢献をしたのは、『新ドイツ帝国主義』に関する著作である。新ドイツ帝国主義は第一次大戦におけるカイザー・ドイツの崩壊によってもたらされた「帝国主義」の瓦解によって、形成されたものである。資本主義の歴史的に合法則的な発展段階での、帝国主義に対するレーニン主義の分析の方法論に従って、ゾルゲは新しい歴史的条件の中で、ドイツ帝国主義の復活がもはや避けられなくなったことを客観的に裏付けた。第一次大戦の戦勝国が帝国主義的な志向に基づいて、世界に影響を与える分野での闘争で、ドイツ帝国主義をライバルとしたにもかかわらずにである。

一九二八年にゾルゲが提起したドイツ帝国主義に関する問題は、われわれの時代にはもはやその現実的な価値を失ってしまった。もっとも、ゾルゲが掲げたテーゼは、われわれが第二次大戦後の日本の社会・経済ならびに政治的な諸問題を深く理解するための助けとなっている。

私はこの報告の中で、ゾルゲとコミンテルン（共産主義インターナショナル）に関して、若干の事実について説明したい。それらはすべてコミンテルンの公式文書から得たもので、以前にどこでも公にされていないものである。これらの事実のうちのいくつかが、ここにある。

コミンテルンの活動に入る前に、ゾルゲ自身が書いたアンケート調査用紙は、次のようになっている。すなわちゾルゲは一九二四年十二月一日にコミンテルン執行委員会（ＩＫＫＩ）に入って、活動を始めた。クーシネンがゾルゲを推薦した。ゾルゲはＩＫＫＩ情報部の経済報告者の職についた。残念ながら同情報部公文書館には、ゾルゲの活動に関するいかなる情報も事実上保存されていない。確認がうまくいったのは、一九二五年にゾルゲは二つの英語資料の準備を行ったことだ。これはすなわち、「オーストリアの経済事情」と「世界情勢の観察」である。しかし、勤務中の分析資料が少なかったにもかかわらず、ゾルゲは国際共産主義運動の公《おおやけ》の新聞、雑誌に大量の記事を載せて、その穴埋めを図った。別のアンケート調査用紙で、ゾルゲはその当時「Ｒ・ゾンテル、アドルフ、ペトツェヤーリ、ハインツ」などのペンネームで署名したことを挙げている。

一九二五年に、ゾルゲはコミンテルンの幹部の一人、マヌイリスキーの書記局に移り、彼の政治・学術書記となった。その後、ゾルゲはＩＫＫＩ書記局の監督官と組織部の指導員になった。その活動分野には、海外の共産党が入っている。

一九二七年、ゾルゲは国際交流部（ＯＭＳ）の活動に従事した。マヌイリスキー、スモリャンスキー、エーベルトが彼を推薦した。ＩＫＫＩにとって必要な情報を収集する目的と個々の共産党の活動を支援するため、ゾルゲは長期の海外出張に派遣された。ゾルゲはモスクワで恒常的に活動するポストを持たなかった。海外出張から帰ったゾルゲは、ＩＫＫＩ機関の空席のポストに採用された。しかし、出張に派遣され、ＩＫＫＩ機関のポストを失った。一九二七年、ゾルゲはデンマークとスエーデンに、また、一九二八年にノルウエーに、一九二九年に英国に行った。

一九二八年にノルウエーから帰国すると、ゾルゲはコミンテルンの事実上の指導者で、その年のコミンテルン大会で承認するコミンテルン綱領を作った、ブハーリンの書記局に採用された。ゾルゲはこの大会の参加者であった。ゾルゲはあらゆる機会に大会委員会の代議員資格認定書を受けた「個人」として、招待された。ゾルゲは議決権を持つ二十六人の「個人」のグループの一員に含まれていた。このグループの中には、彼のほかに、次のような有名な活動家がいた。それはバルガ、メンジンスキー、ヤーゴダ、ベルジンたちである。

ブハーリンに依拠した帝国主義分析

私の見解によれば、ゾルゲはマルクス主義研究者としては、ブハーリンの中にレーニン主義的な観点から帝国主義は発展を続けているとする理論家であり、政治家である特性を見い出していた。ゾルゲはブハーリンの第一次大戦の帝国主義の分析から、沢山の知識を汲み取っていた。恐らくこの二人の観念的な近似性について、疑いをさしはさむことはできないだろう。

しかし、研究者たちはコミンテルン綱領の作成に当たって、ブハーリンとゾルゲが協力した事実はいかなる文書によっても、確認することができない。それにもかかわらず、はっきりしていることは、コミンテルン大会の直前かその最中に、ゾルゲがブハーリンの書記局入りしたのは、この国際共産主義組織におけるゾルゲの運命と、彼のその後の生活にとって、最も致命的な結果と結びついていたことだ。明らかなことだが、コミンテルン大会は国際共産主義運動におけるブハーリンの活動の締めくくりを意味した。また、それはソ連における彼の政治的な立身出世の終わりにほかならなかった。この原因となったのは、スターリンとの政治的、思想的な意見対立であった。両者の対立が公然化したのは一九二八年で、コミンテルン綱領の作成に当たってスターリンが直接関与したため、対立は一段と先鋭化した。結果的にブハーリンは、日和見主義者という理由で断罪され、党内におけるスターリン反対派の指導者の烙印を押されてしまった。

政治局員を解任されたブハーリン

複雑な状況の中で、ブハーリンは一九二八年十一月にIKKI幹部会員のポストを解任され、「プラウダ」紙編集長になったというこれみよがしの声明が、発表された。党指導部はブハーリンの自発的な辞任を退け、一九二九年四月末に彼をコミンテルンとプラウダのポストから解任して、ブハーリンは左派から妥協主義者だと弾劾された。

一九二九年六月十九日、IKKI第十回総会はブハーリン問題を審議し、彼をIKKI幹部会委員から解任した。この決定に基づき、総会は次のような決議を行った。それによると、「コミンテルンの路線対立に当たって、とくに大会の決定に反して、同志ブハーリンは資本主義の安定がますます大きく揺らいでいる事実に目をつぶって日和見主義的な立場で否定し、このことは新しい革命的な労働運動の高揚の拡大を、必然的に阻む結果を招いた。同志ブハーリンの態度の基礎には、資本主義の内部矛盾の鈍化に関する反マルクス主義的な『理論』が横たわっている。それは世界市場で資本主義的な無政府状態を例外的に維持する美辞麗句の下に、資本主義の内部矛盾を押し込めようというものだ。そのような一連の『理論』は、コミンテルン内のあらゆる右翼的な要素になって、その思想的な基礎となるもので、資本主義の全般的な発展によって論破され、それは本質的には改革的思想に対する投降となるものである」

そして、ブハーリンは最終的に一九二九年十一月十七日、次の党中央委員会総会で、党中央委員会政治局員から追放された。おかしなことに総会の選挙に際して、ブハーリンのメッセージが読み上げられた。そこにはこう声明されていた。「自分は全体として決議に反対を投じる」「私は党中央委員会政治局から追放する条項について、棄権する」。こうして、ブハーリンは自分に向けられた右翼日和見主義とか分派活動に関する弾劾を一切認めなかった。

同じような弾劾がゾルゲの著作『新ドイツ帝国主義』や、コミンテルンの諸雑誌に発表された沢山の論文で展開した思想に適用されることは、恐らくないだろう。しかし、少なからず明らかなことは、ゾルゲは思想的な共感によって、どんなことがあっても資本主義の早期崩壊に組する左翼日和見のスターリン主義的な同調者となることは、あり得ないことであった。事態はどうなろうとともかく、ブハーリンがコミンテルンから罷免されたことは、ゾルゲに「ブハーリン主義者」すなわち「右翼」または「妥協主義者」のレッテルを貼《は》ることになった。今日明らかになった事実は、次のようなことだと言われている。すなわちゾルゲに対してそのようなレッテルが貼られたのは、彼本来の思想によるものではなくて、純粋に政治的な判断から出たものであった。状況はさらにゾルゲを0MSの活動に推薦したエーベルトに、ブハーリン同様の「右翼」または「妥協主義者」という厳しい非難が浴びせかけられた事実によって、一段と悪化した。

ブハーリンのコミンテルンからの追放後、その同調者の機関からの粛清が始まった。この粛清に関する決定は、IKKI第十回総会で採択された。決定ではとくに次のことが言われている。

「書記局の常任委員会はIKKIの機関から実務の関係で、無能な分子や政治的に未熟な同志を締め出す目的で、職員をチェックするため、政治的に責任感が強い同志や細胞の代表者によって委員会を作らなければならない」

「政治的未熟」のレッテルを貼られたゾルゲ

ゾルゲは「政治的に未熟な同志」とのカテゴリーに分類された。私はコミンテルン公文書館で、ゾルゲに関する粛清についてのIKKI書記局常任委員会の文書を探し当てた。この文書によれば、事件は次のようなやりかたで進んだ。

さきほど私が述べたように、一九二九年にゾルゲは英国へ出張した。どこから見てもゾルゲは複雑な状況に置かれていた。なぜならば、ＩＫＫＩ第十回総会の前夜にゾルゲ自身の希望によって、自分の仕事を辞めたいとコミンテルン指導部に申し出ていたからだ。一九二九年七月八日、常任委員会はゾルゲの申し出を検討した。決定はＩＫＫＩ第五回総会まで延期するというものであった。すなわちその前に、コミンテルンにおけるブハーリンの運命に関する決定が行われる必要があった。まさに明らかなことは、スターリン主義に染まっていた指導部は、ゾルゲをコミンテルンから粛清分子として追放したくなかったのだ。

ゾルゲは粘り強かった。第十回総会後も彼の希望によって、ベルリンのＩＫＫＩ西欧ビューローは、ゾルゲにモスクワで報告させるために召還する提案を行った。この提案は一九二九年八月二四日、常任委員会によって拒否された。その当日、常任委員会はゾルゲ欠席の下にＩＫＫＩの勤務から、彼をはずした。ゾルゲと同じ時期にブルム、シユーマー、メイステル、アブラモビチなどブハーリン派が追放された。採択された決議は、次のように伝えている。

「休暇から帰ったのち、これらの同志はＩＫＫＩの職務を解かれ、ソ連共産党（ボリシェビキ）中央委員会ならびにドイツ共産党（ＫＰＧ）の指揮下に置かれる」

一九二九年九月四日、常任委員会では、ソ連で休暇を過ごすとともに、出国ビザの発行を求めたゾルゲの申し出を検討して、決議が行われ、承認された。それは同志ゾルゲにＩＫＫＩ資金から旅費を支出するというものであった。このような暗い調子で、コミンテルンでのゾルゲの勤務は終わっている。一九二九年十月三十一日、ゾルゲは最終的にＩＫＫＩ機関から解任された。

ゾルゲに対する猜疑心《さいぎしん》と不信

コミンテルンからのブハーリン主義者の粛清は当時、あまり痛みを伴わないものであった。コミンテルンならびに党の上層部から追放されたブハーリン自身、その段階で党機関の外で命や自由や仕事を保持した。ブハーリンは、スターリン自身が彼の妻の自殺後、ブハーリンに譲ってくれたクレムリンの中にある住居をそのまま使っていたことでも分ろう。ブハーリンは一九三八年に逮捕されるまで、公式的に党中央委員の身分にとどまっていた。粛清されたブハーリン主義者が実際に抑圧されのはもっとあとのことで、思想的な指導者はモスクワ裁判ののち、相次いで一九三八年三月十五日に銃殺された。

ゾルゲは一九二九年に、ソ連軍事諜報の勤務につくことになった。しかし、コミンテルンがゾルゲにつけた「ブハーリン主義者」のレッテルと、「政治的に未熟な同志」のイメージは、ゾルゲをして諜報活動に当たらせるようになったが、その半面でスターリン側にゾルゲに対する猜疑心《さいぎしん》と不信をいち早く育む原因になった。

二十世紀規模の研究者および学者としてのリヒアルト・ゾルゲ

ユーリー・ゲオルギエフ（濱口敦子訳）

諜報活動よりも重要なゾルゲの著作活動

敬愛する方々。私がコミンテルン（共産主義インターナショナル）における日本問題を長期にわたり掘り下げて研究し、コミンテルン文書保管所で以前には非公開だった文書に本格的に携わってきたことから、私はシンポジウムの指導部から報告のテーマとして、マルクス主義研究者および学者としてのゾルゲの活動を取り上げるよう要請された。私はあらかじめ準備をし、東京にしかるべきレポートを送った。そこで分析したのは、二〇年代の帝国主義へのゾルゲの見解と、ファシズム、戦争の脅威、平和擁護の戦いなどの諸問題に関するゾルゲの立場である。

このレポートは日本語に訳され、シンポジウムの資料として印刷された。一方、私は報告用の新しいテキストを準備するよう要請され、再び机に向かって、「知られざるリヒアルト・ゾルゲの実像」の資料を書き、東京に送った。この資料の最も面白い部分は、コミンテルンからゾルゲが去ったことについて、今まで一度も公表されたことのない文書だと思われる。

この文書は、ゾルゲがただ自主的にコミンテルンを去ったのではなく、それも試みたが、ブハーリン支持者に対するこの国際的共産主義組織の粛清の過程で、そこから除名されたことを物語っている。ブハーリンは一九二六年～一九二九年、事実上コミンテルンを率いていた。ゾルゲは「ブハーリン主義者」「政治的定見を持たぬ者」のレッテルを貼《は》られて、コミンテルンから除名された。彼への弾圧はなかった。当時は一九二九年であり、一九三七年ではない。しかし、このとき貼られた政治的レッテルは、軍部諜報機関活動の彼の将来に、宿命的な影響を及ぼしたのであった。

このテキストもまた、シンポジウムの資料として印刷されたものである。そして、私にとっては報告用の新しいテキストを考える三度目の機会となった。

それゆえ今日は、リヒアルト・ゾルゲの研究に関する業績に、シンポジウム参加者の方々の注意を引きたい。もっとも、諜報部員としての彼の活動には、触れないでおく。私は膨大な彼の知的活動と、学者、時事評論家、政治家としての彼の仕事に言及することにしたい。この活動はゾルゲの諜報活動と密接に絡み合っている。しかし、それでも私はその活動が彼の業績についての一個の独立した分野、ことによると諜報員の仕事よりも重要な分野として、扱われるべきと考えている。

一九一九年から一九二九年にかけての十年間、つまりドイツ共産党およびコミンテルンで働いていた間、ゾルゲは単なる党の組織者から党の優れた時事評論家、本格的なマルクス主義研究者に育った。もちろん、党の厳しいイデオロギー的志向とより厳しい党規律を伴う党のジャーナリズム活動は、ゾルゲの記事にある一定の痕跡を残している。ゾルゲの記事は必然的にその狂瀾怒濤の革命時代の「標識」と、そしてまず第一に階級的原則の絶対優位性を認めることを担ったものであった。客観的な階級的利益を表に出す要求は、マルクス主義的方法論の重要な側面であって、マルクス主義研究の深い学術的特質を確かなものにした。

しかし、ここに挙げた原則の絶対化は、しばしば教条主義と派閥主義的視野の狭さをもたらし、これによって、当時、例えばファシズムの非人間的性格、戦争の脅威の大きさ、大衆社会連合が組織される実質的路線や、その他の一連のグローバルな人類共通の最重要問題を正しく評価することができなかった。残念ながら、ゾルゲのコミンテルン時代の仕事には、これに準ずる欠点がなくもない。

しかし、共産党員としての活動を公《おおやけ》にしていた十年間、ゾルゲは真に学術的なマルクス方法論を修め、彼の今後の研究の揺るぎない基盤を作った。また、ゾルゲは真の学術研究者の性格を本質的に持ち合わせていた。なにしろ彼はつねに具体から一般へ、実践から理論へと進み、その逆はしない。そしてこれは、教条主義派の多くのマルクス主義理論家には特有のことだった。

ゾルゲの著作の中で、帝国主義の問題に関わる一つの例を挙げて、これを説明してみよう。コミンテルンの活動の末期のころ、著書『新ドイツ帝国主義』（一九二八年）の中で、ゾルゲは帝国主義の深部にある核心について、レーニンの認識に達した。レーニンはこの核心を資本主義発達過程での当時最も新しい不可避の段階としている。まさにこの資本の独占的統一の高まりの段階で、資本主義の腐敗の過程が引き起こされたのであった。この本の中でゾルゲは若いころの思想的偶像ローザ・ルクセンブルクの立場から離れた。ルクセンブルクは帝国主義について資本蓄積の新たな源泉を追及するための対外的膨脹の政治方針としてしか、理解していなかった。

ゾルゲとローザ・ルクセンブルクの差異

ゾルゲがローザ・ルクセンブルクと違う点は、帝国主義について有名なレーニンの帝国主義の五つの特徴を取り入れたことだ。しかし、彼はこれらの特徴を規範とはせずに、帝国主義の経済的基盤の「古典的形態」と位置づけ、それを受けて個々の国々の帝国主義の経済的基盤の様々な「非古典的」、つまり具体的、独創的形態を認めたのである。別の言葉で補足すると、これらのレーニンの特徴のひとつあるいはいくつかの発展が不十分であることは、決してその時代のいずれかの国の帝国主義の存在自体を疑問視するものではない、とゾルゲは考えたわけだ。

帝国主義理論のレーニンの業績に対するゾルゲによるこうし

た創造的アプローチは、非常に実り多いものとなった。

すでに挙げた著書の中でゾルゲは、第一次世界大戦の敗北で葬られたかつての「カイザー・ドイツ帝国主義」の廃墟から、二〇年代のドイツの「新ドイツ帝国主義」が形成されたというテーゼを提示し、論拠を示した。この時代、ドイツの資本家は植民地を持たなかっただけでなく、世界の再分割に参加しておらず、また実質的に資本の輸出を行わないだけではなく、ドイツそのものが当時しばらくの間、他の諸帝国主義列強からの民族抑圧の中にあった。それにもかかわらず、ゾルゲはこのテーゼを提示している。

今日は、レーニンの帝国主義論へのこうしたゾルゲのアプローチの正しさが、歴史によって裏付けられたことに注目する。ドイツではすでに新ドイツ帝国主義が形成され、その経済的基盤の特質が、ドイツのファシズム的政治形態を形成したのである。

新ドイツ帝国主義形成の研究に当たって、ゾルゲが用いた方法論は、第二次世界大戦後のドイツ情勢研究に関する歴史的発展の新しい段階で、再び求められることになる。私の意見では、この方法論は戦後日本問題の分析にも当てはまる。これらすべてが、マルクス主義研究者としてのゾルゲは、二十世紀規模に相当するという結論を私が導く根拠となっている。

ゾルゲが軍部諜報機関の仕事に移ると、当然、研究者、時事評論家としての豊富な経験が、彼の諜報機関の活動の合法的なカムフラージュとなった。しかし、間もなく明らかになったのは、ゾルゲの社会評論家的、研究者的活動が単なるカムフラージュとしての枠を遥かに超越し、ゾルゲの諜報活動の結果と対照になる、創作生活の独立した分野となったことである。

一九三三年から一九四一年にかけて、ゾルゲは大規模な産業界と関係のあるふたつの有力紙、「ベルリネル・ベルゼンツァイトゥンク」(「ベルリン経済新聞」)と「フランクフルター・ツァイトゥンク」、また、ドイツ地政学の最も重要な代表的人物である退役将軍カール・ハウスホーファーの出版した理論雑誌「地政学雑誌(ツァイトシュリフト・フュル・ゲオポリチク)」にも、定期的に記事を発表した。ここに挙げた刊行物に発表されたゾルゲのこれらの論文は、現在入手困難だ。問題はその一部がゴシック体の活字で封印されていることだけではない。ドイツが第二次世界大戦の歳月で経た荒廃によって、これらをドイツの図書館で見つけるのは総じて困難である。幸いなことに、私はゾルゲ論文を捜し出すに当たって、ボンの社会民主党エーベルト基金のお世話になった。

政治学と地政学の金脈宿すゾルゲ論文

半世紀前に書かれたゾルゲのこうした論文を読めば、取り上げられている問題がいかに重要か、その分析がいかに深いか、その叙述がいかに鮮やかで現代的か気づかされ、満足感が得られる。そのわけは、ドイツの有力紙の記者となったゾルゲが以前通りの優れたマルクス主義研究者でありつづけたことにあると、私は思う。彼はただ、共産主義ジャーナリズムに必須のマルクス主義用語の「見せかけだけのもの」を否定して、自分の研究資料の形式とスタイルを変えたにすぎない。

これは彼に有益だった。というのも、彼の論文が世界で一般に認められた政治学と地政学の資料の標準的形態を見い出したからだ。この二つの科学の分野は長い間ソ連で、「法の保護対象外」だった。そして今日、三〇年代に発表されたゾルゲの論文を研究して、われわれは事実上、ロシアおよび世界の政治学と地政学の歴史的な「金脈」を掘り当ててゆくことになるのだ。

これらの著作のテーマは、二つの大きな部分から成っている。

一　三〇年代の日本研究

二　太平洋戦争前夜の極東と太平洋における国際関係研究。

報告に時間的制限があるため、この二つのテーマについて詳しく述べることはできない。しかも、その研究は甚だ未完成であることを白状せねばならない。従って、これらのテーマについては機会があれば、次回に述べる。

優れたゾルゲの二・二六事件

一つのエピソードを思い出してほしい。それは彼の論文の高い水準と、読者、世論、政界に与えてきた影響を如実に物語っていると思われる。話は、ゾルゲがヨーロッパの読者に向けて、東京での「二・二六事件（一九三六年）」、すなわちこの日に日本軍の一部が決行したクーデター未遂について、語ったことである。この事件は「地政学雑誌」一九三六年度五月号に掲載された多量の資料「東京での軍の反乱」に詳しく取り上げられている。残念ながらこの資料はまだロシア語で発表されていないが、多くの研究者たちはそれを日本に関するゾルゲの最も優れた研究論文のひとつと考えている。

この資料に含まれる一連の評価の中から、私は原則にかかわる意味を持ち、世界の世論を引きつける、ゾルゲの一つのテーゼを取り上げる。このテーゼは、軍の反乱が失敗したにもかかわらず、日本の政治と政府への軍部の影響力が急速に伸びたということに帰する。

二・二六事件に続いて「ベルリネル・ベルゼンツァイトゥンク」紙に掲載されたゾルゲの論文にも、同じような結論がある。そこにははっきりと、二・二六事件の結果、日本は議会政治から軍部独裁国家への道を成し遂げた、と記されている。

一九三六年四月一五日、モスクワの新聞「イズベスチヤ」がこの記事を「ベルリネル・ベルゼンツァイトゥンク」から著者名の記載なしに転載した。わずか二日を隔てた四月一八日、この記事に反応したのが、かつてコミンテルン指導部に入り、最大のソ連官報の政治評論家として三〇年代に出世を遂げた高名なカール・ラデックである。自らの対外政策の概評に、彼はこう記した。

『イズベスチヤ』がつい数日前、極東情勢についての『ベルリネル・ベルゼンツァイトゥンク』の記事から抜粋を載せた。この記事では、広田内閣が軍閥の防波堤であると評されている。この報道の意味は、軍閥兼重工業の機関紙である『ベルリネル・ベルゼンツァイトゥンク』が東京に強いルートを持っているということだ。つまり、この新聞による評価は、恐らく日本軍部の情勢判断と一致している」

ソ連の御用新聞に代弁されたゾルゲの日本情勢分析は、このような評価を得た。当然のことながらラデックは、自分の指摘した記事がコミンテルンでの仕事仲間、ソ連軍諜報機関東京定置諜者となったリヒアルト・ゾルゲによるものとは、想像だにしなかった。ついでながら、ゾルゲは「イズベスチヤ」に転載された自分の記事と、それに対するラデックの評価のことを知った。彼は、ドイツ出版物の中のR・S・のイニシャルの付いた東京からの記事は転載しないようモスクワに要請した。ドイツの出版物からモスクワの新聞に転載された彼の記事がこれ以上ないことからも、このゾルゲの要請は叶《かな》えられたと思われる。ゾルゲの記事はまた、ドイツの政府筋や社会各層にも真剣に受け取られたことは、想像に難くない。ベルリンで共鳴を呼び、それが東京にも反響した。

だから日本および極東情勢研究者としての活動の場でも、ゾルゲは二〇世紀規模に相当する時事評論家、学者と考えられる。

コミンテルンから罷免《ひめん》されたゾルゲ

そして最後に述べたいことだが、私が文字通り日本への出発の前夜、この報告のテキストに取り組んでいたとき、終了した日本でのゾルゲに対する裁判に関連して、一九四四年一月にコミンテルン指導部用に作られた文書を私は運良く見つけた。これは、ゾルゲがコミンテルンのどの部隊で、いつ働いていたかというような資料だった。

この文書によって、国際交流部（OMS）でのゾルゲの活動をより厳密に定義することができる。従って、この文書により、シンポジゥムの資料として印刷された私の資料、「知られざるリヒアルト・ゾルゲの実像」のOMSでのゾルゲの活動についての部分を明確化し、具体化することが可能だ。

それではこの文書から、明確化できたものは何か。

一　ゾルゲは一九二七年一二月九日、OMSの仕事に採用された。

二　ゾルゲの最初の海外出張は、一九二七年一二月からコミンテルン第六回大会が始まるまで続いた（この大会は周知のように一九二八年六月一七日から九月一日までの二か月半やっていた）。ゾルゲはこの出張で、デンマークとスウェーデンを訪れた。ゾルゲが　大会の仕事に参加したのがいつからなのか、彼が何に参加していたのかははっきりしていない。彼自身は大会の政治委員会で働いていたと書いている。

三　大会後、ゾルゲはコミンテルン執行委員会職員に採用される。一九二八年一〇月四日まで休暇をもらう。

四　一九二八年一〇月五日から一九二九年四月四日まで、ゾルゲはまずノルウェー、つぎにイギリスに出張。一九二九年四月モスクワへ帰り、マヌイリスキーの秘書課職員に採用される。六月まで休暇。

五　一九二九年六月一八日から九月一九日まで、もう一度海外出張。このとき彼がどこに派遣されたかは、文書からは不明。一九二九年八月、指導部への報告のための彼のモスクワ帰着の件で、ベルリンのコミンテルン執行委員会西ヨーロッパ支部が奔走したことから、彼がドイツにいた可能性がある。周知の通り、一九二九年八月二四日、定期休暇の後、コミンテルンからのゾルゲの免職決定が続く。

六　そしてついに、一九二九年九月一九日から一〇月末にかけて、ゾルゲはモスクワに戻り、再びマヌイリスキーの秘書課職員に採用され、最後の休暇をもらう。一九二九年一〇月三一日、彼は最終的にコミンテルンを離れ、正式に軍部諜報機関の活動へ移る。

これがほぼ私がシンポジウムで配った私の二つの資料に加えて、シンポジウム参加者の方々に言いたかったことだ。

一九九八年——ブハーリンの年
ユーリー・ゲオルギエフ（石井友香子訳）

ブハーリンの大きな功績

一九九八年の今年は、ブハーリンの政治生活や理論的業績を覚えていて、研究している人すべてにとって記念すべき年である。約一ヵ月前の十月九日は、彼の生誕百十年だった。春は彼の銃殺刑から六十周年だった。同じこの年、彼の政治的名誉回復とソ連科学アカデミー正会員の称号の死後の回復から、十年になった。

これに関連してロシア学会は、モスクワの恐らくロシア民族社会問題独立研究所で行われる特別学術シンポジウムで、ブハーリンの三つ重なった記念日を祝う予定である。これはまた象徴的でもある。というのは、この研究所はブハーリンが一九一九年から一九二九年まで十年間活動していた元コミンテルン（共産主義インターナショナル）の建物のなかに置かれているからである。

しかし、目前のブハーリンの祝賀は、政治スキャンダルによって水をさされた。一九九七年に、ある出版社が『裁判報告』という本を千部出版した。同書は、ブハーリンにも有罪判決が下された、一九三八年のいわゆる「右翼トロツキストブロック」訴訟に関する裁判過程の完全な速記録の復刻版であった。私はその本を持っていなかった。なぜなら裁判の完全な速記録はすでに一九三八年に出版されており、それ以来学術的なロシア図書館におかれているからである。

しかし、一九九八年七月二日の「独立新聞」、もっと正確に言うとその文献的付録である「エクスーリブリス」に、ロスリャコフの多量の資料が掲載され、その中に一九三八年の裁判の記述があった。とりわけ詳しく述べられているのは、ブハーリンがスターリンに対する陰謀に参加して、スターリン打倒のためにソ連の分裂とその一部を帝国主義者たち、とくに極東の一部を帝国主義日本に売り渡すことをあたかも企んだかのように、彼を非難したことであった。

文献には「暴かれた陰謀。ブハーリンは罪があって銃殺された」という偏向した表題がつけられていた。スターリン個人崇拝の暴露の後、この裁判は最初から最後まで捏造《ねつぞう》されたものであることが明らかにされ、そこで摘発されたブハーリンを筆頭とする「人民の敵」は、名誉回復されたにもかかわらず（例外は同じくこの裁判にかかった元内務人民委員ヤーゴダだけである）、同様の非難が再び繰り返されたのだ。

ロスリャコフの文献は、一九九八年の七月十五日の民主主義「共同新聞」で当然の非難を受けた。そこには「ブハーリンがもう一度銃殺を試みられた」という表題で、集団インタビューが発表されたが、そのインタビューには改革（ペレストロイカ）の「建築家」の一人であり、今日ロシア大統領のもとで、名誉回復に関する委員会長を務めるアレクサンドル・ヤコブレフも参加した。

このインタビューの参加者の一般的な意見によると、一九三八年に提起されたブハーリンへの非難は、ロシアの現代状況を反映している。九〇年代初めのソ連の崩壊は、まだ三〇年代にブハーリンによって立てられたとかいう草案により実行されたと、極左と極右は主張している。しかし、スターリンがそのとき鉄の腕でもってこの陰謀を「押しつぶし」て、ソ連を守ることができたのに対し、現在の「弱体」政権はこれをする状態にはない。

アレクサンドル・ヤコブレフは、とくに次のように述べた。「新聞の出版の目的は最後の段の一節にあるように私には思われる……ソ連の崩壊はまさにブハーリンとトロツキーが思っていたように起こった」

しかし、この反ブハーリンの煽動は、大きな社会的反響を得られなかった。政治家としてブハーリンは、共産主義体制がロシア民族や旧ソ連の他の諸民族に与えた苦痛の責任を分担するとはいえ、ロシアの学術的な知識層の意見によれば、彼はレーニン後最も偉大なロシアのマルクス主義理論家であり続けている。

ブハーリンの大きな個人的功績は、二〇年代の終わりに党の中でスターリン反対派の先頭に立ったことである。これはスターリンが市場関係を伴う新経済政策（ネップ）をやめ、最初の五か年計画の過程で国民経済を管理する恣意的な支配体系が導入され始めたときであった。労働者の総貧困化という非常措置により、農業の集団化と国の工業化が実現しつつあった。

ブハーリンはこの方針に反対し、市場関係の利用を支えとし、国民経済に起こった危険な不均衡の是正を含む代案を立てようとした。一九二九年にブハーリンは、彼が断言するところの農民の収奪という「封建的手段」により、経済問題の意思決定のトロツキスト的立場に立ったということで、スターリンを実際に非難した。スターリンがブハーリンに対してこのことを許すことができず、また、許さなかったのは当然である。

スターリンの反対派粛清のための手段

ブハーリンの名誉回復の後、一九二九年の全ソ連共産党（ボリシェビキ）中央委員会四月総会での彼の演説が出版された。これは彼の党会議での最後の演説であった。この演説はブハーリンの知力とその論争と演説の能力で、忘れがたい印象を与える。

この演説から、私はコミンテルンに関連する長くない抜粋に、あなたがたの注意を引きたい。この抜粋は、スターリンが党内における自分の反対派の制裁のために利用した手段を分かりやすく示しているので、興味深い。

当時、ブハーリンが陥っていた状況を、手短に話そう。コミンテルンの綱領に関して、スターリンとの深刻な軋轢《あつれき》が明らかになったコミンテルン第六回大会（一九二八年）の後、ブハーリンは一九二八年十一月に、コミンテルンでの職務から自分を解任するよう願い出た。党幹部のスターリンの多数派は、ブハーリンの辞表を受理しなかったが、すでに一九二九年二月に、中央委員会政治局と中央統制委員会との合同会議の決議で、彼は右翼との妥協主義の立場に「堕ちつつある」として非難された。さらに二か月が過ぎ、一九二九年四月に中央委員会総会は、ブハーリンが右翼と「実際に連帯した」とその決議にすでに記録し、これに基づいてコミンテルンの仕事から彼を解任する決議を採択した。

これは中央委員会四月総会の速記録が、ブハーリンの演説を記録したものである。「政治局と中央統制委員会幹部会の合同会議で、私は右翼の観点に『堕ちつつあった』にすぎない。そのとき以来、私は口をつぐんだかのように―何もしなかった。が、今や私は、すでに『堕ちきってしまった』のだ。私は決して動かなかった。しかし、次のようなことが言われた。以前言われたこと―これはすでに『通りすぎた段階』であると。だが、とんでもない。いったい誰がこの『段階』を通りすぎたのか？決議がそれを通りすぎたのだ。が、私がそれを通りすぎたということになる（全員の笑い）。そして、まさにこのことが大変深い意味を持っている。まさにそのためにすべてこれらの企みが必要であった。このようなわけでこの『堕落』が起こり、通りすぎた段階ができ上がるように、放免せず、辞職をかなえない必要があったのだ」（ブハーリン「社会主義の理論と実践の問題」M・一九八九年・三〇六頁）

党幹部である自分の同志の方に向き、ブハーリンは口惜しそうに話した。「私にごく普通に〝ブハーリン、われわれは君を信頼しない。われわれには君が正しくない路線を敷いていくように見える。別れよう。〟と言うかわりに、そして、別れるというのは私が提案したのだが、別のことがなされた。なぜなら、初めからどんなことがあっても名を汚し、辱《はずかし》め、信用を失墜させ、踏みにじる必要があった。そのとき、辞職願いをかなえることではなく、『サボタージュ』のために『解任』するという話に、すでになっていくのである。陰謀はここでは全く明らかである」（同上）

コミンテルンから追放されたゾルゲ

同様のシナリオによって、ゾルゲのコミンテルン機構からの除名が行われたが、ただ、彼には、ブハーリンに関してなされたように、公然とどのような政治的な非難も提起されなかった。人間の規模が違った。そしてコミンテルンでのゾルゲの役割が、ブハーリンのもののようではなかったからだと思う。

自分で判断してほしい。一九二九年六月八日、コミンテルン執行委員会常任委員会は、コミンテルンでの職務から解き、別の仕事に移れるようにしてほしいというゾルゲの正式な願い出を検討した。委員会はこれを拒否し、問題の決定をコミンテルン第十回総会まで延ばした。この総会で、周知のように、一九二九年七月十九日、ブハーリンは正式にコミンテルン幹部から解任された。

そして、一九二九年八月二四日、同じ常任委員会が、今度は自ら率先して、五人から成るブハーリン支持者グループのメンバーとして、コミンテルン執行委員会機構からゾルゲを「追放した」。

ブハーリン自身への制裁の方法との類似が、完全にはっきりと見られるではないか。

【筆者紹介】

ユーリー・ゲオルギエフ（ロシア語版「今日の日本」編集者）

一九二八年一月二五日生まれ。現在、ロシア社会民族問題独立研究所に所属する歴史学者であり、モスクワで日本を紹介する雑誌「今日の日本」をロシア人向けに発行している。ソ連崩壊以前は、日本人向けに、ソ連大使館広報部発行の「今日のソ連邦」の編集に長年、携わってきた。日本語、ドイツ語が非常に堪能で、何回も訪日歴のある日本通。

ジャーナリスト加藤昭氏は、野坂参三が同志山本懸蔵を告発したとされる疑惑や、その旧悪を暴露した『闇の男』（文藝春秋・九三年度大宅ノンフクション受賞）で、「ゲオルギエフという人物に出会わなければ、とてもここまで進まなかった」と述べている。

筆者は大正時代に活躍したジャーナリストで、一九二二年にソ連で粛清された大庭柯公《おおばかこう》のソ連国家保安委員会（ＫＧＢ）資料を白井久也とともに閲覧する機会があったが、その中に新保清の住所が記されたメモを発見した。そのとき私はゲオルギエフ氏が『今日のソ連邦』（八〇年十一月号）に、日本のシベリア出兵に反対する「干渉反対」の反戦運動を続けた佐藤三千夫らと並んで、新保清を紹介している記事「ソビエトの誕生と日本の国際主義者たち」を思い出した。

ゲオルギエフ氏はその前年の七九年に、「片山潜と極東民族大会」を同誌に発表している。この論文によって、これまで不正解だった日本人参加者の十六人の氏名が初めて特定されたのである。コミンテルンと日本関係の研究者として早くから著名であった。

読売新聞（九八年二月五日）は「二〇世紀どんな時代だったのか」の検証リポートに、「革命ロシアに消えた日本人たち」と題して一ページを全部つぶして、これらの資料を使って新保清の足跡とエピソードを紹介した。

さらに九七年には、これまで謎とされ、ゾルゲ事件で、宮城与徳を日本に派遣した「ロイ」という人物は誰なのか特定する資料を発掘。私はゲオルギエフ氏から提供を受けて、月刊誌「諸君！」（九八年四月号）にその内容を発表した。

ゲオルギエフ氏の研究対象は「スパイとしてのゾルゲの足跡ではなく、革命家ゾルゲ、理論家としてのゾルゲの追求」である。「とりわけドイツの『地政学雑誌』などに掲載されたゾルゲ論文のすべてを収集し、その分析を通じて、ゾルゲの軌跡をたどりたい」という。氏の今後の研究成果の発表に期待したい。

（渡部富哉）

ゾルゲとフィルビー

ロバート・ワイマント（乾　鉄之訳）

このうえない成功を今世紀におさめた諜報機関責任者の名をリスト・アップするとなると、リヒアルト・ゾルゲ、キム・フィルビーの二名はどのようなリストであれ、いつもランキングのトップに位置させる価値がある。二人が所属していたスターリンのスパイ機関内の部局は違うが、いずれもソ連邦に忠実に尽くしたことにかわりはない。ロシア人とドイツ人の混血ゾルゲ。そして血統を誇るイギリス人であるフィルビー。この両者の対比はいかにも魅力に富む。

ゾルゲにせよ、フィルビーにせよ、一方を検討すれば他方の性格の理解も容易になろう。物理的な距離で隔てられていたものの、目に見えない紐帯《ちゅうたい》のもつれあいで二人は結びついていたと考えてみればよい。

この二人の背景を一瞥《いちべつ》してみよう。いずれも移転を好む（放浪ともいえようか、常に旅しつづけていた）両親のもとに生まれた。キム・フィルビーは、風変わりなアラビアの探検者（と同時に自動車会社フオードの代理人でもあった）ジョン・フィルビーの子として、インドのアンバルスに生まれている。リヒアルト・ゾルゲはアゼルバイジャンのバクー市のほこりまみれの荒地で財産を築いたドイツ人石油技師の息子である。

ゾルゲとフィルビーがうけた教育は特権的なそれであれ、それゆえ——少なくとも表面的には——ともに労働者階級ではなく、中産階級ないし中産階級上層をあらわしているとして問題ない。共産主義が知識人の間で一大流行になっていた一時期に、いずれも多感な学生として、共産主義者になった。両者いずれをとってもモスクワへの途《みち》をたどらせた決定的な影響は戦争である。といって同一の戦争ではない。ゾルゲは一八九五年生まれで、フィルビーより十六歳年長。カイゼルの戦いで殺戮《さつりく》された世代に属している。二五年後、そう問われていたならゾルゲは日本の捜査官に、あの戦い（第一次世界大戦）だけで私を共産主義者にするには十分だったと答えていたはずである。ドイツの中産階級のある世代は塹壕内での大量殺戮、ひいては同胞二百万を殺戮した一つの戦争の無意味さゆえに急進化したが、ゾルゲもその世代の一人である。

キム・フィルビーの左翼への転換にはスペイン市民戦争とヒトラーのソ連邦侵略が契機になった。早くもケンブリッジ大学時代に共産主義運動の大義のために献身するという決意をいだいていたが、この決意に関するあらゆる疑念はヒトラーのソ連邦侵略により雲散霧消した。

ゾルゲはフィルビーに会ってはいない。だが、両者の生き方の動機には似たところがある。いずれもある種の理想主義の流れをくみ、気質的にも（またワインや女性への好みでも）、共通するところが多かった。もとより思想的にも両者の道程は交叉している。しかし、思想での道程以上に、現実の道程でも同じ地点を通過してさえいる。二人は「地政学雑誌」の編集者カール・ハウスホーファー博士を相次いでミュンヘンに訪問しているのだ。

フィルビーはイギリス情報部ＭＩ６内部でのスターリンの男だった。一方ゾルゲは在東京ドイツ大使館内の見通しのきく地点から、フィルビー同様信頼にあたいする任務をモスクワのために遂行していた。が、はたして彼らのモスクワへの献身はどう結実したのだろう。彼らのこうした《二重の》行動からわれわれはどのような結論をえられるだろう。いずれも以前よりも正確な吟味に値する疑問である。

ともあれ、何年もたってからフィルビーは、かってあれほど成功裏にあざむいてきたイギリスの情報機関の手のとどかぬモスクワで安全に暮らしていた時点で、一九四四年に勇敢にその死におもむいたゾルゲへの称賛をこうかたっている。

「ゾルゲだけが、秘密機関員として非のうちようもない唯一の人物だった」

【筆者紹介】

ロバート・ワイマント（「ザ・タイムス」東京支局長）

日本問題に関する英国ジャーナリズム界の第一人者、との呼び声が高い。

「ゾルゲに関心を持ったのは、一九六〇年代に南ドイツのフライブルグでフランス映画『ゾルゲ博士、あなたは何者なのか』を見たのがきっかけです。自己の信念のために生涯をまっとうした勇気と活力に満ちたその人格に、まさに魅せられました」

ケンブリッジ大のマグダレーン・カレッジ（一九六三～六七年）卒の俊秀。中国古典文学の研究のため京都大学の吉川幸次郎の門に入るが、（六七～六九年）、「東京で初めて足を運んで見た場所は多磨霊園のゾルゲの墓」というほどの惚れ込みよう。

ソウル国立大学への留学後（六七～七〇年）、学者ではなく極東を専門領域とするジャーナリストの道を選んだ。イギリスの日刊紙「ガーディアン」「デイリー・テレグラフ」の極東特派員をへて、世界一の高級紙と言われる「ザ・タイムス」の東京支局長に。この間、ゾルゲへの一貫した関心を持ち続け、それがドイツ・ロシアで発掘した新事実をふんだんに織り込んだ、あの『ゾルゲ、引き裂かれたスパイ』（邦訳名）に結実した。

「目下、さまざまな友人との人間関係でゾルゲが示したその個性、そしてドイツ大使館やドイツ軍部との関係などに関心をいだいています」と、最近はもっぱら個人としてのゾルゲの人間像の解明に力が入っている。

仏・独・露語はもとより、中国語、日本語、朝鮮語を習得したすさまじい言語能力が、ゾルゲ研究でも大いなる武器になった。しかし、ワールド・パワーとしての地位ゆえに、国際諜報戦の一方の主役たり続けてきたイギリスに生まれ育って教育をうけ、そのジャーナリズムで活躍しているという背景が、日本人研究者とは異なった広がりを、氏のゾルゲ研究に与えている事実も見逃せない。

「ゾルゲ研究だけをとりあげれば、イギリスでのそれはまさに限られています。しかし、英国情報機関内で、ソ連の二重スパイとしてモスクワのために尽力しつづけたキム・フィルビーとゾルゲとの比較に、少なからぬ学者が関心をいだいています。ゾルゲとフィルビーには類似した状況があり、今世紀にこの両者ほどソ連の諜報活動に関与・寄与した重要人物はいないでしょう」

今回のシンポジウムでは、この二者の果した役割の比較と類似性。さらに、この二者を生み出した国際的背景をテーマに報告が行われることになろう。

（大友　竜）

ゾルゲと「スパイ・ゾルゲ」の溝

三雲　節

ゾルゲの一次資料発掘の重要性

ゾルゲ事件国際シンポジゥム事務局長の渡部富哉《わたべ》さんから、参加の要請をいただいたのは一九九八年五月でした。私がテレビ番組のためにゾルゲ事件を取材し、予想しなかった状況に直面する中で、ようやくソビエトにおけるゾルゲの機密資料を公開させることができたのは九一年でした。すでに七年前のことになります。

その後、様々な形でゾルゲにまつわる調査や研究は進められていますが、このときの取材を改めて報告せよと言われ、その後のロシアの変遷を見つめ直す機会と考え、シンポジゥムに参加させてもらうことにしました。

取材の時期は、まさにソビエトでクーデター事件が起こり、その後ゴルバチョフ大統領が失脚し、その年の終わりにはソビエト連邦自体が崩壊するという、激動の年でした。このとき私は、現代史を解き明かすゾルゲ事件の番組をつくるのと同時に、ソビエトのクーデター事件の取材も担当し、その年の暮れにはソビエト崩壊の番組まで波乱のロシアの渦中でつくるという錯綜する事態の中にいました。ゾルゲの番組を作りながら、そのときに感じていたことを十分に番組に表し切れていたのかと考えると、少し残念に思う部分もあります。

そのときの目が回るような体験は、それまで一〇年にわたってソビエト・ロシアに関わりながら取材を続けてきた私にとって、まさにずっと感じてきた疑問の答えが一気に出され、もやもやした気持ちが吹き飛ばされる印象深い出来事でした。ゾルゲ事件の取材とその展開はそれを記念するといえるものでした。

ゾルゲは、非合法の諜報活動の中心人物という負の側面を持っています。しかし、世界と国家を見据えながら第一線で活動した、現代史の中でも傑出した人物であると思います。また、激しい運命の荒波に揉《も》まれる中で、自己の役割について醒《さ》めた目で見つめた時代認識と歴史観を持っていたと思います。

父の故国であり若い時代、軍人として最前線で戦い傷つき、共産主義革命という目標に目覚めていったドイツ。母の生まれた国であり、信じる主義を実現した国家ソビエト。そこから与えられた諜報活動という使命。相反し戦う二つの祖国へ向けられた複雑な思い。そして学者としてもジャーナリストとしても優れていた、才能と着眼点。それを持っていたために気づかざるをえなかった社会の矛盾の大きさ。それを見過ごせない潔癖な性格。

この時代に、率直に自分自身の果たす役割に内面で葛藤し、その一方で揺れ動く国際政治の局面での目覚ましい活躍を果たしたゾルゲは、そのスケールにおいて他に例を見ない大きさを持った、まさに時代を描き出す人間でした。

その一方で、人間的な悩みを率直に表現するエピソードを多く残し、ドラマの主人公としても成り立つような魅力を備えています。そうしたゾルゲ自体が現代史における大変興味深い存在です。しかし、当時の私の関心としては、その人物像を子細に分析し描き出すことよりも、強大でとりつく島もない存在に思えたソビエトのリアルな姿を側面から描き出すことに、より強い関心が向いていました。そのための素材としてゾルゲを扱ってみようという考えが、私にとっては強かったように思います。

機会があれば、ゾルゲという人物について、その時代背景を探りながら分析することができないかという気持ちは、この数年間頭の中から離れないものでした。シンポジゥムへの誘いはその点でも嬉しいものでした。そんな中で今回のシンポジゥムに参加し、何らかの発表をするに当たって最初にお断りしなければならない点があります。

まずゾルゲについて、私が他の専門家の中に加わり分析することの出来るオリジナルの知識は、もっぱらソビエトでの取材に根ざしているものだということです。日本におけるゾルゲの評価と研究は、これまでにも大変な蓄積があります。専門家でない私が国内の出来事について勉強をしても、その複雑な事情を把握しきれないと思います。少なくとも一度発表されたものの焼き直しになってしまうだけでしょう。

虚飾と誤情報が溢れるゾルゲ像

それはゾルゲに関わる一次資料を集める以上に、当時の日本の時代背景や、政治的、軍事的情勢に対する分析、そして戦中から戦後に移行していくなかで、交錯する様々な思惑で行われた評価の変遷の背景などに入り込んでいくことになります。そうした分析はゾルゲ自身に対する分析を越えた、日本における社会分析という次元に入り込んでいくことになると思います。これはまた大変興味深いテーマですが、今回のテーマの範囲外と思います。

九一年に取材したゾルゲをさらに分析することを出発点に考えると、日本における多岐にわたる分厚く詳細な研究に対して、重要さでは匹敵しながら、真実の追求としてはなおざりにされて、まだ伝え切れていない、ソビエトにおけるゾルゲの資料収集と分析研究について興味を持ちます。軍事に関わる情報の性格上から仕方がない点も多いとはいえ、虚飾と誤情報にあふれていたソビエトにおけるゾルゲ像についてどのような進展があるのかは、ゾルゲ事件の全体を解きあかす鍵になると思います。

むろん、ソビエト・ロシアのことについて、現状を含めた十分な知識を持ち合わせているわけではありませんが、少なくともソビエトにおけるゾルゲの一次資料を発掘した立場で意見を述べられればと思っています。そして、私にとってもっとも興味あるあの時代、ゾルゲは何を考えて葛藤《かっとう》し、どう評価されたのかというテーマを分析するために主要な舞台となるのは、ゾルゲが諜報活動を行った日本ではなく、ゾルゲがその活動の目的とした当時の共産主義活動の中心地であるソビエトではないかと考えています。

もう一つは、あくまで学問の立場でものをみるのではなく、ジャーナリズムの取材者として、このテーマを考え分析しているということです。この二つの違いを明確に述べ、区別することは困難ですが、あえて言えば現代にとっての意味、またゾルゲ事件とそれによって引き起こされた出来事が、今どう感じられどのような影響を及ぼすものなのか、という関心に立脚しているということだと思います。

この二点を、今回の私の話の前提として、是非ご理解願いたいと思います。

ロシアの本質は不変

今年の八月の半ば、五年ぶりにロシアを訪問しました。一週間ほどですが、モスクワとサンクトペテルブルグを訪れ、新しいロシアで暮らす知り合いたちの生活ぶりにも触れるうちに、大変複雑な気分になりました。

まさにこの滞在の間にロシア通貨ルーブルが暴落し、ロシアの経済危機が表面化しました。ロシア政府によって高いレートを維持させていた為替が大幅に切り下げられるという事態が突如起きたのです。その後の世界的な経済危機への波及は、米ニューズウィーク誌が「皮肉にもロシアは資本主義国家になって一〇年足らずで、共産主義時代の七〇年間より大きな損害を世界の資本家に与えた」と表現するような衝撃の始まりでした。

しかし、このとき感じたことを一言で言えば、国家の主義が大きく変わったにも関わらず、この国にいる私があたかも一〇年前のソビエトにいるのと同じような印象を受けたということでした。その理由は、もう少し詳しく分析したいと思いますが、結論を先に言っておくと、この国は主義主張、イデオロギーというものを強く打ち出してきた歴史を持っていながら、実はそれが表面的ないわば化粧のようなもので、本質的には大きく揺らぐことのない徹底した別の芯《しん》を持っており、それはこの数年間の国家の激変においても変わることのないものではないかという点です。

ソビエト時代と今のロシアを比べたときに、社会主義に彩られた部分を考えても、いろいろな点は本当によく似て見えたのです。数年ぶりの訪問で受けた印象からすれば、九割近くがソビエト時代と同じままで、それに比べれば資本による市場経済社会への移行は、ただ表面に別の化粧を施しただけとさえ感じるものでした。

なぜか一ドルは六ルーブルと決められ、これはまさにゴルバチョフ時代の経済と同じレートでした。ルーブルという市場経済の上では役割のはっきりしない貨幣を建て前としながら、実際の価格の基準はドルで行う。しかも、そのドルは公式には取引できないものとする。政府がドルでの一般の小売りを禁じても、多くの店がドルでもルーブルでもない不思議な表示を使って実際にはドルで取引する。

食堂や商店で商品を買おうとすると、人件費や国際的な相場から考えると根拠もなく価格が高く、それを市民は普通のことと受けとめる。一方、それに対してルーブルは対外的な為替レートを自分たちの生活にとって都合の良い水準に根拠もなく決めておく。その矛盾と貨幣経済に対する無理解の結果が、この八月に起こったルーブルの再びの信用失墜でした。まるでかつてのソビエトが抱えた通貨の矛盾を、また再現し繰り返しているような光景でした。

外貨払いと二重価格

ソビエト時代を振り返ると、たとえばホテルの値段はニューヨーク並みと設定して、外国人には外貨払いを求めていました。しかし、国内の人間が同じ場所でルーブルで払うと、その値段がはるかに安くなってしまうことになります。完全な二重価格です。また、国営の商店には物がないのに、結局どこからか物は調達できるのであまり困らない、といったことが日常的に目につきました。物は「商品」として機能せず、貨幣による経済のシステムは建て前だけとしか見えませんでした。私には、当時のソビエトではルーブルというお金は物の値段や価値を測るものではなく、商店は物を買うための役割を果たす場所ではないとしか思えませんでした。それは、昔から変わらないロシアの風土に根ざした光景とさえ思えました。

残念なことにソビエト末期の国内における窮状を伝える様々な報道は「西側の常識」に縛られていました。商店には物がなくなり、お金があっても必要なものが買えない、そのお金もインフレで価値がどんどん下がっているというような、西側の物差しで測った常識にとどまり、ロシアの現実を的確に伝えるために必要な尺度はないまま、その大きな溝は埋められませんでした。

本当は全く違った価値を示しているのかもしれないソビエト経済においての貨幣や流通、ひいては市場という問題も、こうした障害が邪魔をしてきちんと分析し切れなかったのだと思います。これは、かつてのソビエトだけの話ではないと思います。現在も、同じ価値で測れると考えるかつての西側諸国の持ち続けた幻想の裏で、実はソビエト時代とそう違っていないまったく異なる価値観で物事が動いている状態が、今もロシアにも続いていることを今回の旅行で感じました。一面的に見ただけの、たわいのない話に思われるかもしれませんが、こうした常識の位相のずれが大きく存在していることを把握するのは、ソビエト時代以来のロシアを分析するために必要なものであり、そこには多くの示唆が含まれていると思います。

現在までロシアは、ソビエト時代以来ずっと見えない壁で世界と隔絶され、独自の一方的な論理の中で行動することから抜け出せないでいたように思います。そしてそれをとりまく外側の世界も、ちゃんとロシアの内側を知ることを避け、勝手に推測をし意味づけすることを続けてきたのでしょう。

今回の経済破綻があからさまにしたのは、ロシアと世界の間にあった巨大な誤解でした。ロシアへの経済支援を進めていたドイツやアメリカを慌てさせたのは、まさにそのずれの大きさだったと思います。そして、このことをゾルゲ事件に照らし合わせれば、一つの空白部分が浮かび上がると思います。

ロシアの中では、一九六四年のゾルゲの評価以来、「私は秘密の情報を知っている」という多くのゾルゲ研究家が根拠を明確に示さないまま、情報と分析を作り出してきました。その頂点となったのが軍による、神話的なソビエト英雄としての名誉回復だったと思います。実際、取材の間にも出所不詳と称する形では、いくつものゾルゲの電文を見せられました。

その一方で、ソビエト以外の国では、あたかもスパイ小説の主人公のような、強く、天才で、好色で超人的ともいえるゾルゲ像が描き出されてきました。どちらのゾルゲにも大局的な間違いは少ないとは思いますが、それぞれが一方向だけの情報に基づくものであったことは、これまで語られてきた多くのゾルゲ情報の特徴だったと思います。ソビエトでもその他のいわゆる西側の国でも、肝心のソビエトの情報が明かされることはないという条件の上に、外側にある情報、もしくは加工された情報だけで作り出されてきたものだったのではないでしょうか。

こうしたばらばらに形作られていった姿をひとつのものに収斂《しゅうれん》していくには、ゾルゲの時代とその後のソビエトの分析に、いわゆる「西側の先入観」だけに頼らない姿勢を作り出すことが大事だと考えます。一方ではロシアでも、間接的で加工されたものではない資料の分析が必要でしょう。それだけに近年、新しい視線で調査や研究が増え始めているのは興味深いことと思います。しかし、未だに続いているロシアと世界の常識の位相のずれは、それを踏まえた検証がまだ終わってはいないことを示しているのだと思います。

ソビエト取材での個人的なルール

初めて私がソビエトを取材に訪れたのは、一九八七年の一一月でした。このとき日本の外交官が日本へ送り返されるなどの事件が起こり、戦後の歴史の中でももっとも日ソ関係が悪化していた時期といわれたときです。しかし、訪れる国の何もかも新鮮に映る「現実」に接して、それまで教え込まれて常識となっていた「ソビエト」の姿とは必ずしも一致しない状況を体験し、伝えられるソビエトと実際とは似て非なるものだということが理解できました。そう感じさせる何か匂《にお》いの違いをこの国は持っていたのです。

そのとき、ソビエトという困難な国を取材していくために、一つだけ自分に課したルールがあります。それは「西側の情報」によりかかって分析しないということです。そのころ「鉄のカーテン」とも「秘密のベール」とも呼ばれ、謎と疑惑に満ちていた社会主義圏の国家に対して、多くの報道の常套手段は「西側の観測筋によると……」というものでした。その国の中に入れないのならば、そうした姿勢も避けられないかもしれません。

しかし、何らかの努力で「鉄のカーテン」の内側を見ることができることになれば別です。

一歩その国に踏み込んだ後は「西側」という曖昧《あいまい》で無責任な第三者からの情報の逆流ではなく、先入観を取り除いて取材対象に立ち向かい、自分が見て掴んだ情報を伝えたい。そして、その姿勢を守ることがより正確な情報を伝えることになり、一歩早く中に入り込んだ取材者の役目であると考えたのです。そして、ソビエトという国には、困難は伴っていてもそれを見ることができる余地がありました。

数年に及ぶ期間、シベリアと北極圏を歩き回り、当時動き出していたペレストロイカの行方を追っていくうちに、とうとうゴルバチョフの政策そのものや、日ソ関係の展開にまで取材が進み、次々とテレビで番組を出すようになりました。そうした中で、ゾルゲの取材をやってみようという動きが、現代史の企画として始まりました。

このときにも当初から自分で決めたルールははずさないでやろうと決めました。どんなに日本で言われた定説があろうとも、ソビエトに関わることは、すべてソビエトで見たものを前提に語っていく。ソビエトで取材するならばそれが必要条件と考えました。少なくともソビエト国内での取材については、そうした姿勢を崩さないように番組を作ったつもりです。それはある意味では、日本で語られたゾルゲの姿を表とすれば、裏側から探ったゾルゲの報告ともいえるものだったと思います。そのときの記憶をたどり新たな情報と分析を加えながら、ゾルゲについての考察をしたいと思います。

ソビエト崩壊が生んだ情報公開

ゾルゲに関わる取材の中で、ゾルゲの極秘に伝えられた電報文など、ソビエトにおける資料をどのように入手したのか、それがどのようなものだったのかという点をお伝えしたいと思います。

ソビエトの国防省からこの資料が公開されたのが、ゴルバチョフ追い落としを謀《はか》った九一年夏のクーデター事件の直後だったという点に注目してください。この資料の公開を求めるに当たって、我々は資料を保管している組織を特定することから始めなければなりませんでした。

今から振り返ってみれば、こちらの調査不足というお粗末な話にしか聞こえないと思います。しかし、そのころまでのソビエトが行っていた資料公開に、決定的に不足していたのは具体性と客観性でした。こちらが主体的に探る手段がなく、一方的な情報が提供されるだけというシステムしかなかったのです。国家によってコントロールされた情報にアクセスすることは、手探りに近い困難さが伴いました。

改革（ペレストロイカ）のかけ声の一端として、ようやく情報公開、いわゆるグラスノスチが始まっていましたが、まだソビエト自身がそれをどう実行して良いか分からない段階にしかなかったのです。チェルノブイリの事故を公表するかどうかが発端となったとも言われるグラスノスチですが、高度な官僚制がはびこっていたソビエトにとって、市民の側に立った情報公開などはもっとも取り組みにくいスローガンだったはずです。

公式の機関が情報公開に消極的だったことは、このころペレストロイカの中で不確かな情報があふれる原因ともなっていました。この時期にソビエトでゾルゲの資料を集めることについて、私の書いた本では次のような記述になっています。

「ソビエトで多数出版されたゾルゲに関する本や論文は、作家による伝記的記述に終始するものばかりで、その活動を正確に伝える資料の存在を示すものは皆無であった。」

「ゾルゲを祖国救済の英雄としながら、長い間ソビエトにはそのことが事実に即したものかどうかを確認する方法がなかった。もしグラスノスチを掲げ、国家として情報を公開しようという姿勢を示すならば、こうした国家間で解釈の異なる事件についても、大いにその事実を示して行くべきではないだろうか。それがイデオロギーとプロパガンダに縛られていた時代と、現在のソビエトとの違いを示すものとなるのではないか。こうした点が当時、取材を進める私たちの立場であり、要求であった」

こうした私たちの要求を結果的に力づけることになったのは、皮肉にも軍を含む守旧派勢力の巻き返しともいえるクーデター事件とその失敗でした。まさにソビエトが崩れる直前の時期に、「秘密主義」の国家の中枢がゾルゲの情報の公開を決断したことになります。ちなみに、これまでテレビ番組でも本の上でも、国防省によるゾルゲ情報の公開という表現を使っています。これは、彼らが我々の取材に対して資料を見せるということは、当然その資料について一般に対して公表するという姿勢に基づいているとの判断からです。しかし、その後のゾルゲに関する資料の扱いを見ると、必ずしもすでに公開された資料として扱ってはいないようです。

恣意的な文書や資料の開示

この点は、ソビエトが倒れ、ロシアに変わってからの歴史資料に対する姿勢の揺れ動きが、少なからず影響していると感じられます。私自身は、この数年間ロシアの取材・調査から遠ざかっていますが、伝え聞く情報公開に関する姿勢は、必ずしもスムーズなものではありません。

ロシアとなった直後から、ある種のビジネスという感覚も加わり、一時は資料公開の動きに弾《はず》みがつきました。九三年に資料公開の法律が作られ、それまでのイデオロギーに縛られ、国家の利益と思惑に沿ったかたちの情報しか出されなかった姿勢からは大きく変化したようです。しかしそれとは別に、莫大な金額の要求や独占的な研究者の出現、さらに権威を保護するための公開の制限などが見られるようになり、必ずしもその後のロシアにルールに沿った制度が形作られているわけではありません。いまだに特権的に資料を見ることができる人が、間接的な形でそれを発表するという形は崩れていないようです。

情報公開制度が整えられているアメリカなどを除けば、元々国家の戦時中における判断や決定、特に軍事情報を公開する制度をきちんと確立している国は、決して多くありません。日本なども官僚制が強く、公開のルールが整っていない国の典型的な例といえるでしょう。

ある時は弾《はず》みがついて大量に資料が公開され、またその反動で一般的な資料さえ開示されなくなる。今のところロシアの情報公開の実情はこうしたことの繰り返しといえるでしょう。そうした事情も考えれば、ソビエトの最後の時期に多くの国の基準に照らし合わせても、困難が伴うと思われるゾルゲに関する資料の公開が行われたことは、グラスノスチの成果として評価しておきたいと思います。しかし、残念な点はそれが平時の冷静な制度に続いていかず、一時の気まぐれな判断の域をでなかったことです。一時的な取り組みというレベルを超え、歴史の真実として、こうした重要な情報が開示されていくことは、新しいロシアにとっても避けては通れないものと思われるのですが。

公文書館がゾルゲ資料を保管・管理

公開当時の話に戻れば、時間はかかりましたがゾルゲの資料を保管・管理するのは、軍の公文書館であることまでは突き止められました。そこへたどり着くまでも、国防省を始め国家保安委員会（KGB）や共産党中央委員会の資料などを当たり続け、その度に煮え切らない返事が返り、希望を抱くと逃げ水のように失望させられることの繰り返しでした。その多くは、ゾルゲの専門家や研究者という人たちからの情報に惑わされた結果でもありました。革命以来培われてきた、徹底した官僚的な管理システムと秘密主義が、こうした機関の横の連絡ルートを断ち切り、ほとんど機能麻痺に陥らせている。そのことを実感させられるような取材でした。

それまでKGBを中心に交渉を進めていたわれわれにとって、軍の情報開示についてソビエト国防省などと交渉を一から立ちあげるのは、厄介な仕事でした。ちなみに、なぜKGBを中心に調査を始めたのかと言えば、この時期に、開かれたKGBをめざそうとして組織の中に初めて公式の広報部が作られたことがあります。悪名高いKGBの評判を改善しようとしたものでした。これをきっかけに、ゾルゲの資料公開を求めたところ、彼らも最初の仕事として積極的に応じてきたのです。

当時、副議長で広報の責任者となっていたカラバイノフ氏は「現在もKGBの仕事は、世界各国における諜報活動である。それは民族間や国々の対立を強めるものではなく、信頼を強化するものです」と述べました。続いて「国が存在している限りどんな国にも国家機密があります。そしてどんな政府もお互いのコンタクトにおいて公式の合意が揺るぎないものであることを望んでいます。このために諜報機関は自らの政府に対して重要な貢献をしているのです」と指摘。「これは今日の社会での諜報機関の方向転換です」と言って、過去には必ずしもこうした性格だけではなかったことも認めたうえで、諜報活動は正当であると主張していました。しかし、彼らの努力した調査の結果は、KGBにはゾルゲに関わる資料はほとんどないというものでした。

この時点で、調査の開始からすでに四カ月が経っています。ペレストロイカは行き詰まりを見せ、軍をはじめとする保守化の波の強さが伝えられ、改革の行方が不安視される状況が、モスクワにようやく生まれ始めた新しいマスコミの中でも、伝えられていました。仕切り直しに当たり、軍に対するこちら側の交渉の札が、グラスノスチの実践だけというのも不安材料でした。窓口となる国防省に作られた広報部でも、対応はソフトなものでした。しかし案の定、交渉は遅々として進展しません。連絡は途中から途絶えるようになり、ほとんど絶望と思わせる状況となってきました。それは今振り返ると、七月、まさに軍部を含めたクーデターの準備の作業が、大詰めに入っていた時期に当たります。

そして、八月。突然、ゴルバチョフを追い落とそうとするクーデターが発生し、モスクワに滞在していたわれわれ取材班は、その対応に追われる一週間が過ぎました。クーデターが三日で失敗に終わると、反対に共産党が解散に追い込まれます。混乱しながらも、劇的にソビエトが変わる瞬間でした。資料請求の状況が打開に向かったのは、この直後でした。

ＫＧＢ学校の取材許可

まず、ＫＧＢからの返事がありました。ＫＧＢではゾルゲに関する資料については、妻エカテリーナ（カーチャとゾルゲは呼んでいた）との手紙と彼女の逮捕の記録以外、まったく持っていないことが確認されていましたが、かねてから取材を申し込みながら拒否されていた、ＫＧＢ学校の取材が許可されたのです。西側の取材陣には初公開というモスクワ郊外のこの学校の様子は、番組の冒頭でも紹介されています。

ソビエトにとってゾルゲはどう評価されているのか。また、諜報とはどのような意味で捉えられているのか。ここで訓練を受ける生徒たちは、口をそろえてゾルゲの功績と戦争のためではなく平和を模索するゾルゲの活動の意義を評価し、その必要性を肯定していました。なかでも印象深かったのは副校長への取材で、「諜報に関わるテキストを見たい」という質問に、「われわれは諜報員を養成するのではなく、防諜の人材を育てる組織だ。従ってテキストも諜報ではなく防諜のものしかない。」と堂々と答えていた点です。教室での授業を撮影した後で目についた、教室の後ろにかかれたポスターも面白いものでした。「貴重な書類を机に置き忘れるな」との標語が書かれていたのです。この国のこの組織にとっての、まさに今も現実のものとしてある「諜報活動」の重みが伝わってくるものでした。

そして、これと前後して軍からの資料公開の知らせが届きました。参謀総長の指示によって、資料の公開について可能な限り対応するというものです。その後の文書公開の様子は、番組の中に詳しく紹介してあります。ゾルゲからの電報、文書で送られた資料と分析、そしてモスクワから送った指令などです。公開を担当したのは国防省広報部でした。もちろん、これは軍に保管されるゾルゲに関するすべての資料ではありません。ゾルゲの電報を綴じるファイルは受け取った資料より相当な厚さがありました。彼らの探した資料の範囲はわれわれがあらかじめ予測をたてて指定したものが中心でした。資料の調査結果については軍の公式の調査として責任を持つと答えていましたが、直接資料室に入り込んで、すべてを調べ尽くすことまでできなかったのは残念です。

たとえば、独ソ戦の開戦についてゾルゲの送った電報は日付を特定していたのかという確認については、国防省広報部で資料公開を担当したニカノロフ氏がわれわれの独ソ戦の開始についてのゾルゲの電報に関する質問に対して、「ソビエトとドイツの関係を伝える電報は、資料として残る中には日付を特定したものはない。そうした電報は存在しません。しかし、ゾルゲの報告は、かなり正確に六月中旬以降の軍事行動の開始を指定していた。一九四一年六月二二日にドイツが開戦するという電報文は、ゾルゲが有名になってから作家たちが作り上げたものだと考えます。多くの作家が興味に駆られて事実の報告を怠ったのでしょう」と撮影に当たって答えている。

主だった事件を確認するものは、この中に網羅されていると考えますが、予想外の内容についてはまだ確認されてない可能性は残っています。この点は、今後の客観的な調査とそれに伴う公開にさらに期待したい部分です。

ゾルゲ電報に関する資料公開までのいきさつが長くなってしまいましたが、このほかに九一年の取材で確認できたことを簡単に紹介しておきます。この取材について全体像を知らせることで、ゾルゲに関するその後の調査の参考にしていただければと思います。

取材でインタビューした人たち

◆ルネ・マルソー（フランス出身で、コミンテルンに派遣され、諜報活動に関わった）

ゾルゲと同じく一九三三年、フランスからコミンテルンに招かれ、モスクワにきた女性。諜報員としてモスクワでゾルゲと一緒に無線技術などの訓練を受けている。ゾルゲが日本に潜入したときには上海の租界にいて、ゾルゲの無線伝達の連絡役もつとめたことがある。

ルネさんによれば、一九三四年当時、ゾルゲはウラジオストクとの無線連絡ができず困っていた。彼女が日本に行き調べると、部屋いっぱいに設置されていた無線装置は正常に作動したが、通信装置のアンテナが外されていたことが分かった。その当時の無線通信員は、無線の発覚がこわくて、大規模な通信が傍受されることを恐れたためだった。無線担当者は交代し、無線機も携帯用の小型のものに変えられた。その結果、ゾルゲの無線は極東ウラジオストクに直接通じるようになり、上海でのゾルゲの無線情報の送信を仲介するという役目は、彼女の仕事からなくなったという。

◆マリア・マクシーモワ（ゾルゲの妻エカテリーナ＝カーチャの妹）

エカテリーナは、モスクワでゾルゲと暮らした女性。マリアさんはその妹である。ゾルゲは極東へ行く前に、カーチャとの結婚届けを出している。マリアさんの証言を聞きながら、カーチャとゾルゲの関係を見ていくと、ゾルゲの果たされなかったもう一つの願望が見えてくる。それは、普通の家庭を持ち、社会を見つめる研究者として落ちついた暮らしをすることだろう。

妹としての彼女の証言を聞いていると、コミンテルン要員として、モスクワでホテル暮らしをしていた時代に、カーチャと知り合い、彼女のアパートにいそいそと荷物を抱えて来て住み着き、平凡な夫婦として暮らそうとするゾルゲの姿がある。ゾルゲの卓抜した能力が、そうした彼の望んだ平凡な生活を許さない境遇に導いてしまったのだろう。KGBで公開されたゾルゲとカーチャの、長い年月のお互いの不在を越えて交わされた手紙のやりとりは悲痛なものでした。その心情から浮かび上がるのは、ゾルゲにとって日本での生活と行動が虚像であり、それが現実を上回って実像の自分がかすれていく様子です。使命感から逃れられなかったゾルゲにとって、東京で暮らし、その間にソビエトの姿が大きく変節していく中で、自分自身を見つけだせる最後の拠り所は、もっとも遠くにいた妻の存在だったといえるでしょう。

◆ビタリー・チェルニャフスキー（戦後、ゾルゲと同じような諜報活動に関わった）

軍やKGBで調査をしているうちに、赤軍と内務省で諜報活動を実際に担当したチェルニャフスキー氏を紹介された。彼は直接ゾルゲと会ったことはないが、一九五一年に非合法諜報活動部門の東洋課長を一年半務めたときに、ゾルゲの資料を調査している。彼の判断では、「独ソ戦開戦後に、それまで無視していたゾルゲの送った情報が詳しく分析され、ドイツの師団数から進行方向などすべての情報が正しいことが分かり、ゾルゲ情報に対する信頼性が高まった。やっと信じてもらえることになったのです」「日本の参戦がないということに対しては、ゾルゲのグループの功績が主たるものです。もちろん同じ情報を違う手段で送った人もいました。しかし情報の大部分はゾルゲからのものでした。後から分かったことですが、もっとも正確なものがゾルゲの情報でした。当時、上層部ですべてが調査・検討にかけられました。一つの情報では信用せずに、他の資料も要求しています。他にはどうだと。そうして集まった情報の比較・検討をしていますが、ゾルゲの情報は正確なもので、短時間でこの検討は終わっています。それは作戦遂行に必要なものでした」として、ソビエト上層部のゾルゲの評価に対する変化を語っていた。

◆ワレンチン・ベレシコフ（戦時中のスターリンのドイツ語通訳）

ゾルゲの暗号名であるラムゼイと署名された電報を何度もスターリンに届けたという。彼はラムゼイが誰か分からなかったが、日本から送られてくるものであることは、日本の情報源が引用されていることから分かったという。

スターリンがドイツの参戦に関する情報を信じなかったのは「ゾルゲがソビエトへの攻撃の情報を伝えたとき、スターリンが別の情報源から受け取った情報と一致していたからだと思う。スターリンはゾルゲのこの情報がソビエトを揺さぶることで、ソビエトのドイツとの戦争を誘発することを目的としていると考えました。ゾルゲはソビエトにデマ情報を送るというドイツから与えられた任務を遂行していると考えたのでしょう」といいます。

逆に、日本の対ソ参戦がないとのゾルゲ情報については、「東京で日本政府の首脳部が長い期間闘争した結果、アメリカへの攻撃、南方戦線への進出が決まったという内容を信頼していました」と語った。しかも、スターリンがこのゾルゲ情報を入手したときは、「アメリカのルーズベルト大統領からの親書を通じて、日本がソビエト沿海地方を含む極東地域を攻撃する準備を進めているという内容の信頼できる情報を受け取った時期と、一致していました。この親書は、沿海地域にアメリカと共同で飛行場を作ろうという提案も含まれていました。スターリンはこれをゾルゲの情報と比べて不審に思い、アメリカがソビエトと日本の戦争をけしかけようと意図しているものと考えたのです。反対にアメリカに日本が戦争を仕掛けようとしていることは、伝えませんでした。日本の奇襲攻撃でアメリカが打撃を受ければ、それだけ日独の同盟関係に対して、強い結束がもたらされることになると考えたのだと思います」と、スターリンの思惑を分析している。

◆ナターリャ・ズナリョーワ（赤軍第四本部部長ベルジンの秘書）

一九三二年、赤軍第四本部でベルジン部長の秘書となった彼女が、ゾルゲと話した記憶は以下のようなものです。

「ベルジンはファシスト・ドイツの行動を探るために、日本で諜報グループを作った方がよいと考えていました。ベルジンのところに訪ねてきたゾルゲは、背が高くハンサムで髪の毛は濃い茶色でした。ベルジンは彼がここに居るということをあまり知られない方がいいといって、私に廊下での見張りを命じました。その後で話をする機会がありました。リヒアルトは自分が二つの祖国を持っていると信じていました。ドイツについては当時、ヒットラーが政権を握ったことを非常に心配していました。非常に興奮して、ドイツ国民やドイツの回りに住んでいる人たちがどう影響を受けるのかと心配していました。イタリアでもファシスト政権が確立していました」

また、一九三五年にベルジンに変わりウリツキーが部長になった頃に、ゾルゲが再び訪問したときにも、彼女が秘書として聞き取りをメモしたといいます。そのメモの詳しい内容は覚えていないとのことです。「ウリツキーの聞き取りの仕事の合間に、ゾルゲと話をすることができました。リヒアルトは日本についてたっぷりと話してくれました。日本の国民については感激すると話し、非常に働き者で文化も深いものだと言っていました。その古い文化を持っている国のことを、表面的なものだけでなく真剣に研究しようとしていました。日本のあちこちを回り、興味深いことを見てきた彼の話は、非常に面白いものでした」とゾルゲの印象を語っています。

◆ミハイル・イワノフ（戦時中在日ソビエト大使館の領事部に勤めていた）

彼は外交官の立場で、日本でのゾルゲの活動を見ていた。ただ当時若かった彼は、ゾルゲの連絡役をしていた一等書記官のザイツェフ氏の下で働き、実際のゾルゲの姿は一度見ただけだといいます。

「日本でゾルゲが逮捕されたとき、ソビエト大使館は沈黙していました。日本のソビエト大使館でパーティーが開かれたときにも、出席した重光外相は雑談をするだけで、身柄交換の話は切り出されませんでした。ゾルゲを取り戻すことを検討しなかったということではありません、しかし、後に一九四四年になって、マリク大使がモスクワに戻った折りに、外務大臣のモロトフに会い、関係を結ぶことが難しいグループがいます、と切り出そうとしたが、モロトフは気がつかないふりをして黙っていました。ここでもゾルゲにまつわる捕虜交換の話は出されなかったのです」

イワノフ氏は日本へ渡る前に、モスクワでゾルゲの妻カーチャに手紙を届ける役目もしていたといいます。この点は、カーチャの妹のマリアさんも認めていました。彼によれば「カーチャは七年待ち続けて、ゾルゲのことを知りたがっていました。いつ彼は戻れるのか、代わりの人はいないのですか、軍には養成する機関があるのではないのですかと聞かれ、このことは上層部が決めることだと答え、いつも会話は終わりました」と、話がそれで途切れてしまったそうだ。

なぜイワノフ氏がこのような形でゾルゲの周辺にいたのか、その質問については明確に語ってくれませんでした。

このほかにも、取材当時論争のあった新しい戦史の編纂と軍による出版停止に至った事件についてその関係者に話を聞きました。またゾルゲの時代の証言者としてゾルゲの生まれたバクー、モスクワの赤軍記念館など多くの場所でできる限りの人に当たりました。

しかし、多くの人に共通していたのは、英雄として再評価されたゾルゲ像が強く影響し、類型化されてしまっていることでした。いわば、神話としてのゾルゲの徹底ぶりです。親戚関係にある人やゾルゲを直接知る関係者まで、知っている真実だけを語ると言うよりも、後から作られたゾルゲの神話を確認できないままに信じ込まされて、それを加味した評価を余儀なくされていることを感じさせるものでした。それはゾルゲ事件での真実と、ゾルゲの実像を確認することの不確かさという現実に帰因するものです。最後に、このゾルゲの虚像と実像について取材を通して感じた点に触れておきます。

冷戦構造反映したゾルゲ像

戦後のゾルゲの扱われ方には、二つの不幸な側面があります。

第一は、戦後のアメリカの調査によって、意図的に歪められたゾルゲ像が提示されたこと。意図的にという表現をしましたが、占領下の日本で調査された資料が、始まっていた冷戦の中でイデオロギーの対立をする国への攻撃材料として都合よく利用されたことは、ゾルゲの活動していた時期には想像もつかないことでした。

もう一点は、ソビエトにとってゾルゲの存在を認める再評価が、戦争終結から二〇年も経った後で、国家の英雄というような形で行われたという点です。米ソのゾルゲに対する戦後の評価の隔たりは、まさに冷戦の構造を踏まえたゾルゲの評価を作ることになります。

その結果二つの極端な隔絶に挟まれた中で、事実よりも大義を語るために、ゾルゲの実像はかなり曖昧《あいまい》なものになっていきました。そのことは、日本においても、ロシアにおいても、未だにゾルゲを語るときにいつのまにか挟み込まれてくる夾雑物《きょうざつぶつ》となっています。

客観性という考えでいけば、両側の主張を分析し、ニュートラルな情報を集めて比較・検討して矛盾や疑問点を探り出し、真実に近い姿を測ることが大切と考えます。その作業を踏まえてようやく平静な目線で事実を判断し、疑問を解決することができます。今振り返ると、私にとっても取材当時の考察や判断にいろいろな影響があったことを感じます。これまで語られ、定説のようになりつつあるゾルゲの足跡の中にもそうした点で疑問となるいくつかのポイントがあります。

第一の疑問　ゾルゲの運命

ソビエトへの帰国が実現していたら、ゾルゲはどのような運命になったのか。日本で逮捕され死刑に処されるという最後をたどったゾルゲについて、多くの本に書かれている仮説に対する疑問です。最初から仮定形の問題提起でがっかりされる方も多いかもしれません。しかし、ほとんどすべての本が同じ表現をしている点には、違和感を感じます。

それは、たとえ死刑にならずにソビエトに帰国することができたとしても、ソビエトでスターリンの粛清に合うことは免れなかっただろうというものです。もちろんこの疑問は、スターリン時代の想像を遙かに超えた恐怖国家としての恐さを知らない想定であるという批判に直面してしまうことは避けられそうにありません。しかし、戦時中のソビエトにゾルゲが極秘裏に戻ったとしたら免れなかったとしても、戦後の新しい状況の中では違っていたかもしれません。

素朴な疑問としても、一つの反証は浮かび上がります。

ゾルゲの活動に関わり、その電文内容を知り尽くしていたことをソビエト当局も承知しているマックス・クラウゼンは、戦争終了後に無事にウラジオストクへ脱出し、ソビエトを経由して故国である東ドイツまで帰っています。スターリンにとってゾルゲが心休まらない存在であったという評価から、帰国後ゾルゲに対して想像されたソビエトの対応と、クラウゼンに対する実際の対応の違いを説明する分析は、どこにも書かれていません。記述にあるのは、彼は戦後まで生き延びたので、その後も祖国で共産主義の功労者として迎えられ生きながらえたということだけです。

しかし、このことはソビエトが第二次大戦終結とともに置かれた状況と、それによるソビエト国内さらにはスターリンの姿勢の変化を示しているようにも思えます。ゾルゲの手記を信じる限り、ゾルゲは獄中で自分の処遇に大変な自信を持っていました。そのことは二つの可能性を感じさせます。

一つにはドイツの対ソ戦開始の情報だけではなく、日本の対ソ戦回避という、ソビエトにもっとも重要で、本来の指令に沿った情報を正しく伝えたことによって、自分の組織に対する絶対的な評価が得られているという確信です。ソビエト国内での評判が必ずしもよくなかったとしても、このことによって自分たちに決定的に不利な局面には至らないという確信でした。

もう一つは、日本にとって自分が重要なソビエトへの交渉材料として扱われる可能性があること。つまりソビエトにとって自分は引き取る価値のある人材であるという信念です。

二つ目の点については十分に現実的なものであり、日本側もソビエト側もこの捕虜交換について検討したことは記録としても浮かび上がります。しかし、結論はゾルゲの望んだ通りのものではなく、反対にソビエトからの黙殺というものでした。

戦争終結直前の状況で、切羽《せっぱ》詰まった日本側に対するこのソビエトの冷徹な判断は、スターリン時代の過酷な姿勢を示すものです。しかし、ソビエトの判断が戦争後においても揺るがないものだったのかという点については、あまり深く検証された形跡が見られません。すでに生まれていた冷戦構造の中で、アメリカ側の取った対応を考えれば、状況は違ってきます。戦争終結から少し時間は経っていますが、アメリカのウィロビーのゾルゲ事件に関する調査報告は、まさに戦争時には決して行われなかった方向で作られています。終戦前夜からすでにアメリカとの対立関係が避けられないと予測していたソビエトにとって、戦争終結後に逮捕されていたゾルゲが釈放されるという状況を考えてみましょう。ソビエトにとって事件が公《おおやけ》となっている点から、ゾルゲを日本に残したまま黙殺し沈黙を守り通すのではなく、ゾルゲをソビエトの英雄的行為をした諜報員として認めゾルゲを救出する可能性は大きかったと思います。

それがまさに、戦後のクラウゼンに対してとられた、ソビエトを含む東側の措置でした。その後のソビエトの国家英雄の作り方を見ても、戦争中のいきさつにこだわって、あえてゾルゲを黙殺したり、秘密裏に自国の中で粛清することより、ゾルゲを戦争の英雄として扱うことを選んだ可能性は少なくないように思います。もちろんそうした事態にゾルゲが素直に応じることになったかどうかは、疑問が残ります。しかし、この点についてはゾルゲを悲劇的な主人公として捉え、絶望的な運命を作り出すために、日本からもソビエトからも見捨てられたゾルゲの末路という結論が、パターン化して結論づけられているように思います。ゾルゲはソビエトに戻っても処刑されたという分析は、ドラマ的で豊富なエピソードがあふれながら、確実な資料の少ないゾルゲ事件ならではの、典型的な仮定の結論の一つだと思います。

第二の疑問　ゾルゲの超人的能力と生活

ゾルゲの小説の主人公のような特徴は、その容貌や外観にも色濃く現れていると思います。

戦争で受けた傷によって短くなった片足を引きずる姿。母方がロシア、父方がドイツ。二つの祖国が混じりあった血筋のエキゾチックな顔立。人を惹き込む神秘的な目。フロックコートを羽織り、いつも斜に構え陰を背負ったような姿。さらに、生活ぶりもハードボイルドを地でいくようなものとされます。バイクと自動車を乗り回すスピードマニア。放蕩に明け暮れ浴びるような酒におぼれる一方で、人を惹きつけてやまない巧みな話術と該博な知識。バイクで瀕死の事故に遭いながら気力で危機を乗り切る強靱な精神力。そして重要な情報源であるドイツ大使の妻を愛人とする図太さ。めまぐるしいほどの女性遍歴。

あまたのスパイ小説から盗んだものではなく、逆にスパイ小説がゾルゲから多くのヒントを得ていったのではないかと思うほどの魅力に溢れた人物設定です。しかし、冷静に見たゾルゲの人物像は、日本滞在の八年間、不自由なままの日本語環境の中で、十分な翻訳文献もない中を、こつこつと国内の隅々まで調べあげていました。そこに徹底した分析を加えて、的確な情報をソビエトに送り続けるという仕事を、ほとんど休む間もなく続けていたのです。さらに、この作業に加えて多くの諜報員との連絡、交渉を続け、加えて諜報の秘密の徹底した秘匿と、新しい情報網の獲得という煩雑な仕事が織り込まれています。

この作業を個人的にやり遂げていくとなると、ゾルゲに超人的なエネルギーと才能がない限り、日常的に酒を飲み女性と遊び暮らす余裕はほとんどなくなると思います。粘着質の性格を持つゾルゲは、仕事への使命感を易々と捨て、息抜きに多くの時間をかけていたとは思えません。たとえば、有名な逸話である独ソ戦開戦の日に起きた深酒をして荒れるイメージは、日常におけるゾルゲの生活ぶりにまで影響し、放蕩する彼の生活ぶりという側面を強化していったのではないでしょうか。

私の感じたゾルゲのイメージは、こつこつと研究調査に打ち込む学究肌の人物です。その姿はドイツ大使館に設けられた執務室や、彼の自宅のデスクに四六時中向かっているものです。諜報活動上の恵まれた状況も、逆に見れば二重スパイとも三重スパイとも疑われかねないものでした。その彼を疑惑から遮ったのは、まず三度の戦傷を負うまで志願をし続けた彼の強情な性格、主義信条に従い生活の不便なモスクワに飛び込み、上層部の過酷な指令に反発もせずに従った我慢強さ、そして日本での不自由な縛り付けられた生活に自らを律した精神力、そうした部分によりリアルなゾルゲ像があると思います。

少なくとも彼の性格は、あらかじめ自分で決めた目標値にさえたどり着けば、後は遊んでいられるといったものではなかったと思います。その余裕を感じれば、すぐに他にできることを探そうとする、そうした観念で日本での諜報活動を続けたのではないでしょうか。

その我慢強い精神力では、ゾルゲが超人的なものを持ち合わせていたという評価もできるかもしれません。何らかの恐怖心や抑圧によってこの仕事を続けていたのではなく、ゾルゲが主体性を持ち、組織のリーダーシップを保ちながら、自分の意志でこれだけ長い期間持続できたのは非凡な才能です。その裏付けとなったのは、日常の生活については決して突出しなかったことだったと思います。

第三の疑問　ゾルゲと女性関係

前項と重なる部分があるにしても、ゾルゲの女性関係という評価に、もう一つの別の側面を見ることができるという可能性から触れてみたいと思います。この点にも、明らかに多くの人による作家的な想像が作り出した事実の誤認があるように思います。

ゾルゲの人物像は信念と行動方針を事前に確立し、それが本末転倒することを許さない厳密な性格に特徴があると思います。いつのまにか目標が変わっていったり、別の事態に対応するうちに目的自体が変化するといったことが極めて少ないことは、ゾルゲの行動パターンを示していると思います。このことを前提に考えると、一つの疑問が浮かんできます。様々な本がどのようにゾルゲを表現しているのか、見たとき多くに共通する点です。彼がきわめて女好きであり、その女たちとつきあうときに何らかの形で彼の活動を伝えていたということです。

しかし、資料を調べていくと、実際は少し違う方向を示しているように感じられます。諜報活動に関わる部分は、絶対に諜報活動に関係のない他人には漏らさない。そのことで相手にかかる迷惑は段違いになってしまう。他人に対する気遣いを持ち、極めて厳しく自らを律したゾルゲの考える原則が、様々な資料からはっきりと見られます。一方、多くの証言や対談は、女性にやすらぎを求めるゾルゲが、そうした場面で人間的な弱さをさらけ出し、密かに自分の極秘の活動を伝えていたといった話を伝えています。

文書資料で浮かぶ姿と、実際につきあった人の証言と、どちらに真実があるのか、それを判定する根拠は残念ながらありません。しかし、彼にとって様々な女性関係はあっても、自己との共犯関係をつくるような関係は作り出さなかったように思います。彼の行動様式にはそのことに対する距離感があります。はっきりしているのは、ゾルゲがソビエトの諜報員であったことが発表された後で、すべての証言が行われているということです。誰かだけが特別な関係で彼の真の姿を知る、そんな想像はスパイ小説としてのゾルゲにはスリリングな設定と思いますが、現実には別だったと思います。

事実の検証よりも、神話の作成が先に起こってしまった。その神話の部分と実像との境を決められない中で、多くの調査や証言が積み重ねられていく。冒頭でも書いたような、ゾルゲに直接会い、もしくは親しい関係にいた人までも、作られたゾルゲの姿を自分の体験に重ね合わせてしまっている様子はゾルゲの取材で感じる大きな特徴です。このほかにもゾルゲ事件に必ずついて回る虚像と実像の乖離《かいり》は少なくありません。意図的に作られたゾルゲ像によって、こうした疑問点はゾルゲの評価にいつもつきまとっているように思います。
ゾルゲの実像と「スパイ・ゾルゲ」との間に横たわる溝は、いまだに埋められていないのです。

【筆者紹介】

三雲　節（ＮＨＫ番組制作局チーフプロデューサー）

一九五六年、東京生まれ。主にドキュメンタリーと、現代史番組を作ってきた。最近では、ＮＨＫスペシャル「核・連鎖の時代へ～インド・パキスタン核実験後の世界」を放送したばかり。

ソビエト・ロシアに関わるようになったのは、一九八九―九〇年にＮＨＫスペシャル「北極圏」シリーズの取材をしてから。当時、日ソ関係が戦後もっとも険悪だったなか、世界各国どこも取材許可が出なかったシベリア、北極圏を三年間現地取材を敢行。ソビエトが否定していた失業者の存在など、隠された現実をいち早くスクープしただけではない。広大なツンドラ、タイガ地域を持て余す北方政策の矛盾と改革（ペレストロイカ）の苦悩などを次々と紹介した。

その後、世界的に注目を集め始めたゴルバチョフ改革の実像に迫ったＮＨＫスペシャル（九〇年八月）「これがソ連の対日外交だ」（九一年四月）などを制作。そして九二年十月、現代史スクープドキュメント「国際スパイ・ゾルゲ」の中で、旧ソビエトのゾルゲに関わる部分を担当した。

この取材の最中にクーデター事件が起こり、クレムリンの中枢やエリツィンが立て籠《こも》ったホワイトハウスを現地取材して、「ソ連を変えた七日間」（九一年八月）を放送。「その時、ソビエト政権や軍側との取材の積み重ねによって、現在のロシアでも入手困難なゾルゲに関する資料が集められた」という。

国防省とソビエト軍から、それまで一切公開されなかったゾルゲ発信の諜報電報の原文、また国家公安委員会（ＫＧＢ）の記録文書から、モスクワの妻カーチャ宛の極秘書簡など、貴重な一次資料を多数入手し、番組で初めて公開した。この番組をもとに角川書店から「国際スパイ・ゾルゲの真実」（共著）を出版した。

慶応義塾大学卒業前に同好会「ＫＢＰ」（Keio Back Packing Club）を結成した。これは背中にザックを背負い、行きたい所へは単身でどこへでも行くというアメリカ生まれのアウトドア中心のスポーツクラブ。

「ソビエト・ロシア取材の出発点となった『北極圏』シリーズも、実はこの『ＫＢＰ』の趣味と実践から生まれたのですよ」

今回、パネリストとしての参加が決まってから、九八年八月、単身ロシアに旅行してゾルゲに関する最新情報を集め、シンポジウムに備えた。「謎の多いゾルゲの人物像を探る上で、最も資料公開が遅れていたロシアの情報を日本からの取材の目線を含めて報告したい」と張りきる今年四十二歳。パネリストの中では最も若い日本のテレビジャーナリスト。

（片島紀男）

われわれは最後の最後まで、ソ日戦争回避のため力をふりしぼった

ワレリー・ワルタノフ（白井久也訳）

一九九五年十月四日、歴史上最も有名な諜報員の一人、リヒアルト・ゾルゲの生誕百年を迎えた。

ゾルゲは一八九五年十月四日、沿カスピ海の石油採掘企業のドイツ人技師、アドルフ・ゾルゲの家族として、サブンチ村（アゼルバイジャン共和国）に生まれた。ゾルゲの母親ニーナ・セミョーノブナ・コベレーワは、貧しい鉄道労働者の家族の出身で、アプシェロンで育った。一八九八年にゾルゲの家族はドイツに移住した。ゾルゲはそこでやや遅れて、中等実業学校に入った。

ゾルゲが世界的なレベルで、最も優れた諜報員だと考えられる十分な根拠がある。彼は伝説的な人物であった。彼は人生経験が豊富だった。彼は、全欧州、アジア、北米を訪れて、第一次世界大戦の惨禍を身をもって体験した。このことがゾルゲをして有能な社会学者兼経済学者、東方通、才能のあるジャーナリストたらしめたのであった。彼と付き合いがあった同時代の人々の評価によれば、彼の論文で重要なのは政治問題であった。

ゾルゲは三十四歳になった一九二九年から、複雑かつ危険な道に足を踏み込んだ。赤軍諜報機関の任務についたのだ。重要な役割を演じたのは、労農赤軍第四本部長（諜報機関）のベルジンであった。このとき軍諜報機関（ベルジン）、合同国家政治保安部（ＯＧＰＵ）外国部（メンジンスキー）、党の事実上の諜報機関で、要員の人事異動を担当したコミンテルン（ピャトニツキー）の間で、正規の情報交換と各要員の異動について話し合いが行われた。その結果、ゾルゲのコミンテルンからの、第四部への移籍が正式に決まった。それから間もなくして、ゾルゲは諜報機関員として短期的に中断しただけで、十年以上にわたって非合法任務についた。そのうち約八年間は日本にいた。この間ずっと彼のグループは、スパイ情報をセンターに送り届けた。それは明らかに、ずば抜けて優れた内容のあるものであった。一九四九年の米軍極東司令部の報告は、次のように指摘している。

「恐らく、ゾルゲ機関ほど勇敢で、かつ成功を収めた諜報員は歴史上存在したことはなかった。スターリンは生前、彼らにソ連最高の褒章によって顕彰しなかったが、それは彼が正真正銘のケチだったからだ。その当時、ゾルゲの名前は伝説のみでなく、神話に取り囲まれていた。ときには、あからさまな推量も加わって、当初彼は、『二重スパイ』もしくは『三重スパイ』と決めつけられたうえ、最後に彼の情報は、指導部からまった

く信頼されなかった。それゆえ彼の活動は空回りに終わってしまった」

　しかし、最近公開された公文書館資料は、この間のゾルゲ事件の実像を文書によって裏付けているだけではなく、この伝説的な人物の肖像をくっきりと描きだし、無味乾燥な諜報活動報告を後ろに追いやって、われわれの前に聳《そび》え立っている。

活動の開始――目的は防共協定

　リヒアルト・ゾルゲ（別名ラムゼイ、インソン）は一九三三年九月六日、日本で諜報活動に入った。しかも、その結果は短期間に好成績を収めた。彼のグループのメンバーは、とくに重要な政界、軍部などに食い込み、直接当事者から貴重な情報を聞き出した。ゾルゲ自身はドイツの駐在武官、のちに駐日ドイツ大使になったオットの信頼を得て、ゾルゲは機密書類に近づき、単に読むだけではなく、しばしば写真に撮った。

　一九三四年には早くも、ゾルゲから労農赤軍諜報部長に報告が届くようになった。その内容は価値のある軍事、政治報告で、とくに当時、密かに行われていた日独接近に関するものであった。同時に、ラムゼイはこの過程で、オットがベルリンに送る報告書の作成を積極的に助ける努力をした。こうした中でオットが報告の一つで主張したのは、「ドイツは決して、政府や軍部の指導者の冒険主義や軍事的な弱みが原因で、日本に誤まった期待をかけてはならない」ということであった。この報告はベルリンに爆弾が破裂したような強烈な効果を与えた。ゾルゲ報告によれば、「ドイツ国防軍軍事大臣はすっかり肝を冷やしてしまった」という。

　しかし、ゾルゲのこの報告に対するスターリンの反応は、極めて否定的であった。一九三六年六月十九日付の労農赤軍諜報部の極東に関する諜報報告書によると、スターリンは次のような判定を下している。「私の意見によれば、これはドイツ筋から出た戯言《ざれごと》である」。ゾルゲ情報の根拠を示そうとする諜報局長ウリツキーの試みは、どう見ても成功したとは言えなかった。日独協力の発展を阻止しようとするラムゼイ・グループの活動は中途で挫折し、防共協定が結ばれることになった。もちろんソ連指導部は、協定そのものや協定の締結を予想させる交渉に関しては、細部に至るまで十分情報を知らされたことは言うまでもない。

　一九三四年から三六年にかけて、ゾルゲは極東に対するドイツの政策の基本的な傾向、とくにドイツが中華民国で独自の政策を実施しようとする意図について、センターへ絶えず情報を送りつづけた。ドイツの独自な政策は蒋介石政府に対する軍事顧問の派遣と、しかるべき軍需物資の供給に現れていた。

　はっきり言えることは、当時、蒋介石の密使が盛んに、ソ連が中華民国を援助するかどうかという問題について探りを入れてきたことであった（中華民国の軍事代表は一九二四年～二五年の協力形態に戻ることすら提案した。当時、ソ連の軍事顧問が国民党政府付として広範に派遣されていた）。蒋介石はドイツの軍事援助を当てにしていたが、日独接近進展の予想は蒋介石をソ連の援助に頼らざるを得ない立場に追い込んだ。というのは、そのときまでにすでに日本との間で国境紛争（一九二九年の東支鉄道を巡る紛争）や、外交関係の決裂などがあったからである。それゆえ、中華民国で日本から独立した政策を実施しようとするドイツの意図に関するゾルゲ情報は、ソ連の政治指導部や軍指導者をして、蒋介石政府に対して柔軟な政策をとらせる可能性を与えた。

さらに、一九三八年には、ゾルゲが最も親密になったオットが、日本の立場を積極的に支持してドイツ政府に圧力をかけ、ドイツの軍事顧問を中華民国から召還させ、同時に同国に対する兵器の供給も中止させる措置をとらせた。このことは、次のような事態をもたらした。つまり蒋介石はソ連に対して政治的な駆け引きを行う分野をせばめた。

彼は独ソ関係の矛盾に付け入る可能性を失って、事実上ソ連側からの軍事援助の支えが是が非でも必要になった。それゆえ、西側は日中戦争を傍観する立場に立つことになった。この結果として、国民党政府はソ連から思い切った軍事援助を仰ぐことになった。それだけではない。ソ連は極東の政治的、軍事的な状況について、自国にとって好都合な影響を与える可能性を確保できたのであった。

独の英仏接近は日本に対ソ攻撃の課題を提供

ここで是非、言っておかなければならないのは、ゾルゲ報告で十分だと思うが、一九三八年に英国は徹底した反ソ路線をとったことだ。とりわけ極東においてそうであった。ラムゼイは自分の報告の一つで、ベルギー大使の次のような見解を伝えた。すなわち英国はスターリン粛清（つまり一九三七年～三八年の裁判）後のソ連を「最重要な敵」とみなしていた。ソ連がなぜ英国にとって「スターリン粛清」後、ナンバーワンの敵となったのかは、特別な説明が必要である。英国政府のこの反ソ路線は、中国における戦争を速やかに中止させようとする意欲の表明と受け取られた。この目的から、英国政府は日本に圧力をかけて、北支における日本の軍事行動に制限を加えようとした。英国政府のこの「調停任務」の本来の目的は、ゾルゲの評価によれば、日本を中国との戦争から手を引かせ、日本をしてソ連との戦争準備に集中させることにあった。英国は欧州での英独不和に関係なく、中国で和平の問題について協力する提案をドイツに対して行った。英国のこの政策は、ソ連にとって危険なだけではなく、ゾルゲ報告にあるように、当時の日本政府首脳、近衛公がなおさら対英接近に傾き、ソ連に対して敵対的態度をとる「共通の土壌」になったのであった。

しかし、日本の対英接近は実現しなかった。中国における英国の経済的な利益を巡る日英交渉は、他の問題の交渉同様、完全な失敗を喫したのであった。当時、日本で広範に宣伝された「白色人種」に対する反感が、一段と掻き立てられた。それはまた、ゾルゲが伝えてきたように、もうちょっと掛け合って譲歩を勝ち取ろうとする英国人の欲求の結果でもあった。もっともラムゼイ・グループの一員で、近衛公の側近であった尾崎秀実《ほつみ》の助言は、一定の意義があったかも知れないが、そうとも言えない面もあった。これらすべての要素は日英関係が冷却化していく過程で大急ぎで、日独両国が共同行動ををとらねばならないことを示していた。

しかし、確実なことはここで一定の役割を果たしたのは、日本が欧州の同盟国として、ドイツに目標を定めたことであった。一九三八年ごろには、ドイツは対英関係の悪化を回避し、英国を防共協定に引きずりこむ試みを拒否して、ほかならぬ日本とイタリアとの同盟に期待をかけるようになった。

これに関連して、ドイツは中華民国に対して自主的な政策をとることをやめて、日本との協力を強化する用意があることを表明。中華民国との戦争で日本の勝利を早めるため、中華民国におけるドイツの利益を犠牲にすることも決して厭《いと》わなかった。ドイツはソ連の極東を脅やかす強力な日本軍を必要としていた。ゾルゲ報告によれば、日本が中華民国との泥沼戦争を続けている限り、日本は欧州で戦争が起きた場合、ドイツを援助することができなかった。必要なことは、ソ連指導部がこのことを研究して、日本の侵略戦争を撃退するため、中華民国政府と同国人民を積極的に支援することであった。

ハルハ河会戦とモロトフ・リッベントロップ協定

極東におけるソ連の安全確保に当たって、かなり重要な役割を果たしたのは、モンゴルにおけるソ連政府の政策であった。この政策はソ連諜報員、とりわけラムゼイ・グループのおかげで、非常に柔軟かつ有効な政策が実施できた。はっきり言えることは、日本が一九三六年にモンゴル攻撃の準備をしているというゾルゲ情報は、労農赤軍政治指導本部長ガマルニクのスターリン宛一九三六年二月二十二日付の報告メモ作成にとって、大変役立った。恐らくゾルゲ情報は、同年三月十二日のソ連・モンゴル相互援助暫定協定締結のため、有益な意見の一つとなったはずだ。同協定に基づいて、モンゴル領にソ連の軍隊が配置された。日本人たちは、ソ連の政策が効果的であることを認めざるをえなかった。日本の在ソ駐在武官補佐官は一九三六年五月三日の労農赤軍諜報局長ウリツキーとの会談で、最後に次のように述べた。

「ソ連はモンゴルで、日本のような愚鈍かつ粗暴な政策ではなく、〝悪がしこい〟政策をとっている。また、ソ連は日本で何が行われているかすべてを承知しているのに、日本はモンゴルで何が行われているか、何も知ることができない」

非常に価値があったのは、次のようなゾルゲ情報であった。つまり日本はドイツならびにイタリアと反ソを目指した政治・軍事同盟を結ぼうとしているが、その場合、日本人は「欧州の事件」に巻きこまれることを危惧《きぐ》しているというものであった。ゾルゲはこれについて、次のように言っている。「日本はソ連とドイツが戦争を起こした場合、どう行動するかということで甚だしく危険な状態に近づこうとしている。日本の指導部は、戦争の最初の時期を通じて、活発な役割を避けて、シベリアの国境でいくつかの紛争を限定的に起こそうとしている」。その後起こった事柄が示しているが、ゾルゲ情報は実に正確であった。つまり、日本政府の外交指令は長期的な性格を持っており、その重要な要素の一つは、独ソ戦に際して、日本が中立を保ったことであった。

ゾルゲは常時、センターに日中戦争の経過、中国での戦争で日本人が困難な状態に陥っていること、ソ連との戦争準備に集中するため、中国との戦争を早く終結する意図を持っていることを通報してきた。例えば、ラムゼイは日本の秘密提案を含む中国との和平条件、中華民国外務省が受け入れ可能な条件を伴った協定の締結を準備していることなどについても、報告してきた。確実なことは、この情報はソ連指導部に対して国境地帯における兵力配備に当たって、正確かつ完全な理解を与え、ソ連の国益のため、効果的な努力を払うことを可能たらしめたことであった。

ゾルゲ情報は戦略的のみではなく、戦術的な作戦展開に必要な性格も兼ね備えていた。例えば、日本軍が中華民国で軍事行動を起こすため、台湾に集結していたという一九三八年一月十六日付のゾルゲ情報は、他の情報筋からの情報と同様に、同年二月二十三日に中華民国空軍が空爆を行い（実際はソ連の義勇兵パイロットによるもの）、その結果、日本の飛行機が四十機以上破壊される戦果をあげた。これとは別の例の情報もある。一九三八年十月十八日付けのゾルゲ情報によると、十一月十三日に南支へ日本軍を派遣したことは、国民党政府をしてソ連軍事顧問の援助によって、兵力の再編成をタイミングよく行わせることになった。ラムゼイ・グループはセンターの指令に基づき、活発かつはっきりした目的意識を持って、様々な情報源から情報を収集し、関東軍増強計画、その構成と部隊配置などについてモスクワに通報してきた。その中には、ソ連国境沿いに展開する日本軍の兵力配置や兵力拡張の予定、日本軍司令部による自軍の兵力や、労農赤軍兵団の評価、ソ連に敵対する関東軍の諜報活動組織などに関する情報が含まれていた。

軍事緊張高まるソ満国境

戦略的に重要な性格を帯びていたのは、日本軍が一九三八年にハサン湖地区のソ満国境周辺で、また一九三九年にハルハ河地区のソ満国境周辺で地域的な軍事行動を起こす危機が差し迫っているというゾルゲの予告であった。とくに重要だったのは、一九三八年七月二十九日付のゾルゲ報告であった。それは中国で戦争が行なわれていても、ソ連航空隊が朝鮮と満州の遠隔地区を攻撃しない限り、日本の参謀本部はそれまでは、国境紛争の拡大に無関心だという外務大臣・大将宇垣一成の意見であった。この情報はソ連指導部にソ連軍が短期間にザゼルナ高地、ベジシャンナ高地を日本人から奪還して、国境を原状回復するため、断固たる行動をとる可能性を与えた。同時にソ連軍司令部はゾルゲ情報を参考にして、ソ連航空隊が満州国内の深くまで進攻することを禁止した。

ゾルゲ報告によると、一九三八年中頃、板垣征四郎と東条英機の両将軍に代表される「関東軍一派」の影響が非常に強くなって、彼らは中華民国との戦争にも拘らず、ソ連に対する戦争準備の拡大を求めた。その当時、ゾルゲは何回も繰り返してこう報告してきた。「日本軍司令部は欧州で戦争が始まったときに断固、ソ連との戦争を始めようとしている。しかし、ソ連との戦争は大規模なものではなくして、国境紛争に止めるつもりだ」。これに関連して、特別な意義があったのは、日本のイニシアチブによって一九三九年初めに活発化した、ドイツ、イタリア、日本の軍事協定締結交渉に関するゾルゲの通報であった。日本政府はこの条約の締結を提案した。

対ソ戦に日本の引き込み図るドイツ

条約によると、締結国のどこかの国との戦争にソ連を引きずり込むためのさまざまなシナリオの中心となっていたのは、日本を対ソ戦争に自動的に引き込むことであった。その際、日本側はとくに次のようなことをあらかじめ前提条件として決めておくことを求めた。それは独ソ戦が起きた場合、日本は全軍事力をソ連に振り向けるが、ドイツが英仏のみとの戦争に突入したときには、日本の軍事行動はシンガポール地区に限定されるというものであった。同時に、ゾルゲからは日独伊三国同盟の締結に関して、日本軍部と政治指導部との間に意見の食い違いがあるとの情報が、送られてきた。日本の海軍は英米との関係が複雑になることを危惧して、三国同盟には反対の機運が強かった。

一九三九年五月頃、ゾルゲから、最初にドイツがポーランドに侵攻しようとしているとの情報がもたらされた。それはドイツが、九月にダンチヒを奪取するという計画であった。そのときゾルゲからモスクワに、ドイツの諜報機関の見解に関する情報が届いた。それによると、「ドイツはウクライナに対して、直接の関心を抱いていない。戦争の場合、ドイツは原料確保の目的でウクライナを攻撃する。主たる敵はポーランドで、ウクライナはその後だ」というものであった。これは、ソ連諜報機関員がドイツによる対ソ攻撃の公算を最初に報告したものの一つであった。

このような歴史的な状況の中で、ハルハ河（モンゴル語でノモン・ハン・ブルド・オボー）地区の満蒙国境で事件が起きた。一九三九年五月中旬、国境で起きた軍事的な小競合《こぜりあ》いが、重火器で装備した大部隊による激戦に発展し、日本軍は緒戦で大きな成果を挙げた。この戦争は一九三九年九月まで続き、参戦した日本の第六軍の主力は粉砕された。極東における情勢は極度に緊張し、戦争の脅威が公然と表面化した。関東軍は「ノモンハンの屈辱」を晴らす野望に燃えて、新たな敏速な移動を準備し、将軍たちは東京からの命令を待った。しかし、命令は来なかった。

東京は完全に茫然自失《ぼうぜんじしつ》の状態であった。東京が胸の奥底深く隠していた計画や希望と結びついていた最も自分に近い同盟国が、最悪の敵国との協定に走ったからだ。八月二十六日モスクワで、独ソ不可侵条約（モロトフ・リッベントロップ協定）が締結されたのだ。日本政府はショックを受け、ドイツを裏切り者と言って非難し、防共協定の破棄すら言い出す始末であった。あらゆる分野で、日独関係の冷却化が起きた。東京にあるドイツの諜報機関は日本人たちが自分に、日本の対ソ戦争準備に関する情報を提供してくれないと言って、ゾルゲに不満をもらした。ラムゼイの通報によると、日ソ関係を正常化しようとする日本の露骨な意図が明らかになり、ソ連に敵対する共同行動計画を拒否し、ソ連に対する政策を根本的に見直し始めた。ゾルゲはセンターに対して、日本の政策として、全般的にソ連と不可侵条約を締結する気分に傾いていると通報してきた。

同時に彼は、ヒトラーの第三帝国の指導部が、日ソ協定の締結を促進しようとする意図が明らかになったことを伝えてきた（実際にはこの意向が誰から出たものかについて後で説明する）。ドイツは日本に対して、全面的な支援を保証し、その中でソ連が対中援助をやめるように保証することを約束した。ヒトラー指導部は政治的な駆け引きに走ったばかりか、独ソ不可侵条約の締結後、日本側に生まれた悪い印象を拭《ぬぐ》おうとはしなかった。しかし、このとき明らかになったのは、日本の政治支配層は、ヒトラーとその取り巻きが自分たちの利益のみ守ろうとしていることをはっきりと理解したことであった。確実なことは、後年、独ソ戦の最中に日本がドイツ側につくことを拒否して、ドイツが危機一髪の状況に追い込まれたときに、自分の同盟国の利益を裏切る結果を招いたのであった。

一九四〇年二月になって、日本政府は「太平洋における英米の支配」に反対して、ドイツとの協力を行う必要があるとの結論に達した。そのような協力は、ソ連と合意に達したのちにのみ可能となるものであった。当時、東京はソ連を三国同盟に加入させようとするドイツ側からの提案を断固拒否した。日本人の意見によれば、それは自分たちにとって米ソの脅威を増大させることを意味したからだ。そのほかに、日本指導部には次のような確固たる信念があった。ゾルゲ情報によれば、日本の指導部はソ連との不可侵条約を締結する用意があったけれども、ソ連との戦争が不可避のため、ソ連との友好への期待は予測できなかったことによる。

「貴殿の電報は有意義だ。最高責任者」

ゾルゲの活動の極致となったのは一九四一年で、同時に彼はソ連の生存にとって重要な意義を持つ情報の入手に成功した。まず第一に、それは日ソ中立条約の締結に関わるものであった。

この条約締結直前の一九四一年三月十日付のラムゼイ報告の中に、当時の松岡洋右《ようすけ》外相のドイツ、イタリア、ソ連旅行の際にアイデアが浮かんだと考えられる非常に重要な情報が盛り込まれていた。ヒトラーとその他のナチス指導者は松岡と懇談したさい、ドイツが英国に対して、本当はどんな考えを持っているか説明した（もしドイツが英国本土への侵攻に失敗した場合、日本の指導者は独英両国が妥協するのではないかと懸念していた）。さらに松岡はソ連指導部との交渉に対して、全権を与えられていた。ゾルゲ報告によると、近衛首相はソ連と不可侵条約を締結しようとは思っていなかったが、同首相は松岡が「この方向に沿って何かをやるだろう」と予想していた。この情報は諜報局長ゴリコフの電報が、ゾルゲに対して次のような控えめな褒め言葉を述べたことからもある程度、重要であったことが分かった。「ラムゼイに回答、貴殿の……（無線通信の番号に続いて）有意義だ」

ソ連指導部はゾルゲから受け取った電報によって、次のような結論を下した。それはソ連が日本と中立条約を締結するため、基本的に好ましい時期がやってきた。ここで日本が同条約の調印に関心を持っていることが、明らかだったからだ。このことはモロトフをして多かれ少なかれ、ソ日交渉の際に松岡の行動の正確な予測を可能にして、日本に北サハリンの売り渡しを求める松岡の提案を断固拒否させることになった。

交渉は非常に複雑を極め、日本の外相がベルリンへ出発することに絡んで一時中断となり、松岡はベルリンから帰ってきたのち、再度、北サハリンに対する自分の提案を繰り返した。しかし、モロトフは自分の立場を断固譲らず、最終的に日本側が自分の主張を放棄し、前に出していた条件を引っ込めて、一九四一年四月十三日に日ソ中立条約が調印された。この条約は東部国境と同様に、西部国境でソ連の状況を著しく改善して、後年になって大祖国戦争でソ連が勝利を収めるうえで、極めて本質的な貢献を果たしたのであった。

スターリン・ヒトラー組に勝ち始めたチャーチル

一九四一年にゾルゲの活動を別の見地から見て非常に重要だと思われるのは、ドイツの対ソ戦争のための軍事的な準備に関するスターリン宛の情報であった。

一九四一年四月十一日にはすでに、ラムゼイはモスクワに次のことを伝えてきた。すなわち独ソ戦は、松岡が東京に帰ったのち、いつでも開始することができる状態にあり、ゾルゲはこの観点に立って具体的な証拠をいくつも挙げてきた。「ドイツ参謀本部はあらゆる準備を終わった」とゾルゲは伝えた。「ヒムラーの仲間とドイツ参謀本部には、ソ連に対する戦争を始めるための強力な動きがあるが、それはなおドイツ国内で優勢を確保するまでには至っていない」

五月二日、ゾルゲはモスクワに次のことを伝えてきた。駐日ドイツ大使オットは、ソ連を粉砕するヒトラーの決定を明らかにして、全欧州をドイツの支配下におくため、穀物ならびに原料の基地として、ソ連の欧露部を確保することになった。これに関連して、ソ連諜報部員は次のような指摘をした。

「ヒトラーと彼の将軍たちは、ソ連との戦争が英国との戦争遂行を妨げるものではないと考えている。労農赤軍の戦闘能力はドイツの将軍たちに著しく低いと評価されている。また、独ソ国境の防衛システムは極めて脆弱《ぜいじゃく》と考えられており、ドイツ参謀本部は赤軍を数週間で撃破できると考えている」

五月十九日、ラムゼイはドイツ軍百五十個師団がソ連国境に集結した戦略的な攻撃計画は、ドイツのポーランド侵攻に範を取って作成されたという報告を送ってきた。

五月三十日、ゾルゲはベルリンがオット大使に伝えた内容を知らせてきた。それは「ドイツの対ソ侵攻は、六月後半に始まるというもので、オット大使は九五パーセント戦争は不可避だと確信している」という内容であった。

独の対ソ侵攻日を予告したゾルゲ情報

六月一日、東京から送られた報告では、ドイツの駐在武官ショル中佐の次のような見解を伝えてきた。「ドイツの見方によれば、ソ連の防衛線はドイツ軍の防衛線に対して基本的に大きな分岐線を持たないため、これが最大の欠陥になっている。このことは最初の大規模隊の会戦で、赤軍の粉砕が免れないこととなる……。とりわけ強力な打撃がドイツ軍の左翼から加えられることになろう」。この報告に対するゴリコフの決裁は、次のようなものであった。「ラムゼイに以下のことを照会せよ。一、貴殿が伝えてきたソ連側の大きな戦術的な過ちの本質をもっと分かりやすく説明されたい。二、左翼に関するショルの指摘が正しいかどうかについての貴殿の本来の見解。三、ラムゼイのいかがわしいデマ情報の一覧表に対しても」

遂に六月十五日、ラムゼイは「ドイツのソ連に対する軍事行動は、六月二十二日に始まる」と伝えてきた。

ソ連に対するドイツの戦争準備に関するセンターへのタイミングのよい通報でも、ヒトラーによる侵攻の可能性を指摘した様々な予想を、たちどころに拒否したスターリンの戦略的な誤算が原因で、価値のあるスパイ情報が利用されなかったことが記されている。しかし、情勢の判断に惑わされなければ、与えられた問題ははるかに複雑なものである。一九四一年四月から六月にかけて諜報局長に送られたゾルゲの暗号電報に関して言えば、決してヒトラーが対ソ攻撃の決定を行ったという唯一の結論にはならない。ラムゼイは自分の報告の中で、具体的な戦争の時期の特定に当たって絶えず迷っていた。「五月か、あるいは英国との戦争の後か」と。このほかにも、ゾルゲは定期的に、戦争の危険は免れることはできない、と伝えてきた。一方で彼は戦争は不可避だというオットの確信を通報してきた。他方でドイツ駐在武官クレチメルの情報として、ソ連に対する戦争は六月末に延期されたが、ドイツ諜報機関自身は戦争があるかどうかわからないと伝えてきた。

しかし、通報された報告の矛盾を、果してソ連諜報員に罪を着せることができるか？ ノーである。彼に与えられた重要な課題は、情報の入手と、情報源を明らかにする形でセンターにてきぱきした報告を送ることであった。一方、ソ連諜報部の幹部は、東京でゾルゲが依拠した諜報源がオット大使やドイツ大使館の駐在武官やその補佐官などであったことから、諜報の信頼性について疑惑の目で見ていた。なぜならばゾルゲが東京の在日ドイツ大使館でコネを使って入手したのは、デマ情報の可能性があった、と考えられたからだ。

他国でも矛盾する情報が諜報機関に持ち込まれた。比較としてあげることができるのは、一九四一年六月十八日付のフランスの駐在武官の報告である。それによると、対ソ攻撃の具体的な日付は「ほぼ六月二〇日」となっている。しかし、この情報には甚だしく曖昧《あいまい》な部分があって、「日本の外交界では英国に対する攻撃か、ロシアに対する攻撃かいろいろ取り沙汰されている。その最後の推測が東京のなかでやたらに行ったり、来たりしている」との但し書きがついていた。

英国の諜報員も、活発に活動を行っていた。一九四一年三月までに、英国の諜報員は三十日以内に、ドイツはソ連を攻撃するであろうという確実な情報を入手した。しかし、この情報は英国諜報部の指導部の段階で、「信頼に値いせず、予想にすぎない」とされ、ヒトラーはそのような無分別な一歩を踏み出すことはあり得ない、と断定された。チャーチル首相の介入のみがこうした見方をひっくり返した。彼はヒトラーのバルバロッサ作戦に関するあらゆる情報をきめ細かく分析し、「独ソ戦が不可避である」との結論に達したのであった。

チャーチルは、スターリンにこの情報を伝える決心をして、四月十九日に書簡を送り、四月二十三日にスターリンの手元に届いた。その中には、非常に重要な結論が書かれていた。確実なことはチャーチルのメッセージは、スターリンをして彼の秘密諜報員から届けられてくる似たような情報に対する疑惑を一段と強めさせただけではない。ドイツがソ連を攻撃するという警告の流れが、英国によるデッチあげである、とスターリンに思い込ませる結果を招いたのであった。チャーチルはスターリンにとっても、ヒトラーよりいささか恐ろしい敵であった。外国の研究者（ラディスラス・ファラゴ）はチャーチルが故意にドイツの攻撃をスターリンに通報したと思っている。もともとチャーチルはドイツの対ソ攻撃を信じようとはせず、その情報がインチキであった、と確信していた。チャーチルにとってスターリンはこのとき、敵対する社会主義組織の化身であるだけではなく、対英攻撃を企むヒトラーの同盟者でもあったので、このことから十分予想できるのは、ドイツがソ連を攻撃するというチャーチルのメッセージの真の狙いは、ヒトラーとスターリンを衝突させようとする意図があったことだ。

インベストは「九月十五日以降、ソ連は完全に解放されるだろう」と語った

大祖国戦争の開始後、ゾルゲ・グループは日本の指導部の軍事計画に関する情報の入手に全力を挙げた。戦争の開始とともに、ソ連指導部はジレンマに陥った。日本はソ連を攻撃するか否か？　それゆえ東京から送られてくるソ連諜報員の報告は、とりわけドイツの対ソ攻撃の急激な進展と絡んで、重要な意義を持つようになった。

日本政府は戦争に際して、最初の一撃をどの方面に加えるかで躊躇《ちゅうちょ》していた。北方か南方か？　ラムゼイは一九四一年四月十八日、再び「オットー（尾崎秀実の暗号名）は近衛や他の要人に影響力があり、シンガポールについて鋭い問題を提起することが可能だ」と伝えてきた。このためゾルゲは、ソ連指導部が日本にシンガポールを攻撃させることに、関心があるかどうか問い合わせてきた。さらにゾルゲが付け加えるところによると、ゾルゲは「自分がオット駐日ドイツ大使にいくらかの影響

力をもっていて、日本のシンガポール攻撃の問題で、オットを動かして、日本に圧力をかけることができる」と言ってきた。しかし、センターはゾルゲの提案に対して絶対的な拒否反応を示して、ゾルゲに対して「貴殿の基本的任務は時宜にかなった信頼出来る情報の収集である」と命じた。「近衛やその他の要人に影響を与えたり、突き動かしたりすることは、貴殿の任務の中には含まれない」とゾルゲへの返信電報は強調している。

六月二十八日になって、ゾルゲから日本政府は、「サイゴンの攻撃を開始する決定をする一方、対ソ攻撃は一時的に見合せる」との情報が届いた。尾崎秀実《ほつみ》の伝えるところによると、もし赤軍の敗北が確定的な場合、日本軍は対ソ攻撃のために出動するということであった。

七月三日、ラムゼイはセンターに次のことを伝えてきた。インベスト（尾崎秀実《ほつみ》の暗号名）とドイツの情報によれば、日本は六カ月後に戦争に入るということであった。その後六カ月間にわたって、東京から独ソ戦に対して日本が静観の態度をとっている意図について、情報が送られてきた。八月七日、日本政府の変化について報告が届いた。それは「新内閣は旧内閣に比べて、ドイツに対して著しく無関心である」というものであった。

八月中旬に重大な瞬間が訪れた。ラムゼイから「日本は八月の第一週から最後の週にかけて、いかなる声明も出さずに戦争を始めるだろう」との暗号電報が届いた。しかし、その後間もなくして、日本の指導部は、対ソ侵攻は赤軍の強力な抵抗に加えて、日米間の矛盾が拡大、さらに対日経済封鎖が強化されるため、なかなか決断できないでいるとの情報が追加された。八月末から九月中旬にかけて、日本政府の基本的態度に変更があった。例の尾崎によると、日本政府は一九四一年にドイツ側に立って戦争を行なわない決定を下した。モスクワに暗号電報が届いた。それは「九月十五日以降、ソ連は日本の対ソ攻撃の危機から完全に解放されるであろう」というものであった。これに続くゾルゲ情報によれば、この結論は次のような具体的な証拠によって証明できる。つまり、モスクワの指導部は極東から西部戦線へ大量の軍隊の移送を開始する決定を採択することが可能になったからだ。ゾルゲの最後の報告の一つは、自分の逮捕に先立つ十五日前に送られたもので、彼の上司は上申書に次のように書いている。

「ご考慮を。インソンの最後の情報に感謝する。コルガーノフ」

十月十八日、ゾルゲは日本の防諜機関によって逮捕された。

モスクワでゾルゲは信頼されたか、されなかったか？

疑問がある。なぜセンターはドイツの対ソ侵攻準備に関するゾルゲ情報を信じなかったのか。それでいて後になって、日本がヒトラーの味方になるのを拒否したという彼の情報を信じたのか。そのときドイツ軍はソ連攻撃の電撃作戦を展開していたのに……。

まず第一に、これは何とも痛ましいことではないか。ヒトラーの対ソ侵攻はまぎれもなく、ソ連諜報員の情報が正しかったことを証明しており、彼らの報告にたいして指導部にあった疑念を払拭《ふっしょく》してしまった。総じて問題なのは、なぜかスターリンはゾルゲ情報を信じなかったことで、それはより以前から明らかになっている。良く分からないが、スターリンにこの不信が生まれたのは、彼があたかもゾルゲを「二重スパイ」と考えたことによる。諜報員の報告に対する決定は、次のような結論を導きだした。ゴリコフは欄外に批判的な文句を書いたが、ゾルゲの定期的な一連の報告は、非常に高い水準の特別情報と考えられていた。

第二に、日本政府の計画に関するラムゼイ（その当時、彼は新しい偽名が与えられていた）の博識の水準は、前代未聞の高いものであった。彼の主要な情報提供者尾崎秀実《ほつみ》は、日本の首相近衛文麿に最も近い側近であった。センターはどう見ても、日本にラムゼイ・グループと類似の情報源を持っていないようであった。一九三九年まで日本では内務人民委員部（ＮＫＶＤ）の諜報機関が活発に活動していた。しかし、その後、スターリン粛清の結果、ＮＫＶＤ部内の日本担当局は完全に破壊されてしまった（いわゆる「シェベコ、ドビンス、カルジスキー、コスーヒン、クレトノ、クレンノフの管轄」）。これにより、ゾルゲ・グループは高度の内容の情報を入手する唯一の情報源として、残ることになったのであった。ゴリコフに代わって諜報局長のポストについたパンフィーロフ少将は、一九四一年八月にゾルゲ報告の一つに次のような注をつけた。

「情報源の大きな可能性と彼の上記の情報の大部分についての信頼性を考慮して、この情報は信頼できるものである」

極東ソ連軍の西部戦線への派遣

最後にかなり重要なことは、次のことである。指導部がもし、ソ連に対するドイツの戦争準備に関する情報に対して、「すべてそれはスターリンとヒトラーを戦わせようとする英国帝国主義の陰謀だという」一般的な考えを持っていたならば、極東から西部戦線へ元気溌剌《はつらつ》としたいきのいい師団を移送する緊急の必要が生じたとき、日本が「北進せず南進する」ことになったというゾルゲの情報は、ソ連に天恵をもたらすもので、しかるべく検討したのち、モスクワ攻防戦の勝敗の鍵を握るシベリア師団の西部戦線への派遣を行う決め手となったのであった。

その際、文書が証明しているように、諜報局の指導部は日本軍がソ連国境から南方へ移動することについてのゾルゲ情報を綿密に点検した。しかし、特別に大きな意義が付与されるのは、日米間の矛盾の拡大を把握したゾルゲ情報であった。これによってソ連指導部は、日本軍が近い将来、対ソ攻撃をしないとの判断を下す主要な指標となった。

それなら、モスクワではゾルゲ情報は信じられていたのか、それとも信じられていなかったのか？　この問いには明確に答えることができる。信じられていたのだ。ラムゼイ・グループの活動の全期間にわたって、ゾルゲ情報がどの程度高く評価されていたかについては、彼の暗号電報を解読した諜報局長の次のような評価が証明している。

「考慮されたし、特別情報ナンバーの写しを各位に送付のこと」

その当時、ラムゼイ報告は常時、他の情報源によって再点検された。諜報の分野ではこれは当たり前のことで、それが経なければならない厳格な鉄則であった。「不正確だ。嘘をつけ。大軍が派遣された。彼に私的な仕事を与えよ」一九四一年八月に送られたゾルゲの電報の一つに、パンフィーロフのこんな書き込みがあった。センターで彼の情報のすべてが信頼されたわけではないことを、ラムゼイは理解していた。それにもかかわらずゾルゲは働き続けて、次から次へとセンターに情報を送った。

批判に耐えないゾルゲの特高売り渡し説

諜報の分野では、真実と嘘、正しい情報とデマがお互いに直接に絡み合っている。ときにはそれらは全く区別がつかず、美徳は卑劣と裏切りと手を取り合っている。真実が判明するまで多くの歳月を要し、受け取られた情報の点検と再点検のための厳しい規則が活用されなければならない。これらの規則の枠内で排除されることなく、ゾルゲ情報の信頼性の基準の一つとなったのが、一九四一年十月十八日の彼の逮捕であった。

専門家たちは、日本の憲兵隊が国内での共産主義者の非合法グループのメンバーの人たちを逮捕したことに関連して、諜報機関のアジトを急襲したことに対して、戦後日本側に文書で裏付けられた説明があるにもかかわらず、何がゾルゲ・グループの崩壊をもたらしたかあれや、これや推測を続けている。その説明の一つに従えば、NKVDの指導部は、ゾルゲの諜報活動が必要でなくなったときに、ゾルゲを故意に日本の警察に売り渡したというものであった。しかし、この説は、批判に耐えることは出来ない。まず第一に文書に従えば、ゾルゲの逮捕に先立って彼が送ってきた報告は極めて有意義なもので、モスクワでは当時、彼が提供した情報は極めて質が高く、必要とされていたものであった。第二に、もしこのことが実際に受け入れられて、文書によって確認されていたならば、「冷戦」の時期に、西側の特殊諜報として確実に広まっていたであろう。しかし、そのようにはならなかった。

一九四五年十月二四日、センターに東京にいる諜報員代表の報告が届いた。

「無電で、至急電報。局長宛。フリッツ（訳注　マックス・クラウゼンの暗号名）とアンナ・クラウゼンが本部を訪れてゾルゲの活動の軌跡を話して行った」。

ゾルゲ、ブケリッチ、フリッツは一九四一年十月十八日、それぞれ自宅で逮捕された。逮捕の際、フリッツは無線機と暗号を押収された。アンナは記録写真の焼却に成功した。アンナは一九四一年十月二十二日に逮捕された。日本人たち、すなわち尾崎秀実や宮城与徳は一週間早く逮捕された。宮城の検挙で嫌疑がかかった。宮城は証拠を突きつけられ、拷問され、ゾルゲの秘密の活動を認めざるを得なかった。コミンテルンとソ連との関係は何とか否認した。ゾルゲはあらゆることを最後まで頑強に否認した。ゾルゲは一九四四年十一月七日に絞首刑になった。

日本の弁護士の話によると、ゾルゲは絞首台でこう叫んだ。『私の仕事は正しかった。仕事はすでに勝利を収めた。人民軍が明日進撃して、悪党どもを粉砕するだろう』

フリッツはよろよろと歩く。涙ながらに自分をソ連に送還するように頼んだ。アンナは私のことが分かった。彼女はセルゲイ（東京の在日ソ連大使館二等書記官で、ゾルゲと連絡をとっていたセルゲイ・ザイツェフ・筆者注）と、セルゲイの前任者を名前で呼んでいる。事務所を訪問することを禁止した。金と食料を渡した。あらゆる観点から見て、彼らを残しておくことは、極めて好ましいことではない。

貴殿の指令を待ちます。

イーデン

諜報局長の決裁の電報。「T・フョードロフ宛。人々に対して何があるか報告されたし。イリチョフ」。さらに指令が必要だ。「№4。公文書館からゾルゲ・グループのファイルを取り出して、彼のグループ構成員のリストを作られたし。フョードロフ」

この指令の中には水滴の中のように、必要だが困難な仕事の本質が反映されている。その仕事は諜報員を「諜報戦争」に導いて行く。この戦争の英雄は大部分が知られていない。しかし、最も輝かしい諜報員は検挙後、しばしば大きな政治によって作られた過酷かつ厳格な法律の犠牲となってしまった。ゾルゲ自身が演じた役回りは、次のようなものであった。一方ではどう見ても、ソ連に対する日本の行動が明らかな脅威となって、ソ日関係が複雑化して、ソ連指導部に危惧を抱かせたことだ。もう一方では、この時期特有の共通の傾向として、人々は使い捨てにされてしまったことだ。

ゾルゲと彼のグループのメンバーの名前は、偽の機密情報だという判断によって、長い間、正当な評価を与えられずに、隠されたままになっていた。

しかし、秘密にされていたことは遅かれ早かれ、暴露されよう。ソ連邦英雄リヒアルト・ゾルゲと彼の同志たちも、決して例外ではない。それは、平和と公正の名が深く刻みこまれた人々であった。ゾルゲは裁判で自分の罪を否定し、次のことを強調した。すなわちゾルゲが戦ったのは、日本でも、日本人民でもなく、この国の政治並びに軍部の指導者が策定した軍国主義的な侵略政策であった。それゆえソ連諜報員の協力者の大半が、無報酬で働いた日本人であったことは、決して偶然ではなかった。彼らは全員「平和の諜報員」で、戦争反対のために闘い、子孫に感謝の記憶を抱かせるための十分な根拠があった。

リヒアルト・ゾルゲ　世紀の境界からの見解

ワレリー・ワルタノフ（福田隆久訳）

人類史というものは、つねに逆説から成るもので、それぞれの発展段階で、実際は同一の事件や個人の周辺で急展開している。現代の最も傑出した輝かしい人物、いわゆる二十世紀の「歴史の秘蔵っ子」の一人が、リヒアルト・ゾルゲである。最近の五十年というものは、彼の人生や活動に対する関心は、新しい世紀を前にして、弱まるどころか、逆に、あたかも気力を充実させるかのような高まりを見せている。本日の追悼記念日に行われるわれわれの国際学術シンポジゥムも、その証拠となるものである。

ゾルゲに対する生きた偽りのない関心は、偶然なものではない。彼自身が多面的な人間で、複雑であればあるほど、その内面が豊かであればあるほど、行動の多様性が広範であればあるほど、彼個人に対する正確な理解と、客観的、かつあらゆる角度からの評価を得るためには、多くの時間を必要とするのである。

ゾルゲ問題に関する歴史資料は、極めて広範にわたっており、かつまた、多くの言語で取り上げられている。ゾルゲについては可能な限り、あらゆることが実際に知られており、書かれてきたように思われる。個々には不十分な細部や、微妙なニュアンスの差異はあっても、ゾルゲの行動に関するすべての研究にとっては、統一的な明確で肯定的な高い評価に、今さらいかなる変更を加える必要もないだろう。この会場で参加者の審判にゆだねられる私の報告は、決して何らかの発見や、センセーションを巻き起こすことをねらったものではない。断じて違う。しかしながら、非凡な人間ならだれでもそうであるが、ゾルゲも現在まで伝説や神話ばかりでなく、あらゆる憶測、噂《うわさ》、そしていろいろな捏造《ねつぞう》によって、取り巻かれている。だが、これらについての分析ばかりではなく、彼がやってきた一連のことに詳しく言及することは、この会場では不必要のように思われる。

この報告の作成に当たって、大変苦労して以前から未公開に付されたり、ある場合には、どこにも公開されていない公文書や資料の閲覧許可を取り付け、それらの入念な分析を基にして、この報告を仕上げた。その際、私は一般受けするように、新しい材料を問題ごとに年代記風に並べることをやめてしまった。これらのドキュメントのすべてに関心を寄せても、いかなる重要かつセンセーショナルなものにはならないからである。

私はゾルゲと彼のグループの活動に関わる、一連の最も先鋭な問題を分類・提起して、それらに答えようとした。さらに、資料そのものにではなく、その解明に特別な重点が払われている。前文の部分を完成してから、最終的に問題の本質に移行するときに、われわれの見解では、もう一つのかなり重要な修正が、不可欠のように思われる。シンポジゥムの参加者、つまりよく知られたゾルゲ研究者とは異なって、私は四半世紀以上も日本、中国、モンゴルの軍事史を研究してきたにもかかわらず、ゾルゲの活動史にまつわる事件には、直接関わることがなかった。

しかし、私の学問的関心は、一九三七〜四五年の日中戦争（もしくは民族解放戦争）、一九三八年のハサン湖地区やハルハ河付近での軍事行動、一九四五年のソ日戦争、一九四一年〜一九四五年のアジア太平洋地域における第二次世界大戦などのような問題、つまり、まさにゾルゲの関心と活動の中心になったところのテーマと、つねに密接に結びついてきた。それゆえに、提起された諸問題の回答の背景になるのは、いわゆる反対側からの報告である。つまり、ゾルゲによって解決された課題ではなくて、解決された課題からゾルゲをどう評価するかということである。

では、これから私の報告を始めることにしよう。討議のために持ち出される問題の最初の一群は、ゾルゲ諜報団の活動結果の評価と関係している。つまりゾルゲという名の周辺では、露骨な思惑が働き、彼の情報が絶対的にソ連指導部の信頼を得ていなかったことが認められる。彼が得た資料の重要性にもかかわらず、彼は一九三〇年代末から四〇年代初めに、アジアで起こった諸事件の経過ならびに結果に対して、少なくとも目立った影響を与えることなく、あたかも無駄な仕事をしたかのようであった。

一九三〇年後半のこの地域での状況の進展に対するゾルゲの働きかけの現実的で、決定的な形態の一つになったのは、日中戦争への彼の積極的な取り組みであった。当然のことであるが、歴史は仮定法なるものを認めない。しかし、この戦争へのソ連の積極的な介入なしに、この日中戦争の諸結果を想像することは、困難である。これらの事件におけるソ連の役割は、中国の指導者たち（毛沢東やその他の人々）によって、将来を左右するものと認められていた。

長期消耗戦に引きずり込まれる日本

すなわち、巨大な物的技術的援助、最新の兵器および兵器機械の供給、多くのソ連義勇兵の戦闘行為への直接参加、新しい中国軍隊の実際的な再生と訓練（その一方でソ連軍事顧問の指導下で、十万人以上の現役軍人が養成された）などが、中国中央政府を降伏から守り、電撃戦の計画の挫折を導き、日本をして準備していなかった長期消耗戦へと、引きずり込んだのであった。日本陸軍は、完全に中国の手にはまりこんでしまったわけだ。スターリンは軍事顧問首席として、中国に派遣するべ・イ・チュイコフ将軍に指示を与え、中国人の手で、日本の「虎の尻尾」を捕まえ、日本がソ連に襲いかからないようにするために、できるかぎりのことをせよと命じた。中国での大規模かつ多重構想のソ連の軍事的存在（プレゼンス）は、この課題に首尾よく応《こた》えたのであった。このことは、周知の事実である。

さて、私は他のことに、注意をひきつけたい。中国の軍隊では、ソ連の顧問たちがくる前にファルケンハウゼン元帥を長としたドイツの専門家たちが、かなり以前から活動して、成功を収めるとともに、ドイツの兵器機械が入ってきていた。ソ連の軍事的プレゼンスの確保のための道は、日本の圧力を受けたベルリンがやむを得ず、一九三八年にすべてスタッフを召還し、軍事物資の供給を停止せざるを得なかった後になって、やっと開かれたのであった。

このことがすべて、瞬時にかつ、極めて強力に政治的な駆け引きを行うための場を狭めた。蒋介石はソ連側から軍事援助を受け入れるに当たって、自分が必要とするものに当然のようにあれこれと条件をつけたからだ。毛沢東と南京のかなりがっちりとした結びつきは、戦争を一定の軌道に向かわせたばかりでなく、十年間にわたって、つまり戦争の過程はもちろん、戦争終結後も、ソ連にとっては、この地区での好都合な方向で、その軍事的、政治的立場に対して、効果的な影響を与えることになったのである。一方では、この問題に対する日本の厳しい態度に働きかけながら、他方ではドイツ大使オットを通じて、日本にロビー活動をしながら、ゾルゲがこのことに細やかな貢献をしたという証拠は、必要ではあるまい。

戦略的に重要なゾルゲ情報

モンゴルは一九三〇年中頃、地域に軍事戦略を展開するに当たって、かなり重要な役割を演じた。その後の事件は、その重要性を裏付けた。そして再度、われわれはこの方向で、ゾルゲの活動の一定の役割を見ることになる。一九三六年の日本のモンゴル攻撃準備についての彼の情報は、労農赤軍政治指導本部長ヤ・ベ・ガマルニクによる一九三六年二月二二日付のスターリン宛の報告の基になったことを指摘するだけで、十分であろう。この報告に従って、その年の三月に、ソ連・モンゴル相互援助暫定協定締結の決定が行われた。モンゴル領内へのソ連軍隊の投入は、日本自身の計画を変更させることになった。

日本人たちは、ソ連の政策が効果的であることを認識させられた。一九三六年五月の極東労農赤軍課報局長ウリツキー——ゾルゲの直接の指導者で、ウリツキー宛にラムゼイ（訳注　ゾルゲの暗号名）のすべての情報が送られていた——との会談の中で、駐ソ日本陸軍武官補佐官の、次のような言明が明らかにされた。

「ソ連はモンゴルで日本のような愚かで粗野な政策ではなく、抜け目のない政策を行っている。また、ソ連人は日本で何が行われているか、すべてを承知しているのに、われわれ日本人はモンゴルで何が行われているか、何も知ることができない」

一九三八年のハサン湖、そして一九三九年のハルハ河地域での日本軍の局地行動の脅威に関するゾルゲの警告は、戦略的に重要な性格を帯びていた。ソ連との一連の軍事衝突が拡大したにもかかわらず、日本陸軍参謀本部が無関心だというゾルゲ情報は、ソ連軍司令部をして敵軍の潰滅と現状回復のため、断固たる行動をとる可能性を与えた。すなわち多くの点で、これらの事件の似たような展開は、初めのうちこそ先送りの原因となったが、その後、日本が一九四一年秋にソ連に対して大規模な戦争を仕掛けることを断念させる要因ともなった。この面において海軍軍令部長伏見宮殿下の意見は、特徴的である。彼は天皇に、ソ連と戦争をしないように助言しながら、一九四〇年八月十日に次のように言明した。

「われわれはハサン湖で初等教育を、ハルハ河では中等教育を受けた。ヒト教育を受けたアジア人たちは待つことができるので、ヒトラーに高等ラーに高等教育を受けさせれば良い」の

一九四一年は、ゾルゲのすべての諜報活動の中で――もしかしたらゾルゲの全人生の中で――最高のものであった。その年に彼によって得られた情報は、ソ連国家とすべての世界政策のその後の発展にとって、極めて重要な役割を演じた。まず第一に、それはソ日中立条約の締結に加え、ソ連に対するドイツの侵攻開始に伴う日本の対ソ戦争を思いとどまらせるための、タイムリーで、かつ正確な警告をもたらすことになったからだ。

恐らく『世界で最も偉大なスパイ』という本の中で、言及したチャールズ・ヤイトンの意見に賛成しないわけにはいくまい。「ゾルゲが一九四一年にソ連に流した情報は、モスクワ防衛に役立ったばかりか、同時に、ボルガ沿岸での赤軍の勝利にとって、第一級の役割を果したのだった」

一九四一年四月のソ日中立条約の締結は、極東でも西部国境でも、ソ連の立場を著しく好転させ、その後、大祖国戦争でソ連が勝利を収めるに当たって極めて重大な貢献をした。このとき一定の役割を果たしたのは、松岡外相のドイツ、イタリア、ソ連への訪問に関するゾルゲ情報に基づいて、ソ連が打ち出した厳しい態度で、ソ連はこのときのゾルゲ情報によって、モスクワでの交渉に際して、松岡の行動を多かれ少なかれ正確に予測し、条約調印の重要条件となった、北サハリンの売却を求める彼の提案を拒否することができたのであった。

ドイツの対ソ侵攻をモスクワに通報

一九四一年、ゾルゲの活動の別の極めて重要な側面になったのは、ソ連に対するドイツの戦争準備に関する中央への時宜を得た情報であった。このことについての最も重要な情報は、一九四一年の四月から六月にかけて、ゾルゲによって規則的に伝えられた。一九四一年の最初の半年間にゾルゲが中央に送った暗号電報は、全部で約四〇通であった。そのうちの三八通は、最高政治指導部のスターリン、モロトフ、ウォロシーロフ、ジューコフら二十五人以上に宛てたものであり、参謀本部のチモシェンコ、メレツコフに報告された。ドイツの攻撃についてのゾルゲのすべての報告が、スターリンに伝えられていたことは、良く知られている。まさにこのことについて、ジューコフ元帥は、彼の回想録の中でこう述べている。

「ドイツの攻撃が始まる少し前に、スターリンは言った。ある人物がわれわれに、ヒトラー政府の陰謀について、大変重要

な情報を伝えているが、われわれはそれに関してある疑惑を抱いている。われわれがその情報を信じないのは、われわれの資料によると、彼は二重スパイだからである」

さらにスターリンが、ゾルゲについてよりあからさまな意見を述べたてていることも、よく知られている。

「われわれの諜報員の一人がいた。彼は日本ですでに、小さな工場や売春宿を取得していた。そして、ドイツ攻撃の日付が六月二二日であるとさえ知らせてきた。そうした彼の言うことを信じろとでも言うのか?」

ちなみに言えば、ドイツ侵攻についてのすべての情報も、また他の筋から類似した情報も、注意が払われなかった。そして残念なことに、望ましい結果は生まれなかった。ここではゾルゲに、いかなる罪もない。むしろ不幸がある。ゾルゲは自分の主要な仕事を申し分なく遂行した。つまり彼は適時に、最も価値のある情報を手に入れ、モスクワへ伝えてきたので、その情報がモスクワでどのように処理されたかについては、彼はもはや働きかけることができなかったのだ。このことは、特別な条件下では最も価値があり、そして時宜にかなっていた情報が、ごくありふれた公文書になり得るということを端的に示している。もちろん、もし真の政治的、軍事的、経済的相互関係の意味を十分深く把握せず、また判断しないならば、さらに、もしその情報の意義が政治決定をする機関によって過小評価されるならば、という条件付きのことだが。予め定められた情報源とテーマとの間に関係あるすべての機関が、どれほど正しい評価をする準備があるかという問題が、ここでは特別の緊急性をもって生じてくる。

ゾルゲはいかに反応したか。もっと正確に言えば、彼の情報に対する中央の反応の欠如に対して、自分の態度をどのように表したのか? 彼は中央の反応について知っていたのか? だが、彼の報告の決裁と評価は、ゾルゲにはついに届かなかった。それでもゾルゲは他方でモスクワで動きだした歩みによって、間接的に自分の行動結果を判断することができた。このことに関して、マックス・クラウゼンはこう、回想している。「われわれは奇妙な無線電報を受け取った。私はそれを一字一句覚えていないが、それは次のような意味合いだった。つまり対ソ攻撃の可能性は、中央にはありそうもないと思われていたのだ」。リヒアルトは、われを忘れて急に立ち上がり、絶叫した。「それは、あんまりだ」

消滅した日本の対ソ攻撃の脅威

しかしながら、古い知恵はこういう場合、信頼できるものだ。「あらゆる悪いことの中にも良いことはある」。すなわち一九四一年六月二二日以後に起こった状況が、完全にゾルゲ情報の信《しん》憑性《ぴょうせい》を立証して、彼が生涯で最後の任務を極めて首尾よく遂行するのを助け、一九四一年秋に、日本の対ソ攻撃の脅威がなくなったことを中央に納得させたからだ。この際、格別に強調しておかなければならないのは、彼がそのような脅威が存在しなくなったということについて、少なからぬ個人的な貢献をしたことである。そして、このことは、次には、わが国の東部地区から西部地区への戦闘能力強化のためのある部隊の戦略的再編成を可能にし、モスクワ攻防戦とその結果に積極的な影響を与えて、独ソ戦の根本的な転機の始まりとなったことだ。

ドイツ側に立って戦争に突入しないという日本政府の決定についてのゾルゲの暗号電報の分析と、極東軍管区からの軍隊の集中的な配置がえに関する人民委員部（政府）と労農赤軍参謀本部の指令の日付は、まさにゾルゲ情報によってソ連指導部がそのような大胆な一歩を踏み出すもとになったことを証明している。

これに関連して、再び相も変わらぬ問題が鋭く浮上してくる。ゾルゲは中央で信用されていたのか、それとも否か。ある現代ロシアの研究者たち、とりわけミハイル・メリチュコフは、論文「ソ連の諜報機関と奇襲の問題」（『祖国史』一九九八年第三巻）の中で、ゾルゲは不本意にも、ドイツのデマ情報を拡大するチャンネルとなっており、彼から送られてきた情報は、最も価値のあるものとは考えられない、と主張している。このことに関して、彼は元ソ連軍事諜報部の指導者の一人であるパーベル・A・スドプラートフ将軍の意見を引用して、「ゾルゲは日本で、ドイツ諜報機関と協力する許可を取った。一九三七年から絶対的な信頼を得ていなかったようである」と言っている。

恐らくこれには、一定の理由がある。そうでないと、ドイツの対ソ攻撃の可能性とその正確な期日に関する最も価値のある情報に対して、中央があれほど無関心な態度を装ったのは、何によって説明できるであろうか。われわれとしてはこうした最重要の問題について、より詳細な検討に入るのが妥当のように思われる。ゾルゲ情報が重要であるかどうか、中央の信頼を得ることは、まず第一に暗号電報そのものではなくて、労農赤軍諜報局の指導者たちの決裁にあったことが、証明している。まさにこの決裁によって、ゾルゲの活動の結果について、また、わが国の軍事政治指導者のあれやこれやの決定の採択と不採択に関する影響を判断することができるのである。

諜報局の指導者はどう決裁したか

私がこの報告を作成するときに、一九三七年から一九四一年にわたったゾルゲからの多くの無線電報に対する沢山の決裁が、注意深く研究され、分析された。このときに「局長」のポストにいたのがウリツキー兵団長、オルロフとプロスクーロフ師団長、ゴリコフ、そしてパンフィーロフ将軍であった。この人たちは、いろいろ違っており、決裁もまた彼らによって異なっていた。このことは、決裁を書いた人たちがつねにゾルゲの仕事の結果と、個人としての彼の評価に何らかの食い違いがあったことを認める証明になっている。

労農赤軍第四部局長エス・ゲ・ゲンジン少将が一九三七年にゾルゲ報告の一つに添付した書類は、その典型的な例である。

「全ソ連邦共産党（ボリシェビキ）中央委員会同志スターリンへ。まったくの秘密です。われわれの確かな筋からの報告を提出します。この情報提供者はわれわれの完全な信頼を得ているわけではありませんが、彼のある資料は注目に値します」

ゾルゲの大部分の情報に対して、次のような内容の決裁が行われた。

「注目に値する資料に基づく特別報告をただちに作りあげること。貴殿の資料は重要である。特別な文書によって、第一、第二部隊と、ザバイカル軍管区の部隊の位置を特定すること。主要人物にそれぞれ送付すること」

次に、それらの報告書の提出先は、国家の第一人者たちに限定されていた。つまりそれらの主要人物のリストはスターリン、モロトフ、ウォロシーロフ、カガノビチ、ベリア、そしてその他の全ソ連邦共産党（ボリシェビキ）政治局の最も重要なメンバーであった。

諜報局長ウリツキー兵団長の国防人民委員ウォロシーロフ元帥宛の報告文書も、ゾルゲ情報の信憑性《しんぴょうせい》を裏付ける特徴をもったものとして、重要である。

「集められたデータ（日独交渉についての——筆者）は、貴方がたによく知られている情報源、つまり東京にいるわれわれの諜報活動指導者の電報報告によって、大部分作成されました。彼は、通常、質のよい情報を本物の極秘資料を一度ならず手に入れました。これは他の資料と同様に、東京にいるわれわれの情報源が重要であることを証明しています」

このような評価は、それ自体価値あるものであるが、与えられた評価が徐々にその価値を高めることである。実は、この情報がスターリン個人に報告され、彼の決裁つきで諜報局に戻されたということである。「私の意見によると、これはドイツのグループから出ており、方向感覚を失わせるものである」（スターリン）。当時あらゆる人々にとって事実上の最終宣告となりうるこうした文章を書くに当たって、筆者（スターリン）本人は、青色の鉛筆を使ったものである。事情通は、それが国家の第一人者の苛立ちや、不満が頂点に達した現れと覚っていた。

ゾルゲ電報に関する決裁の分析は、一つの興味深い細部を浮き彫りにした。一九四一年の春に至るまで、後の情報が完全に諜報局の指導部に報告され、その情報の大部分が省略することなく完全な形で、国の最高軍事指導部に送られていたとしても、一九四一年三月か四月の時点から、ゾルゲ電報は原文のまま、最高責任者に伝達されずに、その要約だけがいわゆる「メモ」の形で伝えられたのである。それどころか、一つの「メモ」はゾルゲの三つか四つの情報から作成されていた。さらに然るべき決裁の仕方もまた、様変わりしていた。ゾルゲが少なくとも決裁のためにかなり前から特別報告を用意しても、諜報局長は「検討中」とか「話合うこと」と書き込む始末だった。そのうえ決裁を受けたゾルゲの電報の中で、より下級の長は「ラムゼイは指令を求めている」とか、「指示を求めている」という言葉にしばしば出くわすことになった。

削減されたゾルゲ機関の活動資金

このようにして、ゾルゲと中央との相互関係の危機がいつ始まったのかは、正確に期日を特定することができる。それは一九四一年の初春であった。それゆえに、まさにこの時期すなわち一九四一年三月に、突然、ゾルゲ・グループのすべての活動資金に問題が生じたことは、何ら驚くに当たらない。ゾルゲ諜報機関に渡される資金の削減に論拠をもって反対するゾルゲの報告に対して、次のような決裁がなされた。「話し合うこと。次の内容の回答を与えること」。つまり、今は一米ドルの送金も困難であること。問題は改善の方向で考え直されるだろうこと。要するに必要不可欠な資金の送金は、事実上拒否されたのだ。しかも、電報そのものは、完全な形ではなく、短い要約という形で報告されたのであった。それどころか、一九四一年の五月には、ゾルゲの報告は、事前の検閲を受けることになり、その結果として、最も重要で価値ある情報が消滅してしまった。

諜報機関の指導部の意見によると、それはクレムリン指導部の目に留まってはならないものである。ヒトラーが対ソ戦争開始を決定したという、駐日ドイツ大使の言明は、ゾルゲ報告の中でも、極めて重要性の高いものである。ところが、無線電報の原文のうち、次の箇所がゴリコフ元帥個人によって削除されてしまった。

「ドイツの将軍たちは、赤軍は数週間で壊滅されるだろうと考えるほど、赤軍の軍事能力を低く評価している。彼らは、ドイツ・ソ連国境の防衛システムは、甚だ脆弱《ぜいじゃく》だと考えている。（削除なしで）五人に宛てて出すこと。ゴリコフ」

他のチャンネルと情報源によるゾルゲの情報の比較・検討は、この時期のものとされている。ドイツのソ連に対する攻撃の時期と、ドイツの戦争準備の間接的証拠についての一九四一年五月三一日付の暗号電報に関しても、「グシェンコ（東京在任のソビエト陸軍武官）に照会すること。ドイツ空軍の技術部門は日本にあるか否か（ゾルゲは、この部門が祖国に帰還する指示を受けたと知らせてきた）」。また、六月後半に、戦争は開始されると知らせたゾルゲの電報に対して、ゴリコフは次のような決裁を下した。

「ラムゼイの疑わしき、デマのごとき情報はお蔵入りに」

食い違うゾルゲ情報の評価

一九四一年六月、非合法活動の人生で、もうひとつさほど明瞭ではなく、極めて稀な事件が起こった。ゾルゲが長くて困難な年月の間使っていた暗号名が、中央によって変更されたのだ。一九四一年六月二〇日の彼のモスクワ宛の報告は、まだ相変わらずラムゼイとサインされていたが、六月二六日付の報告には、すでに新しい「インソン」の署名があった。この不意の決定の原因を明らかにしようとした筆者の全ての試みは、うまくいかなかった。ただ一つ、予想できることは、ラムゼイが粘り強く予告したのに、信用されなかったドイツの対ソ攻撃が、まさにこの時期に行われたことである。恐らく不愉快極まる思い出から逃れだすために、ラムゼイはすぐさまインソンに変えられたのだ。なぜなら、この変更は他のいかなる、これと言った客観的な原因も、必然性もなかったからである。

しかし、奇妙なことがある。暗号名の変更とともに、中央の側からゾルゲに対する対応が、極度に変化するようになったことだ。今度はインソンの報告に、われわれは全く別の決裁を見ることができる。

「国家防衛委員会、国防人民委員部、人民参謀本部のメンバーに、公用電話で送付すること」

「スターリン、モロトフ、人民参謀本部の同志へ送付すること」

一九四一年六月と日付が入っている諜報局長の次のような注釈がある。「情報提供者の大きな可能性と、彼が以前にもたらした情報の相当な部分の信憑性《しんぴょうせい》を考慮して、この資料は信頼に値する」

このような評価の後、ゾルゲにはこれ以上何も警戒することはないように思われた。彼に対する信頼は完全に回復し、彼の情報は、国家の第一人者たちに報告され、それによって、軍事と外交路線の実際的な一歩が踏み出されている。認識不足、侮辱、嫌疑はすべて過去のものだと信じたかった。

しかし、突然、嫌疑の影が再び晴天の霹靂《へきれき》のように、しかも、過酷で許しがたい乱暴な形で、現れた。一九四一年八月七日付の日本軍の動員と配置換えについてのゾルゲの電報に、諜報局長パンフィーロフ元帥は、「恐らく嘘をついている。より多くの軍隊が派遣されている。彼のことを報告されたし」と書き込んでいる。職員の個人的なことは、普通、万一の場合のみ指導部に報告されている。もし、ゾルゲの上司の決裁に照らして判断するならば、個人的なことは、二度だけ公式に要求された。

最初は、一九四一年八月七日付のもので、われわれが記述するエピソードの中で。もう一つは、一九四五年十月二四日のもので、それはゾルゲの逮捕と死刑の詳細を綴った在京ソ連諜報団指導者からの報告であった。報告書には、ソ連軍諜報機関長が「どういう人たちか報告されたし。ゾルゲのファイルを公文書保管所から取り出して、その人たちのことを照会されたし」と書いた。ゾルゲの活動が続行していたところをみると、ゾルゲに関する調査の結果は、完全に管理指導部を満足させたものであった。

対ソ攻撃を断念した日本

実際上ゾルゲの全てに先行する仕事と、彼のグループの仕事を決定的に礼賛したものは、日本政府が一九四一年に対ソ攻撃を完全に放棄したという一九四一年九月一四日付の通報であった。この知らせが重要で時宜にかなったものであることは、その余白部分に書き込まれた一連の決裁が証明している。

「これは、しっかりと検討しなければいけない。最後の段落は、ソルキンに検討させること。ウォロシーロフの部局だけではなく、国境の全域で検討すること。最後から二節目は、イカールに検討させるように。第一と第二節の検討を他の情報源から送り届けられる資料の分析によって行うこと」

この真に運命的なものを含んだゾルゲ情報の入念な検討によって、彼の情報の完全な信憑性《しんぴょうせい》が確認された。とりわけ一九四一年九月二六日、十月三日、四日付の電報で、彼は具体的な証拠を例として挙げた。日本の攻撃がないということは、簡単に信じることができなかったが、モスクワはこの情報を信じて、極東とシベリアの師団から何十もの軍用列車をモスクワの救援に赴かせたのである。よく知られていることは、モスクワの占領はドイツにとって単なる軍事的意義があるばかりではなく、絶大な政治的意義を持っていたことである。

ドイツの将軍ギュンター・ブルメントリットは、次のように書いている。

「ドイツの各兵士にとって、われわれの生と死はモスクワ攻防戦の帰趨《きすう》にかかっていることだった。明らかなことは、もし、ロシア人がわれわれにここで敗北をもたらすなら、それはわれわれのすべての期待の挫折を意味していた」

ソ連軍の勝利に当たって、ゾルゲの役割を過大に評価しても、しすぎることはない。これ以外にも、彼はシベリア国境における赤軍の数について偽の資料を与えて、ドイツと日本の参謀本部を誤解させた。日本の参謀本部員たちは、受け取った資料の検討のために、時間を費やさなければならなかった。それゆえに、極東国境からのソ連師団の移動をすぐさま認めようとはしなかったのである。こうして、ソ連軍は重要な時間を稼ぐことができたのだった。

モスクワの攻防戦におけるゾルゲの役割の評価は、幅がある。ゾルゲがほとんど独力で戦争に勝利をもたらしたのではないかとか、ソ連と世界共産主義システムのすべてが、ドイツ系ロシア人エリフ・ケルン、ミハイル・フロイド、クルト・ツェントネル、チャールズ・ワイトンらの存在に結び付いているということから、ゾルゲの暗号文は、状況に何ら新しいものをもたらさなかったし、決してモスクワ攻防戦でのドイツ人の敗北の原因の一つにはなりえなかった（フロインド教授）ということまでの幅がある。

ゾルゲ自身、このことに関して、次のように言っている。

「もちろん私は日本とソ連の平和的関係が、われわれのグループの活動だけによって保持されたとは思わない。しかし、われわれの活動は、平和的関係の保持を疑いもなく、促したのだ」

長期にわたって、かつ血に染まった戦争は、まだ先のことであったが、開戦直後に戦争の結果を定めるような何かが、そのころなされたのである。そしてそれをゾルゲが行ったのである。

ゾルゲと中央との関係のテーマや、彼に対するモスクワの信頼度と不信度のテーマに関して言えば、これらテーマのすべてが重要であるとしても、それはやはり主観的な性格を持っている。これは、幾人かの個人的な相互関係のことである。つまり、一方はゾルゲの方から、他方はスターリンと諜報機関の局長たちからといった具合である。このことで、より重要な役割をはたさなければならないのは、別のことである。それは、当時の国家の最高軍事政治指導者と軍事諜報機関の相互関係の客観的な性格である。まさにそれは、受け取られる情報の信頼と不信をもたらしたか、その情報によって、また然るべき措置が講じられたか否かということの原因となった。

五つ存在したソ連の諜報機関

よく知られていることだが、開戦前夜と戦時中において、すくなくとも五つの関係官庁がソ連の対外諜報機関を担当していた。

軍事諜報機関は一九三九年から第五国防人民委員部と呼ばれ、その後、諜報機関局と改称され、参謀本部の機構に属した。諜報機関局長は、同時に人民参謀本部の次長でもあった。NKVDの諜報機関は、一九三九年六月から国家安全保障本部第五課と呼ばれ、NKVDは一九四一年二月からフィーチン元帥を長として、創設された国家安全保障本部の第一局に再編成された。海軍諜報機関が担当していたのは、海軍艦隊人民委員部第一局であり、ズイコフ海軍少将を長として、参謀本部の機構に属した。外務人民委員部とコミンテルン（共産主義インターナショナル）は、それぞれの諜報組織を持っていて、四三年のコミンテルン解体後は、いわゆる第百科学研究所（モロゾフ所長）に代表される全ソ連邦共産党（ボリシェビキ）中央委員会がその組織を引き継いだ。

力と資金のこのような分散、いくつかの並行して活動している官庁の役割と課題の類似性、諜報機関の分割などは、何の良いこともたらさなかったし、かえってそれが競合を招いて、仕事の妨げとなったのである。これらすべての機関は、積極的な諜報活動を行っており、すべての結果はクレムリンに集まった。しばしば争点を含んだ、ときには矛盾した性格を帯びた情報のすべてを想像することさえ、困難である。

情報の評価に構造的な立ち遅れ

何らかの調整機関の欠如とすべての活動にわたる明らかな欠陥となったのは、一方で、働く人の数が少ないということ、他方で、然るべき情報分析構造が立ち遅れていたことであった。中央諜報機関における情報の評価メカニズムの脆弱性《ぜいじゃくせい》は、ほかならぬスドプラートフが自らの回想録の中で立証している。この複雑かつ長い鎖の最後の一環は、最も弱いことをさらけ出した。そのことが全体として、すべての部門の仕事に否定的な形で影響を与えずにはおかなかった。

しかし、諜報機関だけが起こったことに対して、罪があるわけではなかった。残念なことには、国内の軍事政治指導部も多くのチャンネルによって入手する情報を正しく評価できなかった。スターリン自身は報告された情報から結論を導き出すことができた。つまり諜報機関の結果や進言に注意を払わないで、結論を導き出すことができたのであった。この関連で興味をひくのは、当時だれが日本でのゾルゲの仕事と同じことをやり、彼と並行して仕事をすることができたか、また、だれを通して彼の情報の信憑性を検討することができたかという問題であった。

公文書資料の分析は、一九三〇年代末から四〇年代初めにかけて、日本でのゾルゲ諜報団とときを同じくして、労農赤軍の彼の同僚たちが積極的に働いていたことを証明している。非合法な状態にあったゾルゲと異なって、彼らはソ連大使館の「屋根の下で」仕事をしていた。ゾルゲの暗号電文と並んで、労農赤軍諜報局長宛に、東京からクリィロフ、アレクセーエフ、カトコフとサインした諜報報告が送られてきた。最もよく出てくる名前は、イカールとかユーリーといった暗号名で電報を書いたグシェンコである。当時、彼は日本でのソ連軍諜報団の指導者であった。

これらの情報の周期性と範囲（スペクトル）は、ソ連機関つまり駐在武官が重要な情報源を掌握していたことを証明している。その中で最もよく言及されているのが、カールという暗号名で仕事をしていた諜報員である。ゾルゲ以外に極東で大きな役職に就き、秘密文書の閲覧許可を持った他の諜報員が働いていた。例えば、上海のドイツ領事や、関東軍憲兵隊長らである。

ゾルゲの報告は検証され、他の諜報員からの同じようなテーマの情報と比較された。とくに、北京のソ連軍諜報部員ロカの暗号文と比較された。（満州における日本軍部隊の配置と移動について、その状態についてソ連や他の国に対する戦争準備について）ゾルゲ自身の報告に対する決裁が日本におけるソ連軍諜報機関の他の代表者の活動を同じように証明している。日米交渉のことが詳しく述べられている一九四一年五月十九日付の彼の暗号電報に、「交渉は行われているという別の資料もある」という諜報局指導者の一人の注記がある。ユーリーの報告に対する諜報局第五課長の決裁は、東京から送られた諜報データの再検討と補足との間接的な裏付けにもなりうるものである。

ユーリーは、米国のソ連に対する方針転換の可能性と、一九四一年六月のソ連とドイツとの不可避的な戦争を対象にして、日本での諜報活動を行うソ連軍の諜報員であった。諜報局長の「ご考慮を、まとまったデータのために利用すること」という決裁に対して、第五課長は「考慮されたものの中には、掃いて捨てるほど似たような〝秘密の会話〟がある」と書き込んだ。

軍事諜報部員同士の相互関係と、彼らに対する指導部の対応で明らかになったもう一つの局面も、特徴的なものである。すでに指摘されていることだが、東京からの報告はゾルゲからと、ソ連諜報員グシェンコからと同時に行われていた。彼らの情報の重要度は様々であったが、情報への対応は、全く正反対のものであった。こうして一九四一年五月十九日、三〇日、六月二〇日の電報で、ゾルゲはもっとも焦眉の問題に答えたのである。つまり彼は戦争の開始時期を知らせたのである。

弾圧で崩壊したＮＫＤＶの諜報機関

しかも、後にそれが驚くほど正確だったことが判明した。この資料はわが国の指導部に一刻も早く、報告しなければならなかったように思われた。しかし、奇妙なことに、決裁から判断すると、この資料にはいかなるチャンスも与えられなかったし、情報のやりとりがせいぜいゾルゲから局長へ、局長からゾルゲへと行われただけであった。特別情報に盛り込めとか、あるいはナンバーワンの名簿に発送せよとか、というかなる指令のかけらもなかった。そして、戦争開始の接近についての一九四一年六月二〇日付のゾルゲ報告は、特に何らの決裁も行われなかったし、あたかもだれもそれを読んでないかのようであった。当時、（一九四一年六月）イカール（グシェンコの暗号名）が打電し、ほんのわずかな意義しか持たなかった電報は、決裁から判断すると、スターリン、モロトフ、チモシェンコ、ビシンスキーに個人的に送付されていた。

日本におけるＮＫＶＤの対外諜報員の活動と言えば、よく知られているように、一九三九年まで、十分かつ積極的に遂行されていた。東京ではＮＫＶＤの諜報機関の組織は弾圧の結果、日本方面の組織は完全に崩壊してしまった。いわゆるシェベコ、ダビィソフ、カルージスキー、カスーヒン、クレートニィ、クレーネフ事件である。その後、情報の入手は、実際にはすべて国防人民委員部の諜報機関に、つまり情報をうまく処理する軍事諜報機関に、押しつけられてしまった。

謎はらむゾルゲの逮捕と処刑

最後に、ゾルゲの逮捕と死刑について一言、述べたいと思う。この二つの問題に関する専門家たちの意見は、現在まで分かれたままである。この伝説的な組織の摘発について、すべての説が良く知られている。われわれの見るところ、最も真実らしいものは、仕事がしばしば非合法活動の初歩的な原則を無視する中で、肉体的、精神的な力を極度にふりしぼって、心身ともにぼろぼろになるまでこき使われたことである。中央へは数多くの無線電報が送られ、日本の防諜機関は、その送信者を根気よく捜査した。他方、諜報機関の活動に引き込まれた仲間たちの範囲が、危険なほど広がっていた。つまり、ゾルゲの指導下に二つのグループがあり、全体として三五人が働いていた。彼らは自分の仕事の中で約千二百六十の秘密情報源を利用していた。そして結局、「金属疲労」の原則が作用したのかも知れない。

ゾルゲはそれなりの理由があって、粘り強く何回となく、休暇を要請、また、逮捕の直前にはモスクワへの召還か、どこかの国への転任を希望した。これらのうち何が逮捕の主な原因であったか、ここで言うことは困難である。恐らく、それぞれが大なり小なり関わりがあったのであろう。

ゾルゲの人生には多くの謎があった。彼の死もまた謎となった。諜報部員の死刑の状況も、完全に明らかにされていない。彼は数年間、監獄で過ごした。一九四四年十一月までに、世界で形成された情勢は、何人にも疑いを挟むものではなかった。つまり戦争は、西でも東でも、終結に向かいつつあった。そのうえソ連の威信は、このときには絶えず、増大していたのである。東京でもこのことを無視するわけにはいかなかった。東京は、積極的にソ連との関係改善のための探りを入れてきた。その根拠は次のようにもっとも説得力のあるものだった。それは、首都が初めて米国空軍の長時間にわたる爆撃を受けたからである。日本は海軍の攻撃力を失い、台湾、沖縄への撤退が始まり、ソロモン諸島が陥落し、レイテ島での海戦が起きた。日本はただちに安全な背後に、気持を使う必要があった。そして日本はこのために急遽、ソ連との関係改善をする必要に迫られたのであった。

一九四四年十一月六日、十月革命記念日にちなんでこの目的を追求するため、外務大臣重光葵《まもる》がソ連大使館を訪問した。彼は、一晩中愛想がよく、丁重だった。最後まで居残り、次の言葉を述べ大使館を後にした。「これからは、すべてがうまくいくでしょう。今後も貴方とお会いしましょう」と。しかし、次の朝ゾルゲは処刑された。そこには、明らかな非論理的な思考がある。ソ連諜報部員の死刑は、日本政府が目指していた関係改善を決してあり得ないものにした。ゾルゲの生は、日本にとって彼の死より有利であった。大きな政策とか、民族の将来とかいうものに巻き込まれるとき、何らかの形式主義が問題となる。彼の死はだれに、なんのために必要だったのか。彼を生かしておけば、日本はソ連とのゲームの補足的な切り札を受け取ったはずである。しかし、そういうことは起こらなかった。

言うまでもなくゾルゲの死刑は、これ見よがしのおまけまでついた。つまりソ連の国民の祝日である十一月七日の死刑は、挑戦的な行為であった。このことは至極、奇妙であった。このことに日本政府が何ら格別の理由を持ったわけではない。あとは処刑が何による原因なのかを、憶測するだけである。二十世紀を通じて、ゾルゲの生と死を取り巻いたすべての秘密が、そこにあったと信じたい。そして、新しい二十一世紀にゾルゲの名が、決してその秘密によって曇らないだろうと信じたい。

【筆者紹介】

ワレリー・ワルタノフ（ロシア国防省付属戦史研究所副所長）

制服組で、現役の海軍大佐。生っ粋の職業軍人というと、武骨なイメージが湧くが、この人に限っては全然見当違い。人当たりが柔らかく親しみやすい。いかにもロシア人らしい端正な顔付きで、得をしている面も。

西シベリアの百万都市、ノボシビリスクの出身。海軍兵学校ならびに極東国際大学東洋学部卒の専門的な戦史学者。ロシア科学アカデミー東洋協会諸国民戦史委員会副議長兼ロシア戦史・古文書専門家協会名誉会員。歴史学博士。現在は、ロシア国防省付属戦史研究所副所長。

軍の勤務歴は、二五年以上。最初に極東のウラジオストクに本拠を構えるロシア太平洋艦隊所属の艦船と管理部門で勤務。その後、戦史研究所に移る。

主たる研究の対象は、アジア太平洋諸国の政治、歴史がらみの軍事問題。単独あるいは共著者として、何百もの著作をし、八ヵ国で出版された。

とくに大きな著作は、「作戦Z　第二次大戦前夜とその最中におけるソ連の対中国人民軍事援助」（一九九四年）、「大洋における会戦第二次大戦中の太平洋における艦隊行動」（全三巻、一九九七〜九八年）「第二次大戦のプレリュード・ハルハ河事件」（一九八九年）「アジア太平洋地域における第二次大戦（一九八九年）」「一九四五年のソ日戦　三〇—四〇年代の二大強国の軍事・政治的矛盾の歴史」（全二巻、一九九七—九八年）など。

ただし、最近は政府予算激減のあおりで、じっくり腰を落ち着けて研究できないのが、悩みの種。そんなとき飛び込んできたのが、今度の日本招待。訪日歴は一回だが、初印象が格段に良かったらしく、根っからの日本びいき。「日本から招待されて、断わるロシア人は一人もいない」と、大喜び。

最初の訪日は、一九九〇年。第二次大戦開戦前夜に、当時の満蒙国境で起きた国境紛争「ノモンハン事件」(ソ連名、ハルハ河会戦)国際シンポジゥムが東京で開かれたとき、ロシア側パネリストとして参加。百数十人にのぼる日本兵の捕虜名簿の衝撃的な発表は、マスコミの話題をにぎわせた。

ゾルゲ事件についても、ロシアは国防省をはじめ、いろいろな政府機関などの公文書館で、膨大な資料を保管。九一年のソ連解体前後の混乱期を除き、その大部分が未公開だが、制服組のため部外者と違って、これらの第一次資料に直接接触できるのが、最大の強味。家庭には奥さんと娘が二人。バッジの収集家。（白井久也）

◆**お断り**　本章は、「ゾルゲ事件国際シンポジゥム」に先立って、各パネリストが事前に提出した報告を中心にして、収録したものである。

第三部

ロシアにおけるゾルゲ研究

◆ゾルゲのブロンズ像（ヤコブ・ウェーデル作）

ゾルゲ：彼に対する興味は尽きない

ユーリー・ゲオルギエフ（白井久也訳）

一九九八年一一月は、リヒアルト・ゾルゲの非業の死のときから、すでに五三年が経った。それにしても、驚嘆すべき出来事である。彼の人生や事業、さらに、彼のジャーナリスチックかつ政治的な遺業に対する興味は、衰えを知らないだけでなく、急速に拡大するブームの様相すら呈している。たくさんの学者、ジャーナリスト、社会活動家が、最近、彼の歩んできた道、われわれに残された研究やジャーナリスチックな遺業を分析し、その基礎の上に立って、新しくこの人物の歴史における地位と役割の理解に務めようとしている。

このような動向の指標の一つとなっているのは、ジャーナリストで研究者でもある白井久也が、一九九四年に出版した『未完のゾルゲ事件』である。白井はこの本の序文で、次のように書いている。「ゾルゲ事件はほぼ半世紀前に摘発された古い事件である。しかし、それは〝スパイ007〟のようなありきたりのスパイ事件ではない。それは、当時の国際状況を反映した高度の分野の政治的な事件である」

日本で見直し進むゾルゲ事件

「今日、日本では」と、白井は言っている。「ゾルゲ事件の見直しが、急テンポで進んでいる」。この命題の確認に当たって、白井は次のような事実をあげている。

「ゾルゲ事件摘発の端緒となった伊藤律スパイ説は、渡部富哉の著書『偽りの烙印——伊藤律スパイ説の崩壊』によって論破された」

ゾルゲ事件で重要な役割を演じた画家、宮城与徳の郷里名護市（沖縄）で、宮城の作品を展示する美術館の開設準備が進められている。映画監督篠田正浩は、昭和時代並びにその時代と激しく切り結んだゾルゲと尾崎の思い出を記念する映画製作の準備に、意欲を燃やしている。横浜の法律家のグループも、ゾルゲ事件裁判の法律的な分析を行った研究の成果の発表準備を進めている。日本共産党元名誉議長野坂参三がゾルゲ事件にどう関わっていたかについても、研究が行われている。ゾルゲと尾崎の死刑の日から五〇年以上たった。明らかなことは、そのような時期が経過したにもかかわらず、ゾルゲ事件に対する関心がいぜんとして続いていることだ。この意味で、ゾルゲ事件は過去のものだが、埋もれたものだと考えてはならない。

ゾルゲ事件に対する新しいアプローチを探すきっかけとなったのは、ゾルゲ事件をスターリニズムの最も悪い影とスターリニズムと結びついた政治的な抑圧の悲劇的な結果から解放することであった。このことはとくに、当時、ゾルゲと彼のグループのメンバーを裏切り、大方の意見によれば、ゾルゲ事件の特別な「転轍手《てんてつしゅ》」として告発された日本人の運命と関係がある。具体的に言えば、かつての著名な日本のコミュニスト伊藤律や、日本系の米国人ジョー・コイデ（小出）のことである。

日本では一九九五年から「伊藤律の名誉回復を求める会」が活動している。その目的は、一九四〇年の警察に対する伊藤律の供述は、ゾルゲ諜報団摘発の原因ではないということを、埋もれている文書や事実に基づいて立証することである。この会のメンバーは、自分の指導者とともに死刑になった、ゾルゲ諜報団の重要なメンバー、尾崎秀実《ほつみ》の異母弟、尾崎秀樹《ほつき》側の謝罪を求めている。尾崎秀樹は自分の著書の一つで、伊藤を「特高警察のスパイ」ときめつけた。このほかに、この会は日本共産党に対して、党の隊列から除名した伊藤律の死後の党員としての名誉回復を求める質問を提出することにしている。

「伊藤律の名誉回復を求める会」のメンバーは、とくにゾルゲを裏切った裏切り者は三〇年代のコミンテルン（共産主義インターナショナル）日本部代表で、この時期に二回にわたって米国へ非合法に潜入した野坂参三であったはずだという説に注目している。この説は、一九九六年に出版された『野坂参三の追跡』の中で、ジェームス・オダ（小田）が唱えたものである。確実に明らかなことは、米国共産党中央委員会からゾルゲ諜報団に派遣され、逮捕された宮城与徳が拷問に耐えかねて、ゾルゲの名前をあげただけではない。これに加えて、米国共産党で活動中に知り合った北林トモも逮捕後、宮城の名前をも漏らしていたのである。

問題は従って、日本系の米国共産党の二人のメンバーが、三〇年代に日本に突然現れたことに、日本の警察が目を着けたことにあるのではないか？　非難は北林トモを警察に売った伊藤律に浴びせかけられているが、同時に、三〇年代の米国における野坂の協力者で、米国共産党のメンバーの日本人リストを、あたかも日本の警察に手渡したかのように言われているジョー・コイデ（本名は鵜飼宣道。モスクワの国際レーニン学校で学習中、日本では西と呼ばれた）も、非難の対象になっている。

「伊藤律の名誉回復を求める会」の学者の研究活動が終結を見るには、なおほど遠い。しかし、東京、モスクワ、ワシントンの公文書館で、伊藤律やジョー・コイデはゾルゲ諜報団を売り渡した真の裏切り者を隠蔽《いんぺい》するための犠牲者であったことの推測を裏付けるたくさんの文書や事実が、同会の手に集められている。いずれにしても、日本の研究者の意気込みと根気は、裏切り者の名前を最終的に突き止めるであろう期待を抱かせている。

一方では、「伊藤律の名誉回復を求める会」の研究活動が最盛期を迎えているが、他方では横浜の法律家グループがこの秋に、ゾルゲと彼の同志に対する裁判記録に関して、何年かにわたる見直し作業を終えることになるはずだ。この法律家グループによって準備された文書は、なお公表されていないが、日本の新聞に掲載されたいくつかの結論は、一九九七年一〇月にロシアの新聞に転載された。とりわけ「ロシア報知」の報道（一九九七年一〇月九日）によると、日本の法律家はゾルゲの死刑判決は違法であるとの結論に達した。彼らの意見によれば、日本におけるゾルゲの主たる活動は、日本の国家機密を含む機密情報の不法な入手ではなくて、彼らが合法的に入手した情報や事実の分析と総括であった。

この当時のドイツの新聞雑誌（まず第一に「地政学雑誌」や「フランクフルター・ツァイトゥンク」紙）に掲載された記事に反映されている、ほかならぬゾルゲの知的、かつ彫りの深い見方は、彼の日本からの報告とともに、何よりも同時代の研究者の熱心な注視を呼んだ。われわれの見るところでは、文字通り「ゾルゲ学」という科学の独自な新派が生まれようとしている。それは戦前のもっとも傑出した地政学者としてのリヒアルト・ゾルゲに対して、われわれをして新しいやりかたで視線を向けさせるものである。世界の地政学に対して果したリヒアルト・ゾルゲの貢献に関する学者による分析が、ますます焦眉の急となっている。

（ロシア語版「今日の日本」一九九七年一一月号より）

ユーラシアの戦士リヒアルト・ゾルゲ

ワシーリー・モロジャコフ（濱口敦子訳）

戦争の始まりとは武力衝突発生の日ではなく、またその終りとは休戦条約調印と最後の砲声に伴うものでもない。

リュドベル・ジェンニ

どうやらわれわれはリヒアルト・ゾルゲについて、知り尽くしているようだ。そして、この「熱烈な愛国者並びに国際主義者」のわが国の伝記作家たちを信用しなくても、主に米国の筆の立つ作家らによって書かれた「二十世紀のスーパースパイ」を語る数多くの作品が、われわれの役に立つ。

政治的立場の真っ向からの対立と主眼点の相違のもとで、どれもこれも驚くほど似通っており、肝心なことが結局書かれていないという印象を一様に受ける。ことによると、彼の元同僚ハンス・オットー・マイスニェルが四〇年前に出した『あなたは誰、ドクターゾルゲ』という質問は、実際未解決のままなのではないか。このうえどんな秘密が、ゾルゲの生涯と運命に秘められているのか。

断っておくが、私は際立った発見など何もしていないし、するつもりもない。しかし、新しいものとはただ忘却された古いものなのだと認め、例えば個々に良く知られつつも結局一枚の絵に仕上がっていないような多くの事実を思い出すべきである。若干の知れ渡った「ゾルゲの謎」の新たな解明に取り組む必要はない。（ロシアでなくとも国外において）事実の偏りのない総合的な分析で、十分だ。こうして旧聞に属する歴史の多くが、われわれの前に、全く違った姿で全貌を現わすだろう。そして、もしこのことが既成概念を揺るがしても、仕方のないことだ。ゾルゲはその生涯においてだけではなく、その死後にさえあまりにも多くの人を驚嘆させてきたのだ。

「鉄のカーテン」の両側で書かれたゾルゲの数々の伝記を統合する重要な点は、作家たちが彼の諜報機関活動、つまり秘密情報の収集と伝達に焦点を絞っていることだ。ゾルゲの活動におけるこの側面の重要性を否定することは愚かであり、これについてはすでに十二分に書かれてもいる。だから今は他の話に移りたい。ただ指摘しておきたいのは、諜報部員ゾルゲの卓抜性を認めることでは敵も味方も一致しており、一方、彼の名誉失墜を試みたのはただ唾棄《だき》すべきでっち上げ作家のみで、これは例えば悪名高いビクトル・スボーロフの著書『砕氷船』に見られる。

しかし、こうした中で事実、ゾルゲを語る伝記はみなジャーナリスト並びに政治分析者としての彼の「合法的活動」に、この「スーパースパイ」が雨風をしのいだ「屋根」としての価値しか認めずに、これを問題から外している。こうした伝記は、ゾルゲが友人オイゲン・オット（最初ただの日本軍関係将校、そして大使館付陸軍武官、さらに大使にさえなった）に代わって、公式な秘密報告書を作成していた、と一様に伝えている。しかし、これらの文書はベルリンで高く評価され、まさにその結果オットは、前首相つまりこの地位でのヒトラーの直接の前任者クルト・フォン・シュライヒャー将軍（一九三四年のヒトラー粛清事件「長いナイフの夜」の犠牲者）とのかつての密接な関係から、ナチ党員らに心証が悪かったにもかかわらず急速に、また多くの目からすると突然に昇進してゆく。

独ソ両国に奉仕したゾルゲ諜報団

もしゾルゲがベルリンへの報告書を「好い加減」に書き、ソ連に有利な偽報で埋め尽くしていたとすれば、これはすでに再三にわたり暴露されたことだろう。なぜならドイツ外務省の主要な地位にあったのは、ナチスの成り上がり者ではなく、旧派の外交官らで、そのうえゾルゲ自身日本政府の唯一の情報提供者だったわけではない。結論は自ずと導かれる。ゾルゲはベルリンに日本情勢のほとんどが機密に属する確かな最新情報を迅速に入れていただけでなく、国内の現況をも分析していた。もちろん、詳細な情報収集のために自分の諜報網（まず第一に近衛文麿の親友であり相談役だった尾崎秀実《ほつみ》）を使った。彼の諜報網はこうして、ベルリンにもモスクワにも奉仕している。しかし、ゾルゲは「二重スパイ」だったのではない。モスクワは彼がベルリンにも奉仕していることを知っていたが、ベルリンは彼がモスクワに奉仕しているのを知らなかった。

ところで、オイゲン・オットはゾルゲが「正真正銘の」ソ連の諜報部員であったことを死ぬまで遂に信じなかった。五〇年代半ば、動かし難い事実を前にしてさえ、彼は自分の友人を（オットのゾルゲに対する友情の念は最後まで嘘偽りのないものだった）職務上ソ連軍参謀本部諜報局（ＧＲＵ）に潜入したドイツの「スーパースパイ」と見なし続けた。（一九四一年から一九六四年に至るまでのソ連側のゾルゲ否定を、少なくとも主観的にはこう説明できたことを覚えておきたい）ところで、ゾルゲがオットを裏切ったと語る著書の基調を成すゴードン・プランゲのテーゼの明らかな不当性を指摘したい。忘れてはならないのは、オットの目覚ましい栄達が専らゾルゲに負うものであり、一方、裏切りの報いとして受けたのがただ不興だけというのは、ドイツ帝国の過酷な状況の中にあっては、間違っても最悪なケースとは言えないことだ。

オット＝ゾルゲ報告書はベルリンで極めて高く評価された。しかも、その原案の執筆者をドイツ帝国の高官らは承知していた。これについてはとくにワルター・シェレンベルグの回想録が証言となっている。ゾルゲ逮捕がドイツ外交への大打撃となったのは国威の問題だけではない。ベルリンは東京における最良の情報提供者と分析者を失ったことになる。なぜなら資料の水準と即応性から、ゾルゲの存在は実際不可欠になっていたのだ。ドイツの外交官または諜報部員の中に、日本の支配層にこうした広範かつ主に非公式のルートを持つ者はなく、受けた情報の明瞭かつ具体的な分析を同様にこなせる者もなかった。

分析者ゾルゲは諜報部員ゾルゲに劣らず、重要な一面である。モスクワにもベルリンにもほかならぬ機密情報のほかに、概して細部にわたるまで正確に的中する予測が入ってきた。ゾルゲは状況の分析、予測のほか、敢えて勧告も出した。しかも、これに耳を傾けたのはモスクワよりも、むしろベルリンの方がたびたびであった。取り調べの中でゾルゲが、自らの活動の主軸として強調しているのは、まさに国家的規模の具体的政策への影響力であって、この政策を実施する側への情報供給といった端的なものではない、ということだ。残念ながら、ゾルゲのベルリンへの機密報告はほとんど知られていないが、その基軸は、彼の合法的活動と、それに劣らず重要な、われわれが手にしている常なる共同執筆者、あるいは執筆者ゾルゲの手になるオイゲン・オットの職務報告から、部分的に復元され得る。

ロシアの消息筋はゾルゲのジャーナリズム活動について雄弁だが、主にはナチの御用新聞的性格を持たない、いくつかのドイツ有力紙記者としての日本での活動に触れるのみだ。一方、ゾルゲがドイツの大地政学者カール・ハウスホーファーおよび彼の雑誌「地政学雑誌（ツァイトシュリフト・フュル・ゲオポリチク）」の日本記者だった（それどころか代表人物だった）事実は、完全に黙殺されている。ゾルゲに東京への門をことごとく開いたナチ高官からの推薦状に触れて、ソ連の伝記作家らはハウスホーファーについてはただ黙して語らず、この事実については全く論評したがらない。

ドイツ第三帝国で、公式なポストをひとつも占めなかったカール・ハウスホーファー（退役将軍、軍事外交官、並びにミュンヘン大学教授）はドイツ指導部の一部、まず第一に、マルチン・ボルマン、ヨアヒム・フォン・リッベントロップ、ハインツ・グデリアン、アルトゥル・アクスマン、その他といったソ連との戦争に反対派の、イギリス＝アメリカ大西洋海上ブロックに対抗した大陸列強諸国連合提唱者らに、並外れた権威を持っていた。ことにナチス指導部で最終的に全く反対の立場が優勢になったことを考慮するなら、ハウスホーファーをドイツ第三帝国の「灰色の枢機卿」と呼ぶのは、明らかに乱暴すぎる。

しかし、彼の威光はとくに日本で偉大であった。彼は日本を「熟知し愛し」ており、またその地では、彼を知るステファン・ツワイクの証言によると、まだドイツ大使館付陸軍武官の任期中（一九〇八年～一九一〇年）に「多くの友人を得た」。加えてハウスホーファーは自由に日本語を操り、つねに国内情勢を見守っていた。至極当然、日本での自らの代表として彼は専門家であり分析者であり、そして同志たる人物を求めた。彼が最適な人間像をゾルゲに見い出して、彼に白羽の矢を当てたのは偶然ではない。

一方、ゾルゲ自身は彼の雑誌に大きな分析論文を八本発表した（一九三五年から一九三九年までの十一の号に掲載、ハウスホーファー七十歳に捧げる記念号を含む)。あるとき彼に面白い出来事が起こった。一九三六年のいわゆる「二・二六事件」といわれる東京での将校のクーデターのあと、ゾルゲはベルリンにこれについての分析メモを用意した。その後その主な部分がハウスホーファーの雑誌用の記事として使われた。雑誌はこの記事をもちろん直ちに掲載した。ゾルゲは「R. S.」のイニシャルで記事に署名している。ドイツではゾルゲの名がこの実名による彼のかつての共産主義活動を多くに連想させかねない。

彼はここで自分の名前が余計な注意を喚起しないよう、ドイツの刊行物ではこの署名をたびたび使っていた。記事を隈無く読み評価したのは、ドイツだけではない。この短いレポートを転載したのは「イズベスチヤ」紙だが、当然、本当の執筆者については知らなかった。これはただモスクワ中枢機関のハウスホーファーの雑誌に対する注目を証拠立てただけだったのだが(それ自体最も興味深い)、ゾルゲは非常に憂慮し、記事は自分が書いた旨と、自分の記事をこれ以上モスクワの新聞に転載しないよう求めている旨を直ちに中央に無線で伝えた。

ミュンヘンの雑誌に載った記事は、ゾルゲの学術的業績の基軸を成す。これに匹敵する意味を持ち得るのは、彼が自身の逮捕に至るまで何年かにわたって取り組み続けた日本についての著書だけだ。(原稿消失の事情はあまりはっきりしていない。彼の友人でドイツ大使館付海軍武官ベンネケルが、ことによるとゾルゲ自身の依頼によって、日本警察の手に落ちなかったゾルゲの他の文書とともに、これを廃棄した公算が最も大きい)。著書はハウスホーファーの発案と強い要求で執筆され、彼は著者に絶えず催促していた。この作業についてはゾルゲの伝記すべてが記しているが、彼の実の鼓舞者の名前は誰も挙げていない。ハウスホーファーへのゾルゲの手紙は恐らく消失した。また彼の原稿の行方もあまりはっきりしていない。この仕事の責任者であった雑誌の元編集者クルト・ボビンケリはゾルゲの伝記作家ユリウス・マーダーにこう告げている。「時折、ゾルゲはハウスホーファー教授に当ててミュンヘンに原稿を送り届け、そしてそこから私が月に一度、次号の資料を全部受け取っていた。ハウスホーファーは決して原稿に手を入れなかった。私はたまにほんの少しだけ文体を手直ししたことがある」。これに準ずる同志たちの関係に、注釈の必要はないだろう。

ハウスホーファーの重要な役割

ハウスホーファーの活動の中で、我々にとって極めて重要なことが、ほかにもある。ほぼ一九二三年から一九四〇年にかけての十五年以上にわたる、彼のヒトラーとの深い精神的親近性である。ハウスホーファーとヒトラーを引き合わせたのは大学院生でミュンヘン大学教授の献身的な追随者、またナチス創設者のひとりであり、長年にわたって総統に次ぐ、党の「ナンバー・ツー」であったルドルフ・ヘスだった。一九四一年五月イギリスへのルドルフ・ヘスの秘密任務の背後にはまさにハウスホーファーがあったが、このことについてはまたもやほぼすべての歴史家が口を閉ざしている。例外はただ、米外交及びソビエト学のベテランのルイス・フィッシャーのようなとくに事情に通じ、自在な発言を許された歴史家のみである。第三帝国における ハウスホーファーの役割、とりわけ当初のそれに対する過小評価と隠蔽《いんぺい》、そしてこの時代に関する文献の中で彼について一貫して言及されないことは、極めて示唆に富んでいる。現在までこの人物は故意の沈黙に閉ざされているのだ。筆者は興味深いいくつかの例に突き当たることがあった。本のテキスト部分（通常英語文献の中で）で挙げられているハウスホーファーの名前が、人名索引に載っていないのだ。これはその検索を厄介にし、恐らく偶然のことではないだろう。

ハウスホーファーの所属していた秘密結社「トゥーレ協会」とは、ドイツの密教めいた知的精神的エリート集団（正確にはワイマール共和国反体制派のエリート集団）だった。まさにこのエリート集団が将来のメシアとしてのヒトラーに望みを託し、彼を育て上げて政権の座に就かせ、そしてほかならぬこのエリート集団が彼に背を向けることになる。一九三八年から一九四一年、彼の活動の危険な傾向をその目で認め、彼が自らの歴史的使命を裏切ったと判断してのことであった。

ハウスホーファーは、大ユーラシア列強諸国連合の必要性だけでなく、単純に二正面の戦争はドイツの壊滅が避け難いことを認めており、世界大戦、とりわけソ連との戦争には反対であった。ヒトラーに対して彼の先導者らが施した「神秘的（オカルト）」精神的支援の重要性は、様々に受け止めることができるが、ヒトラー自身はそれに格別な意味を与えていた。この支援を次第に失いつつあった事実が、彼をして物分りよくさせることになった。しかし、総統は多くの点で自分のごく身近な側近の一部の後押しに従って、自分は神に選ばれた者であるという確信が余りにも大き過ぎ、これ以上何かほかの精神的、祭式的権威に頼る必要がないと考えた。この常軌を逸した誇大妄想狂の発作の結末は、周知の通りだ。

第三帝国の神秘的な歴史の世界を幅広い読者に、初めて開いた古典的書物『魔術師たちの朝』の作者ルイ・ポベリとジャク・ベルジェは、一連の降神術用語を使ってハウスホーファーを「魔術師」と、ヒトラーを「霊媒師」と呼んだ。言い換えれば、ハウスホーファーはヒトラーの多くの理念と行動の煽動者だったが、様々な理由により、そうした理念や行動を公の場で述べ、実行することができたのはヒトラーだけだった。少なくとも一九四〇年までのハウスホーファーのヒトラーに対する影響は、彼のゾルゲとの精神的、知的親近性と同様、全く疑問の余地がない。つまりゾルゲはベルリンにおける様々な所轄官庁との公式な接触のほかに、ヒトラーとヘスへの極めて非公式的かつ直接的な「出口」を持っていた、あるいは少なくとも持ち得た、ということだ。

ここでわれわれは再び全くの「筆先の」憶測と評価を余儀なくされている。なぜなら、こうした関係が極秘とされていただけではなく、非常にしばしば全く文書化されなかったからだ。一方、存在した文書については、廃棄されたことよりもむしろ保存されていることに感心すべきだ。第二次世界大戦の国の敗北は、色々な種類の秘密文書の意図的な（あるいはまた、偶発的な、無許可の）大量廃棄を招く。一九四五年、ドイツでも日本でも関係者がこれを行う時間が至極十分にあっただけに、なおさらだ。

だからわれわれは決して多くを知り得ないのだが、若干の謎解きが全く思わぬところに隠されている可能性がある。例えばナチス親衛部隊研究所の資料コレクション「アニェネルベ」（先祖の遺産）の中などに。この資料コレクションは、つい最近判明したことによると、戦後すぐドイツからソ連に無事運び出された。あとはここで誰がこのコレクションに取り組んだのか、また概して取り組まれたのかどうかについての知らせを待つしかない。研究状況は悪くないと思われる。

潰《つぶ》れた近衛公の対ソ派遣

ゾルゲ＝ハウスホーファー＝ヒトラーという一線上の関係と同様、こうした「直線のルート」が彼には尾崎秀実《ほつみ》を通じて近衛文麿との間にもあった。尾崎は取り調べのとき、自分の弁護人である竹内金太郎に対し、近衛・スターリン会談の直接的な準備のためにスターリンとの個人的会見を（ゾルゲの仲介のもとで）実現させたかった、と伝えている。一九四三年、日本政府はソ連寄りの立場をとる政治家としてまさにこの近衛を、ヨーロッパへ（旅の主な目的はモスクワとベルリンだった）秘密任務のために派遣するつもりでいた。相互に有利な戦争完遂の保証と、ことによるとソ連とドイツの間の平和条約締結のためである。一九四五年夏、再度近衛のモスクワ行きが予定されたが、このとき日本ユーラシア主義指導者で、海軍大将米内光政が日本に都合の良い条件で太平洋戦争を終結するために、ソ連に仲介を求めるよう提案した。しかも、近衛と彼の同志たちは大きな犠牲を覚悟していた。

最近、発表された文書から明らかになったことによると、彼らはソ連の考えられる領土要求の全面受け入れの用意があっただけではなく、事実上、関東軍を労働力としてソ連へ捕虜に引き渡すことを拒否していなかったという。これらすべての事実の総和は、甚だ逆説的な結論をもたらす。つまり考えられる「枢軸」国の指導者らのうち、ゾルゲはスターリンから最も隔たっていた。そのうえスターリンは明らかにゾルゲを自分のスパイのうちのひとりでしかなく、例え並外れて卓越し貴重であったとしても所詮《しょせん》はスパイなのであり、現役の政治家ではないと見なし、あまり高く評価していなかった。言い換えれば、ゾルゲのモスクワ・ユーラシア界へのつながりは、研究が最も遅れておりはっきりしていないが、ここでも彼の活動の全般的動向には全く疑いの余地がない。

ゾルゲの日本での実際の活動は、彼のハウスホーファーとの親近性とどうつながっていたのか。まず第一にこれはユーラシア地政学に於ける志向の一致である。これは具体的な政策の分野ではソ連も加わるよう提案されていた日独伊三国協定締結直後の一九四〇年秋のベルリン＝モスクワ＝東京枢軸の理念に最もはっきりと現れている。ドイツでのこの理念の最も執拗な宣伝家だったのはハウスホーファーで、日本のそれは当時首相だった近衛文麿とその側近だった。近衛は世に言う「側近に踊らされる」典型的な「殿様」だった。ゾルゲは日本でのハウスホーファーの全権代表（さらにこの非公式な「全権」の範囲は分かっていないし、今後も分からないかもしれない）であり、一方、尾崎（政治活動及び諜報活動に於けるゾルゲに最も近い同志）は近衛の個人的友人並びに常なる助言者であって、猪突猛進型でグローバルな思考のそれゆえに腹立たしいほど「細部」に無頓着な近衛の具体的かつ政策的歩みに対し、現実的な働きかけをしていた。

ゾルゲと尾崎は事実上、近衛公のごく身近な側近（西園寺公一、犬養健、風見章ほか）をすべて抱き込んでいた。しかしもちろん、彼らと対立する東条英機と、「新財閥」の代表者らが率いる陸軍幹部のグループを掌握することはできていない。ゾルゲとそのグループの逮捕が、第三次並びに最後の近衛内閣瓦解と重なったのは、偶然ではなかった。一方、近衛自身は「ゾルゲ事件」を個人的に彼に反対する軍国主義者側からの挑発行為だと見なした。驚くべきことに、歴史家の多くが、ゾルゲのグループを彼とともに一九四一年秋逮捕された者たち（尾崎、宮城、ブケリッチ、マックス及びアンナ・クラウゼン）のみに限っており、しばらくしてから秘密警察の監獄に入れられた「第二梯団《ていだん》」については沈黙している。その中には西園寺公一ほか上述した者たちを含む近衛側近の若きインテリたちが入っていた。当時、日本大西洋主義指導者の一人で以前からの合衆国の「信望あるスパイ」重光葵《まもる》は、近衛を「天下の裏切り者」と呼び、国家への背信の罪で彼の逮捕を要求した。注目すべきは、重光のこの弾劾が、すでに戦後に書かれたその回顧録の中でも繰り返されたことである。

しかし、ゾルゲのベルリンの政策への威光が主に日本に関する助言のみに限られていたのに対し、東京のそれはより顕著なものだった。ゾルゲの最大の勝利は、日本がソ連を攻撃しないだろうというモスクワへの報告とされている。今日では、これにこう付け加えることができる。ゾルゲは日本がまさにそう動いたことに、少なからず個人的貢献をもたらした。もちろん、これは彼の単独による功績ではない。ほかでもなくこの方面で動いたのは、外務大臣で後に総理大臣となった広田弘毅（元モスクワ大使）、海軍大臣で後に首相となった海軍提督米内光政（革命前の時代の在ペテルブルク大使館付海軍武官）、外務大臣有田八郎、そして近衛公自身である。ハルハ河付近の壊滅的な敗北は熱血勢力を鎮め、侍気質の過激主義の権化である東条将軍さえも、ヒトラー側からの不断の圧力にもかかわらず、ソ連との戦争構想を断固否定した。

ここまでのことから、次のような質問が自然に出てくる。ゾルゲは誰のために活動していたのか。その答えは思うほど易しく単純明解ではないようだ。秘密スパイとしてゾルゲはソ連のために活動し、まさにこの活動が彼に二十世紀最大の諜報部員の一人という名誉の栄冠をもたらした。「公然」のスパイとして、彼はドイツのために活動した。事情に通じたジャーナリストで大使の個人的友人、そしてナチス党の有力者でありそのうえハウスホーファーとつながりを持つこの人物が、ベルリンの関係所轄官庁のための機密情報を含む様々な情報の提供者であることは、誰もが知っていた。最後に、東京でゾルゲはユーラシア主義の消息筋と直接つながっていた。

しかし、このテーマを仕上げるには、もう一層の研究が必要である。とくにゾルゲの有田、米内、また彼らの側近との接触の研究は不可欠だ。言い換えれば、諜報部員ゾルゲは日本人らとも何らかの機密をも交換し合って、モスクワのために、また部分的にはベルリンのために活動した。これは接触を保ち続け、新しい情報を得るためには不可欠だった。多方面に良く通じたゾルゲは、つねにGRUの利益の優先性を守っていたにもかかわらず、万人にとって有用かつ必要であった。同時に、分析者、政治家としてゾルゲは、近衛とハウスホーファーを戦術的のみならず戦略的な盟友と認め、「大陸大計画」実現に向けて動いた。ゾルゲの協力者（尾崎を除く）は、その見解を理解しかねたのではないか。

粛清されたゾルゲの上司

一方、ゾルゲの協力者の多くは、そもそもコミンテルン（共産主義インターナショナル）のためではなく、GRUのために活動していることを知らなかった。ゾルゲの最も忠実で徹底した同志だったのは、筋金入りのユーラシア主義者尾崎で、だからゾルゲが近衛を「軽蔑していた」とするわが国のある作家の主張は、全く間違っていると思われる。極めて重要なのは、ゾルゲがソ連のユーラシア主義エリート集団の中心であるGRUのスパイだった事実だ。言い換えれば、ゾルゲは文字通り国境を越えた人物となって、ユーラシアのために活動したのだ。GRUの建てた彼の記念碑の象徴的意義は、極めて意味深い。

ゾルゲの運命は、全般的にGRUとソ連のユーラシア主義の運命と密接に関わっている。大祖国戦争までの時期にGRUのほとんどすべての指導者が弾圧され（GRUの伝説的創設者S・アラロフを除く）、その中にはゾルゲの活動を直接監督してきたY・ベルジンやS・ウリツキーがいた。アレクサンドル・ドゥギンは自分の著書『大陸大戦争』の中で、彼らはGRUの中で大西洋ロビーを代表していた、と指摘している。文書による証拠がないので断固たる主張は差し控えるが、直接の首脳部の行方がゾルゲにとって他人事だったはずはない。周知の通り、三〇年代末、彼の召喚問題が持ち上がったが、結局流れた。ビクトル・スボーロフは、保身と同時に、今日付け加えられるものとして、ユーラシアの将来のため自分の活動を今後も続行する必要性から、六〇年代半ばのわが国の多くの刊行物を論拠として、ゾルゲがモスクワ召喚に同意しなかったことについての結論を出している。

ゾルゲはモスクワで彼に対立しているのが、余りにも有力な勢力（L・P・ベリヤ自身が率いる）であることを知っており、「祖国を捨てて帰国せぬ者」の範疇《はんちゅう》に入る危険を恐れなかった。

しかし、彼はスパイ活動の効率を上げただけで、ワルター・クリビツキーのような裏切り者にはならなかった。（ワルター・クリビツキーはGRUではなく、内務人民委員部〔NKVD〕諜報機関に勤めていたことを覚えておきたい）。原則的に重要なもう一つの側面をゾルゲの米伝記作家ゴードン・プランゲ教授（日本占領時のマッカーサー元帥の元軍事公式史料編修者）が指摘している。

「ゾルゲが夏季休暇をカーチャ（エカテリーナ・マクシーモワ、モスクワに住むゾルゲの妻〔モロジャコフ〕）と過ごすということは、問題にすらならなかった。……オイゲン・オットが東京でナチス・ドイツ大使を務める間、ゾルゲは彼の『灰色の枢機卿』であらなければならないからだ」

さて、スボーロフを最終的に究明するために、出来事への彼の解釈を引用しよう。

「迅速な裁判と刑の早期執行へ向けての帰国を恐れ、ゾルゲは共産党員らのために活動を続けている。しかし、今では秘密工作要員としてではなく、まして金のためではなく、満足のためにペンによって何とか生きてゆく熱狂密告者としてだ」

この一節は、寝返り三文文士の道徳的、職業的、文学的な性向を余すところなく示している。この作文は確説でもないというのに、あからさまに契約、支払いを受けている層の人々を標的にしたものだが、残念ながら未だに一部の人々によって本物の軍事史作品として真剣に受け止められている。指摘だけしておきたいのは、これは私の知るただ一つの屈辱的なゾルゲ評価なので、これはとくにその出所を考慮して、当然無視するべきである。

ゾルゲがどのようにして、またどうして「捕まった」のか、また実際のところ誰が彼を裏切ったのかという問題が、未解決のまま残っている。ほぼすべての国外の作家らが裏切りの説を取っており、わが国のゾルゲ伝記作家らもこれを検討している。マイスニェルはある愛人（彼は石井花子についての情報をどうやら第三者から手に入れたらしいが、ゾルゲを裏切ったのは彼女ではない）を、尾崎の親族で同姓の尾崎秀樹《ほつき》は政治警察のスパイとして、戦後に暴露された著名な共産党活動家「日本のアゼフ」伊藤律の名を挙げている。わが国の最良なゾルゲ伝記作家M・コレスニコフは、米諜報機関の仮想スパイとして、宮城与徳らを含む米国滞在歴のある日本人らを対象とした、秘密諜報班の作戦行動への注意を喚起している。

思うに、生じたのはこれらすべての事実の総和だ。ゾルゲの逮捕令状に署名したのは、ついに軍国主義者らに追われた近衛に代わって首相の座についた東条英機内閣の司法大臣であった。しかしながら、アレン・ダレスのお世辞には納得しかねる。「まさにこれ、憲兵隊（日本の軍事警察〔モロジャコフ〕）の輝かしい働きが、ついに日本のゾルゲ・グループを倒した」。ゾルゲと彼の同志らは長年にわたって、実に近衛やその他の高官らの庇護に訴えることなく、見事に日本の「同僚ら」に勝ってきたのだ。

しかし、尾崎秀樹《ほつき》が入念に練り上げ、次にチャルマーズ・ジヨンソンが分析した伊藤律による背信行為の説は、追加的な検討を要する。防諜機関に宮城の「米国絡みの」手掛かりを与えることとなった北林一家逮捕への伊藤の関与は、立証されているものとしてよい。すでに戦前に非合法組織、日本共産党の権威ある人物であった伊藤のソ連諜報機関（しかもNKVDでGRUではない）との関係についての問題は、いまだかつて公《おおやけ》に認められていないが、この問題の研究とともに、ゾルゲ逮捕後のソ連側によるゾルゲの引取り拒否に至る諸事情が、偉大な諜報部員を悲劇的な死に追いやったことの、多くの解明につながるだろう。戦争を目前に控えた時期のNKVDの日本でのスパイ活動は、ゾルゲ・グループの活動と肩を並べることはおろか、とにかく著しい結果を何ひとつもたらさなかった。当然こうした人々は「ライバル組織」の、そのうえ、真っ向から対立する地政学的志向を堅持する代表に対して、いかなる好感をも持ち得たはずがない。

伊藤律の逮捕とゾルゲ事件

八〇年代初めに、やっと日本で新たに「表面に浮上した」伊藤自身の運命にも、不明の点が多い。明らかになったのは、ほぼ三〇年間、彼が共産主義中国で投獄されており、祖国は彼を五〇年代半ばから「跡形もなく消え失せたもの」と見なしていたということだ。初めは指導機関からの、次には党からの彼の除名の際の日本共産党の公式な説明となったのは、三〇年代末の幾度かの逮捕の後、一度釈放されたその報酬として政治警察と協力した、というものだ。

伊藤は何らかの「協力」の事実は否定していないが、一九八九年の臨終まで、これは党のためにやったことであり、つまり自分は裏切り者ではなく、ある意味で敵陣での共産党員の秘密スパイだったと主張し続けた。伊藤は自分の回顧録のいくつかの著書の中で彼がだれかを、とりわけゾルゲを「裏切った」という事実を、これと同様に断固否定している。何らかの関係者の手で廃棄されて文書がないために（この実践についてはNKVD中将P・A・スドプラートフの最近の回顧録に詳しく書かれている）、こうした事実を記録に基づいて論証、あるいは論破することは恐らくできまい。

五〇年代初めの伊藤の逮捕と監禁の本当の理由についてだが、私のこれに関する問いに対して、最も著名な現代国際関係の専門家である和田春樹東京大学教授は、次のように回答した。

「これは、極めて信憑性《しんぴょうせい》の高い妥当な推測である。当面の共産党の禁止と壊滅をもたらした日本の共産主義者による国内でのパルチザン武力闘争の試みの総崩れに加え、朝鮮戦争中に朝鮮全土を共産主義化する企てが失敗したことは、スターリンとソ連指導部を激怒させた。

モスクワは日本共産党指導部の中に転轍手《てんてつしゅ》を探したが、必要なレベルの指導者は、徳田、野坂、伊藤の三人しかいなかった。徳田球一は一九五三年北京で死亡。一方、野坂は、若く（二一歳年下）精力的な才能ある伊藤の側からの突き上げを懸念し、真っ先に一発必中の手段を取った。コミンテルンの壊滅を経て、自身、自分の同志らの弾圧に直接乗り出した野坂は、組織を使った一連の策謀についてはかなりの経験を持っていた。その経験は第二次世界大戦中、中国で東条からもスターリンからも離れた毛沢東の下で磨きをかけたものだ。だから伊藤は党内抗争の犠牲になった公算が大きいのだが、それでもなお彼の人物像と運命の謎が減るわけではない」

和田教授は、伊藤のゾルゲとそのグループ根絶への直接関与について大きな疑いを示した。しかし、尾崎秀樹《ほつき》とチャルマーズ・ジョンソンの論拠を考慮しないことは、私に言わせれば間違っていただろう。伊藤自身の回顧録の真偽は、吟味もされずに大きな疑いを呼ぶものである。この人物には隠すべきことと、否定すべきことがあったからだ。いずれにしてもユーラシア大陸の偉大な戦士の生涯に絡むこの人物の役割は、追加的な研究を必要とする。恐らくその役割は望ましいものではないのであろうが。確かな事実と必要な文書不在の中で、完全に憶測と直感を当てにしてはならないが、しかし歴史家はそれらを無視してもならない。

筆者が極めて確かな消息筋から得た情報によると、六〇年代初め「ゾルゲ事件」の状況を検討していたソ連政府委員会は、グループ摘発の当時存在したあらゆる説（日本人愛人の裏切りといった可能性の最も低いものも含めて）を入念に研究し、摘発の原因になったのはいくつかの不利な状況の総和だったという結論に達した。つまりＮＫＶＤからの「隣人たち」による日本人へのゾルゲ引き渡しの説については、可能性の高い基本的な説のひとつとされている。筆者は今のところ文書に基づいてこの説を論証する（あるいは論破する）可能性を有しないが、こうした文書は（仮にそれが「物質的に」存在しており、書類が例えば口頭情報などに限られていなかったとすれば）ずっと以前、例えばゾルゲの公式な「権威の肯定」後といった時期に、廃棄された公算が最も高い。

ソ連のゾルゲ「発見」の歴史もまた、それほどはっきりしておらず、「奇妙」な共通点が多い。一九六四年九月上旬「プラウダ」、「イズベスチヤ」、その他の全国紙に号令でもかかったかのように一斉に、（正確にはまさに号令によるものだったが、誰の号令かは目下定かでない）、ソ連ではほんの一握りの者だけがその名を知る偉大なソ連諜報部員についての記事が出た。（そのうえ記事はビクトル・マエフスキーやボリス・チェホーニンのような当時有名だったジャーナリストらの筆になるものだった。このことはテーマの重要性を強調していた）。記事の波紋は広がってゆき、最初の顕著な結果となったのは、十月革命記念日（及び皮肉にもこの日に処刑されたゾルゲの命日）に当たる一九六四年十一月七日のゾルゲへのソ連邦英雄の称号授与だった。これに続いて波紋を呼んだのはすでに記事ではなく、彼についての数々の著書であり、多少省略され「浄化された」マイスニェルの著書の翻訳や、少し後のなぜか雑誌『ドン川』に載せられ、事実上注目されることなく終わった尾崎秀樹《ほつき》の著書の翻訳などがあった。

宇宙飛行士ガガーリンの進言

ここに挙げた著書の多くが一年などでは済まない作業の結果であることは明白で、つまり前もって準備されていたということだ。わが国の一連の歴史家やジャーナリストたちは当時禁じられていたゾルゲのテーマに少なくとも六〇年代初めから取り組んできたということになる。ごく最近、筆者が知ったことによると、ソ連でのゾルゲの公式承認の必要性をフルシチョフに語ったのは、日本旅行から戻ったユーリー・ガガーリンだった。そこで彼は初めて偉大な諜報部員の歴史を耳にし、深い感銘を受けた。そして、彼は一九四一年から依然として続いてきたソ連のこの人物に対する見方を大変な不当と見なした。フルシチョフは彼に、「目下、時期尚早」と答えているが、「究明」への号令をかけた。（このソ連指導者に、このころ、世界中に広まった映画「あなたは誰、ドクターゾルゲ」もなにかしら影響を及ぼしたといういくつかの証言がある）。

しかし、フルシチョフの大西洋体制の下で、ゾルゲの公式承認が結局行われなかったことに不思議はない。ゾルゲへのソ連邦英雄の称号授与についての指令は、フルシチョフ更迭の何週間か後に出された。そして、これを「偶然」と考えることは、クレムリンでの政権交代のなんと十日後に起きた航空機事故によるフルシチョフ「軍事官房」長官S・S・ビリュゾフ元帥の「奇妙な」死と同様に、恐らくできないだろう。ゾルゲは死後二〇年の後も、「大きな政治」の世界で影響を与え続けていた。

『あなたは誰、ドクターゾルゲ』の名で知られたハンス・オットー・マイスニェルの著書は、英語では『三つの顔を持つ人物』の題名で出版されている。筆者が利用した日本でのこの本のある最新版の表紙は、ゾルゲの「三つの顔」と一致するはずのソ連とドイツと日本の国家の象徴である五芒《ごぼう》の星と鉤《かぎ》十字章と「日の丸」に飾られている。リヒアルト・ゾルゲにあったのは一つの顔、祖国ドイツと第二の精神の祖国ロシアと、そしてもちろん彼が愛してより良い将来を願った彼の永眠の地、日本の平和と幸福に熱意をかけた愛国者たるユーラシア主義者の顔である。

彼についてはいまだに暗中模索の域を出ておらず、伝えられていることすべてを合わせてもまだはるかに多くを成したこの偉大なる勇者について、余す所なく評価することはできない。彼の地政学に関する輝かしい著作を繙《ひもと》くとき、あるいはモスクワのゾルゲ通りに面した公園に立つ表情豊かな記念碑を通りかかるとき、あるいは東京郊外の多磨墓地にひっそりと佇《たたず》む墓標の前に立つとき、私はこんなことに考えを巡らせているのである。

（「ロシア地政学選集」一九九八年、No3号より）

ところで、攻撃は電撃的に行われたのであった

ポリス・スイロミャトニコフ（白井久也訳）

ヒトラーの「バルバロッサ」作戦

ドイツの対ソ侵攻に関する情報は最初、ゾルゲからもたらされたという見方が広く定着しているが、ドイツ軍がタイミングよく戦闘準備ができるようになった罪は、完全にスターリンに帰さなければなるまい。

これは、次のような事実があったからではないのか？　リヒアルト・ゾルゲの功績を軽視するわけではないが、公平の目的で強調すれば、ゾルゲ情報は戦闘前夜に国家保安委員部（ＮＫＧＢ）や内務人民委員部（ＮＫＶＤ）の機関が入手した情報のごく一部に過ぎなかった。これらの情報については、信頼できるデータがある。すなわち軍事行動の時期や性格、主要な攻撃方面、ドイツ軍師団の国境地帯における集中度、ドイツ軍の展開と戦闘準備の実施、偵察ならびに破壊工作に関する情報員の作戦活動を幅広く利用することと、国家主義的な立場で地下工作を行う役割などについてである。入手されたデータは、わが国の軍や政治指導部が必要な決定を行うために、十分すぎるほどであった。同時に、敵の諜報員が送ってくる戦争を前もって予告する手段は、戦局の条件にかかっている。

しかし、それは起きなかった。だれにこの責任があるのか？　ファシスト・ドイツの対ソ電撃攻撃の前に、事件はどう発展したのか徹底的に研究してみよう。

一九四〇年十二月二十九日、ソ連参謀本部諜報局（ＧＲＵ）筋はモスクワに、ヒトラーの「バルバロッサ作戦」計画の存在を突き止めたことを通報してきた。この作戦計画は、次のようなことを言っていた。ドイツの武装勢力は英国との戦争が終結する前に、短期間の作戦行動でソビエト・ロシアを粉砕せねばならない。これに関連して解決されねばならない課題は、この作戦計画の秘密保持である。作戦準備を始めることが急遽命令され、一九四一年五月十五日までに終わった。

一九四一年一月、わが国の政治指導部とＧＲＵに、次のような報告が行われた。「ドイツは政治的な電撃攻撃により、戦略的なイニシァティブと制空権の奪取を考えている」。四一年六月六日、チェルビツキー国境部隊はウクライナ内務人民委員に、次のように伝えた。「作戦データによれば、ドイツは……電撃攻撃を目標として活動している」。ドイツが電撃作戦を行うことに関して、沢山の情報によって確認できる。それは、ドイツ軍司令部が自国の軍隊を極秘裡に展開、わが国国境に近い最初

の陣地に布陣していることによっても分かる。

飛び交ったドイツ軍の対ソ侵攻情報

一九四一年三月、ベルリンのＮＫＧＢの諜報機関は、ドイツによる迅速な作戦について通報してきた。

「ドイツ参謀本部の意見によれば、赤軍は最初の八日間にわたって抵抗を続けるが、その後は粉砕されるであろう。ドイツ人によるウクライナの占領は、ソ連からその工業基盤を奪い取ることになろう。そのあとでドイツ人は東方に進みコーカサス……ウラルを奪取するが、それに要する日々は二十五日間と考えられている」

一九四一年三月二十八日、この諜報機関はまた主要な打撃が加えられると思われる方面がどこか、通報してきた。

「ドイツ軍司令部は一つは南のルーマニアから、もう一つは沿バルトから挟み撃ちする形の攻撃を準備している。この作戦は当時フランスに対して行われたように、ソ連を供給から切断するために計画された」

ファシスト・ドイツとその同盟国の国境地帯における兵力の展開と集中に関する情報は、夏までに十件ほど届いた。ＮＫＧＢ第二管理部門の諜報員は一九四一年六月三日、日本大使主催のレセプションで、ドイツ人はソ連の西部国境に約百五十個師団をすでに集結したという率直な会話が行われていたとモスクワに対して報告してきた。一九四一年五月二十一日、われわれの情報班がケーニヒスベルクから在モスクワの日本大使宛の暗号電報を解読した。それによれば、「先週、メーメリスク港からフィンランドへ向けてメーメリスク地区に配置されているドイツ軍の一部が出動した」。この地区にはドイツ軍が集中配備されている。ベルリンを五月二十九日朝出発した旅客列車はその日の夕方にそこに到着したが、その途中で兵隊を運んだ三十八本の空の列車とすれ違った。ポズナン～ワルシャワ間の軍事輸送はこの地区よりもはるかに頻繁であった。五月三十日には、ケーニヒスベルグの東方のあらゆる地点で野戦電話が敷設されているのが認められた。こうしたことはすべて、戦争開始の考えを抱かせるものであったと述べている。

一九四一年六月九日、ベルリンにいるＮＫＧＢの諜報員は次のことを通報してきた。「東プロシャでも、総督府での飛行場の全責任者が、飛行機の受け入れ準備をするよう要請された」。この後、この諜報員は無線で次のように伝えてきた。「ドイツの対ソ攻撃の問題は最終的に決定を見た……──不意打ちの可能性が考えられる」。ドイツが積極的に軍事行動を起こす準備をしているということは、国境警備隊の直接の観察からも証明された。ドイツ軍の様々な分野の軍隊の大隊などが国境線に配備されつつあった。ドロフスカへの攻撃のため、二個戦車梯団《ていだん》が到着した。

ドイツ軍の攻撃に先立つ二日前には、ブカレストから東京の駐日大使宛の、次のような暗号電報が解読された。

「状況は決定的な発展の段階に立ち至った。ドイツ軍は北フィンランドから黒海南部地区に至るまでの攻撃準備を完了した。

ところで、攻撃は電撃的に行われたのであった。

戦時定員で百五十四個師団が編成され、武装も終わった。各師団は対ソ攻撃を予定しており、電撃的な勝利を確信している。これとともに、ルーマニアはドイツ側につくために準備している」

四一年五月十四日付のNKVDに提出された報告メモによれば、ドイツ軍の作戦行動の準備は極めて大規模なものである。

「ソ連国境地帯にあるポーランド総督府の領土内で、ドイツの権力によって空港や滑走路の建設、改良工事が急ピッチで進められている。いくつかの飛行場や着陸場を有する飛行場の建設も行われている。ザモスティエ飛行場の施設は、七つの飛行施設、二つの着陸場から成っている。それは三つの古いポーランドの飛行場のうちのリュブリンスキー飛行場と二つの建設中の着陸場である」。

NKGBとNKVDは十回にわたって、わが国の指導部に対して、国家保安機関、国境警備本部からの情報や、ドイツの対ソ侵攻の期日について、日本、トルコ、イタリアの責任者である人物に宛てた暗号文の内容を盛り込んだ情報を通報した。そのほとんどが一九四一年五月〜六月を名指しであげていた。期日を特定した情報は、正しかった。ドイツの対ソ侵略は完全に遂行されることになる。そのころには、戦争開始の確実な時期は、六月十六日から二十二日と範囲が狭められた。そしてとうとう六月二十一日（朝）にNKVDとGRUの四人の諜報員が、対ソ侵攻は六月二十二日に行われると正確な日付を通知してきた。そのうちの一人は、攻撃開始時間が午前三時〜四時、と特定した。それはドイツ側からの国境侵犯者によっても確認された。

党中央委員会ならびに人民委員会議によって承認された参謀本部の作戦計画は、しばしば戦争の脅威が生じた場合、全軍を戦争準備につかせ、国内で速やかに動員を実施し、動員計画に従って戦時定員によって配置につかせることになっていた。すなわち総動員した軍隊を西部国境地域に集中配備するのである。

しかし、あらかじめ定められた諸措置は、ちょうどよいときに実行されなかった。周知の通りだが、スターリンは重要な決定を聞かされていたにもかかわらず、ドイツ軍が近いうちにわが国を攻撃する準備をしているという情報を信じようとしなかった。こうして、一九四一年六月十六日付のベルリンからの諜報員の報告に対して、ドイツの戦争準備の遂行に関して、すべての軍事的な措置が完全に終っているというメモが付されたのであった。このことは、彼らをして、ドイツ、フィンランド、ルーマニアの側に立って軍事行動に積極的に関与させることになっていたのであった。スターリンは書いた。

「同志メルクロフ、貴官はドイツ空軍司令部から諜報員を派遣することができる。それは諜報員ではなくて、偽情報提供者だ」

挑発を警戒するソ連指導部

他の高いランクの指導者たち——モロトフ、マレンコフ、ベリヤたちは、スターリンに調子を合わせて、対ソ攻撃の接近に関する様々な情報は挑発であるといって、取り合おうとはしなかった。そのうえ、ドイツが戦争準備をしていることを信じ込ませる情報は、どんな場合でもスターリンの耳に入らないよう、シャットアウトしてしまうからだ。指導者の考えに調子を合わせたベリアは、戦争が開始されるまでの日に、報告書に次のようなメモを書き込んだ。

「最近たくさんの諜報員が厚顔無恥な挑発に乗り、恐慌の種をまいている。秘密諜報員の『ヤステルブ』『カルメン』『ベルノ』たちは、わが国とドイツを仲違いさせようとする国際的な挑発者になりすまし、組織的な偽情報を流すため躍起となっている。私は再度、あたかもヒトラーが対ソ攻撃の準備をしているようなことを言って私をだました在ベルリン・ソ連大使デカノソフを批判し、彼に罪があることを主張する。彼は対ソ攻撃は明日開始されると伝えてきた、ベルリン駐在武官トゥピコフ少将も無線で知らせてきた。この愚鈍な将軍は、ドイツ国防軍の三つの軍隊がモスクワ、レニングラード、キエフを攻撃することを信じている。これにもとずけば、戦争はセンターには達しないものの、わが国国境周辺に迫っており、みんなが『野営のチリ』となることを欲していたというたくさんの情報は、最高指導部を恐れさせている」

スターリンに集中した情報

是非、聞きたい。唯一の質問は、次の通りだ。スターリンに対する報告のもとになった情報は全体として精度が高いものか？　わが国の指導部に提出される情報の中身を検討すると、偏見にとらわれずに言えば、指導者がその情報についてどんな反応を見せるかは全く別のことにほかならない。明らかなことは、スターリンの手元には極めて信頼すべき筋からたくさんの情報が持ち込まれるが、彼はそれに対して、なぜか信頼を寄せようとはしない。とりわけ、在ベルリンのＮＫＶＤの諜報員や英国、米国、スイス、ブルガリア駐在外交官からの情報が、そうだ。

一連のケースでは、これらの情報はわが国の国境周辺にいる諜報員や国境警備軍勤務員についても、当てはまる。情報はしばしば評価や検証が行われることなく、「生《なま》の形」でスターリンのところにあがってくる。六月二十日には戦争開始前の二日間にもわたってＮＫＧＢが報告のために準備した、彼らの分析が入っていないベルリン諜報機関からのバラバラの情報は、まったくとりとめのない特殊な出来事として、受け止められた。

一九四一年三月二十日。「攻撃を与える準備は整った。これに関して、ソ連国境にドイツ軍の集中配備が行われている」。

一九四一年三月二十四日。「コルシカ人」が次のことを伝えてきた。「モスクワのドイツ駐在武官が発電所の立地箇所を確認して、本人が車で回って確かめている。さらなる情報によれば、これらの発電所は空爆の目標物となっている」

前述の「コルシカ人」がウクライナならびに白ロシアの国境警備軍筋に確認した情報によると、ドイツ軍司令部は取り替えがきく軸としてのワルシャワの工場の大量生産を軌道に乗せ、わが国の鉄道を西部ヨーロッパ地区の鉄道に移設するため、わところで、攻撃は電撃的に行われたのであった。

が国の鉄道を奪取する準備を進めている。オデッサで、多分ドイツ諜報員の任務を遂行中のルーマニア諜報員グループが多数逮捕された。

六月十三日、わが国の国境周辺にいる諜報員「トロイツキー」は次のことを伝えてきた。ワルシャワにいたグリムは参謀本部将校室で、補足的な作戦データ収集の目的で、早急にソ連領内に潜入する任務を受け取った。グリムは自分が呼び出しを受けた理由として「速やかに行くべきである。なぜならば、近いうちに戦争が起こるか、二〜三週間後にわれわれはすでに遠くにいるだろうからだ」といった。その方面からやってきた諜報員は、多分、偽情報提供者ではないのかという疑念は起こらないのか？ しかし、六月十九日にNKGBに別の諜報員から、次のような情報が届いた。それは六月十七日、第八十六国境守備軍の作戦区域で四人の国境侵犯者が逮捕されたが、彼らはいずれも六月十日から十三日にかけて、ベルリンの近郊都市ラムスドルフで、破壊工作諜報コースの訓練を受けた者たちであったというものである。そこには訓練生が五十人以上いて、彼らは全員近々にソ連領土内に送りこまれることになっていた。

ドイツ諜報員が軍事行動の開始に先立って、戦略的な地点での陽動作戦をうまくやるため、鉄道による赤軍部隊の移動を阻止しようと、躍起になっていることが確かめられた。ソ連に対する破壊工作に携わるためのスパイ学校は、たくさん活動していた。逮捕されたスパイは、数十人にのぼっていた。彼らの活動は、しかるべき部署を著しく緊張させた。

統一的な情報分析センター欠くソ連

開戦時に悲劇的な結果を招いた原因の一つは、私の見方によれば、国家の安全に応《こた》える部署に、あらゆる情報の収集と処理を行う統一的な情報分析センターがなかったことである。結果としても、重要な情報がしばしば取るに足らない事実だとして、葬り去られてしまった。ドイツ軍の軍事的行動の日常の局面の中には、「ドイツ軍の小隊が自転車で通過して行った」というような、一応の水準に達していたものもあった。地方の諜報機関に届いた価値ある情報もしばしばタイミングが遅れて報告された。たとえば、諜報員「トロイツキー」の情報は六月十三日にわが国の国境を越えてきたのに、センターに渡されたのは五日もあとのことであった。

一般に言えることは、軍事行動の開始前夜、敵国の領土内にあるいかなる大使館も、日常の文書を廃棄してしまうことだろう。明らかだったのは、六月中旬にモスクワのドイツ大使館に似たような指令が届いたことだ。文書破棄の機械は、大量の電気を使用する。この時期にはドイツ、ルーマニア、フィンランド、ハンガリーの各大使館へ電気を供給する電線にメーターを密かに取り付ける余裕がまだあって、毎日、電気の消費量を管理し、文書破棄の作業を最初から最後まで測定した。あとで確めたところ、ドイツ大使館では五十袋もの大量の書類が処分された。

電報によると、複雑な状況に反応したのは、モスクワではなくてヘルシンキの日本大使館で、「当地に存在する状況（総動員の実施）を考慮して、私は以下の書類を焼却した」（そのリストは次の通り）と打電してきた。軍事行動の開始に当たって、いつも総動員の実行が先行するものなのだ。

六月中旬になって、ドイツでは総動員の可能性は、ピークに達していた。ブカレストの日本大使は大きな通信網を専有していて、モスクワの自分の同僚に対して、次のような暗号電報を送ってきた。

「六月二十日早朝、ドイツ公使は私を信用して打ち明けた……ドイツは北フィンランドから黒海南部まで完全に準備を完了し、電撃的勝利を確信している」。

ドイツ軍に総動員令

一九四一年六月六日付のウクライナ共和国ＮＫＶＤのルーマニア自身に関する調査によると……。

「軍隊では戦時定員を満たす補充が行われている。馬匹の定数動員も進められている……。ルーマニア政府によって発せられた命令……六月十五日からの学校の試験の終了によって、軍隊の配置のため、学校の建物が使えるようになる。中学校のたくさんの建物が、病院に転用されている……。モルドバの田舎には、全部で三十万人の軍隊が集結している」

一九四一年六月十九日、ヘルシンキ駐在イタリア大使は自国政府に対して、次のように報告してきた。

「当地では、密かに布告された総動員が実施された。国家は戦時状態にある。空軍部隊を含む大規模なドイツ合同軍の到着が相次いでいる。ドイツは対ソ関係について、大急ぎで決定を迫られているように思われる」。

ソ連の西部国境の大部分は、水の境界によって仕切られている。それゆえ、この踏破のためには、渡河手段が必要である。ドイツ人たちは前もってこのような情勢を考慮して、国境近辺の様々な地点に、たくさんの渡河手段を集中している。大編成部隊の到着を監視していた諜報員の一人は、一九四一年六月十九日に、次のように報告してきた。「ブリク村近くの森の中に大量の船橋用のボートがある。六月八日、テレスポーリ駅からコーデニ側へ向け、軍隊の渡河に必要なゴムボートが大量に発送された……五月中旬にはホティロボ駅とビャラ・ポドリャスカ駅に、船橋用のボートが二組着いた」。この時期にはこのような情報が多かった。

一九四一年五月から六月にかけて、国境地帯での医療要員や負傷者の手術や看護を行うための薬剤の調達に関するたくさんの報道が届いた。

ワルシャワにあるドイツ軍総司令部に、次のような命令が下った。各地区ごとに衛生部隊を創設すること。できるだけ早く衛生部隊を解体して「赤十字……」とすること。四月初めから全部の学校と講座が閉鎖され、その建物は軍事病院として占拠された。「九日朝、ベルリンからケーニヒスベルグに発ったわれわれは、途中で東方に向って行軍する十七個師団、十二個機械化部隊、三個戦車師団、一個野砲部隊、一個衛生部隊を追いところで、攻撃は電撃的に行われたのであった。

越した」と一九四一年六月一〇日、ケーニヒスベルグ日本代表がモスクワの日本大使館に伝えてきた。

ファシスト・ドイツの戦闘開始準備についても、参謀本部、司令部高官や将校の到着を知らせる情報によって、確認された。参謀本部のゲーリングの執務室が大急ぎでベルリンから、多分、ルーマニアに移動した。六月十五日、彼は参謀本部の自分の執務室に戻らなければならなかった。第二線の航空兵はこのころまでに、フランスからポズナン地区に到着するはずであった(一九四一年六月十一日付ベルリン諜報機関情報)。「電撃」戦争の名手、フォン・リスト元帥はモルダビアのドイツ軍配備地区にいると言われている。(ブカレストから米国務省への一九四一年六月十一日付電報)

ドイツ軍の将官たちは国境近辺の視察を行った。ライヘナウ将軍は五月十一日、ウリグベク地区の小地点で、五月十三日には将校団を伴ってベルジェッツ地区で、五月二十三日にはラジムノ地区で……、(全ソ連共産党〔ボリシェビキ〕中央委員ならびにソ連人民委員会議宛、一九四一年六月二日付ソ連NKVD報告メモ)。

無視された独の対ソ電撃攻撃情報

仮想敵の予防的な行動を十分追跡せず、また、しかるべき形で評価しなかったことは、その状況下で、緊張を生まざるを得なかった。すなわち……。

六月十二日に、ドイツとフィンランドの船が、荷役の途中でわが国の港を出港した。わが国の領域を経由して、ドイツに貨物を運ぶことは中止された。英国によって五月末に海上封鎖が実施されたにもかかわらず、貨物の海上輸送が行われた。

六月にドイツ、ルーマニア、フィンランド、ベルギーの各代表部機関員がうまく取りつくろって、特権を認めないソ連へ出発。

保護統治領や東プロシャ領のわが国や他の外交機関職員の移動可能の制限。

ソ連側に突然、六月十二日からドイツの駅に貨物を配送する鉄道要員の削減を求める要求が提示された。わが国の各鉄道現業員に対して、厳しい人員整理が行われた。

残念ながら、入手された情報の流れの中から、これぞ偽情報だと選り分ける作業は十分ではない。NKGBとGRUの諜報員から、ドイツの対英侵攻準備が中止されたという確かな情報が届いた。しかし、この時期にドイツの通信社や外国の新聞は、ドイツの特殊情報機関が流す煽動的な資料を使って、ドイツの大規模な戦争準備について、一斉に書き立てた。一九四一年一月二十八日——それはヒトラーの「バルバロッサ作戦」計画の承認が明らかになった一カ月後のことだが、ソ連のNKVDはナンバー九五の命令を発した。それは、国境侵犯者に対する尋問目録をして実施に移すことだった。一四ページの厚さの調査項目は約四〇〇にのぼっているが、そのうちの一つもドイツの対ソ攻撃の可能性についてヒントを与えるものはない。このドキュメントはたくさんの第二義的な質問から成っている(水源の質、森林の伐採や栽培、部隊の民族的・階級的構成)、けれども軍隊の具体的な戦闘地域やその兵器に関する質問は含まれていない。

ドイツの対ソ電撃攻撃の準備と、その時期に関する情報の収集と分析をする機関の欠陥と怠慢に直面して、国家安全機関の指導部は六月十二日から十九日にかけて、惹起された状況の全面的な評価に必要なデータを提出した。確認された情報の中には、攻撃が近々行われ、しかも、それは電撃的な形をとるであろうというものが、たくさんあった。これに関して、裏付けのとれる事実を分類・分析する必要があった。しかし、そうしたことは行われていなかった。

これとともに、一九四一年の悲劇は、しばしば確認されたことだが、われわれは電撃攻撃の脅威を見逃しただけではなく、戦争を目前に控えた年に採択された軍事ドクトリンにも原因があったのである。軍事ドクトリンは敵国領土内で戦争を行うことを方向づけた。すなわち軍事行動はもっぱら攻撃的であった。このことは一九四〇年と一九四一年に西部と東部でのソ連軍事力の戦略的発展の基礎に関する全ソ共産党(ボリシェビキ)中央委員会・国防人民委員部の報告メモ(一九四〇年九月十九日付)に正確に表現されている。この課題は第五部に、こう書きこまれている。

「西部における赤軍の主力は戦況にもよるが、ブレスト・リトフスクから南方に向かって展開することができる。これに従って、戦争の第一段階で、リュブリン、クラコフ、さらにブレスラウ方面に強力な打撃を加え、ドイツをバルカン諸国から孤立させ、その重要な経済基地を奪取して、バルカン諸国を参加させる問題で、断固影響力を行使する。あるいは、ドイツ軍の主力を東プロシャの境界で打ち負かし、最終的に占拠する目的で、ブレスト・リトフスクから北方へ攻め上ることもあり得る」

もしそうならば、かくも強力な敵の配置にもかかわらず、攻撃戦で予想外に早く敵を敗北に追い込むことができるのではないか? 巨大な緊張を強いた「六月二十二日の血の日曜日」が突発したとき、われわれは、すでに千四百七十五台の新機種のタンクと千五百四十機の新鋭飛行機を所有する百七十個師団を編成することができた。これに対して、敵がわが国にたいして集中した兵力は百九十個師団、タンク四千三百台、航空機四千九百八十機であった……。

国家保安機関員が大量粛清

開戦前に暴かれたドイツとルーマニアと、その他の諜報員がもたらした説得力のある数字によれば、次のような事実を認めることができる。すなわち六月二十二日夜もしくはその翌日、敵の諜報員は多くの場合、何らの罪悪感を持たずに、前線付近の一帯で鉄道や自動車道路の破壊的なテロ行為を行った。そして、ドイツ軍部隊に偵察情報を活発に提供する民族主義的な地下活動を指導した。国家保安機関はタイミングの良い予告措置に必要な十分過ぎるデータを保持していた。国家保安機関は六月十六日から諜報員が情報を大量に送っていることを知っていた。その内容は、彼らの所属する諜報機関に送ったが何の反応もないもので、ソ連領内でドイツ兵と出会ったことも入っていた。破壊工作の対象は、鉄道、通信施設、倉庫……などであったことは知られていた。しかし、国家保安機関にとっては、敵の諜報員のあらゆる種類の破壊工作活動を阻止するためのタイミングの良い措置が、十分と言えるほどにそろってはいなかった。

攻撃が差し迫った脅威に関連して、国家保安機関の活動の軌道修正が避けられなくなってきた。必要な措置を採択する過程で、ベリヤは脅しをかけた。ドイツの攻撃準備に関するいかなる警告も、挑発と見なすと声明したのだ。この背景には、次のようなことがあった。すなわち、一九三七年から一九四〇年にかけて、一万二千八百三十二人の機関員が粛清された。この結果、狡猾《こうかつ》な敵の懐に奥深く入って、特殊な諜報活動を行うことに損傷をきたし、ドイツの戦争準備に関する情報の最も価値のある情報源となったベルリンにあった諜報機関、「赤いオーケストラ」も、活動を縮小してしまった。

これらのことはすべて、国家保安機関をして、彼らに委《ゆだ》ねられた課題をより効果的に遂行させることを妨げたのであった。

（ロシア連邦保安局機関誌「保安勤務―諜報と防諜の情報」一九九八年Ｎｏ１～２号より）

ヤン・ベルジン　見えざる戦線の司令官の運命

オビジィ・ゴルチャコフ（時　明人訳）

ルビヤンカの八ヶ月

労農赤軍諜報局長官、第二階級軍事コミッサール、ヤン・カルロビチ・ベルジンは「人民の敵」として一九三七年十一月二九日夜、逮捕された。逮捕部隊を国家安全大佐が指揮した。ベルジンは監獄に連行された。大佐は前列に運転手とともに座り、手にピストルを持った内務人民委員部（ＮＫＶＤ）の制服を着た二人の助手が、後部座席のベルジンの両側に座った。オクチャーブリ二五番街に沿ったクレムリンの傍を通り過ぎた。多分「人民の敵」（ベルジン）は「冬宮」を奪取した忘れられぬ夜を思い出したであろう。

最初の通路を呼び鈴を鳴らし、重い両開きのドアを通った。ドアというよりは龍の口であった。大佐は消えた。その助手たちはベルジンを二列に並んだ十の隔離室がある待合室に通した。隔離室とは箱であり、より正確に言えば、小さな机と椅子がある檻《おり》である。

白衣をまとった人が入ってくる。舌を見せろとも言わず、体温計を差し出しもしなかった。

「脱ぎなさい！」

ベルジンは真っ裸になる。ポケットに入っているものは、すべて机の上に投げ出される。着ていたもののすべてと、クロム皮の長靴の中まで、たんねんに調べる。熱心に裸体まで調べ、まるで税関で密入国者の事件を扱っているようである。ツァー時代の懲罰でも、憲兵はこれほど徹底的に調べなかった。明細書が作られ、ベルジンがそれに署名するように命じ、ポケットにあったものはすべて持ち去られ、その中には薬もあった。白衣の者たちは、ベルジンをＮＫＶＤの当直大佐に引き渡す。当直官は長くてよく反響する廊下を通り、かつての見えざる戦線の軍司令官を、ルビヤンカの奥深い監獄に連れて行く。鉄製のベッドとドアにのぞき穴のあるごく小さな独房に閉じ込める。

眠れない数時間の後、朝六時に看守の叫びがする。

「起きろ！　便器を持ってこい！」

ベルジンは便器を両手にとり、看守のあとについて、トイレに向う。看守は「三分！」と怒鳴り、「次に洗面！」「二分！」と、がなりたてる。

七時に朝食。看守がカシの実で作った代用コーヒーに似たひどく薄いスープが入ったコップと、配給用黒パンを持ってくる。

当直大尉はベルジンを、どこまでも続く監獄の中の渡り通路から、NKVDの廊下へ連行する。途中でもう一人の当直者にベルジンを引き渡し、その男は制服の襟《えり》に三つの菱形の記章をつけた男の部屋に、尋問のために連れて行く。この男はエジョフの代理フリノフスキーである。彼の執務室は豪華だった。

「あんたがベルジンかね?」と内務人民委員代理はしゃべる。「あんたが赤軍参謀本部に巣食ったスパイと分裂主義者の巨大なグループの親玉か。それにあんたはラトビア民族主義反革命組織の指導者だ。シラをきっても無駄だ。われわれはあんたの帝国主義国とのつながりを知っている。ヒトラーのゲシュタポの諜報員から、あんたの生まれたラトビアのウリマニスのファシスト諜報組織までだ。ところであんたは半分、ドイツの血が入っているのだろう?」

人民委員代理の机の向こうの壁には、ヨシフ・ビッサリオノビチ・スターリンが、目を細めている。

「ベルジン徒党……」これ以来死ぬまで、ベルジンはこの恐るべき言葉を聞き続ける。ズナメンカの「チョコレート色の家」で、ベルジンの後継者はベルジンが創設した諜報機関の職員の集会に出席して、「敵性反革命徒党」と定期的に悪口雑言を浴びせかけるのである。

ベルジンはこのグループの創設について、自分の罪を認めなかった。

「結構だ」と、フリノフスキーは投げ出すように言う。

「お前はたちどころに私の前ですぐ自白するだろう」

監房の中で、ベルジンは前後に歩いた。ベッドに横たわることは厳しく禁止された。ただし小さな椅子に座るのは、許された。二二時に合図がある。頭上のランプは一晩中ついている。ドアののぞき穴に顔を向けて寝るように言われている。手はぼろぼろの上掛けの上に、出しておかなければならない。

翌日二二時、ベルジンは捜査官のところに連れて行かれる。尋問は捜査官の小さな机と椅子、そして、尋問を受ける被疑者のための小椅子のある小さな部屋で行われる。

「手を机の上に置け。アンケートの質問に答えよ。姓名、国籍!」。捜査官はベルジンが、一九〇五年にボリシェビキ党に入党していることを聞いて驚く。アンケートが埋まると、捜査官は追及する。

「なぜあんたが反革命徒党を組織したか、話しなさい!」

尋問は朝五時半まで、続く。そして監房に戻る。六時には看守ががなりたてる。

「起きろ! 便器を持って便所に歩け!」

二二時再び、夜の尋問が始まる。捜査部の大佐が来て、ベルジンを卑猥《ひわい》な言葉でののしる。さんざん悪口雑言を並べたてたあと、捜査官はベルジンに小椅子に座ることを禁ずる。朝まで立ったままである。監房に戻ると、ベルジンはベッドに倒れこむが、看守にすぐ「立て!」と言われる。捜査官はルビヤンカで通常の方法を用い始め、なぜ諜報機関の中でスパイ分裂グループを組織したのか証拠を示す調書に、ベルジンが署名するよう強制する。

「あんたには家族がいるということを忘れなさんな!」と捜

査官は脅す。「若いきれいな奥さんと息子さんと妹たちと兄弟」。「まさかあんたは、彼ら全員を、あんたの親類、愛する人々を苦しめることを望まないだろうね。もし彼らが祖国の裏切り者の家族と宣告されれば、ラーゲリ行きは避けられないのだぜ(注1)……」

その通り、捜査官は最も痛いところを突くことを知っていた。それは全く呪《のろ》われた年であった。それは野放しのテロの頂点の時代であり、「祖国の裏切り者」「人民の敵」「スパイと分裂主義者」と彼らが呼んだ者へのテロではなく、人民とその軍隊の花に対するテロであった。そしてベルジンは、このことを理解できなかった。

スターリン大粛清の進行

日雇い農夫の息子ベルジンにとって、上っ面の集団化に無関心ではいられなかった。その集団化は、何百万もの農民の命を奪った。生まれながらにして国際主義者のラトビア人と、ドイツ女性の息子であるベルジンは、スターリンが始めたコミンテルン(共産主義インターナショナル)の破壊をとくに強く体験していた。

スペインで、ベルジンはグリシン将軍であった。彼は一九三七年一月に始まり、Y・ハラターコフ、J・ソコーリニコフ、K・ラデック、L・セレブリャコフらの著名な党活動家が、「祖国の裏切り者、スパイ、分裂主義者」として告発された裁判を注意深く見守っていた。この裁判の後すぐ、N・I・ブハーリンとA・L・ルイコフが解任され、全ソ連邦共産党二・三月総会は、NKVDの審問の資料を基にして、ブハーリンとルイコフを中央委員および党から除名した。彼らは逮捕され、テロリスト、スパイ、破壊攪乱活動の罪に問われた。一九三八年三月一五日、捜査官は監獄でブハーリンとその他の右派トロツキスト連合の参加者が、ソ連裁判所の判決により銃殺された旨、古参ボリシェビキのベルジンに対し、他人の不幸を喜ぶように告げた。恐らくベルジンは、「プラウダ」「イズベスチヤ」というブハーリン自身が長い間編集していた、最近の新聞を見せられたにちがいない。

新聞は裁判記事で、あふれかえっていた。

「右派トロツキー一味を銃殺しても、したりない!」「ビシンスキーは恐るべき犯罪グループを暴《あば》いて……。スターリンに対する燃えるような愛はさらに燃え上がる……。」

カザフの吟遊詩人《ぎんゆう》は、朗々と歌った。

「ファシストのろくでなし、殺人者、ギャング、やくざどもを直ちに処刑し、ペストにかかった死体は動物の死体のように葬《ほうむ》れ!」

ベルジンは、ブハーリンこそ社会主義建設が成功すればするほど、社会主義運動は先鋭化するとの理論に反対したことを強く思い出した。一九二九年に、言い出されたこのスターリン理論は、一時的な闘争の先鋭化を一般的な発展過程と混同した。スターリン理論は今日の階級闘争の先鋭化の事実を、社会主義発展の不可避的な法則のように結論づけた。この奇妙な理論によれば、社会主義に向かって進めば進むほど困難はますます増大し、階級闘争は一層先鋭化し、社会主義がまさにその入り口に到達したときには、皆が内戦を起こし、飢えで死ぬか、戦死するとかいった帰結を迎えることになる。三〇年代を通じて、スターリンは自分の個人独裁の道に立ちはだかるすべての者に対し、戦闘を開始した。

ベルジンは、何度もフェリックス・ジェルジンスキーが一九二六年六月に述べた予言的な言葉、すなわち「党指導部の間違った路線は、独裁権力を生み出し、その装いがいかに美しく飾られていても、革命を葬《ほうむ》るものとなる」ことを思い出した。

一九三四年、キーロフ暗殺事件は老いたチェキストであるベルジンに、当時抱いた疑問を思い出させた。キーロフの暗殺こそ、大量のテロの起爆装置となった。だれが導火線に火をつけたのか。スターリンがいつもくゆらしているパイプによって火をつけたのか?!

一九三七年十一月から一九三八年七月まで、ルビヤンカに囚われたベルジンは、赤軍に対するスターリンのテロの規模を知ることができなかった。テロは大祖国戦争の始まりまで続き、その戦争が勃発してもやむことはなかった。すなわち一九四一年には、ベルジンのスペイン内戦における戦友である英雄たちG・M・シュテルン、Y・V・スムシケビチ、P・ルチャーコフ、I・I・プロスクーロフ、D・G・パブロフ（白ロシア軍区の司令官）らが銃殺される。テロは戦後も終ることがなく、あらゆる時代、あらゆる民族の最大のテロリストの死に至るまで止むことがなかった。

大体の計算によれば、戦前の赤軍の犠牲者の数は、唖然《あぜん》とさせられるものがある。すなわち、五人のソ連邦元帥のうち三人、十五人の軍司令官のうち十三人、五七人の兵団長のうち五十人(注2)、一八六人の師団長のうち百五十四人、全労農赤軍指揮官の三万五千〜四万人が犠牲となった。大祖国戦争の全過程を通じて、ヒトラーもこれほどの数の赤軍のベテラン、高級司令官を絶滅することはできなかった。

ヤン・ベルジンの死後、スターリンは、赤軍諜報局長官を何人か変えた。その一例として、イワン・ヨシホビチ・プロスクーロフをあげてみよう。彼の個人的な勤務表を開いてみよう。ツァー時代についての記録はない。古参ボリシェビキや政治的流刑者時代の記録はない。プロスクーロフは、ベルジンと同様貧農出身であり、ドニエプル地方の有名なホルケチッツア村のドイツ人植民者の出身である。次に肉体労働者としての溶接工である。そして地区の労働組合の議長、労働学校ハリコフ農業機械科電科大学の学生、スターリングラード軍飛行士学校の生徒、一九三五年にはモスクワのパイロット養成教官、第二〇重爆飛行隊指揮官、さらに飛行中隊指揮官となる。一九三六年九月から一九三八年五月まで、特別な公務出張、すなわちスペインで彼はベルジンつまりグリシン将軍の補佐官となる。ベルジンが逮捕されると、ソ連邦英雄の称号を持ったプロスクーロフは、高速爆撃航空隊を指揮している。

さらにソ連における「スターリンの鷹」、スペインの空の英雄たちの打倒に伴い急速に昇進し、特別任務の第二軍の司令官、ソ連国防次官、労農赤軍諜報部長官（一九三八年四月から四〇年四月まで）、党・政治的人物評価では、経験のある航空司令官、一九二七年より党員、ソ連最高会議代議員、三回も勲章を授与された者。「レーニン・スターリン党」の任務に忠実である共産主義者。航空諜報を除いては何ら諜報の経験はない。すなわちジェルジンスキーが諜報部に送り込んだベルジンのような軍事チェキストとは、比較にならない者であり、三〇年代に登用されたものである。

戦争勃発直前に、このような登用者は三万五千から四万人にのぼり、その数は罪なくして銃殺された司令官の数に相当している。この神話をかかる登用者たちはただちに証明してみせた。わが軍はスターリンの犯罪により、昨日、中級の司令官であった者たちが指揮した連隊や中隊のさらなる兵士たちの流血をもって、支払わなければならなかった。

I・I・プロスクーロフはすばらしいパイロット（諜報員ではなかった）であったが、スターリンに労農赤軍諜報局長官に任命され、のちにスターリンの命令により逮捕され、銃殺された。I・I・プロスクーロフの家族は、一九六二年三月二六日軍事検察局から「I・I・プロスクーロフに関する事件は一九四五年五月十一日、犯罪構成要件の欠除により、結審する。プロスクーロフは完全に名誉を回復される」という通知を受け取った。

NKVDと衝突したベルジン

また一つの運命的な誤ちか？　否、犯罪システムである。いかなる点においても罪のない愛国者、英雄を、スターリンとその取り巻きは、自分たちの誤ちを償う者として犠牲にしたのだ。彼らの犯罪は、幾何級数的に増大し、成長して行ったのである。テロはスターリンの主要な武器であり、またNKVDはこのテロの執行者であった。

ヤン・カルロビチ・ベルジンは、グリシン将軍であり、共和スペインの軍事顧問代表であったが、スペインにおける戦闘で、NKVDの活動とまさに衝突したのである。ベルジン―グリシンの二千人にのぼる軍事顧問兵団は、スペインの民族革命戦争で重要な役割を演じた。この軍隊は国際主義運動の輝かしい存在であった。マドリードとグワダラハラは、ファシストに対する勇敢な国際作業班の勝利を覚えている。しかし、やがてスペインに現われたNKVDの軍隊は、ファシストの「第五列」より危険となった。このNKVD軍の人たちはエジョフの国家安全保障司令官に直属していた。ベルジンはマドリードとバレンシアからモスクワ中央に対し、暗号無線電報を送り、NKVD軍の有害な活動に抗議し、スパイマニアの精神異常性に抗議し、反ファシスト連隊の分裂策に抗議した。

一九三六年九月、スペインにおけるNKVDの代表に、ニコルスキー（オルロフ）中佐が任命された。彼はNKVDの輸送部長であった。同年九月ヤーゴダは、NKVDのポストを解任され、代わってエジョフが任命された。ヤーゴダは「人民の敵」の摘発の業務に「ふさわしくなかった」とされる。

　エジョフの登場とともに、「摘発機関」は全力で活動を開始した。スペインでニコルスキーは、自国においてNKVDが適用する方法をとって、「人民の敵」を探し出し、壊滅させた。ベルジンにはなぜ自分の警鐘の信号が、何の反応も得なかったのかが分からなかった。モスクワに召還されたM・ローゼンベルグ・ソ連大使は、文字通り消息を絶ち「エジョフ機関」の犠牲となった。ニコルスキーはトロツキストとアナーキストに対する活動を準備し、その指導者を除こうと意図した。

　これらの活動に対し、共和スペイン政府が抗議したが、無駄であった。「階級敵」「すべての帝国主義諜報機関のスパイたち」は偉大なヒューマニスト、セルバンテスの生まれた町であるアリカラーデーエナレスの古い監獄に投獄された。トハチェフスキー元帥とその家族に対する裁判の開始直前、スペインにおけるNKVD代表は、スペイン共和国の「疑わしい」士官や将軍たちの一掃に携わっていた。

　一九三八年、ニコルスキーはNKVDの職員に対する新しい制裁の波を予感し、「エジョフがベリヤ」に代わったとき、西側に亡命した。こうして「アレクサンドル・オルロフ将軍」が世に現われ、一九五三年にニューヨークで『スターリンの犯罪の秘密史』という反ソ文献が出版された。オルロフはこの本で、かなり稼いだ。

　西側に亡命したのは、NKVDのもう一人の著名な職員、ワルター・クリビツキーである。彼もまたベルジンの妻と知人であった。彼のたどったコースは、一層複雑であった。彼はあるときジェルジンスキーと、次にアルトゥゾフと働いたことがあり、ソ連諜報機関の西欧諜報部門の長であった。赤軍で始まった弾圧と、とくにトハチェフスキーのほか、高位のソ連軍人の逮捕を見て、クリビツキーは一九三七年五月二三日、ハーグの諜報部門のポストに帰還する際、NKVDの指導部に立ち寄って、内務部人民委員代理のフリノフスキーに執務室で、「赤軍指導者の大量逮捕を何と説明するか」と尋ねたと、回顧録に書いている。自分の国で起きていることを知らずして、どうして海外で働くことができようか。フリノフスキーは興奮して答えた。

「今だかって歴史が知らないような陰謀が発覚したのだ。赤軍における陰謀だ!」

　クリビツキーは自分の生命を危険にさらしながら、半年後、西側に亡命した。そこで彼の著作『私はスターリンのエージェントであった』〔訳注　邦訳書名『スターリン時代―元ソビエト諜報機関長の記録』〕という本が出版され、ベストセラーとなった一九四〇年、頭を打抜かれたクリビツキーの死体が、ワシントンのホテル「ベルビュー」で見つかった。スターリンとベリヤの長い手は、ちょうどその年米国大陸でトロツキーに伸びたように、この逃亡者を捉えたのである。

　チェキストで諜報員であった、ポーランド人イグナス・ライスは古参ボルシェビキで、スターリンの犯罪に反対して立ち上がり、「唯一の、かけがえのない人」に手紙を書き、一九三六年「トロツキスト、ジノビエフ・テロリストセンター」の裁判で有罪判決を受け、ジノビエフ、カーメネフおよび一四人の著名な共産党員の処刑に関して、スターリンを非難した。この手紙はまだ保存されており、海外で公表され、今日、私の見るところでは、特別な注目に値するものである。この手紙はスターリンに対するF・ラスコルニコフの有名な手紙に劣ることはないと考える。

「私が本日、閣下に送付申し上げる手紙は、もっと前に書くべきものであったと考えます。それは『諸民族の父親』の命令によって、ルビヤンカの地下室で十六人の人間が処刑された日に、書くべきであったと思います。当時、私は沈黙していました。そしてそれは引き続く処刑の連続後も声をあげませんでした。……

今日まで私は閣下に従ってきました。これからは一歩たりとも従いません。ここでわれわれの行くべき道は、分かれます。今、沈黙している者は、スターリンの共犯者となり、労働者階級と社会主義の事業の裏切者となります。私の肩の上には十六年間の地下活動の歴史があります。これは些細《ささい》なことではありません。私にはやり直すだけの力がまだ十分にあります。なんとなれば、社会主義を救い出すことは『新しい原則』を必要としています。……私は自由に立ち帰ります。レーニンとその教えと事業に戻ります。

追伸　一九二八年には私はプロレタリア革命に対する貢献に対し、赤旗勲章を授与されました。それを私は閣下にお返しいたします」

このような選択を、イグナス・ライスは行った。ライスは郵便局に手紙を託さなかった。彼は知人であるパリの通商代表部員の夫人に託し、彼女はNKVDの代表に渡した。ライスを三人の人間が追跡し、一九三七年九月初め、ローザンヌ郊外で、彼は普通の弾丸で蜂の巣のように射抜かれた。

労農赤軍巻き込む粛清の波

「エジョフ時代」の最も恐ろしい事件の一つは、トハチェフスキー「事件」である。ソ連の出版物ではすでにファシスト・ドイツの諜報機関で、ソ連の最高司令部を中傷するための文書が偽造されていたということが、詳細に書かれていた。これらの文書は「トハチェフスキー事件」のデッチ上げの起爆剤となった。一九三七年五月初め、「トハチェフスキーの陰謀」についての偽造文書がNKVDの代表に手渡された(注3)。

五月十三日労農赤軍諜報局重要責任者アルトゥーゾフが、逮捕された。彼はジェルジンスキーの弟子であり、ソ連諜報活動の活動家の中で、最も著名な者の一人であった。ベルジンがスペインから西欧経由でモスクワへ偽造文書を持って命がけで、急いで帰国したとき、アルトゥーゾフは拷問に耐えかねて、赤軍における陰謀はトルグエフとかいう人間が首謀者であるということを「自白」していた。この貴重な自白を手に入れた捜査官に、もちろん一九三一年にトハチェフスキーがこの名前でべルリンに出張した情報も提供された。

エジョフはM・N・トハチェフスキー、および他の赤軍高官たち多数を逮捕するよう命じた。五月十九日、予審判事ウシャコフ（ほかならぬウシミンスキー）は事件に関連して、エジョフに労農赤軍総務局長ボリス・フェリドマン軍団長を「自白させる」という土産を持ってきた。ウシミンスキー自身が書いていることだが、「フェリドマンを執務室に召喚したら、彼は閉じこもって、五月十九日の夕刻にかけて、トハチェフスキー、ヤキール、エイデマンとその他の者たちが陰謀に加わったという声明書に署名した」そうだ。

M・N・トハチェフスキー、I・E・ヤキール、I・P・ウボレビチ、A・I・コルク、R・P・エイデマン、B・M・フェリドマン、V・K・プトナおよびV・M・プリマコフは、一九三六年に逮捕されており、ロシア連邦刑法典一五八条一B、五八条八、五八条十一に規定された特に危険な国家犯罪すなわち、祖国に対する裏切り、スパイ活動、テロ、反革命的陰謀組織の創設の罪に問われた。彼らは全員ベルジンの戦友であった！

すなわちベルジンは、イエロニル・ペトロビチ・ウボレビチを労農赤軍参謀本部よりドイツに、参謀本部のアカデミーで学んだイオン・エマノエロビチ・ヤキールをドイツに、第二軍司令官アウグスト・イワノビチ・コルクをベルリンの軍事アタッシェに、労農赤軍情報部に多くのことをなしたビトフト・カジミーロビチ・プトナをロンドンの軍事アタッシェへと、それぞれ派遣する手続きをとったことがあった。

以上について、ベルジンはルビヤンカで思い出した。一九三七年六月、ベルジン司令官は諜報機関の職員に、一九三七年六月十二日付ソ連邦国防人民委員会、ソ連邦元帥K・E・ウォロシーロフの命令№96を伝えた。「すなわち本年六月一日から四日まで政府職員の出席のもと、ソ連邦国防人民委員部付属軍事評議会が開催された。軍事評議会の会議では、内務人民委員部によって摘発された裏切り的、反革命的軍事ファシスト組織事件についての私の報告が審議された。この組織は、深い陰謀から生まれ、長期間にわたり存在し、赤軍の内部に卑劣な転覆を狙った有害なスパイ活動を行っていた」と報告された。

ベルジンは死人のように固くなって、次のことを読んだ。「六月十一日特別法廷は、被告全員を、以上のすべての犯罪において有罪であると認めた……」「そして判決が下された。特別法廷は全被告から軍の称号を剥奪し、全員を最高刑である銃殺に処する」(注4)。この夜、判決は執行された。

レオポルド・トレッパー、右の者について、私はすでに語ったが、彼はベルジンについて自分の著作『ヒトラーが恐れた男』の中でこう書いている。ベルジンはよく思索する人間であり、また諜報の名人であるベルジンは、自分の生涯の最後になって「すべてを理解した」と。「ベルジン将軍とは、私は彼がスペインから帰還したときに再会した」と、トレッパーは書いている。「彼は私には全く別人のように見えた。彼はすでにトハチェフスキーと彼のすべての参謀たちが逮捕され、銃殺されたことを知っていた。ベルジンは、彼らに対する『証拠』が偽造されたものであることを疑わなかった。ベルジンは自分の個人的運命に関し、なんらかの幻想をいだくには、賢明すぎた。彼の友人たち、同志を洗い去った波は、ベルジンに対してもまた押し寄せてきた。彼を脅かす危険にもかかわらず、ベルジンは自らのイニシアチブでモスクワに帰還した。スペインでNKVDの職員たちが行った共産党員たちの殺戮《さつりく》に対し、スターリンに抗議を行うためであった。ベルジンはこのように行動することが、死刑宣告に自らが署名することを知っていた。非常に原則的な共産主義者として、自らの責任のすべての範囲を自覚していたベルジンは、自分自身が選抜し、養成したすぐれた要員たちが、絶対に非難さるべきNKVDの活動の結果、消されてゆくのを黙視することができなかったのであった。時代はベルジンにとって敵対的であったが、ベルジンは有益な人間たるために、彼に残された時間をどのようになろうと、利用したいと欲したのである(注5)」

ドイツ防諜組織の関与

大祖国戦争の後、NKVDはソ連の諜報員シャンドール・ラド、レオポルド・トレッパーおよびその助手たちを逮捕する。トレッパーとラドは多くの収容所を転々とした。彼らは十五年および十年の自由剥奪を宣告されていた。彼らが釈放されたのは、スターリンの死後一九五四年のことである。

トハチェフスキー「事件」は、I・A・ピャトニツキー「事件」と共通点がある。古参ボリシェビキで、「イスクラ」の記者であったヨシフ・アルノビチ・ピャトニツキー(「オシップ」)はレーニンの親しい同僚であった。コミンテルンの創立後、彼はその主要な指導者の一人となり、コミンテルン執行委員会の書記および委員となった。大きな組織者としての能力を持っていた彼は、すべての国のコミンテルン要員を選抜し、育成した。一九三七年初め、ピャトニツキーは逮捕され、「ドイツのスパイ」として法廷に引き渡された。

ピャトニツキーの「罪」を証明するすべての文書は偽造文書であり、ドイツの防諜組織が作成したものであった。ナチスはソ連で支配的であったスパイ狩り狂を党の指導的上層部に潜入する「ドイツのエージェント」造りのために利用した。しかし、なぜピャトニツキーのレベルで、彼らの選択はとどまったのか？　それは非常に簡単な理由である。すなわちドイツ人たちはピャトニツキーを通じて、コミンテルンのすべての幹部要員に打撃を与えることを知っていたからである。

ドイツではピャトニツキーは、よく知られていた。十月革命後、ピャトニツキーはラデックとともに秘密の使命をもってドイツに行き来した。ゲシュタポ〔訳注　ナチス・ドイツの秘密警察〕は三〇年代、コミンテルンによって派遣されたドイツ共産党の二人の活動家を逮捕した。この二人に寝返りをさせることに成功した。そのうち一人はゲシュタポの命令で、NKVDに何人かのコミンテルンの指導者の裏切り的活動の証拠があることを通報した。そして、モスクワに彼自身が加わって、ピャトニツキーが第一次大戦後ドイツの諜報機関員の一人と接触を持ったという一件書類を送付した。当時、モスクワで支配的であった雰囲気の中では、この古参革命家を断罪するには、これで十分であった。機械は始動を開始し、はずみ車は自ら回転を始めた。ピャトニツキーとともに何百人ものコミンテルンの重要な職員が消された。これはスターリンがヒトラーに与えた素晴しい貢献の一つであった！

……ベルジンはしばしば監房から尋問のために呼び出された。ベルジンは「軍事ファシスト陰謀」を行ったことでなじられ、さらに「ラトビアのファシストスパイ組織のセンター」と呼ばれる組織の活動に参加したことに、罪があるとされた。繰り返される対審ごとにベルジンの気力はますます落ちていった。捜査官は諜報機関の指導者全部を呼び出した。すなわち、ウリツキー、ダビドフ、ニコーノフ、スティッガである。勇敢な諜報家たちはしっかりと耐えた。もちろん彼ら全員は、打たれ血まみれとなり、目は黒々と落ちくぼんでいた。諜報機関の指導部全員を、エジョフはルビヤンカに移し、彼らがかくも長い年月を妥協のない闘争を行ってきた相手の諜報機関のために祖国を裏切り、スパイを行ったとして、全員が断罪された。彼らにはベルジンとその諜報機関の助手たちが、反スターリン陰謀のメンバーであり、帝国主義国家の諜報機関の助けによって、ソビエト国家を内部から破壊し、地主とブルジョワ権力を復活させようとしたとの、他の逮捕された者たちの自白を「証拠」として突きつけられた。

恐るべき考えが、ベルジンの脳裏をおおった。ベルジンという「人民の敵」の諜報員であるがゆえに、諜報機関の全員、その英雄たち、リヒアルト・ゾルゲ、シャンドール・ラド、レオポルト・トレッパー、ウラジーミル・ザイモフ、イワン・ビナーロフ、イリザ・シチョーベ、アルビット・ハルルナクが犯罪者と宣告され、「人民の敵」として死刑を宣告されるという考えである。

監房でベルジンはクレムリンの鐘の音を聞いた。その繰り返される鐘の音のもとで、ベルジンはモスクワ川のほとりにある建物の中の一室を思い出した。アンドレイとアウローラのことを考え、彼らをスペインから連れてきたことで自分を責めた。多分、ベルジンの頭には次のような恐ろしい考えが浮かんだのだろう。捜査官は妻と息子の命と引き換えに、偽りの証明を要求するかもしれないという考えである。しかし、いずれにせよ同じことである。彼らを待つのは死か。もっとも恐ろしいのはラーゲリ行きである。

四八歳の生涯に別れを告げ、死を覚悟した「老人」は、心の中で自分の妻アウローラに別れを告げた。そして、彼女はすでに監獄行きか銃殺になっていると確信していた。論理的帰結はスターリンが彼女を許すことはないことを物語っていた。なぜならば、スターリンは多くの身近な同僚の親族の逮捕をためらわなかったからである。すなわちスターリンの命令により、モロトフの妻P・S・ジェムチュージナはラーゲリに送られ、カガノビチの兄弟は銃殺され、もう一人の兄弟は自殺し、N・

M・シュベルニクの娘の夫は殺された。M・I・カリーニンの妻（古参エストニアの革命家）はラーゲリに送られた。「全連邦の長老」の妻は刑法五八条八項に基づく、テロリズムの罪で断罪され、勤務員名簿から削除された。このことは彼女が重労働にこき使われ、彼女は再び監視からはずされることがなかったことを意味する。ところで、ソ連首相の妻に対して労働が軽減された。彼女には下着から虱《しらみ》の卵をむしりとることが許された。(注6)

ルビヤンカやレフォルト監獄での主な拷問の一つは、拷問よりも決して劣らない非常に重苦しい悪夢をつねに生み出す想像というものであった。ルビヤンカにくるまでベルジンは多くの地獄の苦しみを経験してきた。十六歳のとき、ペーテル・キュージス（ベルジン）は死刑になるところであった。すなわちツァーの法廷は絞首刑を宣告していた。彼は奇跡的に助かったが、今の状況からは脱出できなかった。それは確かなことである。

よく言われることだが、臆病者は（自分の想像の中で）千回も死ぬ。しかし、いかなる勇者といえども命が風前の灯のもとにあるとき、死の恐怖を追いやる力はない。寝ても起きても再三再四、人間は自分の死を耐えている。そのことはルビヤンカでは、最も適合するものである。

拷問による自白の強制

八ヶ月間、ベルジンは獄に耐えた。当時の恐るべき時代に行われた通常の慣行では、三、四人の捜査官が次々にコンベアのように交替し、昼も夜もほとんど間断のない尋問が行われたものであった。その尋問も根ほり葉ほり聞く、執拗《しつよう》なものであった。捜査官は次々と五巻本の部厚い捜査手続の本を手にしながら、猛烈な嘘をこめて痛めつけた。もう少したたけば最後の自白に追い込めるからである……。

われわれはエジョフの冷酷な審問官が、ベルジンに対しどのような尋問を行ったかを知ることはできない。ほとんど絶え間のない夜間の尋問、獣《けもの》じみた殴打、ベルジンにとって不可欠な薬。一九〇六年に頭骸に受けたツァー時代の懲罰隊員の銃弾が、ベルジンに激しい頭痛を与えた。数々の拷問が行われた。そして「ダーチャ行き」という脅迫もあった。これは被疑者が深夜、ルビヤンカまたはレフォルト監獄から引っぱり出され、都心から街道を三〇キロほど行ったところで、手錠をかけられたまま車から引きずり下ろされ、銃殺の準備を真似たものだった。脅しの言葉が浴びせられた。「この悪党め！　認めろ！　さもなくば銃殺だぞ！」。ナガン式連発短銃やピストルをちらつかせ、空砲を射つことも遠慮しなかった。「しゃべるか悪党め！」。意識がなくなるまで打ちのめすことができた。そして次に自分の犠牲者を捜査独房に連れ戻すのである……。ルビヤンカにある多くの地獄を経験した人々は、ベルジンは耐えられず、捜査官の尋問の際その指示に従って、自分の同僚たちを誹謗《ひぼう》する「自白書」に署名した、と私に述べた。私はこれを信ずることはできない。

あるいは八ヶ月間拷問部屋に閉じ込められ、そこで野獣の怒声によってベルジンは「工作」され、発狂させられたのではないか？　狂ったベルジンだけが誰も彼も讒謗《ざんぼう》することが可能であったろう。

ごく最近、私はY・K・ベルジンの個人的秘書として一九三七年に働いていたN・V・ズボナーレワと対話することに成功した。

――ナターリャ・ウラジーミロブナ。あなたはY・K・ベルジンが精神的に破壊され、その結果自分が外国の諜報機関のスパイであることを認め、自分の同志、同僚たちを誣告《ぶこく》したということを聞いたことがありますか。

誣告《ぶこく》の罪犯したベルジン

「一九三七年から十八年後、スターリンのラーゲリから、ベルジンの戦友である、ワシリー・チモヘイビチ・ソコロコフが帰還しました。あるとき彼は監獄で自分の秘書であったマリヤ・ワシーリエブナ・ボルギナと出会いました。彼女は諜報機関ではコンスタンチン・ミハイロビチ・バーソフとして知られていた、ヤン・ヤノビチ・アボルトゥィニと結婚していました(注7)。夫と同様に抑圧されていたマリア・ワシーリエブナは、ルビヤンカでベルジンとの対審に呼び出されました。彼女の述べるところでは、ベルジンは全く判別がつかぬほど変わってしまっていました。その人間は全く別人だったのです。それでもやはりこの人物は彼、ベルジンでした。彼の声は全くこの世のものとは思えず、放心したような声でした」

『マルーシャ！』とベルジンは語りかけました。『すべてが終った！　自白しなさい！』。『私は自分の耳が信じられませんでした』とマリア・ワシーリエブナは言いました。『私は恐怖にとらわれました。私はベルジンに答えました。何一つ自白することはありません。あなたも自白しては駄目ですよ。あなたは何の罪もないのですから！』」

トハチェフスキーの姉妹であるベーラ・ニコラエブナは、ベルジンのもう一人の逮捕された戦友である、アウグスト・ヤクロビチ・ペース旅団長の妻であるラ・ペースの言葉を引用して(注8)、「ベルジンはトハチェフスキーに不利な証言を行った」と語っていたことを述べ、ベルジンのこのような状態を確認した。なんとなれば、トハチェフスキーは一九三七年六月には銃殺されており、ベルジンが逮捕されたのはこの呪うべき年の十一月だったのだ。

「私たちはそのころお互いに、NKVDは恐らく麻薬を使っていたと密かに話し合っていました。しかし、ベルジンの場合は違っていたでしょう。パーベル・イワノビチは毎日、大量の痛み止めの錠剤や丸薬を飲んでいたことを思い出します。諜報機関の職員たちは、ベルジンの願いを聞いて、外国から届いた小さな薬びんの入った小包を持ってきたものです。その薬は、彼の机の上でよく見かけました。だれかが近づくと、彼は机の引き出しに隠していました。ですから彼が常用していた頭痛薬を与えないことは、それ自体彼にとって拷問であったかもしれません。そしてもちろん捜査官はこれを材料に使って、パーベル・イワノビチに心理的攻撃を仕掛けることもできたと思います」

——他人の心に対して、未経験な人たちだけが私の見るところでは、ベルジンを非難できるでしょう。彼は心理的、肉体的拷問に耐えられず、自分自身と自分の同志に対して、不利な虚偽の証言を行ったのです。この痛々しい問題について、今多くのことを考えています。……ところで、当時、アウローラ・サンチェスに会ったことがありますか?

「一度だけありました。パーベル・イワノビチは奥さんをわれわれの『チョコレート色の小屋』に連れてきて、彼女をスペインから連れてきた自分の生徒として、諜報局の同僚に紹介しました」

「多分、あまりにも若い奥さんが、恥かしかったのでしょう。非常に人間的に繊細な人でした。それでもアウローラを同僚たちに紹介したかったのです」

「パーベル・イワノビチの下でのわれわれの同僚仲間は、素晴らしいものでした」

逮捕されたベルジンの同志

——当時ベルジンと一緒に、だれが逮捕されましたか?。

「ウリツキー・セミョーン・ペトロービチ、ダビードフ、ニコーノフ…です。逮捕された同志たちを党から除名するため、諜報局の内部で投票が強制された恐ろしい集会を思い出します。彼らはすべての諜報員たちの利益のために行ったスパイ行為で断罪されました。全員の集会でわが組織の逮捕者名簿が読み上げられました。ホールは百人もの諜報機関の職員で一杯でした。しかし、その数は繰り返される集会ごとに少なくなり、他方、指導部はますます激怒し、ベルジン一味を絶滅すべきだと叫びました」

「出口で私たちは、当直に通行証を見せました。彼は通行証をリストと照合し、しばしば『通行証をとりあげる——つまりお前はクビだ、逮捕を待て』と言って、われわれ職員たちをびくびくさせたのです。最初、私たちは組織が『人民の敵』や『祖国の裏切り者』を暴《あば》いているものと信じていました。ところが、トハチェフスキーら『八人グループ』は全員かっての将校たちではないですか!『トハチェフスキー自身は貴族の出身で、青い血が流れており、貴族幼年学校の卒業生である。ドイツ軍の捕虜となり、ベルリンではドイツの将校達と会っている……』」

——あなたは逮捕されなかったのですか?

「私は違います。ただ解雇されただけです。諜報局のアレクサンキン大佐は、私について素晴らしい評定書を書いてくれました。しかし、これはブラックリストに載ったようなものです。諜報局が発行したものを見るやいなや、その場で彼らは反対のことを行ったのです。ある場所では、私は六人の紹介状を提出するように求められました。これが生涯、ついてまわりました。そこで人々は、そのような紹介状に署名することを恐れ、手を引っ込めましたが、それでもそのあとで、推薦状を書いてくれました。…私は長い間失業者でして、国防人民委員部の予備役に登録されており、ほとんど戦争が始まるまで続きました。当時、諜報員たちについて思い出しました。それまでにどれだけの数の者が、銃殺されてしまったのでしょうか…」

——ほかに誰が逮捕されましたか。

「オスカル・アンソビチ・スティッガ(注9)がつかまりました。私たちのところで、一九二〇年から働いていました。彼の妻はまだ生きています。助手のニコーノワ・ワシーリイ・バガボイも、赤旗勲章を二つ持っています。彼は国内戦争の英雄で、赤旗勲章を二つ持っていました。彼の妻もまた逮捕されました。私と同姓のズボチナレフ・コンスタンチン・キリログチ大佐(注10)、アジ・キリモビチ・マリコフも逮捕されました。グループ指導者レフ・アレクサンドル・ボロビチと上海に置いた諜報指導員ヤン・アリフレドビチ・トゥイルトゥイニ(注11)も逮捕されました」

——彼らの奥さんたちも逮捕されたのですか。

「三一年にほとんど全員がつかまりました…」

N・V・ズボナーレワとの対話の直前に、私は自分の目で文書館の文書の写真を見た。それはベルジン事件の文書である。最後のところに、最後の一行が見えーベルジンは自分の有罪を求めたーとあった。

その通り、彼は自白した。彼の自白は、文書の上で、確認できる。しかし、この文書がエジョフ機関という偽造と面従腹背が一体の真の名人によって作られたものである以上、これを信ずることはできないし、当時のNKVDのいかなる文書も信じてはならない。

仮にベルジンが「すべて」を自白したとしても、スターリンがあれほど絶滅したかった一連の連中が、中傷されずに残り得たのか。それはスターリンがコミンテルンで「ゲルト」として知っていたE・D・スターソフであり、「パパーシャ（おやじ）」であるM・M・リトビノフ、G・I・ペトロフスキーであった。これらすべての古参ボリシエビキたちを、スターリンは追放したかったのだ。グリゴリー・イワノビチ・ペトロフスキーはロシア連邦NKVDで、一九一七年当時ベルジンは総務部長であった。リトビノフについては、ベルジンはラトビアの革命運動を通じて知っていた。

もう一つ私には証拠がある。ベルジンの下で、スペインのソ連軍事顧問であり、参謀本部次長であったK・A・メレツコフは当時、すでにNKVDに囚われていた。しかし、その後彼は釈放された。すなわち捜査官はメレツコフに対する必要な「中傷者」を集めることができなかったわけである。

軍司令官の死

この年、スターリンとその助手であるモロトフ、カガノビチ、ウォロシーロフは毎日五百人にのぼる死刑宣告の名簿に署名をしていた。名簿はエジョフからもたらされた。銃殺はルビヤンカだけで行われたのではない。古いルビヤンカの処刑能力は十分ではなかった。銃殺はレフォルト監獄、ブトゥィリスク、スハーノフスク、マトロスクでも秘密のうちに行われた。

死のコンベヤーは、死体を残した。死刑執行人はふんだんにいたが、死体を地下室では収容できなかった。エジョフはヤーゴダの手下やその部下を選択、死刑執行人として役立たなかったり、なりたがらない者を追い出したあとで、エジョフの人事部は全ソ連レーニン共産青年同盟（コムソモール）中央委員会の証明書を持った者から新人を選び、彼らを血の海にひたした。そして彼らを非情な間断のない悪人である…「ゾンビ」［訳注　呪術などによって生きた姿を与えられた死体］に変えてしまった。古参の「尋問家」は若者と取り分を争い、「人民の敵」の財産を争った。そして「人民の敵」およびその家族から「明け渡された」モスクワの住宅を手に入れた。気前の良い給料をもらい、勲章やメダルを受けた。彼らの職階は赤軍時代におけるより、より高いものとなった。彼らのある者は自分を革命家であるとみなしていた。また一部の者たちは、汚い、忌《いま》わしい反革命的事業を行っていると察していた。

諜報機関で働いていたころ、ベルジンは一時期かなり長い期間、海外で情報活動に忙殺されていた。従って、彼が恐るべき「隣人」の誕生、すなわちＮＫＶＤの組織が誕生しはじめたのを見逃したのは、驚くべきことではない。ベルジンはＮＫＶＤの「海外勤務員」であるアルトゥゾフ、ピルリャールらと直接の関係を持っていたが、彼らもまたスターリンの内務部組織をおかしつつあった、破滅的なガンの転移を予見できなかった。

未成年革命家の活躍

何度も何度も避けがたい死刑を待つ間、ベルジンは自分の生涯を断片的に、あるいは小さなエピソードまで含め、眼前に一巻のリールのように想起した。もちろん一九〇五～六年の冬、ペーテル・キュージスがツァーの龍騎兵懲罰隊に逮捕され、投獄されたのを思い出した。

尋問に次ぐ、尋問、殴打。そして十七人の逮捕者が最後に明け方、舗道用の大きな石のように、庭に引き出された。正面には龍騎兵の部隊が立った。憲兵大尉は短い宣告をよむ……死刑……。そして命令を下す。

「射撃用意！　打て！」

しかし、射殺されたのは、たった二人だけだった。一人は「森の兄弟たち」部隊の指揮者、リガ連邦委員会出身の「技手」であった。他の者たちは全員五十回から百回の鞭打ちであった。釈放され、死を逃れた彼を救ったのは、老いた日雇い農夫だった。足が立たない二週間の間、多くのことを考えた。「いや決して武器を捨てることはしない。最後まで闘おう」。そして彼は再び冬の森のパルチザンのところに行く。

一九〇六年五月、ペーテルはオレグ川の対岸に部隊が退去するのを援護した。そして突然、左肩に銃弾が命中した。もう一発が足を貫通した。三発目が対岸から彼の頭骸の後部を射ち抜いた。オレグ川の岸辺に七人の仲間が横たわり、四人は森の中の戦闘で死亡した。二人の重傷者をコサックの騎兵中尉が射殺した。七番目を射殺しようとするが、巡査（革命前の）の一人がペーテルの体を探り、ポケットからリガの住所を書いた封筒を見つけ出す。

「彼を野戦病院に運べ」。コサックの騎兵中尉は決めた。「そこで尋問をする」。

野戦病院でリガからきた刑吏が彼を拷問した。彼は沈黙を守り、だれも裏切らなかった。レベルで一九〇七年軍事野戦法廷は判決を下した。判決は、絞首刑だ。彼は二週間、死刑囚の監獄で処刑を待った。監獄の絞首台のそばに、ロシア中で有名であった死刑執行人メレル・ザコメルスキー男爵の特使が急いでやってくるのに気づいた。法廷には意見の不一致があった。ペーテル・キュージスはまだ十八歳になっていない。それゆえに法廷は帝国の国民を処罰する権利はない。

「法は法だ！」

再び裁判。大法典刑法百二条の二、二百七十九条により、懲役の判決が下される。

一九〇九年に釈放されると、再び革命運動に参加する。一九一一年また逮捕される。判決は極東シベリアへの永久流刑である。流刑には、彼はレーニン前衛党の鍛えた戦士として赴く。かなりの年月を経て、嵐のような革命の青春時代を回顧して、ベルジンは次のように書いている。

「多くの革命的ロマンチズムがあった。人とは断固闘い、自分の頭を誠実に用いた。私個人は革命的ロマンチズムの恍惚《こうこつ》の中に生きてきた。理論の学習は、ただ監獄の中で行った」

一九一四年春、流刑地から脱走すると、彼はベルジンになる。戦線に赴き二月、十月革命に参加する。国内戦ではチェキスト、ベルジンは全国非常委員会（チェーカー）の特別部第十五軍を指揮する。彼はフェリックス・エドムンドビチ・ジェルジンスキーの下で働く。ジェルジンスキーはベルジンを一九二〇年十二月二日、登録管理部（当時、赤軍の生まれたばかりの諜報機関は、このように呼ばれていた）の管理のため、モスクワに派遣する。チェキストの仕事の同志たちは別れに際して、美しく装丁された証明書を彼に手渡した。その中には自分の上司に対する敬愛が表明されている。当時としては、普通ではない表現がこの文書の中に書かれており、ベルジン同志の大きなヒューマニティと人間性が描かれている。同僚たちは彼の類稀《たぐいま》れな人間性、すべての仕事の検討に当たっての綿密な用意周到さを強調している。

この点がチェキスト、ヤン・ベルジンと悪党、ヤーゴダ、エジョフを分ける点である。レーニン主義的なチェカー（非常委員会）があった。そしてスターリン的なＮＫＶＤ（内務人民委員部）があった。諜報部員ベルジンは、他の多くの古参チェキストたちと同様に、あれこれの組織と緊密に知り合うべく、運命づけられていた。

ルビヤンカの地下室では、昼も夜も一斉射撃の銃声が鳴り響いた。十月二五日通りにある最高裁判所の軍事法廷の建物の地下でも、一斉射撃の銃声が鳴り響いた。死体は物凄く多かったばかりか、その多くはまだ生温《なまあた》かく、血が乾かないまま「肉」と表示された車で、ドンスコイ修道院や、カリトニコフスキー墓地の冷えることのない火葬場に運ばれた。

ラトビア革命軍の集団粛清

一九三七年と三八年は、革命の花、党の花、赤軍の花たちの絶滅の時代であった。同時にラトビア民族のレーニンの前衛隊の絶滅が行われた。当時、ソ連には約二〇万人のラトビア人が住んでいた。彼らの多くは革命軍の勇敢な部隊の先頭に立つ者であった。その貢献については、Ｖ・Ｉ・レーニンは一度ならず、認めている。彼らの中には、ソ連第一級赤旗勲章を授与された多くの英雄がいる。その中にはベルジンの諜報隊がいた。その三分の一が銃殺され、ラーゲリや牢獄で死亡し、「ラトビア・ファシスト・スパイ組織センター」に所属していたとして、断罪された。

　一九三八年七月二九日、ソ連邦最高裁軍事評議会は、ヤン・カルロビチ・ベルジンが「ラトビア民族主義組織センター」の指導メンバーであり、同時にソ連国防人民委員部における「反ソ的軍事的陰謀」の参加者であるとし、最高刑、すなわち銃殺が言い渡した。その日に、判決は実行された。

　七月二九日ヤン・ベルジンは最後の「食事の会」に立ち寄った。古参諜報員たちはひそかに会う部屋や、非常線外の約束の場所での秘密の会合を、こう呼んでいた。しかし、今回は特別な「会合」である。ベルジンはルビヤンカの地下にある死との会見のために、ルビヤンカの地下にある家に立ち寄ったのである。鉄の螺旋《らせん》階段は、うつろな音を立てた。特別命令を受けた二人の刑執行吏が彼を連れて行く。ここに秘密裏の処刑のために特別に作られた窓もドアもない、天井の低い石の牢獄がある。

　百ワットの裸電球は、灰色の格子で覆われている。コンクリートの床は、緩やかに傾斜していて、格子をはめた穴まで、血を流す排水溝がついている。壁にはぶ厚い縄の細引きで作られたマットがかかり、頭の高さのあたりに赤茶けた、斑点や筋が残っている。これは銃殺された人たちの血の光背である。そして血を流す排水溝も格子も、血の流れで赤茶けている。便所の中のように、アンモニアと消毒液の臭いがする。横には蛇口が一つついた釣り下げ手洗い器がある。恐らく死刑執行吏のためのものであろう。

死のベルトコンベヤー

　この地下室には死刑執行吏、つまり死のコンベヤーを含む「あらゆる学界の大物」の図形が完成されている。階段は後方上部に、遠ざかった。この階段を降りる圧倒的に大多数の人は、戻ることがなかった。ベルジンの後を二人の護衛がついた。ベルジンの視線は、襟《えり》に三角の記章をつけたＮＫＶＤの制服を着た上に落ちた。目はナガン銃のピストルサックの方へ移った。このようなトゥーラの帝国工場の商標のついたベルギーのナガン兵器会社のパテントによる回転式連発拳銃は、ベルジンも一九〇五年の革命のとき、リガの巡査から奪ったことがある。このようなナガン銃で、ま新しい油をたっぷり差したものを、リトビノフが一九一七年の前夜、持ち込んできた。自動七連発のナガン銃である。口径七・六二ミリ、重さは七五〇グラム、弾丸の飛距離は七百メートル、二百歩離れていても、二・五センチの厚さがある菩提樹《ぼだいじゅ》、あるいは松の板さえ打ち抜くことができた。ＮＫＶＤの死刑執行吏は、「頭蓋」の下から目がけて射撃することを教えられていた。こうすれば一発で二回、人間の頭蓋を貫通することができるからである。

ベルジンのように死刑のリストに入った各人については、スターリン個人およびその人民委員が署名した。無名の死刑執行人のようなそういう連中は、分け前、ウオッカやメダルをもらい、その次に指導者が代ると証拠を消すため、ただちに「文通の権利を十年間禁ずる」命令が出され、同じ地下室で射殺された。こうして次の殺戮者《さつりくしゃ》たちの交替を容易にしたのである。

ソ連が見捨てたゾルゲ

……四年後、日本で輝かしい諜報員、ベルジンの「教え子」、リヒアルト・ゾルゲは処刑されることになる。私はしばしば読者との集会で「ゾルゲを絞首刑から救い出すことはできたのではないか」と尋ねられる。私は、われわれがソ連の諜報員であることを敵に知られることを全員禁じられていたことを憶えている。なぜならばスターリンは、ソ連に諜報員がいることを否定していたからだ。ゾルゲの場合は、どうだったのであろうか。

Ｌ・トレッパーは、自分の著作『ヒトラーが恐れた男』（邦訳）の中で、次のように書いている。

「あなたはリアルト・ゾルゲについて、何か知っていますか」と私は彼に尋ねた。（日本の陸軍次官富永将軍　筆者注）

「もちろん知っていますよ。ゾルゲ事件が起きたとき、私は陸軍次官でした」

「一九四一年末に、ゾルゲに対して死刑の宣告が下り、その執行は一九四四年十一月七日でしたね。なぜ彼をだれかとの身柄交換を申し出なかったのですか？　当時、日本とソ連はまだ戦争状態ではなかったでしょう……それに……」

「全くその通りです」。日本の将軍は興奮して、私をさえぎった。「われわれは交換の提案を東京のソ連大使館に三度も働きかけたのです」。いずれの場合も、全く同じ答えであった。「リヒアルト・ゾルゲという人間をわれわれは知らない」(注12)

——リヒアルト・ゾルゲを知らないですって⁉

ソ連へのヒトラー・ドイツの攻撃を予告した人間を知らないとは！　日本がソ連を攻撃しないということをモスクワに知らせ、それが労農赤軍参謀本部がシベリアから精鋭の軍隊を移動させ、ソ連・ドイツ戦線に振り向けることができたのに、その人間を知らないとは‼　彼らは戦後、非難される証人の一人と関わりを持つよりも、ゾルゲが射殺されるのを放置する方を選んだのだ。もちろん問題の決定は、東京のソ連大使館ではなく、モスクワの決定にかかっていた。リヒアルト・ゾルゲはベルジン将軍との親しい信頼関係に対し、自らの命で償わなければならなかった。

ベルジンの消滅後、疑惑の下にあったゾルゲは、モスクワにとっては「二重スパイ」となった。ゾルゲの報告は何ヶ月も解読されぬまま放置され、ついにモスクワ中央はゾルゲがもたらす情熱の計り知れない軍事的意味を理解した。ゾルゲが日本で逮捕されたあと、モスクワの指導部は、ゾルゲを厄介なお荷物として放置した。それがベルジンに交替した新しい司令官およびその同僚たちの政策であった。

私の父は大祖国戦争の過ぎ去った戦線を経験したが、一九四八年半ダースにもおよぶ帝国主義陣営の諜報員に対するスパイという出鱈目《でたらめ》の容疑で、逮捕された。父に次いで二十歳の妹が逮捕され、妊娠していた彼女は、北極圏のイントの森林地帯に送られた。母と二人で何とかして、妹が監獄病院で産んだ乳呑み子をラーゲリから救い出すことができた。父は一九五四年十月、ソ連最高裁で第一次リストの一人として名誉回復された。私の妹は第二十回党大会のあとで、やっと釈放された。

ルビヤンカに収容された私の父は、監獄の各所で、エジョフの捜査官たちに少なからず困難を与えた最も勇敢な被告たち、「名だたる人民の敵」の死体のために、自動肉切り器を地下室の一つに作ることを考えつくまでに至っていたことを知った。血まみれのひき肉が下水道を通り、郊外のモスクワ川に捨てられていたのだ。この父の話を聞いことを思い出すと、私はベルジンもまた、この自動化された死のコンベアーの犠牲者となったという悪夢のような推察を打ち消すことができなかった。

巨大な心を凍《い》てつかせるこの死の官僚主義は、驚愕《きょうがく》させるものである。確かに記録はまだ消えていない。一応のリストは厳重に保管されている。スタンプも印章も残っている。捜査官の結論は銃殺を提案しており、捜査課の課長の欄には「同意」とある。捜査局の長官の欄は「了承する」とある。人民委員代理の決定は、「銃殺！」とある。そして最後に、銃弾が終止符を打ち、管理人は不器用に書き込んでいる。「判決は執行された」と。

遅れてやってきた名誉回復

ヤン・カルロビチ・ベルジンは一九五六年七月二八日、完全に名誉回復された。ソ連邦元帥A・M・ワシレフスキーは、軍事諜報員たちの全集の前書きを書いた。「沈黙の功績を持った人々。そこでベルジンの死後初めて私は彼の生涯について語った。彼の死についてではない」。将軍は書いている。「ある報告の一ヶ所で釘づけにならざるを得ない。われわれ古い世代の者は、この人物と会って深く尊敬し、その善良さ、知恵、革命家としての活動を賞賛せざるを得ない。私は素晴らしいコミュニスト、ヤン・カルロビチ・ベルジン司令官について話している。彼はわが国の軍事諜報機関を長年指揮した。彼について書かれた物は少い。恥ずかしいほど少い」

……一九二四年三月労農赤軍諜報局長官に就任したベルジンは、自分自身と彼とともに働く者すべてに、レーニン主義的熟練を求め、レーニンの遺訓に導かれ、祖国防衛の最も先鋭的な部門で日々の活動を行うことを要求した。諜報員の役割について、その行動原則について、ベルジンの手記が残されている。諜報員は単に向う見ずの勇敢さが要求されるのみならず、人並みではない優れた頭脳と創造力を持たなければならず、自立的に、迅速に、最も困難な状況の中でも決断ができ、最も困難な孤立した場面、あるいは出口のない行き詰まった状況の中でも、正確で唯一の正しい決定を瞬間的に行うことが要求される。
「ヤン・ベルジンの報告を良く考えてほしい。心の中におのずから読者に向って、とくに若い読者に向って伝えたい言葉が生まれてくる。ソ連軍の勇敢な息子である英雄諜報員たちの経歴と、その功績の中に、あなた方にとって、明瞭な、素晴らしい模範がある」(注13)

しかし、ヤン・ベルジンの最後の日々、および彼の悲劇的な運命について公表できるまでにほぼ、二五年が経過している。今日、このことについて沈黙することは裏切りを意味し、これを書くことは、すなわち、良心の義務を遂行することを意味する。

注

（1）「祖国の裏切り者の家族のメンバー」は「人民の敵の家族」に対する公式に採用された名称である。
（2）V・D・ダニーロフの「大祖国戦争直前のソ連邦の主な指揮官」――近現代史一九八八年、№6、六、四頁、を参照
（3）F・セルゲーエフの「ソ連に対するナチの諜報活動」トゥハチエフスキー「事件」、「ツェペリン作戦」――近現代史一九八九、№1を参照
（4）B・ビクトロフ、「赤軍における『陰謀』」・プラウダ紙一九八八年四月二九日付
（5）L・トレッパー『ヒトラーが恐れた男』LE・GRAN qen　パリ一九七五　一三三頁
（6）L・ラグゾン著『思いつかなかったこと』モスクワ、一九八八年、八～九頁
（7）Y・Y・アボルトゥィニは一九一九年以来、ボリシェビキ党員、一九二〇年非常委員会職員、ソ連諜報機関に勤務した。
（8）A・Y・ペース、一九一二年以来、ボリシェビキ党員、赤軍に義勇兵として入隊。すぐ連隊長に指名され、更に中隊長、さらに第十四（ラトビア）軍の第四師団長となり、赤旗勲章を受領。
（9）O・A・スティッガー――ベルジンの優れた同僚であり、彼の助手の一人である。一九一七年九月よりボリシェビキ党員。ラトビア・ソビエト連隊の執行委員会書記および議長。一九二〇年来、労農赤軍の諜報部に勤務。一九三六年、師団長の称号を得る。
（10）現在の名前は、カルル・クリシヤノビチ・ザイグズネ。一九〇八年来、ボリシェビキ党員で一九一七年の八月コルニーロフの暴動の鎮圧に参加。赤軍の勇士で、司令官。一九二三年、M・V・フルンゼ軍事アカデミーを卒業、一九三三年五月一日より同アカデミーの諜報科長官
（11）Y・A・トゥイルトゥィニ（ペーテル・ポーレ・アルマン・ソ連邦英雄の兄弟）は、ベルジンのお気に入りの者で

あった。諜報部員のリストロは、わずかな記録しか残っていない。一八九七年生まれ。一九一七年九月よりボリシェビキ党々員。ロシア語、ドイツ語、フランス語、英語（アメリカアクセント）などの外国語の知識がある。一九二五～二六年パリの航空機械工科大学の三課程を修了。

一九三〇年七月、機械科師団の司令官補佐官に任命され、三つの赤旗勲章とレーニン勲章を受賞。戦闘的な司令官。ベルジンは彼を次のように評価している。「政治的に堅固であり、彼の部隊の戦闘体制は一九三三年に『優秀』との評価を得た」。大きな功績の一つは「職業紹介所」をしっかりと自分のものにしたことである。オーソリティとして、研究、合理化活動を各部隊で行った。このような戦車専門家は、大祖国戦争の終りには元帥になれたであろう。

（12）L・トレッパー、同著一三七頁

（13）『沈黙の功績の人々、諜報員たちのルポタージュ』モスクワ、一九六五年、六～七頁

（「新・最新歴史」一九八九年No３号より）

スパイの妻　カーチャの追憶

マリーナ・チェルニャク（白井久也訳）

モスクワ。一九二七年。ニージヌイ・キスロフスキー小路にある半地下式共同住宅に三人の若い人たちがやってきた。汚い暗い廊下を通りすぎると、清潔な居心地のよい部屋がある。「カチューシャ」。その中の一人が婦人に呼びかけた。「私たちは貴女のところに新しい生徒を連れてきた。彼はロシア語の会話を学びたがっている。彼はリヒアルト・ゾルゲという名前で、以前はイーカと言っていた」。彼女は背がすらっと高く、均整がとれたプロポーションで、髪が茶色だった。初めて会う男性に握手の手を差し出した。彼女は若くて、非常にきれいだった。

ロシア語の勉強

ゾルゲは動詞の変化や、名詞、形容詞、代名詞の変化を型通りに覚えたが、難しいロシア語の語尾は疲れ切った頭のなかを素通りして、カーチャに詩の朗読を求めた。小さな部屋の壁の向こうで、石油コンロが音をたてており、同居者が喧嘩をする中でブロックの詩が書き留められた。

彼らは一緒にモスクワの町をぶらつき、古本屋で本を探し、音楽を聞いた。政治について、話し合われた。ここで先生になったのは、社会学者で、社会評論家で、極東問題の専門家のリヒアルト・ゾルゲであった。彼はカーチャに日本や中国の文化について語って聞かせ、日本の五行詩を読んでやった。

五年が過ぎた。そして、彼らはお互いに相手のいない生活には、もはや我慢できないことを覚った。

カーチャの妹のマリヤ・アレクサンドロブナ・マクシーモワの思い出。

「あるとき、姉があたふたとやってきました。もともと彼女は非常に控え目な人でした。にこにこして、何か歌を口ずさみました。それから、話し出したのです。知っているでしょう。私は素晴らしい人に出会ったの。彼はドイツ人でコミュニストなの。それからイーカについて語り始めたのです。彼に関する話は、私たち全員が理解しました」。

結婚式は極めて簡単なものであった。二人はプチブル式な儀式を軽蔑していた。イーカはホテルから自分のスーツケースを持ってきて、ここニージヌイ・キスロフスキーで結婚登録をすませてから、友人たちとの簡単なレセプションが行われた。ぶどう酒の瓶と音楽や演劇についての会話、そして、もちろん「時事」に関しても……。

ドイツではファシストが権力の座についていたときである。

二人の家庭的な幸せは、三カ月間続いた。そして、カーチャが初めて、夫の旅仕度《たびじたく》をする日がやってきた。リヒアルトは日本へ出張のため旅立つことになったのだ。出発のとき、妻の顔を両手でやさしく掴み、彼女をじっと見つめた。彼は早く帰ってくる約束をしたが、それは二年後のことであった。そして、全部で二週間。またもや、出張。たまにしかない好機は、手紙であった。手紙はたくさんの人の手をへて、到着した。それゆえ控えめな内容だった。

求愛・結婚・別離

「愛するカーチャ！　やっと私のことについて知らせることができるようになりました。私はすべてうまくいっており、仕事もやっています。私の写真を送ります。貴女が気に入ることを期待しています。私がこれを見て思うのに、かなり年をとって、くたびれて、憂鬱《ゆううつ》の度合いが増していることです。貴女がどうやって暮らしているか、ずっと以前から知らないのが、大変辛いです。貴女に何か品物を送るつもりです。本当にもう、買いました。私の意見によれば、非常に美しい品物です。もし、貴女がそれを受け取れば、私は幸せになるでしょう。なぜならば、私は残念ながら、その他の喜びを得ることができません。より良い場合でも——配慮と熟考」。

カチューシャは自分が諜報員の妻であることを知らなかった。しかし、彼女は愛する女の心によって、自分の夫が非常に複雑な責任ある仕事に従事していることに気づいていた。夫宛の手紙には、達者でいると書き、その一通には、赤ん坊を待ち望んでいると伝えた。

「私は貴女がこのことをいかに堪え忍んでいるか、とても心配しています。どうか、私が一刻も早く情報を得られるように配慮してください。もし生まれてくる赤ん坊が女ならば、貴女の名前をつけましょう……。貴女はご両親のところに行くのですか？　どうか彼らに私のことをよろしくお伝え下さい。私が貴女を一人にしていることで、ご両親が怒らないようにしてください。あとで私は自分の大きな愛と貴女に対する優しい言葉によって、このことをすべて正すつもりです」。

リヒアルトが彼らに赤ん坊が生まれないであろうことを知ったのは、ずっと後になってのことであった。あらゆる国境を通って、短い手紙がモスクワへ持ち込まれた。

「私は貴女をとても愛しています。貴女のことばかり考えています。私が非常に辛いときだけではない。貴女はいつも私と一緒だ」

一九三六年。

「私の愛するK！　私はなぜか貴女に急いで書いてみたい。私は快適に暮らしています。愛する人よ、私の仕事はうまくいっています。一人暮らしでなければ、ますます良いのですが。私は大きな家に住んでいます。家の作りは簡単で、主に左右に開く窓から成っていて、壁には絨毯《じゅうたん》がかかっています。私は立て続けに貴女に質問します。貴女は私がいなくても、貴女は幸せですか？　私は貴女を非難する気持ちなんかないことを、忘れないで下さい」

「今日、私は貴女が休暇に入ったという知らせを受け取りました。それはきっと素晴らしいことです――貴女と休暇に行くことは！　いつかこれを実行に移すことができませんか？　私はすこぶるそれを欲しています。多分、貴女は考えないでしょうが。何と強いことだ……」

このとき、リヒアルトはセンターに極めて重要な情報を伝えてきた。ドイツの駐日武官の意見によると、ドイツは五～六年後、つまり一九四一年に戦争を始める可能性があるという情報だ。

順調に昇進したカーチャ

カーチャは働いていた。彼女は副組長、組長となり、そのあとで専門工場長となった。専門工場委員会議長になった。たくさん読んだ。いつも希望に満ちていた。憂愁を晴らしてくれるのは、親友のベーラ・イズビツカだけであった。彼女が結婚しているかしていないかは知らないけれども、会ったのは、たったの数日だった。別離は何年も続いた。

一九三七年一月。

「愛するK！　新年がやってきました。今年が貴女にとって最良の年であることを、また、私たちの別離の最後の年であることを願っています」

カーチャに小さな小包が届いた。中にメモが入っていた。

「同志　カーチャ！……夫のためにシャープペンシルをしまっておいて下さい。」

夫のために……。つまり彼は間もなく帰ってくるというのか?!

一九三七年二月

「ありがとう。親愛なるイーカ。私が今日受けとった貴方の手紙に対して、貴方に新年の祝賀を捧げます。私は今年が別離の最後の年になることを期待しています。それにしても何と長い別離が続いたことでしょう。私の事業は順調に行っております。私はいつも健康です。仕事も万事良好です。貴方がいないことだけが、残念です。私のことは心配しないで下さい。達者で生きて下さい。私のことを忘れないで下さい。貴方がすべてうまくいくことを願っております。強くキスします。K」

彼らはもはや、会えないことを知らなかった。

一九三八年。

「親愛なるカーチャ。私が今年初めにこの前の手紙を書いたとき、私たちは夏に一緒に休暇が過ごせること、どこで私たちは休暇を過ごすか、計画をたてはじめることができると信じておりました。しかし、私は今もここに、おります。もし貴女が永遠に待ち続けることを拒否し、そのことからしかるべき結論を出すなら、私は驚かないことを貴女に何回も手紙に書きました。私はこれ以上、何も言うことはありません。沈黙のみが期待されます。それでもなお、五年間にわたる私たちの古い夢を実行する展望があります」

「親愛なるカーチャ。私はやっと再び、貴女に手紙を書いています。私は長すぎるほど手紙を書きませんでした。同時に、貴女から何も受け取りませんでした。でも、私にとっては、手紙は必要なものだったのです……。私は貴女が私を待ち受けて我慢に耐えられるかどうか、知りません。しかし、愛する人よ、ほかに可能性はないのです」

「貴女は何をしていますか？　今、どこで働いていますか？　恐らく貴女は今もう、立派な工場長になっていて、極端な場合には、私を若いメッセンジャーボーイのように取り扱うのではないでしょうか？　それで、よろしいのです。本当にあとで、検証してみましょう」

ゾルゲに諜報活動の延長命令

そのころ、センターにフイルムが送られてきた。それはドイツ参謀本部諜報部長カナリス将軍の報告を全文写真に撮ったものであった。

リヒアルトのセンター宛手紙。

「親愛なるわが同志！　さらに一年間留まれ！　命令を受け取ったので、われわれは帰国せずに、完全に命令を遂行し、当地で困難な任務を遂行するつもりです。私の休暇に関する挨拶と願望を喜んで受入れます。しかし、もし、私が休暇に行くなら、それはただちに情報がカットされることになるでしょう」

カーチャの夫宛手紙。

「愛するイーカ！　私はもうかなり以前から、私が知らないことや、考えていることについてもいかなる知らせも受け取っていません。私は貴方が生存している希望を失いました。

私にとって、このすべての時間が、非常に苦痛で困難でした。非常に苦痛で困難です。なぜならば、繰り返しますが、私は貴方に何が起き、貴方がどうしているのか、知らないのです。私は夢想します。ですが、恐らく私たちは生きているうちに、再び会えないのではないでしょうか。私はこのことについてもう、信じません。私は待ちくたびれました。一人で暮らすことにも、くたびれました。急がないようにしています。たくさん働いている貴方に、いつか会える希望を失いました。貴方を強く抱擁します。Ｋ」

一九四一年五月末。

センター宛リヒアルト情報。

「……一九四一年六月二二日に、戦争が始まる」。いたずらに数日が過ぎる。「繰り返す。ドイツ軍一五〇個師団のうち九個師団が六月二二日にソ連国境に対する攻撃を仕掛けてくるはずだ」

一九四一年一〇月一八日、ゾルゲは日本の警察によって逮捕された。しかし、彼は日本がソ連に対して戦争を仕掛けないという非常に重要な情報を、ソ連に通報することに成功した。

カーチャは夫の逮捕については、何も知らなかった。彼女は待ち続けた。そして、働き続けた。非常にたくさん働いた。夜も専門工場に残っていた。「可愛いムセニカ」。彼女は妹に書いた。

「私は夜、仕事を持ってやってきます。守衛が私に手紙と小包を渡してくれました。ラスクはとてもおいしかったです。もちろん、そんなラスクはわが国にはありません。私は夏の間中、一度も郊外に行きませんでした。本当のことを言えば、夏をまったく見ませんでした。休日は土曜労働で一回だけ、ヒムキ乗船所で薪《まき》の貯蔵をやっただけでした。この仕事は一日中艀《はしけ》から薪を下ろす作業で、自然を楽しむことはまったくありませんでした。帰宅に先立って、みんなで一緒によもぎを一抱えほど摘みました。私はそのぷーんと匂う香ばしい香りが、大好きです……」

カーチャ、スパイ容疑で逮捕

私の前にエカテリーナ・マクシーモワの労働証明書がある。その中で注意を引くのは、二つの記入である。一つは、次の通りだ。一九四二年六月（日付はない）。作業予定表をうっかり落として、戒告処分を受けたことだ。もう一つは、終りにある「ロシア連邦労働法典第四七条により解雇（罪の執行、逮捕）一九四二年一一月一二日」という通告である。

彼女のところに、いつものように夜がやってきた。家宅捜索令状と逮捕状が提示された。家宅捜索で発見されたのは、モスクワの地図と肌につける十字架だけだった。押収された。カーチャは連行されるとき、長くなることが分っていたのに暖かい着物を持ってくるように言われなかった。それは一九四二年九月四日であった。ゾルゲの逮捕のほぼ一年後だった。彼は自分の運命を察知して、ソビエト政権に妻の面倒を見るように頼んでいた。配慮されたのが、この始末であった。

ゾルゲは独房に拘留された。カーチャはこのときルビヤンカの独房で九カ月間過ごしたのち、クラスノヤルスク地方へ移送された。彼女の知り合いのE・カフメワは私に話してくれた。

「一九四三年夏に誰か男が電話をかけてきて、カーチャの挨拶を伝えてくれました。彼はクラスノヤルスク駅で彼女に会ったのです。カーチャが監獄で与えられたのは、パンと冷たい水だけだ、と語りました。彼の前で、コップで一三杯もお茶を飲みました。彼女と一緒にあと二人の女性がいましたが、私たちは彼女らが誰かは知りません」

カーチャの最後の手紙が二通、保存されている。一通は一九四三年五月二一日付で、妹に宛たものだ。

「愛する妹よ！　ここで青空、大気、自由を再び満喫しています。それは数日前のことで、私の誕生日でした。実は体力の衰えから一本の草のように、地面に身をかがめています。クラスノヤルスクから一二〇キロの地区で、生きて働いています。クライーカから私は以前のように手紙を受け取るでしょう。彼はすべてうまくいってます」

クラスノヤルスクの親戚に、カーチャは次のように語った。彼女は追放される前に出頭を求められたベリヤ機関で、夫は何もかもうまくやっていると告げられた。

二通目の手紙——伝書鳩を放つさいに、本の切れ端に書かれたものだ。

「愛するお母さん！　神様、ああ何とまあ、私は今貧しく、飢え、汚いことでしょうか！　ママ、私にちょくちょく手紙を書いてね。もしだめなら、私は気が狂ってしまいそうです。たくさんの時間がたったのに、私はだれからも何も聞いていないの。どうぞ私に会いにきて下さい。私は大喜びするでしょう。私はもう一度やり直して、素晴らしい人生を獲得することを信じています。今や私にどんなことがあっても野垂れ死にしたくないし、これ以上辛抱したくないのです」

これが、主な内容である。

五月二四日から二五日にかけて、カーチャはボリシャヤ・ムルタへ移送された。ちょうどこのころに、リヒアルトの裁判が始まった。自分の有罪を認めよという尋問に対して、ゾルゲは答えた。「いいえ、認めません。日本の法律を一つも私は侵犯しておりません」。彼は自分の協力者たちの運命をいかにして軽減するか、法廷で当然のことをした。

一九四三年、カーチャの母は、痛ましい手紙を受け取った。

「今日は！　シベリアからの挨拶です。貴女のカーチャは一九四三年六月三日、ムルチンスクの病院で入院加療中に、亡くなりました。取り乱さないでください。多分、彼女はそういう運命だったのです。国家は今、何千というヒーローやヒロインを失っています。もし、詳細をお知りになりたければ、その旨、お手紙を書いてください。よろしく。エレーナ・ワシーリエブナ・マケエーワ」

その後、アレクサンドラ・ステパーノブナはもう一度、手紙を受け取った。

「貴女の娘さんは五月二九日に、化学事故による火傷のため、われわれの病院に入院されました。治療は野外で行われました。柱の骨組にシーツを覆ったものでした。時折、彼女は涙を流しながら、突然尋ねました。『何のために？』彼女は『母に一目会いたい』と言っていました……。十字架のついた墓碑を建てて埋葬したあと、残ったお金は四五〇ルーブルでした。いくつかの荷物が残されています。灰色の羊毛製のスカート、暖かそうな袖なし上着、古いオーバーシューズなどです。荷物は病院の倉庫で白衣を着た女性管理人の手で、保管されています。私自身は以前から彼女と同じような状況下にありましたが、今は自由の身となって看護婦として働いています。もっともそれは、私の本来の職業ではありませんが……。T・ジューコワ」

カーチャの名誉回復

一九六四年一一月五日、故リヒアルト・ゾルゲにソ連邦英雄の称号を授与する命令が発表された。彼の墓標にもう一つ表彰が付け加えられた……英雄赤星勲章である。この一八日後、エカテリーナ・アレクサンドロブナ・マクシーモワの仕事の見直しが行われた。私は手に一通の文書を持っている……百万通の中の一つで、それはあたかもわれわれの人生、人民の人生の悲劇に焦点を合わせたような短い文章である。

モスクワ軍管区軍法会議

一九六四年一一月二六日

調査書

一九〇四年生まれ、一九四二年九月四日逮捕の、モスクワ市航空企業人民委員部所管・三八二専門工場長、マクシーモワ・エカテリーナ・アレクサンドロブナに対する有罪判決事件は、一九六四年一一月二三日にモスクワ軍管区軍事法廷によって、再審が行われた。

マクシーモワ・E・Aに対する一九四三年三月一八日付決定は廃止され、同女に関する事件は犯罪構成要件欠如のため無効とする。マクシーモワ・エカテリーナ・アレクサンドロブナは上記の事件に関して、死後、名誉回復が行われた。

モスクワ軍管区軍法会議議長・法務大佐　N・ソコロフ

結婚は一一年、同居は半年

死ぬとき、カーチャは「何のために?」と尋ねた。私は去年になって、彼女が告発された理由がやっと分かった。それはまったく馬鹿らしいことであった。とは言うものの、その年に何と何万という告発があったのだ。エカテリーナ・マクシーモワは確固たる嫌疑は何もなかったのに、一九三八年に逮捕・銃殺されたビリー・シターリ関連のスパイ容疑で、逮捕された。ビリー・シターリはドイツ人の反ファシストで、ゾルゲの友人であった。彼はカーチャとリヒアルトを知っていた。

私はカーチャが火傷をして、悲劇的な最後を遂げたことについて、説明したい。彼女がまだモスクワで、温度計の製造工場で働いていたとき、文字通り体内に水銀が浸み込んだ。折から、それは妊娠中の彼女に直ちに悪影響を与えずにはおかなかった。こうして、ボリシャヤ・ムルタでは水銀中毒症状に加え監獄で体の機能が低下したため、化学事故による火傷の治療ができなかったのだ。最近の報道によると、彼女が葬られた墓は、まだ見つかっていない。

リヒアルト・ゾルゲとエカテリーナ・マクシーモワは一一年間結婚していた。しかし、一緒に暮らしたのは、半年にも満たなかった。

（「アガニョーク（灯）」一九九八年二月、第五号から）

◆**お断り**　本章は、ロシア語雑誌に掲載されたゾルゲ事件関連の諸論文によって構成した。

第四部

資料と解題

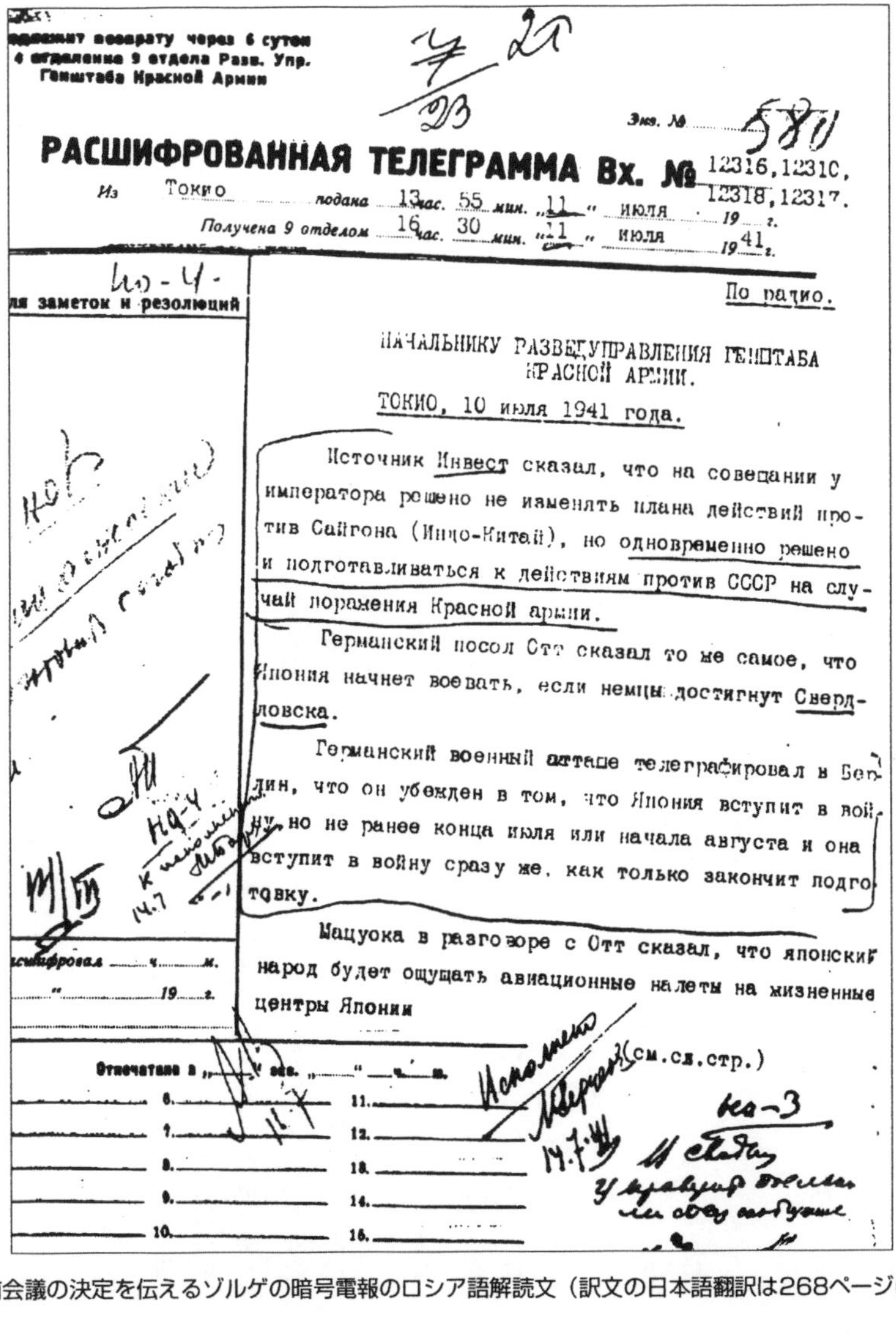

...лежит возврату через 6 суток
4 отделения 9 отдела Разв. Упр.
Генштаба Красной Армии

Экз. № 5801

РАСШИФРОВАННАЯ ТЕЛЕГРАММА Вх. № 12316, 12310, 12318, 12317.

Из Токио подана 13 час. 55 мин. „11" июля 19 г.

Получена 9 отделом 16 час. 30 мин. „11" июля 1941 г.

...ля заметок и резолюций

По радио.

НАЧАЛЬНИКУ РАЗВЕДУПРАВЛЕНИЯ ГЕНШТАБА КРАСНОЙ АРМИИ.

ТОКИО, 10 июля 1941 года.

Источник Инвест сказал, что на совещании у императора решено не изменять плана действий против Сайгона (Индо-Китай), но одновременно решено и подготавливаться к действиям против СССР на случай поражения Красной армии.

Германский посол Отт сказал то же самое, что Япония начнет воевать, если немцы достигнут Свердловска.

Германский военный атташе телеграфировал в Берлин, что он убежден в том, что Япония вступит в войну, но не ранее конца июля или начала августа и она вступит в войну сразу же, как только закончит подготовку.

Мацуока в разговоре с Отт сказал, что японский народ будет ощущать авиационные налеты на жизненные центры Японии

(см.сл.стр.)

...сшифровал ... ч. ... м. ... 19 ... г.

Отпечатано в ... ч. ... м. ... 19 ... г.

6. 7. 8. 9. 10. 11. 12. 13. 14. 15.

◆御前会議の決定を伝えるゾルゲの暗号電報のロシア語解読文（訳文の日本語翻訳は268ページに掲載）

元駐日・ドイツ大使オイゲン・オット一家の事件後の軌跡

ウルシュラ・オット夫人会見記

アレックス・ドーレンバッハ（井上真知子訳）

　私は、一九九八年二月二七日、ウルシュラ・オット夫人とインタビューを行った。同夫人はミュンヘン市ノルデンシュトラーセ二一三にある彼女のアパートに私を迎え入れてくれた。インタビューは午後四時半から始まり、同七時半に終った。最初、私は個人的に収集した戦時中の東京の旧ドイツ大使館からの書簡や電報類（その中には彼女の兄ヘルムートからの書簡も）を彼女に見せた。その後で、彼女は極東での一家の生活の思い出を次のように語った。

東京時代・駐日ドイツ大使として

「私の父、オイゲン・オットは、日本軍部と、軍を通じて天皇および天皇家との格別に親しい関係を保っていた。父は昭和天皇のあの有名な白馬「白雪」に騎乗する機会を賜った唯一人の外国人だった。

　父はナチス党に対して、距離をおき、伝統的なドイツ精神を持った軍人であった。〔注、一九三三（昭和八）年、野砲兵第三連隊日独連絡将校、四四歳、中佐（名古屋）、翌年東京勤務（大佐）一九三八（昭和十三）年、駐日大使に昇格〕

　私が理解していた限りでは、父はリヒアルト・ゾルゲ博士に、いかなる機密をも決して漏らすことはなかった。彼は公的任務と私生活とを厳格に区別していた。また父が仕事のことについて母ヘルマに相談するところを、私は一度も見たことがなかった。だから私は、父がリヒアルト・ゾルゲの協力者だったなどと想像することもできない。ゾルゲが父母の信頼につけこんだのは、明らかである」

「リヒアルト・ゾルゲは、あらゆる機会に私たち一家を訪ねてきた。クリスマスや家族だけのパーティにさえも。また、朝食や昼食さらに夕食もしばしば家族とともにとった。兄と私は、リヒアルト・ゾルゲのことを『リヒアルトおじさん』と呼んでいた。後にゾルゲが日本の警察と情報機関に逮捕されたとき、父母は長いあいだその真相を信じることができなかった。ゾルゲが現れなくなったことについて、母はリヒアルトおじさんは入院している云云《うんぬん》と私たち子供に説明した」

　大使館の通信部で電信官をしていたヒルジンガーが戦後ウルシュラに告白したところによると、ヒルジンガーはゾルゲのスパイ行動に気づき、彼に向かって「ゾルゲ、度を越すな！」と言ったそうだ。しかし、ヒルジンガーはオット大使には報告しなかった。ウルシュラは、「なぜあなたは私の父に警告しなかったのか?」と、厳しく問いただしたが、彼は「私は巻き込まれたくなかった」と釈明したという。

ウルシュラは、日本滞在中にドイツ人社会の様々なことをつぶさに見聞したが、スパイの話は聞かなかったと語る。

オット大使は日本の信頼を得ていた

オット大使の召還が公表された後、一家は一九四二年九月から一〇月に中国(北平=現在の北京)に移った。〔注、事件後、すぐに辞表を出すが受理されず、辞任は一九四二(昭和一七)年一一月二三日〕

「実は大使の職を退いた後、東京から北平に移るよう父に提案したのは日本側で、これは後任の新ドイツ大使ハインリッヒ・シュターマー博士と隣人として(東京であれ、日本国内の他の場所であれ)顔を合わせる不快な状況を避ける配慮からだった。オットの後任シュターマーは、日本に住むドイツ人の間ではかなり評判の悪い人物だった。一五〇パーセントのナチスで、ドイツ外務大臣ヨアヒム・フォン・リッベントロップの親しい友人だった。リッベントロップもシュターマーも、以前はスパークリング・ワインの販売業者をしていて、長年にわたり知り合った仲だった。シュターマーの妻は半分ユダヤ人の血を引いていたが、彼女を守るためにはトップクラスのナチスの政治家に頼るほかなかったのである。また、シュターマーの子供たち(二人の息子)は四分の一のユダヤ人であったにもかかわらず、ドイツ陸軍の中尉だった。

日本軍はアジアの日本占領地域を飛行機で一周する旅行を計画してくれた。この一周計画は父の日本での仕事を高く評価し特別の好意を込めていることを意味していた。また、スパイ・ゾルゲに裏切られたのであって、決して協力者ではなかったと父の潔白を確信しているしるしでもあった。一周旅行は数週間にわたったが、その間に東京からの引越しと北平の新しい家の手はずがなされた(一九四三年)。

北平で私たち家族は、日本占領軍からブリティッシュ=アメリカン・タバコ会社の所有だった大きな家を手に入れた。この邸宅は一九四五年にアメリカ軍が北平に進駐したときまで私たちの家だった。

父は北平では政府機関(または企業)の仕事をせずに生活した。つまり父は引退したのだった」

中国での生活のための収入源については、ウルシュラ・オットの知るところではなかったが(おそらくドイツ政府からの退職金であったろう)、オットがドイツ銀行(おそらくドイツ銀行でもジャーマン銀行でもなくドイツ・アジア銀行であろう)に口座を持っていて、そこで金銭を受け取っていたことは確かである。

新聞記者のアプシャーゲン氏はオット一家をよく知っていた。四〇年代の終わりに彼が出版した『北平回想記』(『Im Lande

Arimasen』）で、オットについてなぜ語っていないのかは不明である。後にアプシャーゲンはロンドンで新聞の仕事を引き継いだが、引退した後にはドイツのムルナウにある「アウグスチナム」（教会が運営する老人ホーム）に移った。

東京裁判の証人として

「アメリカ軍が北平に進駐してきてから、私たち一家はそれまでの住居を引き渡して、小さな家へ移った。その後オットは被告人としてではなく、証人として東京国際軍事法廷への出廷を命じられたが、家の中庭にジープで乗り付けた四人のアメリカ兵は、ドアを破り電話線を切断して（手に銃を持ち父の書斎机の上に腰掛けて）、父に同行を迫った。法廷への『招請』は、このようにしてなされたのだった。とは言え、父が東京へ送られた後、アメリカ軍は一九四七年八月か九月の最終的な本国送還まで、母と私の世話をしてくれた。

本国送還の命令を受けて、母と私は北平から上海までアメリカ軍の飛行機で運ばれた。

父は横浜から上海まで連れてこられ、私たちは外交官身分だったので、国際的な規則に従って家族はすべての私的所持品をドイツに持ち帰ることが許された（実際、ある外交官はトイレットのシートまで運んだ）が、上海までの飛行機旅行では、母と私はごく限られた手荷物を持っただけだった。

送還船では、私たち一家は制約を受けずに外交官の特権的な待遇を受けた。このとき、旧大使館付き親衛隊員（ＳＳ将校）ヨーゼフ・マイジンガー大佐が捕虜として船底に拘留されていた。彼の妻は捕虜ではなかった。マイジンガーは、ドイツの初期ポーランド占領時における人道に対する罪を問われ、クラクフ（ポーランド）で死刑に処せられた（一九四七年執行）」

対ナチ尋問で収容キャンプ入り

「一九四七年一〇月、私たち一家はドイツへ帰った。ブレーメン空港に到着した後、ルードビッヒスブルグ（シュッットガルトの近く）のアメリカの収容所へ『手荷物の問題』という理由（担当官はそう説明したが、公式の理由は対ナチ尋問のためだった）で送られた。父は外交官の身分から被抑留者の身分になる一方、母と私は収容所から解放され、トラックで祖父母の家のイザールタル（ミュンヘンの近く）へ移った。祖母のパーレンベルクは一九四二年、アメリカの東京空襲（ドゥーリットル空襲一九四二年四月一八日）のショックで亡くなって、祖父のパーレンベルクも一九四五年に亡くなっていた。その間に、ズデーテンから三六名の避難民（一九四五年五月以降チェコを追われたドイツ系住民）がやってきて、母と私が祖父母の家に到着したときには、祖父母の所持品とともに一部屋だけが残されていたが、母と私の到着後に避難民は立ち退きを命じられた。

母と私は財産も収入源もないまま、ドイツに着いた。財産に代わるものと言えば、闇市場で交換できるたばこ（シガレット）だけだった」

戦後の別居生活

「父はホーエンアスペルグ（シュツットガルト近くの旧ドイツの重罪刑務所）のアメリカの収容所に連行され、脱ナチスの再教育の過程を経て、アメリカの収容所看守から、かなり不快な弾圧的扱いを受けた。

収容所から解放されてから、父は私たちの家族のもとに加わらなかった。家が依然としてズデーテンからの避難民に占拠されているためだった。オットは個人的な友人バーレンビューレル男爵が住居と当座の仕事を用意してくれていたヘミンゲン城に移り、城の図書室と資料室を整理して生活した。

数年後、父はたぶん西ドイツだけを旅行して、シュライヒャー事件、日独関係、そして三国同盟について講演をした。これらの講演はドイツ自由党（ＦＤＰ）と関連のある団体が企画したものであった。しかし父は、三〇年代初期のドイツ政界での彼の経験や、極東での生活についての回想録を書くのを断った。彼は思うところがあって、このような仕事を差し控えたのだったが、しかし結局テオ・ゾンマー（有名で人気の高い新聞記者）が父を説得して、彼のインタビューをとった。このインタビューはミュンヘンのドイツ現代史研究所に個人的な資料とともに保管された。

一方私は一九四七年、「輸出入合弁事務所」（[JEIA]ドイツに対する連合国の独占的輸出入貿易を取り扱う機関）で秘書の仕事を始めた。

五〇年代の中頃、母と私はミュンヘンのコンラートシュトラーセに移り住み、母はバイエルン州庁の独米局に新しい仕事をみつけ、私はミュンヘン音楽アカデミーで音楽学の研究を始めた」

一九六〇年代の初め（一九五七年だったか？）からウルシュラ・オットは現在の住所のアパートに住んでいる。彼女は研究を完成させ、ミュンヘンのレーマッハプラッツに私立の体育学校を開設した。そこで彼女は三〇年間続けて中国のChi-gong教授法についての研究を進めたが、遂に学校運営を断念しなければならなくなった。建築業界の大物シュナイダーの圧力で引退を余儀なくされたのだった。シュナイダーは彼女の学校が建っている場所に、ベルンハイム宮殿と名付けた新しい高級住宅を建てるつもりだった。

兄の日本脱出と戦死

「私の兄ヘルムートは一九四〇年に、上海にあるドイツの高等学校（カイザー・ウイルヘルム・シューレ）で高等学校卒業最終試験に合格した。高等学校在学中、彼はドイツの上海領事フィッシャーのもとに寄宿していた。その後ドイツのバンコク駐在武官エルビン・ショルを訪ねた。戦後公表されたところではショルはゾルゲがソビエトのスパイとは知らずに、ドイツのソビエト侵攻計画についてゾルゲに知らせたものと思われる。（注、ショルはベルリンからバンコク赴任の途中、東京に立ち

寄った）

一九四二年、ヘルムートは私たち家族と東京に滞在していたが、一九四三年秋、ドイツの封鎖突破艦に乗船してドイツに帰った。目的はドイツ陸軍に志願兵として入隊することだった。父もこの艦でドイツへ帰り、陸軍に復帰することを願い出たが、父の乗船は拒否された。と言うのは、封鎖突破艦は結局は連合軍に攻撃されるかもしれず、また父がドイツ国家とドイツ軍の機密を知りすぎているのは明らかだったからである。ヘルムートの乗船した船は現実にビスケー湾で連合軍に攻撃され沈没した。数人の水兵と乗船者が生き残り、彼もその一人であったが、彼らは小さな救命ボートでスペインの海岸に着いた。生き残った人々の中にド・ラ・トローベ家の息子の一人（おそらく兄のルドルフ・ド・ラ・トローベ）がいた。この悲劇的な帰国にもかかわらず、兄はドイツで間もなく痛手から立ち直り予定通り陸軍に入った。訓練の後、彼はロシア行きを命じられ、一九四四年二月、二一歳の誕生日直前、ヴィテプスク市近くの戦闘で殺された。その死の知らせは北平のオット家にもたらされた。私が帰宅すると、そこで家政婦と父母が嘆き悲しんでいた。その日のことを私は今も記憶している」

母の死と父の再婚

「母ヘルマ・オットは、一九六八年三月三日、ミュンヘンで亡くなった。母が亡くなった後、父は再婚した。彼の新しい妻はイルムガルト・フォン・ガベルで、彼女はワイマール共和国時代のドイツ国防省の秘書をしていた。この国防省から父のキャリアは始まったのだった。彼らはバイエルンに住んでいた。その後バイエルンのアンメルゼー湖にあるアウグスチナム（教会が運営する老人ホーム）に移った。父は一九七八年一月二三日に亡くなった。

東京にいたとき父は、日比谷で有名だった音楽教師（声楽）リタ・フォン・ヘーゼルトを通して、アニタ・モールと知り合いになった。アニタ・モールは彼女の兄が勤めていたジーメンスの東京支店長の妻だった。モア夫妻は真に人生を愛する陽気な人たちだった。もっと前には、彼女は日本人と結婚していたことがあった。戦後、アニタ夫人はドイツに帰り、五〇年代の中頃から六〇年代初め頃までの数年間、ミュンヘンの私たちと親しく付き合った。このことから、東京時代に父とアニタの間に恋愛関係があったという噂はあり得ないことになる。母は夫の特殊な女友達の訪問を数年間も耐えていたわけではないのだから。

とは言え、父と母はドイツに帰国後は、互いに理解の上で別居していた。父はミュンヘンに母を訪ねはしたが、決して同じアパートには住まなかった。父とフォン・ガベルとは六〇年代にはすでに関係があったようだが、彼にとって離婚は受け入れがたいものだったので、母が生きている間はフォン・ガベルと結婚するつもりはなかったのである」

ウルシュラ・オットの知っている生存する目撃証人は次の通

り。

一　リヒアルト・ブラウアー
　東京の旧ドイツ大使館アタッシェで、自伝「回想」(Erinnerungen 題名は不確か）を出版した。
二　エルビン・ビッケルト博士
　東京の旧ドイツ大使館アタッシェで、戦後中華人民共和国のドイツ大使。自伝『勇気と傲慢』(Mut und Ubermut）を出版した。（佐藤真知子訳『戦時下のドイツ大使館』抄訳、中央公論社、一九九八年）
三　ヒルジンガー夫人（ヒルジンガー氏の妻）、ゾルゲの秘書として大使館で働いていた。（実際にはウルシュラ・オットが知らない証人もほかに数人生存している）。

　インタビューのあと、私はヘルムート・オットの戦時中の書簡の中から、オリジナルの一枚のはがきと一通の封書を贈られた。さらに、昭和天皇の馬「白雪」に乗ったオット大使の写真のコピーとリヒアルト・ゾルゲの写真のコピーもいただいた……。

〔解説〕アレックス・ドーレンバッハについて

　私の知人のドーレンバッハは世界的に著名な切手収集家で、ドイツ・ルール地方の中心都市デュッセルドルフに居住している。国際貿易会から伊藤忠商事に引き抜かれ、欧、米、アジア各地を駆けめぐる現役商社マン。日本語が堪能で、『広辞苑』も愛読書の一つ。
　現在、明治時代の郵便発達史を研究中だが、ゾルゲにも関心が深く、ドイツ国内の数少ない研究家たちとも交流し、旧大使館員、国防軍関係者のインタビュー、資料収集にあたった。彼が断って実現しなかったが、ドイツ国営TV（ZDF）から資料提供の要請もあったほどである。私がオット家のその後の動静について質問したところ、旧西ドイツではゾルゲについて厳しい評価があるなかで、四七年前の「シュピーゲル」誌の数回にわたる特集のコピーを送ってくれたうえ、ミュンヘンに飛んで、オイゲン・オットの娘ウルシュラにインタビューしてくれた。
　この会見記はドーレンバッハがこのときのインタビューをまとめたもの。原文はドイツ語だが、今回のゾルゲ事件国際シンポジウムのことを聞き、同氏がわざわざ英語に翻訳して提供してくれた。事件後のオット家の動静を伝える日本で初めての貴重な記録となっている。

（岩上博司）

ゾルゲの暗号電報

ロシア国防省付属公文書館提供（時　明人訳）

ゾルゲ諜報団の暗号電報の読み方

近代的な諜報活動には、任地にいる諜報員と諜報本部の間を結ぶコミュニケーションの手段として、無線通信が欠かせない。ゾルゲ諜報団も決してこの例外ではなく、短波無線を利用して、ゾルゲは本部から指示や命令を受け、収集した情報を同じ要領で、本部へ送っていた。送受信に際しては、不審な電波の方位を探知・測定する当局による摘発の防止と秘密保持のため、通信文には専用の暗号が用いられた。

ゾルゲ諜報団の場合、英語で書かれた通信文を換字表によって数字暗号化し。乱数表としてドイツ政府統計局発行の『ドイツ統計年鑑・一九三五年版』を使用、任意のページから任意の行の数字を一字ずつ加算したのち、特定の手続に沿って独自の暗号文を作成した。乱数表として統計年鑑のどのページのどの行の数字を使ったかは、特定の方法によって受信側に知らせた。受信側は受け取った暗号電報を、これとは逆の手続きを踏んで解読した。

通常の暗号通信文は乱数表を使っても、多数の通信を行ううちに同一数字の反復が現れて、それが暗号解読の端緒となりやすい欠点がある。しかし、『ドイツ統計年鑑』を使えば、数字がほとんど無限に近い乱数表となる。このため、解読のきっかけとなる数字の反復が生じても極めて稀であって、解読は技術的に困難だった。

しかも、『ドイツ統計年鑑』なら、一般のドイツ人でも常備していて、単なる乱数と違って所持しているだけで諜報活動の疑惑を招くことはまずなかった。防諜当局の虚を突く、暗号の組み立てとその解読に不可欠な備品だった。従って、身辺に暗号通信文を残さないように、送受信が終わりしだいただちに焼却するなどの警戒措置を怠らなければ、無線通信の事実を隠し通すことができるはずであった。しかし、事はそううまく運ばなかった。

ゾルゲ諜報団の無線通信士マックス・クラウゼンが検挙されたとき、家宅捜索によって、無線通信機のほかに手垢《てあか》のついた『ドイツ統計年鑑』や、暗号電報の現物が発見・押収された。取り調べでこれらの証拠品を突きつけられて、クラウゼンは隠しきれなくなって、暗号の組み立て方やその解読方法を自供、ゾルゲ諜報団の暗号を使った無線通信の方法がすべて判明してしまったのであった。

ゾルゲ諜報団の本部との無線通信の発信回数と使用語数は、松橋忠光・大橋秀雄共著『ゾルゲとの約束を果す――真相ゾルゲ事件』によると、次の通りである。

昭和十四年　六〇回　一二三、一三九語
同　十五年　六〇回　二九、一七九語

同　十六年九月まで　二一回　一三、一〇三五

本書に収録したゾルゲ諜報団の暗号電報計十九通は、このうちのごく一部で、独ソ戦ならびに太平洋戦争の開戦に先立つ昭和十四（一九三九）年、同十六（一九四一）年に送受信が行われたものである。NHK取材班・下斗本伸夫共著『国際スパイゾルゲの真実』には、三十四通の暗号電報が載っているが、それと重複していないものが十二通あり、ゾルゲ事件関連の新資料、として新たに付け加えられることになった。

本書に収録したゾルゲの暗号電報の多くは、独ソ戦ならびに太平洋戦争の開戦を間近に控えて、国際情勢が緊迫する中で、展開された日本、ドイツ、イタリア、ソ連、米国、英国など関係国の政治、外交、軍事情勢に関する生々しい機密情報の報告で、「日本の厳しい防諜体制の中で、よくこれだけ内容の充実した重要な情報を収集できたものだ」と、ゾルゲ諜報団の凄腕に、今さらながら驚嘆せざる得ない。とくに独ソ開戦を挟んで、日本の南進決定に至る時期の様様な角度から把えられた機密情報は、日本におけるゾルゲの諜報活動の最高の功績とされており、資料的な価値もすこぶる高い。

ドイツの対ソ攻撃の準備状況や攻撃期日の予告と日独伊三国同盟の締結を巡る国際的な駆け引き、独ソ戦に日本を引き摺り込もうとするドイツの策略、北進か南進か迷いながら最終的に南進を決定して、動員態勢に入る日本の動きや、これに反発する米英の対応……。こうした当時の超一級の国家機密が、ゾルゲたちの諜報活動を通じ、ソ連側に筒抜けになっていたわけで、ゾルゲ諜報団の摘発によって、その諜報活動の全容を掴んだ防諜当局の衝撃は並大抵のものではなかったことが想像できる。

ゾルゲ諜報団一斉検挙の報道が発表の範囲を限定して解禁となるのは、昭和十七（一九四二）年五月十六日。一味の逮捕から、七ヵ月ほどたっていた。前年の十二月に始まった太平洋戦争はまだ緒戦の段階で、日本は勝ち戦《いくさ》を進めていた時期だ。「寝耳に水」の国民はまさに度肝を抜かれたが、防諜当局はスパイの恐《こわ》さをアッピールして、ゾルゲ事件を防諜徹底化のための援護射撃に使った。

無線通信に使われた無電機は、クラウゼンが赤軍参謀本部諜報局（GRU）の指示に基づいて製作したものである。クラウゼンは来日後、東京の電気店やラジオ業者から無電機の組み立てに必要な各種部品を買い集め、送信機用コイルなど一部の部品は既製品によらずに、金物商から材料を買ってきて、自分で加工・製作した。受信機は通常の家庭放送用受信機を買って、短波受信ができるように改造した。

クラウゼンは日本側による無線通信の探知を避けるため、送受信場所を転々と移動・変更した。しかし、東京都逓信局は正体不明の無電を傍受して、その記録を取った。だが、電波がどこで送受信されているか、ついに方位を特定できなかった。ゾルゲもクラウゼンも、無線通信が日本側に傍受されていることは、知らなかった。

ゾルゲ諜報団の摘発後、無線通信の事実を知った警視庁は逓信当局と交渉して、東京都市逓信局と朝鮮総督府京城逓信局が

傍受・保管していた記録や関連資料の提供を求めた。そのうち暗号が解読できたものは、証拠として検事局へ送った。これらはクラウゼン宅から押収された無線通信機、『ドイツ統計年鑑』、暗号電報の現物などとともに、ゾルゲ諜報団の違法な諜報活動を裏付ける有力な物的証拠となって、ゾルゲたちに有罪判決が下されたのであった。

ゾルゲ諜報団の暗号電報は、その書式にいくつかの約束事があって、ある程度予備知識がないと内容を完全に理解するのは難しい。読者の便宜を図るため、以下に解説を試みた。

一、暗号電報の原文はすべて英語で書かれており、既述した方法によって数字暗号化されたものを解読して、ロシア語に翻訳された。

二、発信地は東京、受信地はモスクワだが、ウラジオストクと上海が無線通信の中継基地となった。暗号電報の冒頭に出てくる発信時刻は、中継基地のウラジオストクもしくは上海から発信した時刻、また受信時刻はモスクワで受信した時刻を示している。本文の前にある発信地のうち、「オストロバ発」とあるのは、「東京発」の意味である。「オストロバ」とはロシア語で、「島」という単語の複数。日本語に訳せば、「島々」「諸島」「列島」となる。ここでは日本列島を意味する隠語として使われており、「オストロバ発」は「東京発」と同義語となっている。

三、宛先はゾルゲが所属していた赤軍参謀本部諜報局（GRU）局長である。こうして送信されたゾルゲの暗号電報は、GRU内部で情報専門家の点検と評価を受け、重要と判断されたものは諜報局長の決裁をへて、参謀本部長へ報告される一方、スターリン、モロトフ、ベリヤらソ連指導部の回覧に供された。電報の欄外に、スターリンらの署名書き込みがあるのは、彼らが「読んだ」という印《しるし》である。

四、本文末尾の発信人は、「ラムゼイ」または「インソン」となっているが、この二つの名前はゾルゲの暗号名である。受信人は暗号電報の発信人の暗号名を見て、それがゾルゲから発信されたものであることが分かる仕組みになっている。

五、ゾルゲ諜報団のメンバーは、ゾルゲ同様それぞれ固有の暗号名を持っていた。ちなみに本文中に出てくるメンバーの暗号名と本名（括弧内）は、次の通り。

▼インベスト（尾崎秀実）▼フリッツター（マックス・クラウゼン）▼インタリー（宮城与徳）▼イラコ（宮城の日本人協力者）▼イテリ（宮城の日本人協力者と推測される）

（白井久也）

暗号解読電報　No. 3414

発　信　一九三九年四月一三日一五時三五分

受　信　一九三九年四月一三日一八時〇〇分

一四日一二時三〇分

翻訳

赤軍参謀本部諜報局長宛

オストロバ発一九三九年四月九日
大島は再び日本政府の回答を求め、軍事条約の問題を提起した。長い検討の後、日本はソ連に対抗するための軍事協定の採択を決定した。

軍部の何人かは、民主主義諸国に対抗することも主張したが、少数派にとどまった。ドイツとイタリアは英国に対抗する軍事条約を主張したが、天皇に近い立場の日本海軍指導部はこれに断固反対した。

オット大使は外務省で、日本はアメリカとの良好な関係の最後のつながりを断ち切ることはせずに民主主義諸国に対抗する条約への加入に合意するとの立場を知った。

オット大使は、日本がいづれにせよこの条約に参加することを余儀なくされるだろうと言った。

No. 42 ラムゼイ

暗号解読電報 No. 3138
発 信 一九三九年四月一三日 二二時三〇分
受 信 一九三九年四月一四日 二三時三〇分

翻訳
赤軍参謀本部諜報局長宛
オストロバ発一九三九年四月九日
オットは日本の内閣は大島大使に対し、条約の締結に関しドイツとイタリアとの二二の軍事協定から成る条約の締結に関しその期間を一年間とし、ソ連およびソ連に連合する諸国に対抗するものであり、具体的な国名はあげないとの命令を送ったと断定した。具体的な国名はヨーロッパ情勢の今後の進展による。条約の内容は、オット大使およびイタリア大使を除き、だれに対しても秘密とされる。
No. 44 ラムゼイ

暗号解読電報 No. 5515
発 信 一九三九年四月一七日 一三時〇〇分
受 信 一九三九年四月一七日 一六時四五分

翻訳
赤軍参謀本部諜報局長宛
オストロバ発 一九三九年四月一五日
オットは軍事的な反コミンテルン条約の情報を受け取った。すなわちドイツとイタリアがソ連と開戦する場合、日本はいかなる条件もつけずにただちに参戦する。しかし、もし戦争が民主主義諸国と始まった場合には、日本は極東においてのみ攻撃に参加し、あるいはソ連が民主主義諸国側に加わった場合、その戦争に参加する。
もし内容が異なるものとなる場合には、再び会談が招集され、その会談の結果が日本が条約に参加するかどうかを決定するだろう。
No. 50, ラムゼイ

暗号解読電報 No.8891, 8894

発　信　一九三九年六月二四日
受　信　一九三九年六月二七日　一五時三〇分
翻訳
赤軍参謀本部諜報局長宛
オストロバ発　一九三九年六月二四日
ドイツ、イタリア、日本間の軍事条約に関する交渉は続いている。オット大使およびショル武官の情報によれば、日本の最終的な提案は、次の諸点にある。
一　独ソ間の戦争の場合、日本は自動的にソ連に対する戦争に参加する。
二　イタリアとドイツが英国、フランス、ソ連と戦争に突入する場合は、日本は自動的に独伊側につく。
三　独、伊、が仏、英とのみ戦争を開始する場合（ソ連は戦争に参加しない）、日本は独、伊の同盟国と自らをみなす。しかし、英、仏に対する軍事行動は全般的状況による。
しかし、三国同盟の利益が……（二文字くずれ判読不能）要求する場合には、日本はただちに戦争に参加する。

暗号解読電報　No.4028, 4029.
発　信　一九四一年三月一一日　一一時五五分
受　信　一九四一年三月一一日　一八時〇五分
翻訳
赤軍参謀本部諜報局長宛
東京発　一九四一年三月一〇日
リッベントロップのオット大使に対する日本のシンガポール奇襲に関する電報は、三国同盟における日本の役割の活性化を目的としている。ウラフ公（数日前に当地に来たドイツの特別クーリエで、リッベントロップに近い人物であって、自分も長年知っている人である）は、ドイツは日本がアメリカが局外に立つ場合にのみ、シンガポールを攻撃するし、日本がソ連に対する圧迫のために、日本が利用できなくなる場合に、シンガポールを奇襲することを望んでいる、と語った。ウラフ公はさらにこの見解、すなわち日本をソ連圧迫のために将来用いるという見解は、ドイツとくに、軍部で強力に広まっている、と述べた。
ドイツの新任武官は、前任武官から手紙を受取り、その手紙によれば、ドイツの高級士官の間、およびヒムラーの側近筋の間に、反ソ傾向が高まっている。新任ドイツ武官は、現在の戦争の終結までに、ドイツのソ連に対する激烈な戦いが始まらなければならないと考えている。この考えに沿って、日本は一層ソ連に対抗する偉大な使命を持っており、しかしながら合意に達する必要があり、シンガポールに対する日本の攻撃が達成される必要がある、と新任武官は考えている。
新任ドイツ武官もまた、シンガポール攻撃に賛成である。
No.87 88.　ラムゼイ

暗号解読電報　No.7374. 7375. 7408
発　信　一九四一年五月六日一一時〇五分

受　信　一九四一年五月六日一五時〇〇分
翻訳
赤軍参謀本部諜報局長宛
東京発一九四一年五月二日

私はオット・ドイツ大使並びに海軍武官と独ソ関係について会談した。オットはヒトラーはソ連を壊滅させ、ソ連の欧州部を全ヨーロッパのドイツによる支配のための食糧及び原料基地として、手中に収める堅い決意をしていると述べた。

大使も武官も二人とも、ユーゴスラビアの敗北の後、独ソ関係に二つの重大な日々が近づくという点で、意見が一致していた。

第一の日々は、ソ連における播種の終了時である。播種の後はソ連に対する戦争はいつでも開始しうる。なぜならばドイツに残されていることは収穫することだけである。

第二の重大な時点は、ドイツとトルコの間の交渉である。もし、ソ連がドイツの要求するトルコの占領問題に何らかの障害をもうけるならば、戦争は不可避である。

開戦がいつでもあり得るという可能性は極めて大きい。というのは、ヒトラーとその将軍たちは、ソ連との戦争は対英戦争の遂行を少しも妨げないと確信しているからである。

ドイツの将軍たちは赤軍の戦闘能力を極めて低いものと評価しているので、赤軍は数週間で壊滅されるだろうと考えている。彼らは独ソ国境の防衛体制は、極めて脆弱《ぜいじゃく》であると考えている。

ソ連に対する戦争の開始の決定は、五月中かまたは英国との開戦後のいづれかにヒトラーによってのみ行われる。

しかし、個人的にはかかる戦争に反対のオット大使は、現在極めて懐疑的になっているので、ウラフ公使に五月中にドイツに帰国するよう提案している。

No.114. 115. 116.　ラムゼイ

暗号解読電報　No. 8298
発　信　一九四一年五月二一日一一時一九分
受　信　一九四一年五月一九日一五時四〇分
翻訳
赤軍参謀本部諜報局長宛
東京発　一九四一年五月二一日

ベルリンから当地に到着した新しいドイツの代表たちは、ドイツとソ連間の戦争は五月末に開始する可能性がある、なぜならば、彼らはこの時期までにベルリンに戻るように命令を受けていると述べた。

彼らはまた、本年に危険は過ぎ去るかもしれないと述べた。

彼らは、ドイツはソ連に対して百五十大隊からなる九個師団を持っていると述べた。師団は有名なライヘナウの指揮下にある。ソ連に対する攻撃の戦略体制は、ポーランドに対する戦争の経験から得られるだろう。

No. 125　ラムゼイ

暗号解読電報　No.8908, 8907

発信　一九四一年六月一日　一一時四〇分
受信　一九四一年六月一日　一七時四五分
翻訳

赤軍参謀本部諜報局長宛
東京発　一九四一年五月三〇日

ベルリンはオット大使に、ドイツの対ソ攻撃は六月後半に始まると通知してきた。オットは九五パーセントの確率で戦争は始まると、確信している。オットが今日見ている間接的証拠は、次のようなものだ。

わが町のドイツ空軍技術局は、至急帰還するよう指示を受けた。オットは武官に対して、いかなる重要な情報もソ連経由で送ってはならないと求めた。ソ連経由のゴムの輸送は、最小限に縮小されている。

ドイツの攻撃の理由は、強力な赤軍の存在はドイツが東欧に強力な軍を維持しなければならず、ドイツがアフリカ戦線を拡大する可能性を与えないからである。ソ連側からのあらゆる危険を完全に排除するために、赤軍は出来る限り早く追い払うべきである、とオット大使は述べた。

No. 30, 31　ラムゼイ

暗号解読電報　No.11583, 11575, 11578, 11581, 11574.
発信　一九四一年七月三日　一四時五六分
受信　一九四一年七月三日　一七時一五分
翻訳

赤軍参謀本部諜報局長宛
東京発　一九四一年七月三日

貴殿に左翼からの攻撃および戦術的誤りに答えることは、今はすでに遅すぎる。

ショル大佐はドイツによる最初の主要な攻撃は赤軍の左翼から行われるであろうと述べた。ドイツ人は赤軍の主力が強力な打撃を完全に加えることができるラインとは、反対方向に集中するだろうと確信している。ドイツ人が非常に危惧《きぐ》しているのは、赤軍が主要な攻撃の通知に従って若干の距離を後退し、敵の勢力を研究し、主要攻撃方向から若干それた位置を占めることである。ドイツの主要目的は、ポーランドのときと同じように、赤軍の壊滅である。

ドイツ武官は、日本の参謀本部はドイツが巨大な敵を攻撃し、赤軍が敗北することが不可避であるということを考慮して活動している、と私に語った。

武官は、日本は六週間を経ることなく、戦闘に突入すると考えている。日本の攻撃は、ウラジオストク、ハバロフスク、樺《から》太《ふと》に向けて、樺太からソ連の沿海州沿岸に降下部隊を上陸させて、開始される。国民の一般的気分は、ドイツの軍事行動と日本の参加につき反対である。

貴殿の外交活動は、反対側によって行われているものよりもかなり強くなければならない。

インベストの情報源は、日本は六週間経て戦争に突入すると考えている。彼はまた日本政府は三国同盟に忠実であることを決定したが、ソ連との中立条約もまた順守するだろうと伝えた。

インドシナのサイゴンに三大隊が派遣されることが決定された。松岡さえ右に賛成した。松岡はこの決定前には、ソ連攻撃の方針に賛成していた。

イテリとイラコの情報源は、極東国境の強化に関連し、若干の軍隊が華北から移動し、また北海道の軍隊の強化が行われたと聞いた旨、語った。

京都に帰還した大隊は、北に送られるだろう。

ラムゼイ

暗号解読電報　No.11637, 11638, 11639, 11640.
発　信　一九四一年七月四日三時二九分
受　信　一九四一年七月四日七時〇〇分
翻訳
赤軍参謀本部諜報局長宛
東京発　一九四一年六月二八日
サイゴンへの進駐に関する決定は、この軍事行動を要求した急進分子の圧迫の下で行われた。しかし、アメリカとの紛争を避けるという条件の下で。また、第二に独ソ戦の経過を見て、時間を稼ぐために行われた。
インベストの情報源は、赤軍が敗北したときには、日本はただちに北に攻撃に出るだろうという。しかし、独ソ戦の期間にその政策……（二文字くずれ判読不能）の場合には、日本は樺太を平和裡に購入したいと述べている。

オット独大使はこの第一の部分に関しては肯定したが、第二の部分についてのオット大使の質問に対し、松岡はいつもオット大使に断言しているように、日本はソ連を攻撃する、と述べた。さらに松岡はオット大使に、天皇はつい最近サイゴンへの進駐を裁可したこと、そして現在のところ、これは変更されない、と述べた。従って、オット大使は日本がただちに北を攻撃しないと理解した。

インベストらは山下将軍の到着が、日本の南進か北進にとって大きな影響を持つだろう、しかし、攻撃の決定自体は、山下も変更することはできないだろうと述べた。

重光の就任とワシントンとの交渉は、今後の決定になんらかの影響を与えるだろう。

接近に関するアメリカの回答は肯定的なものとなったが、いまだに不明である。しかし、回答全般は中国に関するものであり、日本は中国で大きな経済的な優先権を獲得するだろう。ただしそれは、日本が南方の海に対して要求を行わず、三国同盟を破棄する場合であると断言した。

インベストは近く、さらに完全な情報を入手するだろう。

No.156, 157, 158, 159.　インソン
※書き込み
配付先として、三人のNo.が記されており、スターリンとモロトフの名前が読める。

暗号解読電報　No. 12312,

発　信　一九四一年七月一一日　一二時五〇分
受　信　一九四一年七月一一日　一六時三〇分
翻訳
赤軍参謀本部諜報局長宛
東京発　一九四一年七月一〇日
ドイツのオット大使は、リッベントロップから日本をできるだけ早く戦争に引き込むようにとの命令を受け取った。
オットはリッベントロップがなぜこんなに急ぐのか、非常に驚いている。リッベントロップは日本がまだ準備できていないことを知るべきであり、戦争が今始まったばかりであり、戦争の見かけだけであるということを知るべきである。
インベストの情報源は、大隊単位ぐらいがすでに南方での行動のために送られたと述べている。
兵士を乗せた三十七隻の輸送船が、台湾方面に向かっているところである。
十六大隊が北へ向かっているとの噂《うわさ》もある。
私は特別に探知するように京都に人を送った。
No. 164　インソン
（欄外配付先に、八人の名前があり、スターリン、モロトフ、ウォロシーロフ、ベリアの名前が判読できる）
暗号解読電報　No.12316, 12310, 12318, 12317,
発　信　一九四一年七月一一日一三時五五分
受　信　一九四一年七月一一日一六時三〇分

翻訳
赤軍参謀本部諜報局長宛
東京発一九四一年七月一〇日
インベストの情報源は、天皇の臨席する会議（御前会議）でサイゴン（インドシナ）に対する行動計画を変更しないことを決定した、と語った。しかし、同時に赤軍が敗北した場合には、ソ連に対して軍事行動を準備することが決定された旨、述べた。
オット・ドイツ大使も同じことを述べた。すなわちドイツ軍がスベルドロフスクに到達したとき、日本は戦争を開始する旨、述べた。
ドイツ武官はベルリンに電報を打ち、その中で、日本は戦争に突入するが、七月末、または八月初め以前ではなく、日本は準備完了するだろうと確信する旨電報した。
松岡はオットとの会談の中で、日本国民は日本の心臓部で航空機の攻撃を受けることになるだろうと述べた。
暗号解読電報　No.14067
発　信　一九四一年七月三〇日　一一時一五分
受　信　一九四一年七月三〇日　一五時三〇分
翻訳
赤軍参謀本部諜報局長宛
東京発　一九四一年七月三〇日
インベストとインタリーの情報によれば、日本での新しい動員は二十万人以上であろう、と述べている。このようにして、八月中旬までには日本は約二百万人の戦時態勢につくことになろう。八月後半より日本は戦争を開始するかも知れない。しかし、その場合には赤軍がドイツに事実上敗北し、その結果、極東での防衛能力が弱体化したときであろう。このような見方は近衛一派の見解であるが、日本の参謀本部がどのくらい我慢するか、今述べることは難しい。

インベストの情報源は、赤軍がドイツ軍をモスクワ前方で食い止める場合には、日本は参戦しないと確信している。

No. 168　インソン

暗号解読電報　No.14762
発　信　一九四一年八月七日　一三時二九分
受　信　一九四一年八月七日　一九時五〇分

翻訳

赤軍参謀本部諜報局長宛
東京発　一九四一年八月七日
ドイツのオット大使はリッベントロップに対し、近衛新内閣に関する電報を送った。その中で新内閣は無条件でドイツ側に立つ。新しい点は、松岡が親独的であったということである。

オットは、基本政策は代わらないが、戦争突入へのテンポは極めて緩慢であると述べた。同時にオットは新内閣は戦争突入に賛成であると完全に確信している旨、述べた。オット大使によれば、新内閣は松岡を擁していた前内閣に比べて、ドイツとの関係についてかなり無関心になったため、困難がかなり増大したということである。

インソン

暗号解読電報　No.15138, 15124.
発　信　一九四一年八月一二日　一二時三八分
受　信　一九四一年八月一二日　一七時四五分

翻訳

赤軍参謀本部諜報局長宛
東京発一九四一年八月一一日
独ソ戦の初期を通じ、日本政府と参謀本部は戦争準備を決定していた。従って、大きな動員を行った。しかし、戦争六週間後、日本の指導部は戦争を準備していたが、ドイツ軍の攻撃は阻止されており、ドイツ軍のかなりの部分が赤軍によって壊滅させられたことを認めている。アメリカの立場はますます反日的となっている。日本に対する経済封鎖は強化されているが、日本の参謀本部は動員した兵士を解除するつもりはない。参謀本部で確信されているのは、すでに冬季が近づいてきたこともあり、最終的な決定が行われる。近々に日本は最終的に決定するだろう。参謀本部は事前の協議なしに攻撃の決定を行う可能性がある。

オット大使は、これは不可能であると答えた。なぜならば、ソ連は極東に千五百機の一級の航空機を持っており、そのうち三百機は重爆撃機であり、日本に往復できる状態にあるからである、と答えた。ソ連が保有している二つのタイプの航空機がこの課題を遂行でき、それはTB—7とDB—3であるが、それらはまだ極東に配備されていない。この会話によって、オットは松岡に対し、日本が参戦するように影響を与えようと努めた。

ドイツ武官は、ソ連体制の終了はレニングラード、モスクワ、ハリコフの占領をもって始まり、それが実現しなかった場合、ドイツはモスクワからシベリアを通る鉄道沿いに、巨大な航空作戦を始めるだろう、と確信している。

日本当局は、独ソ戦に賛成しない者の尾行を開始した。また反対に、ドイツ側に立って参戦することに熱心な国民を近づけないようにしている。

三人の影響力のあるソ連と戦う希望を表明した者——（字くずれにより判読不能）は、逮捕された。

政府の決定に対し、影響力を排除するために山下将軍は満州国にとどまる旨、命令を受けた。噂によれば、山下は南方およびインドシナの基地の軍を指揮する新しいポストに任命されるだろう。

No.163, 165, 166, 167. インソン

※書き込み

解読文下欄に、参謀本部の注記として、以下の書き込みがある。

情報源の大きな可能性を考慮し、その情報の相当部分の信頼性にかんがみ、本件情報は……に役立つ。参謀本部将軍……（とあるが、点線部分は判読不能）

暗号解読電報　No. 15375

発　信　一九四一年八月一五日一三時三分

受　信　一九四一年八月一五日一六時二五分

翻訳

赤軍参謀本部諜報局長宛

東京発　一九四一年八月一二日

日本が参戦するように日本に影響力を行使する目的をもって、リッベントロップは毎日電報を送っている。この件に関し、土肥原及び岡村大将との対話が持たれた。オット大使は、日本は赤軍が弱体化するのを待っていると考えている。なぜならば、この条件がなければ、戦争への突入は安全とは言えないからであり、さらに、日本のガソリンなど発動機用燃料の備蓄は極めて少ないからであると考えている。

No. 81　インソン

暗号解読電報　No.16164

発　信一九四一年八月二四日一二時一八分

受　信一九四一年八月二四日一七時五〇分

翻訳

赤軍参謀本部諜報局長宛

東京発　一九四一年八月二三日

イテリは宇垣から第一、第二順位で動員された者の中から、二十万人が満州と朝鮮北部に送られる（右はドイツ武官が述べ

た数とほとんど一致）旨、聞いた。満州には現在、以前からいた十四歩兵大隊を含め、現在二十五～三十歩兵大隊がいる。三十五万人の兵が中国に送られる。四十万人が日本に残っている。多くの兵士たちは熱帯諸国用の特別な短い乗馬ズボンをはいて、馬具に油をさしている。従って、かなりの部隊が南方にも送られると考えることができる。

No. 86　インソン

暗号解読電報　No.16163
発　信　一九四一年八月二四日　一二時二五分
受　信　一九四一年八月二四日　一七時三〇分

翻訳

赤軍参謀本部諜報局長宛
東京発　一九四一年八月二三日

インベストは土肥原と東条は日本にとって開戦の時期が至っていないとみなしている旨、通報した。ドイツ人は日本のこのような姿勢に極めて不満である。近衛はいかなる挑戦的行動も避けるよう、梅津に指示した。同時にタイとその後ボルネオを占領する問題の政府部内の検討は、以前より真剣になっている。

外務省の一職員は、アメリカの明白な反日的立場を考慮すると、日本の参戦は本年中にあり得るか、あり得ないか、参戦問題はいまだ決定していない旨、述べた。

No. 85　インソン

暗号解読電報　No. 19682, 19681
発　信　一九四一年一〇月四日　一一時二五分
受　信　一九四一年一〇月四日　一八時〇〇分

翻訳

赤軍参謀本部諜報局長宛
東京発　一九四一年一〇月三日

（No. 94 解読電No. 19091の続き）

本年、ソ連に対する戦争がないことにかんがみ、少なからぬ数量の軍隊が本国に送還された。たとえば第十四大隊の一中隊は宇都宮地区に残留し、他の中隊は大連と旅順間の地区から移動した。そして、新しい兵舎にいる。日本の主力軍の集中は以前と同様、ウラジオストク―ウォロシーロフという線上にとどまっている。

九月に鉄道会社管理部は、秘密裡にチチハルとオオヌ間に鉄道線を建設するよう指令を受けた（オオヌはソ連の町ウシュムンの反対側にある）。

日本は戦争が始まった場合には、攻撃目的をもって、この地区に展開する意図である。

リヒアルト・ゾルゲの著作目録

《凡例》

このゾルゲ著作目録は、勝部元・北村喜義・石堂清倫共著『二つの危機と政治』（お茶の水書房・九四年十一月刊）掲載の「リヒアルト・ゾルゲ著作目録」を石堂清倫氏の許可をえて、活用させて頂いた。それによると、この著作目録はユリウス・マーダー著『ゾルゲ博士報告』、『現代史資料（四）』（みすず書房、一九七一年）その他にもとづいて作成した、と記されている。

一、『二つの危機と政治』では、ゾルゲの名義別に記載されているが、ここでは発表の年代順に整理しなおした。

二、単行本は一括してゴジックで表記し、単行本の重版は初出の次に列記した。

三、※はマリア・コレスニコワ、ミハイル・コレスニコフ共著『リヒアルト・ゾルゲ——悲劇の諜報員』（中山一郎訳朝日新聞社一九七三年）の邦訳（三六編）のもの。

四、◎印は『現代史資料ゾルゲ事件（四）』（みすず書房）の邦訳（十編）のもの。

五、△印は一九九八年十一月に東京で行われた「ゾルゲ事件国際シンポジゥム」の際、提供されたユーリー・ゲオルギエフ氏の調査によるもの。すでに収録済みのものは特記しなかった。

六、記載にあたってはタイトルほか、ロシア語、ドイツ語の表記を統一せず、原文のままとし、邦訳のあるものはそれにならった。

七、一九三三年以降の論文は、「イズベスチヤ」紙掲載（未署名）を除いて、すべてリヒアルト・ゾルゲになっているので署名の記載は省略した。

書籍（単行本）

R・I・ゾルゲ『**ローザ・ルクセンブルクの資本の蓄積——労働者向けの解説**』（ゾーリンゲン、ロシア語版、ハリコフ、プロレタリー社）一九二二年

『**ローザ・ルクセンブルクの資本の蓄積——労働者読者のために平明に叙述した資本蓄積論**』一九二四年

I・K・ゾルゲ『**ドーズ協定とその影響**』ハンブルク　一九二五年

R・ゾンター『**ヴェルサイユ平和条約の経済条項**』（これは一九二六年ころモスクワで出版されたロシア語版。ドイツでも刊行されたはずだが、その日時は不明）

R・ゾンター『**新ドイツ帝国主義**』ハンブルグ～ベルリン　一九二八年

R・ゾンター『**新ドイツ帝国主義**』ロシア語訳　一九二八年

ゾンター・R『**新ドイツ帝国主義**』タールハイマーの序文つき、

レニングラードでロシア語版が刊行された。これにたいする書評は、雑誌「マルクス主義の旗のもとに」一九二八年、第四冊に出ている。
ゾンター『**新帝国主義論**』不破倫三〔益田豊彦〕訳　東京　叢文閣　一九二九年
リヒアルト・ゾルゲ　『**新ドイツ帝国主義**』ベルリン　ディーツ出版　一九八八年
R・ゾンター『**新ドイツ帝国主義**』『二つの危機と政治』収録　東京お茶の水書房　一九九四年
リヒアルト・ゾルゲ『**論文、特派員通信、評論**』モスクワ大学出版一九七一年
リヒアルト・ゾルゲ『**論文、特派員通信、評論**』マリア・コレスニコワ、ミハイル・コレスニコフ共著『**リヒアルト・ゾルゲ**』（朝日新聞社）に転載　一九七一年
リヒアルト・ゾルゲ『**ゾルゲの獄中手記**』日本外務省編東京山手書房新社　（訳者名なし、解説・曽野明）一九九〇年（この中でゾルゲは主要論文について回顧を行っている）

《論文と評論》

リヒアルト・ゾルゲ『ドイツ消費組合中央会の全国料金』（学位論文）ハンブルク　一九一九年
リヒアルト・ゾルゲ※「ロンドンとワシントン」《鉱山労働者の声》二六二号ゾーリンゲン　一九二一年
リヒアルト・ゾルゲ「多数派の人――キリスト教派の指導者とシュティンネス」《鉱山労働者の声》二七五号　一九二一年
リヒアルト・ゾルゲ「一九二一年のクリスマス」《鉱山労働者の声》二八一号　一九二一年
リヒアルト・ゾルゲ「資本と従業員の利益参加」《鉱山労働者の声》二八四号　一九二一年
リヒアルト・ゾルゲ「党内論争について」《鉱山労働者の声》一〇号　一九二二年
リヒアルト・ゾルゲ「鉄道ストライキとドイツ資本主義の全般的状態」《鉱山労働者の声》三三号　一九二二年
リヒアルト・ゾルゲ「物価の四〇倍騰貴」《鉱山労働者の声》三四号　一九二二年
リヒアルト・ゾルゲ「ケルンの雇用者大会」《鉱山労働者の声》六〇号　一九二二年
リヒアルト・ゾルゲ「統一戦線と統一党」《鉱山労働者の声》七三号　一九二二年
リヒアルト・ゾルゲ「なぜ労働者は本日全世界で示威するのか」《鉱山労働者の声》九二号　一九二二年
リヒアルト・ゾルゲ「労働者は声高に世界労働者大会を要求する！」《鉱山労働者の声》一〇二号　一九二二年
リヒアルト・ゾルゲ「反ボリシェヴィキの社会民主主義連盟」《鉱山労働者の声》一二八号　一九二二年
I・ゾルゲ「ドイツのドーズ化」《赤色労働組合インタナショナル》四号　ベルリン　一九二五年
I・ゾルゲ「ドイツの資本主義経済にこれまでドーズ案がおよ

ぼした影響」《赤色労働組合インタナショナル》四号　一九二五年

リヒアルト・ゾルゲ△「一九二五年のドイツ国会における社会民主党」（ドイツ社民党中央委員会刊・一九二五年一月から八月までのドイツ国会における社会民主会派の活動に関する報告について）（評論）《共産主義インタナショナル》四号　一九二五年

リヒアルト・ゾルゲ「世界経済の『安定』の八カ月」《共産主義インタナショナル》五号　一九二五年

I・ゾルゲ「ドイツにおけるストライキ運動」《赤色労働組合運動》五号　一九二五年

I・ゾルゲ△「ストライキ闘争の最新編年記より」《赤色労働組合インターナショナル》五号　一九二五年

I・ゾルゲ「世界経済安定の八カ月」《赤色労働組合インターナショナル》五号　一九二五年

I・K・ゾルゲ※オットー・ノイラート著「『経済計画と現物決済』について」（書評）《共産主義インタナショナル》六号　一九二五年

I・K・ゾルゲ「ドイツにおける経済不況」《共産主義インタナショナル》七・八号　一九二五年

I・K・ゾルゲ△「ドイツの関税政策」《共産主義インタナショナル》八号　一九二五年

I・ゾルゲ△「統一戦線に向けてのドイツ共産党の姿勢——イエーナ大会からベルリン党大会まで」《共産主義インタナショナル》一号　一九二六年

R・ゾンター「ドイツ共産党の立場と統一戦線戦術」《共産主義インタナショナル》一号　一九二六年

リヒアルト・ゾルゲ「スカンディナヴィア諸国の農民運動の成長」《「農民インターナショナル」》一号～二号　一九二六年

リヒアルト・ゾルゲ「ドイツ経済の危機」《「世界経済通報」》一号モスクワ　一九二六年

R・ゾンター△「当面の闘争の原則的な基礎」（協力者「フレスラエル・フォソクス・バフトフからエドワルト・ベルンシュタインへの記念の贈り物」）《共産主義インターナショナル》四号　一九二六年

ゾンター△「ドイツ国会における社会民主党」《共産主義インタナショナル》四号　一九二六年

I・ゾルゲ「ドイツ経済の危機とドーズ案」《「ボリシェヴィク」》五号　一九二六年

I・ゾルゲ「ドイツ経済の危機とドーズ計画」《「ボリシェビキ」》五号　一九二六年

R・ゾンター　マックス・アドラー著『社会革命の英雄』（書評）《共産主義インターナショナル》六号一九二六年

R・ゾンター△「ユリウス・ギルシ著『米国の経済的奇跡』（評論）《共産主義インタナショナル》七号　一九二六年

R・ゾンター※「復活の過程にあるドイツ帝国主義の特性」《共産主義インタナショナル》八号　一九二六年

R・ゾンター「汎ヨーロッパ」《共産主義インタナショナル》九号　一九二六年

R・ゾンター「ドイツ工業における集中と合理化」《「世界経済と世界政治」》十〜十一号モスクワ　一九二六年

R・ゾンター　ルイス・フィッシャー「石油帝国主義」《共産主義インタナショナル》二九号　一九二六年

R・ゾンター※「アーネスト・ラインハルト著『極東における帝国主義政策』について」（書評）《共産主義インタナショナル》一号　一九二七年

R・ゾンター※「戦後の帝国主義に対する第二インタナショナルの態度」《共産主義インタナショナル》二号　一九二七年

R・ゾンター※「スコット・ニァリング、ヨゼフ・フリーマン共著『ドル外交』について」（書評）《共産主義インタナショナル》四八号　一九二七年

R・ゾンター　フリッツ・テンツラー著「アメリカの労働生活から」（評論）《共産主義インタナショナル》五〇号　一九二七年

R・ゾンター「一九二七年末におけるドイツ・プロレタリアートの物質的状態」《共産主義インタナショナル》五一号　一九二七年

R・ゾンター△「一九二七年末のドイツ労働者階級の物質的状態」《共産主義インタナショナル》五二号　一九二七年

R・ゾンターとI・リッペ△「ノルウェーにおける強制仲裁反対闘争」《共産主義インタナショナル》三一〜三二号　一九二八年

R・ゾンター「ソビエト・スカンディナヴィア労働組合の統一」《共産主義インタナショナル》三七号　一九二八年

R・ゾンター「ヴェルナー・ゾンバルト著『高度資本主義』」（書評）ドイツ版《マルクス主義の旗の下に》第三巻　四号　一九二九年

R・ゾンター※「オラフ・シエクロ著『政治家および人間としてのレーニン』について」（書評）《共産主義インタナショナル》五号　一九二九年

R・ゾンター△「ノルウェーの労働運動とノルウェー共産党の転換点」《共産主義インタナショナル》十四号　一九二九年

S「ドイツにおける民族ファッショ」《共産主義インタナショナル》九号　一九三〇年

これ以後掲載の署名は、すべてリヒアルト・ゾルゲ名義であるので、著者名表記を省略する。

「日本の生命線」《ベルリン株式報》一九三三年十月十八日

「日本の国民的危機」《ベルリン株式報》一九三三年十一月二七日

「中国、英国、日本」《「ドイツ民族経済」》六号　一九三五年

◎「再建途上の満州国」《「地政学雑誌」》六月号　一九三五年

◎※「日本の軍部　その地位—日本の外交政策におけるその役割——国防地理学的結論」《「地政学雑誌」》八月号　一九三五年

「ドイツと日本の商業関係」《「ドイツ民族経済」》十二・十三

号　一九三五年
「日本の経済状態」《「ドイツ民族経済」》三三号ベルリン　一九三五年
※「二・二六事件後の日本の情勢」《イズベスチア》紙　一九三六年四月十五日
※「日本の新内閣」（「ベルリーナ・ビュルゼン・ツァイトゥンク」の東京特派員は、広田内閣の成立についての論文で、次のように書いている――編集局）《イズベスチア》一九三六年四月二八日
「日本の通貨機関」《ドイチェ・フォルクスヴィルト》五号　一九三六年
◎「東京における軍隊の叛乱」《「地政学雑誌」》五月号　一九三六年
「日本の農業危機」《ドイチェ・フォルクスビルト》二九号　一九三六年
※「日本考察――軍が改革を計画している」《フランクフルター・ツァイトゥンク》一九三七年一月一〇日
※「日本は新しい決定の前に立たされている――対外政策のコースについて」《フランクフルター・ツァイトゥンク》　一九三七年一月十三日
※「日本の財政的悩み――国会紛争の経済的裏面」（今度の国会は日本国内の政治的緊張を危機状態にまで追い込んでいる。東京からの最新の報道によると、政府は辞職を決心している。東京駐在のわが社の特派員の次の論文は、この危機の財政面を明らかにしている。――編集局）《フランクフルター・ツァイトゥンク》　一九三七年一月二四日
◎「日本の農業問題」《地政学雑誌》一月～三月号　一九三七年
※「林の勝利はピルスの勝利――日本陸軍の内閣」《フランクフルター・ツァイトゥンク》一九三七年二月二一日
※「林、陸軍、政党――日本の『半議会主義』」《フランクフルター・ツアイトゥンク》一九三七年五月三〇
※「石油についての日本の悩み」《デル・ドイチェ・フォルクスヴィルト》三六号　一九三七年
◎「内蒙古の現態について」《「地政学雑誌」》五月号　一九三七年
※「近衛公、日本諸力の結集に乗り出す――その課題は戦争経済の創設」《フランクフルター・ツァイトゥンク》一九三七年六月二七日
※「東京・ロンドンの間のもやもや――日英交渉の舞台裏」《フランクフルター・ツァイトゥンク》一九三七年七月二三日
※「膨張主義政策を阻むもの――華北における日本――その成功と障害物」《フランクフルター・ツァイトゥンク》　一九三七年八月八日
※「日本は改造を迫られている――日・中紛争によって提起された経済的要求」《フランクフルター・ツァイトゥンク》一九三七年十月一日

※「戦時立法の条件下における日本経済——資本市場と対外貿易に対する統制」《フランクフルター・ツァイトゥンク》一九三七年十月十三日
※「日本の気運——いつ平和が到来するかについて確信をもっていない人々」《フランクフルター・ツァイトウンク》一九三七年十月二五日
※「東京の気運——勝利への信念、平和へのあこがれ」《フランクフルター・ツァイトゥンク》一九三七年十一月十日
「日本の今日の陸軍、サムライから戦車部隊へ」《「国防軍」》十五号　ベルリン　一九三七年
「日本の新国家予算案」《ドイチェ・フォルクスヴィルト》十六号　一九三七年
「日本の石油難」《ドイチェ・フォルクスビルト》三六号　一九三七年
「北支事変の重圧下の日本の経済と財政」《ドイチェ・フォルクスヴィルト》四九号　一九三七年
※「戦争一年目の日本——戦争行為の先鋭化——課題はいよいよ大きくなりつつある」《フランクフルター・ツァイトゥンク》　一九三八年七月二四日
◎※「日中紛争中の香港と西南中国」(一)(旅行記)《『地政学雑誌』》七月号　一九三八年
◎※「日中紛争中の広東と西南中国」(二)(旅行記)《『地政学雑誌』》八月号　一九三八年
※「日本はけちけちしながら戦っている——将来を考え国力の全部を出しきらずにいる」《フランクフルター・ツァイトゥンク》　一九三八年八月二八日
※「張鼓峰か広東か」《フランクフルター・ツァイトゥンク》一九三八年九月十八日
※「東京は中途半端では満足しない——強硬派の勝利」《フランクフルター・ツァイトゥンク》一九三八年十一月十三日
※「東亜の新時代——日本は中国への『門戸』を閉ざしている」《フランクフルター・ツァイトゥンク》一九三八年十二月十三日
※「『門戸開放』に代わった『戦争経済』——日本は中国におけるヘゲモニーを欲している」《フランクフルター・ツァイトゥンク》一九三八年十二月十七日
◎「日中戦争中の日本経済」《「地政学雑誌」》二月〜三月号　一九三九年
◎「日本の膨張」《「地政学雑誌」》八月号　一九三九年
◎「日本の政治指導」《「政治学雑誌」》八〜九号　一九三九年
※「『神風』——ヨーロッパ戦争に対する日本の態度」《フランクフルター・ツァイトゥンク》一九三九年十月二二日
※「皇道——日本の対外政策の使命について」《フランクフルター・ツァイトゥンク》一九三九年十一月十六日
※「『黒船』の幻影——日米間の緊張」《フランクフルター・ツァイトゥンク》一九三九年十二月二九日
※「一大方向転換——三国同盟の締結に伴う日本の対外政策の

『修正』」《フランクフルター・ツァイトゥンク》一九四〇年十一月十三日
※「封鎖に抵抗している日本」《フランクフルター・ツァイトゥンク》一九四一年九月四日

このほかに、各種論文を、一九三四年から一九四〇年まで東京で執筆し「アムステルダム一般商業新聞」に発表している。各種論文を一九三六年四月から一九四〇年一月までのあいだに東京で執筆し、「フランクフルト新聞」に発表している。

ゾルゲの論文は「フランクフルター・ツァイトゥンク」紙の次の号に掲載された。

一九三六年四月九日、一九三七年四月一日、一九三七年十月二〇日、一九四〇年三月二九日、一九四〇年九月七日、一九四〇年九月二九日、一九四一年二月十二日、一九四一年十月六日
さらに「フランクフルター・ツァイトゥンク」紙の付録、「フランクフルト商業新聞の次の号に論文が掲載された。

一九三八年八月一七日、一九四〇年二月三日
ドイツの研究者は、この新聞で、全部で一六三本のゾルゲの論文を発見した。一九三三年九月から一九三四年十二月にかけて、数本のゾルゲの論文が「テークリヒェ・ルントシャウ」紙に載った。

このほかに、一九三四年から一九四一年一月にかけて、アムステルダムの「アルゲメーン・ハンデルスブラット」紙に掲載された大量のゾルゲの論文がある。

ゾルゲの中国時代の作品については、この文献目録の中に収録されており、一六本の彼の論文は「ドイツ穀物新聞」つまり「ドイツ農業新聞」で見つかった。そのリストはユリウス・マーダーの著書『ゾルゲ博士のルポルタージュ』に掲載されている。ベルリン一九八八年（ロシア語版）、六六～六七頁。


（ユーリー・ゲオルギエフ）

ゾルゲ著作目録について

ゾルゲが東京からモスクワに送信した電報は、NHK編『国際スパイ　ゾルゲの真実』（角川書店発行）に三二通が収められているが、今回の国際シンポジウムのためにワルタノフ氏が提供した、ロシア参謀本部宛のゾルゲの電文は一九通であり、そのうち新たな情報が一二通加えられ、ゾルゲ事件研究に貴重な材料がまたひとつ加わった。そのすべては独ソ開戦を挟んで、日本の南進決定にいたる、ゾルゲの情報活動の最高の功績とされる一九四一年五月以後のものであるだけに、今後のゾルゲ研究に大きく役立つことになるだろう。

さらにこれまで一般的に言いふらされ、書かれたものによると、ゾルゲの来日当時の肩書は、「フランクフルター・ツァイトゥンク」紙の特派員とされてきた。これはウイロビー報告にはじめて書かれたことに原因している。これに対して、マリア・コレスニコワ、ミハイル・コレスニコフの共著による『リヒアルト・ゾルゲ――悲劇の諜報員』の訳者まえがき（中山一郎）によると、「モスクワ大学のオルロフ教授が指摘している

ように、ゾルゲの通信がフランクフルター・ツァイトゥンク紙にあらわれるようになったのは、一九三六年春から、すなわち彼が日本に着いてからまる三年経ってから」である。

一九三七年一月一三日付けのフランクフルター・ツァイトゥンク紙に掲載された「日本の新しい決意」についての彼の通信の前書きには、彼のことがはっきりと非社員寄稿者と書かれているのに、一九三七年一月二四日付けの同紙に掲載された「日本の財政的悩み」についての彼の通信には、東京駐在特派員からの通信と明記されていることからすると、彼が正式の特派員になったのは、一九三七年一月末のことのようである。

したがってフランクフルター・ツァイトゥンク紙に通信を送ることについて交渉が行われたのは、一九三三年、日本行きが決まって、最初にベルリンを訪れたときではなしに、「中間報告のために一九三五年夏モスクワに帰り、再び日本に赴く途中、ベルリンを訪れたときだと思われる」と書いている。これが発表されてから、すでに三〇年が経過しようとしているが、いまだにこのウイロビー神話は一部に生きつづけている。

この著作は日本のゾルゲ研究に大きく貢献するゾルゲの論文の邦訳、三六編を掲載したが、「まえがき」には、さらにつづけて、「一九三三年にベルリンを訪れたとき、東京駐在の特派員交渉をして成功している主要な言論機関は、ナチの『地政学雑誌』であるので、東京到着当時の肩書はフランクフルター・ツァイトゥンク紙の特派員ではなしに、『地政学雑誌』社の特派員だと解すべきだろう」と書いている。

これも一九九八年秋、一橋大学加藤哲郎教授によって、ドイツ外務省文書館で発掘された、駐日ドイツ大使館員エルドマンドルフからベルリンのドイツ外務省にあてた報告書によると、「ゲオハルト・ゾルゲ政治学博士が一九三三年九月六日、アメリカ経由で日本に到着した。同氏はいくつかの新聞の特派員として、日本に長期滞在すると察せられる。彼が大使館に提出した書類によれば、『ミュンヘン絵入り新聞』通信員、『テークリッヘ・ルントシャウ』特派員、『ベルリーナー・ベルゼンクーリエ』特派員、『アルゲメーン・ハンデルスブラット』通信員、『熱い祖国』(ハーグ)編集委員である」と記載され、ゾルゲの当時の肩書が明らかになった。ここには『地政学雑誌』の肩書はなく、はっきりと否定されたことになる。

ここにゾルゲが使った肩書の各社には、それぞれかなりの通信は送られたはずだが、この「ゾルゲ著作目録」ではその関連リストがなにも調査の対象になっていない。また、ゲオルギエフ氏の調査によって、新たにゾルゲの論文、記事の所在が判明したが、これらは、まだそのタイトルも内容もわれわれは目にすることができないでいる。それも含めて、今後の研究課題であろう。一日も早い邦訳が望まれている。

(渡部富哉)

ゾルゲ事件関係文献・資料目録

凡　例

一　各ジャンル別に発行年度順に記録したが、関連の出版物は一括して記載した。
二　大学紀要掲載のものや私家版は大部分収録できなかった。
三　記載内容の重要なものは［　］して記載した。
四　新聞記事は主要なもののみ記載した。

単行本

『特高月報』（国際共産党対日諜報機関並びに之に関連せる治安維持法、国防保安法及び軍機保護法等違反被疑事件取り調べ状況）内務省警保局保安課編　一九四二年

『外事警察概況（八）』（ゾルゲを中心とせる国際諜報団事件）内務省警保局編　一九四二年［事件の概況、被検挙者の身元罪名及主要人物の経歴、国際共産党対日諜報機関の本質及任務、諜報機関の組織及その任務、諜報機関にたいするモスコー本部の主要指令、諜報機関の資金関係並に重要押収物件、無線通信施設概要、諜報機関とその他の組織との関係並に諜報取締上の参考事項、ゾルゲの手記、クラウゼンの手記、など］

『思想戦と国際秘密結社』北条清一著　晴商社　一九四二年

『社会運動の状況』（「国際共産党」関係資料（一）国際共産党対日機関の活動状況）内務省警保局編　一九四一年（復刻版一九七二年、三一書房）

『特高月報』（国際共産党諜報団事件）一九四四年［尾崎秀実の上申書（一）（二）］

『匿れた人達』森本忠著　富上書店　一九四二年

『愛情は降る星のごとく』尾崎秀実著　世界評論社　一九四六年

『知識階級の政治的立場』中村哲著　小石川書房　一九四八年

『歴史を作る人々』嘉治隆一著　大八洲出版　一九四八年

『死もまた涼し』神山茂夫著　浅間書店　一九四八年

『二つの祖国――ゾルゲ・尾崎事件の全貌』竹崎羊之助著　中央社　一九四九年

『ソ連はすべてを知っていた――大戦の運命を決した世紀のスパイ事件』山村八郎（中村絹次郎）著　紅林社　一九四九年

『人間ゾルゲ』三宅華子著　日新書店　一九四九年

『偉大なる愛情』堀江邑一・古在由重編　育生社弘道閣　一九四九年

『日本共産主義運動史』山本勝之助・有田満穂著　世紀書房　一九五〇年

『愛と真実に生きよ』神山茂夫著　安芸書房　一九五〇年

『日共批判の基礎知識』山本勝之助著　組合書店　一九五〇年

『戦争と共産主義――昭和政治秘史』三田村武夫著　民主制度普及会　一九五〇年

『貴族の退場』西園寺公一著　文藝春秋新社　一九五一年

『近衛内閣』風見章著　日本出版協同　一九五一年［一九八二年、中公文庫］
『女一人大地を行く』アグネス・スメドレー著　尾崎秀実訳　甜燈社　一九五一年［一九六〇年、角川書店］
『隠されたる歴史』小畑武三著　北辰堂　一九五一年
『昭和の動乱』（下巻）重光葵著　中央公論社　一九五二年
『自と他の問題』塩尻公明著　現代教養文庫　一九五二年
『歴史の虚実』加瀬俊一著　要書房　一九五二年
『特高警察秘録』小林五郎著　生活新社　一九五二年
『日本への遺書』陶晶孫著　創元社　一九五二年
『スパイ戦秘録』クルト・ジンガー著　北岡一郎訳　国際振興社　一九五三年
『赤色スパイ団の全貌』C・A・ウィロビー著　福田太郎訳　東西南北社　一九五三年
『日本の赤い星——日本共産党三十年史』P・ランガー、R・スウェアリンゲン共著　吉田東祐訳　コスモポリタン社　一九五三年
『リヒアルト・ゾルゲの手記』公安事務室資料　一九五三年
『ある革命家の回想』川合貞吉著　日本出版協同　一九五三年［一九七三年　新人物往来社　一九八三年　谷沢書店］
『奇妙な青春』堀田善衛著　中央公論社　一九五六年
『愛のすべてを——人間ゾルゲ』石井花子著　鱒書房　一九五六年
『女スパイの道』ヘード・マッシング著　日刊労働通信社　一九五六年
『ゾルゲを中心とせる国際諜報団事件』警察庁警備部　一九五七年
『生きているユダ』尾崎秀樹著　八雲書店　一九五九年［角川文庫、一九七六年］
『ある反逆　尾崎秀実の生涯』風間道太郎著　至誠堂　一九五九年
『秘密機関長の手記』シエレンベルク著　大久保和郎訳　角川書店　一九六〇年
『転向——共同研究（中）』思想の科学研究会　平凡社　一九六〇年
『日本の黒い霧』（「革命を売る男・伊藤津」収録）松本清張著　文藝春秋　一九六〇年
『スターリン時代——元ソビエト諜報機関長の記録』W・Gクリヴィツキー著　根岸隆夫訳　みすず書房　一九六二年
『警視庁史』（昭和前編、ゾルゲ事件）警視庁史編さん委員会　一九六二年
『現代史資料』（一）ゾルゲ事件（一）　みすず書房　一九六二年［ゾルゲを中心とせる国際諜報団事件　リヒアルト・ゾルゲの手記（一）、（二）　検事訊問調書　予審判事訊問調書　解説　歴史のなかでの「ゾルゲ事件」・資料解説］
『現代史資料』（二）ゾルゲ事件（二）　みすず書房　一九六二年［尾崎秀実の手記（一）、（二）　特高警察官意見書司法警察官訊問調書　検事訊問調書　予審判事訊問調書　予審終

結決定・東京地裁判決文・大審院判決・特高検察官意見書、など］
『現代史資料』(三) ゾルゲ事件 (三) みすず書房 一九六二年 ［クラウゼンの手記 マックス・クラウゼンに対する検事訊問調書 予審判事訊問調書 宮城与徳に対する検事訊問調書 宮城与徳の手記 宮城与徳に対する予審判事訊問調書 アンナ・クラウゼンに対する検事訊問調書 マックス・クラウゼン及びリヒアルト・ゾルゲの聴取書 西園寺公一に対する検事訊問調書 西園寺公一の手記 西園寺公一に対する予審訊問調書 ブランコ・ド・ヴーケリッチの手記 その他の判決文(小代好信・田口右源太・水野成・船越寿雄・川合貞吉・九津見房子・北林トモ・秋山幸治・安田徳太郎・菊地八郎)など］
『現代史資料』(二四) ゾルゲ事件(四) みすず書房 一九七一年 ［国際共産党諜報機関検挙報告 ゾルゲ陳述要旨 中間報告 東京都市逓信局傍受に係る発信暗号の解読訳文(一)、(二) リヒアルト・ゾルゲ家宅捜索の結果発見したる、発信原稿・情報・資料 ゾルゲ警察訊問調書 クラウゼン警察訊問調書 アンナ・クラウゼン警察調書 ヴーケリッチ警察訊問調書 宮城与徳警察訊問調書 水野成警察訊問調書 付録(「地政学雑誌」「政治学雑誌」掲載のゾルゲの論文・十編)など］
『ゾルゲ事件――尾崎秀実の理想と挫折』尾崎秀樹著 中公新書 一九六三年 ［一九八三年、中公文庫］
『諜報の技術』アレン・ダレス著 鹿島研究所出版会 一九六五年
『同志ゾルゲ――或る諜報員の記録』И・デメンチェワ他著 編集部訳 刀江書院 一九六五年
『風見章とその時代』須田禎一著 みすず書房 一九六五年
『法窓風雲録』(上・下) 野村正男著 朝日新聞社 一九六六年三月
『生きているユダ――わが戦後への証言』尾崎秀樹著 番町書房 一九六六年
『死と愛の書簡――ブランコ・ヴケリッチ夫妻の手紙』山崎淑子編著 三一書房 一九六六年
『私の遺書』(「ゾルゲ事件と宮城与徳」を収録) 坂井米夫著 文嚢春秋 一九六七年
『ゾルゲ諜報秘録』J・マーダー、Q・シュフリック、H・ベーネルト共著 植田敏郎著 朝日新聞社 一九六七年
『ゾルゲ追跡――リヒャルト・ゾルゲの時代と生涯』F・W・ディーキン、G・R・ストーリィ共著 河合秀和訳 筑摩書房 一九六七年
『人間ゾルゲ』石井花子著 勁草書房 一九六七年 ［一九八六年、徳間文庫］
『ある警察官の記録』大橋秀雄著 みすず書房 一九六七年
『愛に生きたゾルゲ』セルゲイ・ゴリャコフ他著 東人社 一九六七年
『回想のスメドレー』石垣綾子著 みすず書房 一九六七年

［一九八七年、社会思想社］

『憲兵秘録』（「英人コックスの自殺」収録） 大谷敬二郎著 原書房 一九六八年

『尾崎・ゾルゲ事件——その政治学的研究』チャルマーズ・ジョンソン著 萩原実訳 弘文堂新社 一九六八年

『尾崎秀実伝』（『ある反逆』改定） 風間道太郎著 法政大学出版局 一九六八年

『ある革命家の回想』（五三年の改定） 川合貞吉著 新人物往来社 一九六八年

『昭和研究会』昭和同人会編 経済往来社 一九六八年

『政治裁判史録（「ゾルゲ事件」）』（昭和・後） 許世楷 第一法規 一九六九年

『証言 私の昭和史（三）——ゾルゲ事件回想』東京12チャンネル 学芸書林 一九六九年

『実録 ゾルゲ物語』エス・ゴリャコフ、ウェ・ホニゾフスキー共著 秋山勝弘訳 刀江書院 一九七〇年

『ゾルゲ・尾崎事件』ブトケヴィチ著 中山一郎訳 一九七〇年 青木書店 （一九六九年、ナウカ出版社）

『現代日本記録全集』（第十二巻 社会と事件）〈松本清張 尾崎秀樹対談〉一九七〇年 筑摩書房

『死の壁の中から——妻への手紙』中西功著 岩波新書 一九七一年

『バルバロッサ作戦——ソ連侵攻におけるヒトラー』パウル・カレル著 松谷健治訳 フジ出版 一九七一年

『わが内なる中国』柘植秀臣著 亜紀書房 一九七一年

『太田耐造追想録』一九七二年 同刊行会

『スパイ』（「世紀のスパイゾルゲ」収録） ゴードン・W・プランゲ著 編集部訳 リーダーズダイジェスト社 一九七一年

『リヒアルト・ゾルゲ——悲劇の諜報員』マリヤ・コレスニコワ、ミハイル・コレスニコフ共著 中山一郎訳 朝日新聞社 一九七三年

『知られざる日本占領』（「ゾルゲ事件の全貌」収録） C・A・ウィロビー著 延禎監修 番町書房 一九七三年

『中国革命の嵐の中で』中西功著 一九七四年 青木書店

『ゾルゲ事件——戦争と日本人・三つの記録』 牧野吉晴著 新人物往来社 一九七四年

『戦火の下に』中村新太郎編 一九七四年 汐文社

『KGB——ソ連秘密警察の全貌』ジョン・バロン著 編集部訳 リーダーズダイジェスト社 一九七四年

『赤いオーケストラ』デル・ペロオ著 鈴木豊訳 潮出版社 一九七四年

『冬の時代と花と蕾と（「ドキュメント太平洋戦争」（三））』汐文社 一九七五年

『久津見房子の暦——明治社会主義からゾルゲ事件へ』牧瀬菊枝編 思想の科学社 一九七五年

『昭和史探訪（三） 国際諜報団「ゾルゲ・尾崎事件」』吉河光貞 三国一朗（インタビュー） 番町書房 一九七五年

『昭和特高弾圧史』(全八巻) 明石博隆、松浦総三編 太平出版社 一九七五年
『紅き道への標へ――わが心の生い立ち』山崎謙著 たいまつ社 一九七五年
『ゾルゲ事件獄中記』川合貞吉著 新人物往来社 一九七五年
『弁証法的想像力(フランクフルト学派と社会研究所の歴史)』マーティン・ジエイ著 みすず書房 一九七五年
『ゾルゲ事件と特高――或る被害者の手記』海江田久孝著 私家版 一九七五年
『思い出す人びと』安田徳太郎著 青土社 一九七六年
『ある中国特派員』丸山昇著 中公新書 一九七六年
『革命の上海で』西里竜夫著 日中出版 一九七七年
『ゾルゲの二・二六事件』斉藤道一著 田畑書店 一九七七年
『越境者たち――ゾルゲ事件の人びと』尾崎秀樹著 文藝春秋 一九七七年
『ある歴史の娘』犬養道子著 中央公論社 一九七七年
『真相 ゾルゲ事件』大橋秀雄著 私家版 一九七七年
『尾崎秀実著作集』尾崎秀実著 勁草書房 一九七七年
『日本共産党史覚え書』志賀義雄著 田畑書店 一九七八年
『法曹あの頃』(上)(「思想事件のことなど―ゾルゲ事件」)井本台吉・野村二郎編 日本評論社 一九七八年
『特高の回想』宮下弘著 田畑書店 一九七八年
『特高警察官の手記』大橋秀雄著 私家版 一九七八年
『ヒットラーが恐れた男』レオポルト・トレッパー著 堀内一郎訳 三笠書房 一九七八年
『歴史の証言――満州に生きて』花野吉平著 龍渓舎 一九七九年
『回想の尾崎秀実』尾崎秀樹編 勁草書房 一九七九年
『遼かなる青春の日々に』川合貞吉著 谷沢書店 一九七九年
『昭和研究会』酒井三郎著 TBSブリタニカ 一九七九年
『実録満鉄調査部』(上・下)草柳大蔵著 朝日新聞社 一九七九年
『謀略』大橋武夫 時事通信社 一九七九年
『ゾルゲ――世界を変えた男』セルゲイ・ゴリヤコフ、ウラジミール・パニゾフスキー共著 寺谷弘壬訳 パシフィカ 一九八〇年
『伊藤律――陰の昭和史』毎日新聞社編 毎日新聞社 一九八〇年
『昭和史の女たち』沢地久枝著 文藝春秋 一九八〇年
『ゾルゲの時代』ロベール・ギラン著 三保元訳 中央公論社 一九八〇年
『暗い夜の記念――戦中日暦』風間道太郎著 未来社 一九八一年
『伊藤律の証言』川口信行・山本博著 朝日新聞社 一九八一年
『スパイ』R・ディーコン、N・ウエスト共著 早川書房 一九八一年
『奔流――わたしの歩いた道』具島兼三郎著 九州大学出版会 一九八一年

『歴史への招待』（23、昭和編［三］「国際スパイ・ゾルゲ日本へ潜入す」）ＮＨＫ出版　一九八二年

『ゾルゲ事件と現代』尾崎秀樹著　勁草書房　一九八二年

『戦時期日本の精神史——一九三一～一九四五』鶴見俊輔著　岩波書店　一九八二年

『信濃デッサン館日記』（一）（二）窪島精一郎著　平凡社　一九八三年

『スパイ——第二次大戦の影の主役たち』ロバート・ホールデン著　竹内和世訳　白揚社　一九八三年

『特高警察体制史—社会運動抑圧取締りの構造と実態』荻野富士夫著　せきた書房　一九八四年

『運動史研究』（13）（八木紀一郎「福本和夫とフランクフルト社会研究所」収録）三一書房　一九八四年

『母と私—久津見房子との日々』大竹一燈子　一九八四年　築地書館

『ゾルゲ・東京を狙え』（上・下）　ゴードン・W・プランゲ著　千早正隆訳　原書房　一九八五年

『昭和史を生きて——人民戦線から安保まで』小野義彦著　三一書房　一九八五年

『GRU—ソ連軍情報本部の内幕』ビクトル・スヴォーロフ著　山川沙美雄訳　講談社　一九八五年

『遠い稲妻』藤井冠次著　驢馬出版　一九八六年

『回想　満鉄調査部』野々村一雄著　勁草書房　一九八六年

『十五年戦争と満鉄調査部』石堂清倫・野間清・小林庄一著　原書房　一九八六年

『スパイ伝説』ナイジェル・ウエスト著　篠田成子訳　原書房　一九八六年

『二重スパイ化作戦——ヒトラーを騙した男たち』ジョン・マスターマン著　武富紀雄訳　河出書房新社　一九八七年

『異端の視点——変革と人間と』石堂清倫著　勁草書房　一九八七年

『日本回憶』（夏衍自伝）夏衍著　阿倍幸夫訳　東方書店　一九八七年

『汚名　ゾルゲ事件と北海道人』平沢是曠　北海道新聞社［道新選書］一九八七年

『国家秘密法—議会論議と事例から』横浜弁護士会編　花伝社　一九八七年

『ゾルゲの日米開戦』（激浪篇）斉藤道一著　日本経済新聞社　一九八七年

『アジア特電』ロベール・ギラン著　矢島翠訳　平凡社　一九八八年

『ゾルゲとの約束を果たす——真相ゾルゲ事件』松橋忠光・大橋秀雄　オリジン出版センター　一九八八年

『絶滅された世代——あるソビエトスパイの死』エリザベート・ポレツキー著　根岸隆夫訳　みすず書房　一九八九年

『太平洋戦争前夜』（ＮＨＫ　歴史への招待　第三〇巻）日本放送出版協会　一九八九年

『人間　尾崎秀実の回想』笹本駿二著　岩波警店　一九八九年

『明平・歌と人に逢う――昭和戦争時代の青春』杉浦明平著　筑摩書房　一九八九年
『上海一九三〇年』尾崎秀樹著　岩波書店　一九八九年
『ゾルゲ事件と中国』尾崎秀樹著　勁草書房　一九八九年
『伊藤律伝説――昭和史に消えた男』西野辰吉著　彩流社　一九九〇年
『神はその天使を破滅させる』アイノ・クーシネン著　島谷逸夫・島谷謙訳　社会評論社　一九九〇年
『ゾルゲの獄中手記』外務省編　リヒアルト・ゾルゲ著　山手書房新社　一九九〇年
『続　わが異端の昭和史』石堂清倫著　勁草書房　一九九〇年
『漂泊――日系画家野田英夫の生涯』窪島精一郎著　新潮社　一九九〇年
『共同研究「日本とロシア」』（第一集）（笠間啓治「ゾルゲ研究の諸問題」収録）ナウカ社　一九九〇年
『ゾルゲ謀略団――日本を敗戦に追い込んだソ連諜略団の全貌』竹内春夫著　日本教育新聞社　一九九一年
『回想の昭和塾』昭和塾友会編　西田書店　一九九一年
『過ぎ去りし、昭和』西園寺公一回顧録　アイペックプレス　一九九一年
『御前会議』大江志乃夫著　一九九一年　中公新書
『防諜政策と民衆』纐纈厚著　昭和出版　一九九一年
『挽歌――昭和暗黒事件』藤井冠次著　驢馬出版　一九九一年
『向山寛夫自伝』（「尾崎秀実さんの思い出」収録）向山寛夫著　中央経済研究所　一九九一年
『日ソ諜報戦の軌跡――明石工作とゾルゲ工作』黒羽茂著　日本出版　一九九一年
『日米開戦五〇年目の真実―御前会議はカク決定ス』斉藤充功著　時事通信社　一九九一年
『国際スパイゾルゲの真実』NHK取材班・下斗米伸夫共著　角川書店　一九九二年
『スパイ諜報戦争』ネイサン・ミラー著　近藤純夫訳　経済界　一九九二年
『スパイの世界』中薗英助著　岩波書店［岩波新書］一九九二年
『革命の堕天使たち――回想のスターリン時代』アイノ・クーシネン著　坂内和子訳　平凡社　一九九二年
『アグネス・スメドレー　炎の生涯』ジャニス・R・マッキンノン著　石垣綾子・坂本ひとみ訳　筑摩書房　一九九三年
『昭和史の謎を追う』（上）（「ゾルゲ諜報団東京へ」収録）秦郁彦著　文藝春秋　一九九三年
『偽りの烙印――伊藤律スパイ説の崩壊』（ゾルゲ事件について・付録）渡部富哉著　五月書房　一九九三年
『グッバイジャパン――五〇年目の真実』ジョセフ・ニューマン著　篠原成子訳　朝日新聞社　一九九三年
『KGBの内幕』クリストファー・アンドルー、オレク・ゴルジエフスキー共著　福島正光訳　一九九三年　文藝春秋
『二つの危機と政治』勝部元・北村喜義・石堂清倫訳編　お茶

の水書房　一九九四年
『開戦前夜の近衛内閣――満鉄「東京時事資料月報」の尾崎秀実政治情勢報告』今井清一編著　青木書店　一九九四年
『野坂参三と伊藤律――粛清と冤罪の構図』社会運動資料センター編　五月書房　一九九四年
『未完のゾルゲ事件』白井久也著　恒文社　一九九四年
『衝撃の秘密工作』（上・下）アナトーリ・スドプラトフ、パヴェル・スドプラトフ共著　木村明生訳　ほるぷ出版　一九九四年
『ゾルゲ　引き裂かれたスパイ』ロバート・ワイマント著　西木正明訳　新潮社　一九九六年
『ゾルゲ事件の真相』J・マーダー著　植田敏郎訳　朝日ソノラマ　一九九六年
『中西功訊問調書――中国革命に捧げた情報活動』（解説・福本勝清）亜紀書房　一九九六年
『宮城与徳――移民青年画家の光と影』野本一平著　沖縄タイムス社　一九九七年
「戦時下のドイツ大使館―ある駐日外交官の証言」エルフィン・ヴィッケルト著　佐藤真智子訳　中央公論社　一九九八年
『歳月』尾崎秀樹著　学陽書房　一九九九年
『生還者の証言――伊藤律書簡集』同刊行委員会編　五月書房　一九九九年

月報

現代史資料月報・『ゾルゲ事件（1）』（小尾俊人「ゾルゲ断章」収録）みすず書房　一九六二年
現代史資料月報・『ゾルゲ事件（2）』（高田爾郎「尾崎秀実と日森虎雄」収録）みすず書房　一九六二年
現代史資料月報・『ゾルゲ事件（3）』（小尾俊人「『ゾルゲ事件資料』の編集のあとに――落穂ひろい的に――」収録）みすず書房　一九六二年
現代史資料月報・『ゾルゲ事件（4）』（山辺健太郎「ゾルゲ事件と伊藤律」収録）みすず書房　一九六二年
『昭和史探訪』月報1「伊藤律のこと」岡嵜格　番町書房　一九七五年
『尾崎秀実著作集』（1）勁草書房　一九七七年
「尾崎秀実の先駆性」（内容見本）　植谷雄高
「触発と激励の書」（内容見本）　木下順二
「尾崎秀実と中国」　橋川文三
「希望したいこと」　石堂清倫
「尾崎秀実を想う」　川合貞吉
「秀実さんの〝生きざま〟〝死にざま〟」　柘植秀臣
「悔恨にも似た想い」　松本健一
『尾崎秀実著作集』（2）
「尾崎秀実と中国」　野村浩一
「スメドレーと尾崎秀実」　石垣綾子

「市井の尾崎秀実とともに」　伊藤武雄
「その日の前後」　古在由重
「開戦前の一夜」　田中慎次郎
『尾崎秀実著作集』（3）
「尾崎秀実と中国」　尾崎秀樹
「『愛情の星の火』は必ず僚原の烽火となろう」　小沢正元
「上海時代の尾崎君」　太田宇之助
「尾崎秀実――『国賊』の栄光と難関」　管孝行
「尾崎・汪精衛・犬養」　野原四郎
『尾崎秀実著作集』（4）
「尾崎秀実と獄中書簡」　青地晨
「尾崎さんの思い出」　大形孝平
「同級生・尾崎秀実」　高橋健二
「尾崎秀実と私」　堀江邑一
「お世話になった尾崎さん」　松本敏
「尾崎さんこと」　中村哲
『尾崎秀実著作集』（5）
「尾崎秀実と西安事変」（解説）野原四郎
「特高と拷問」　海江田久孝
「地図の話――この一冊の本が」　風間道太郎
「二冊の『遺書』」　戴国煇
「奇縁二つ三つ」　尾崎秀樹

新聞報道

「国際諜報団検挙さる　内外人五名が首魁」（記事解禁）新聞各紙　一九四二・五・一七
「刑死するまで念ず〝日本民族の幸福〟」平貞蔵談　『朝日新聞』一九四五・一一・五
「大陸の反戦闘争」中西功　『読売報知』一九四五・一一・七
「春は深し――遺族の家」『自由新聞』一九四六・四・二七
「ゾルゲ事件の全貌」『文化新聞』一九四六・一一・四
「尾崎秀実を憶う」坂井由衛　『岐阜人民新聞』一九四七・九・二四
「尾崎の感想録」なかのしげはる　『アカハタ』一九四七・一一・二
「国際スパイ事件」『岐阜人民新聞』一九四七・一一・三
「『愛情は降る星のごとく』後日譚」『夕刊フクニチ』一九四七・一一・一一
「『ゾルゲ事件』の全貌――日本の政治軍事機密悉くソ連へ　米陸軍発表　新聞各紙　一九四九・二・一一
「剥がされたゾルゲの仮面――伊藤律氏が口を割る・劇場でソ連大使館員から資金」『読売新聞』一九四九・二・一一
「ゾルゲ・尾崎事件の真相――共産党関係なし」志賀義雄談　『アカハタ』一九四九・二・一一
「尾崎秀実の上申書図らずも発見　もがいた心境をつづる」『東京新聞』一九四九・二・一二

「私は関係なし——矛盾にみちた『デマ』作文」伊藤律談『アカハタ』一九四九・二・一三
「私のゾルゲ事件」参議院議員中西功談『アカハタ』一九四九・二・一五
「ゾルゲ事件と共産党　尾崎と伊藤律の場合」桜井広『社会新聞』一九四九・二・一七
「公式記録には不適当　ゾルゲ事件発表は失策」『時事新聞』一九四九・二・二〇
「発表の責任なし　ゾルゲ事件　ウィロビー少将声明」『読売新聞』一九四九・二・二
「誣告罪でマ元帥を告訴　ゾルゲ事件のス女史」『世界経済新聞』一九四九・二・二三
「ウ少将秘密証言——ゾルゲ事件など聴聞か」『読売新聞』夕刊　一九五一・六・二一
「ゾルゲ事件を調査　米下院非米活動委員会」『朝日新聞』一九五一・八・六　八・一一
「尾崎事件を思う」渡辺佐平『社会タイムス』一九五二・二・一七
「国際スパイの定型——三橋・鹿他事件を操るもの」布施勝治『時事新報』一九五二・一二・一七
「伊藤律処分に関する日本共産党中央委員会声明」『アカハタ』一九五三・九・二一
「一犬虚を吠えて」石垣綾子『社会タイムス』一九五四・一・三一
「伊藤律についての常任幹部会発表と志田・野坂談話」『アカハタ』一九五四・九・一五
「ゾルゲは生きている——ソ連の命乞いで密かに釈放　元駐日ドイツ書記官が出版」『産経時事』一九五五・一一・二四
「尾崎・ゾルゲ事件」耕　治人『東京新聞』一九五六・一〇・七
「現代の不気味さ」埴谷雄高『東京新聞』一九五九・六・一五
「パリの映画界にゾルゲ旋風　二人の巨匠が競作」『産経新聞』一九五九・一〇・一七
「不信の読書」中野好夫『朝日新聞』一九五九・一一・一七
「『オットーと呼ばれる日本人』を書き終えて」木下順二『毎日新聞』一九六二・六・一七
「木下順二の態度」（大波小波）『東京新聞』一九六二・六・二二
「ゾルゲ的思考」ジョンソン『東京新聞』一九六二・七・二九
「新しい日本人像」尾崎宏次『社会新報』一九六二・九・二
「再評価されたゾルゲ　口火切ったプラウダ」『朝日新聞』夕刊　一九六四・九・一三
「ソ連のゾルゲブーム　平和の戦士と称賛　伝記映画公開に長だの列」『東京新聞』一九六四・九・二〇
「ソ連で出会った二つの事件——新聞・連日ゾルゲ礼賛」『東京新聞』一九六四・一一、四
「悲劇の画家・宮城与徳—ゾルゲ事件の背景と周辺」『沖縄タイムス』一九七九・四・二五～（二六回連載）

「ゾルゲ事件獄死の宮城与徳氏――実兄が三九年ぶりに墓参に帰郷」『沖縄タイムス』六六・一〇・七
「伊藤律問題について　野坂参三中央委員会議長の声明」『赤旗』一九八〇・九・七
「故国の土を踏みて」（七回連載）伊藤律『朝日新聞』一九八〇・一二・二二〜二九
「歴史の真実と伊藤律の『証言』」『赤旗』一九八一・一・二五
「伊藤律の証言への私の言い分」野坂参三『赤旗』一九八一・二・一六
「追悼　川合貞吉先生――尾崎秀実ゾルゲの闘いを継承」『旬刊民報』一九八一・九・五
「再検証ゾルゲ事件――在米中の寺谷教授に聞く」『サンケイ新聞』一九八四・一二・一二〜一四
「汚名払拭の遺作展――ゾルゲ事件の宮城与徳」『沖縄タイムス』一九八五・三・三一
「特集尾崎・ゾルゲ処刑から四〇年――いま「事件」を改めて考える」『東京タイムズ』一九八五・九・二七
「ゾルゲ事件の関心反映―宮城与徳展始まる」『東京タイムズ』一九八五・一〇・四
「あるドイツ人技師にまつわるゾルゲ秘話――新潟にもあった」『新潟日報』一九八八・一一・五
「ナチのソ連進撃、事前にスターリンに通告!?」『東京新聞』一九八九・六・二四
「ゾルゲ見直しの機運―生地バクー市を訪ねる」『朝日新聞』一九九〇・五・九
「ゾルゲ事件が語るもの」　尾崎秀樹『日本経済新聞』一九九一・一二・八
「ゾルゲの暗号電文　ドイツの侵攻いち早く日本へ〈南進〉の情報は正確」『東京新聞』一九九一・一〇・六
「新発掘　『ゾルゲ事件』――二人処刑から半世紀の来年を前に」『朝日新聞』夕刊　一九九三・六・四
「新資料の発掘進む『ゾルゲ事件』　伊藤律氏「密告」否定の手記　情報提供者は別にて、新証言も」『朝日新聞』夕刊　一九九三・六・四
「読書好日――断片から実像に迫る」『偽りの烙印』書評　三好徹『東京新聞』一九九三・一一・二一
「在日ソ連大使館メンバーと直接接触が判明　NKVDコミンテルン報告書――ゾルゲ事件に新資料」『産経新聞』夕刊　一九九四・二・一
「伊藤律の新事実――『スパイ説』の再検討が必要」『朝日新聞』夕刊　一九九四・五・一二
「はざまの群像――国超えて」（三回）山崎淑子『朝日新聞』一九九四・一一・一
「ゾルゲ逮捕はソ連内部の裏切りだった――伊藤律氏密告覆す新資料」『共同通信』一九九四・一一・六
「ゾルゲ事件捜査の端緒―特高スパイ介在した内部文書見つかる」『共同通信』一九九六・三・三一
「18人目〈スパイ〉と逮捕―ゾルゲ事件で会社役員手記」『共

同通信』一九九六・四・七
「［教科書が教えない歴史］事件の真相（12）ゾルゲ事件」『東京新聞』一九九六・一〇・二九
「帝国議会秘密会議録公開―日本の近代史に新たな一面も」『東京新聞』一九九六・一二・七
「［紙上追体験　あの戦争］（23）―北進なし、喜んだゾルゲ」一九九七・五・一一
「ゾルゲ事件で新たな文書発見――当局、尾崎の革命観重視元検事総長の遺品の中に」『共同通信』一九九七・七・二二
「ゾルゲ事件の研究成果発表―七日に渡部富哉さんらが東京・千代田区で」『東京新聞』一九九七・一一・二
「ゾルゲ事件なぞの人物『ロイ』は日系二世――故野坂参三氏とも面識」『共同通信』一九九七・一一・七
「ゾルゲ事件登場ナゾの日系2世〈ロイ〉2年前に死亡」『東京新聞』一九九七・一二・二三
「情報が世界を変える時代――二人の『正義』、清算まだ」篠田正浩『朝日新聞』一九九八・七・一六
「ソ連スパイ　ゾルゲの活動―米英は事前察知」『東京新聞』一九九八・七・一九
「二〇世紀の一〇〇人・ソ連に裏切られたスパイ」（日曜版）佐々木芳隆『朝日新聞』一九九八・九・六
「ゾルゲ事件に国際的視点を　東京で国際シンポジゥム開く」『共同通信』一九九八・一一・一七
「帝国議会秘密会議録公開――ゾルゲ事件捜査の発端・伊藤氏以外？」『共同通信』一九九六・一二・七
「ゾルゲ事件――ソ連当局、米銀使い資金送る」『東京新聞』夕刊　一九九九・八・三〇
「尾崎秀実――二〇世紀日本人の自画像・記者の目で真実を追求」『共同通信』一九九九・一一・一

雑誌・週刊誌・資料

「第八路軍従軍記」（別冊）アグネス・スメッドレィ　けん・かとう訳『日本評論』付録　一九三八・一一
「続・朱徳の本営と共に」スメッドレー『日本評論』一九三八・一一
「友情について」塩尻公明『新潮』一九四五・一一
「遺書」尾崎秀実『世界評論』一九四六・二
「尾崎秀実氏とその最後」芝三四郎『サンデー毎日』一九四六・四・一四
「世紀の死――亡き夫の手紙」尾崎英子『婦人公論』一九四六・五
「人間尾崎の貴重な遺産」天野晴佑『読書新聞』一九四六・一〇・三〇
「日本帝国主義と尾崎秀実」松本慎一『世界』一九四六・一二
「尾崎秀実の思い出」　松本慎一『人民評論』一九四六・一一・一二
「政治の周辺」中村哲『近代文学』一九四七・一
「父の笑顔――父の思い出」尾崎楊子『婦人』一九四七・一

「数奇伝」嘉治隆一『朝日評論』一九四七・九
「尾崎秀実の裁判の弁護に立ちて」竹内金太郎『丁酉倫理』一九四七・九
「青年にうったう」羽仁五郎『文連文庫』一九四七・一一
「最後の握手」神山茂夫『人民評論』一九四七・一一
「嘉治氏の『尾崎秀実』論」松本慎一『人民評論』一九四七・一一
「松本慎一と尾崎秀実」堀江邑一『人民評論』一九四八・一
「尾崎・戸坂・三木、死とその前後」松本慎一『世界評論』一九四八・二
「尾崎・ゾルゲ事件の真相」（特集）『政界ジープ』一九四八・二
「夫亡き春の想い」尾崎英子『美貌』一九四八・三
「『愛情は降る星のごとく』について」なかのしげはる『季刊芸術』一九四八・五
「文芸の虚偽」石川悌次郎『女性ライフ』一九四八・九
「戦いに抗した人々――尾崎秀実とゾルゲ」せき・すみたみ（川合貞吉）『民衆の友』一九四八・一〇・一一
「尾崎秀実と中国」尾崎英子『中国よみもの』一九四八・一一
「人間ゾルゲ」三宅花子（石井花子）『旬刊ニュース』一九四九・五
「野呂栄太郎と尾崎秀実――朝日新聞入社試験当時の思い出」有竹修二『塔』一九四九・五
「ゾルゲ諜報団」萱野信介『講談倶楽部』一九四九・五
「人間尾崎」益田豊彦『社会』一九四九・五
「河上肇・尾崎秀実の宗教観」大城正雄（松山映）『唯物論研究』一九四九・六
「スパイ活動十二年」長浜例『座談』一九四九・七
「スメドレーの死」笹本駿二『女性改造』一九五〇・九
「ゾルゲ事件」覆面冠者『ユースヒストリー』一九五〇・一一
「尾崎秀実と私」西園寺公一『人間』一九五〇・七
「仮面を脱いで――ゾルゲ事件の全貌（手記）」リヒアルト・ゾルゲ『改造』一九五一・八
「尾崎秀実評伝――殉教者への挽歌」風見章『改造』一九五一・八
「尾崎秀実――編集者の回想録」X生（小林勇）『図書』一九五〇・一二
「仮面の尾崎秀実」猪股敬太郎『共通の広場』一九五二・一二
「上海紅団――ゾルゲは生きている」加瀬俊一『文藝春秋』一九五二・五
「近衛グループと尾崎秀実」猪股敬太郎『日本及び日本人』一九五二・一〇
「松本慎一――編集者の回想録」『図書』一九五三・一一
「アグネス・スメドレーの思い出」石垣綾子『世界』一九五四・一
「書斎の思い出」細川嘉六『思想』一九五四・四
「ジャーナリズムと恐怖」青地晨『思想』一九五四・六
「貴族と政治と死」岩淵辰雄『文藝春秋』一九五四・六

「ゾルゲ事件について」篠田謙一『週刊読売』一九五四・一一・七
「共産主義者の愛情と真実」猪股敬太郎『東洋評論』一九五五・一一
「昭和重大事件――空前の大スパイ・ゾルゲ」植田敏郎『人物往来』一九五五・一二
「尾崎秀実は間諜に非ず」竹内金太郎『人物往来』一九五五・一二
「ゾルゲは生きている」永松浅造『サンケイグラフ』一九五六・一・二九
「日本を破局に導いたソ連情報機関魔の使徒　ゾルゲをめぐる人々」『経済往来』一九五六・四
「昭和秘史――間諜ゾルゲの正体」イグナッツ・ボルコフスキー『人物往来』一九五六・二
「歌姫　関屋敏子の自殺」金子義男『人物往来』一九五六・三
「英人スパイコックスの自殺」大谷敬二郎『日本週報』一九五六・九
「手記――私はゾルゲの愛人だった」石井花子『週刊新潮』一九五六・八・二〇
「昭和秘史―ゾルゲ・尾崎事件」青地晨『知性』一九五六・八
「尾崎秀実の検挙から処刑まで」真隅　清『日本週報』一九五六・九
「この事件に誤審あり――尾崎・ゾルゲ事件」竹内金太郎『週刊新潮』一九五六・一〇・一五
「生きている『ゾルゲ事件』」耕　治人『知性』一九五六・一二
「ゾルゲ事件秘話」『週刊読売別冊』一九五七・一〇・一
「ゾルゲ事件の三大秘密――いまこそ特高は伊藤律と対決する」(三回)『日本週報』一九五七・一一・七
「ウィロビー報告とアメリカの戦慄」『日本週報』一九五八・三・二五
「祖国の悲劇を招いたタイプ嬢」宮下弘『日本週報』一九五八・三・二五
「盗まれた御前会議」『日本週報』一九五八・三・二五
「売国奴か愛国者か」川合貞吉『日本週報』一九五八・三・二五
「兄の仇は伊藤律」尾崎秀樹『週刊新潮』一九五九・五・四
「揚子江は今も流れている」犬養健『文藝春秋』一九五九・六
「特集・金と女は昔の話――戦後日本の四大事件　ゾルゲ事件ほか」『サンデー毎日』一九五九・八・九
「ゾルゲ愛人の告白」石井花子『週刊現代』一九五九・八・三〇
「午後三時の刺客」犬養健『文藝春秋』一九五九・九
「ゾルゲ尾崎刑死満十五周年によせて」神山茂夫『現代人』一九五九・九
「痕跡のバラード」尾崎秀樹『文芸日本』一九五九・一一・一二
「尾崎秀実は裏切られたか」尾崎秀樹『若人』一九六〇・一

「ゾルゲよ、お前は誰だ！　ある逆スパイの告発」川合貞吉『日本』一九六〇・二
「ゾルゲ事件こぼればなし」植田敏郎『随筆サンケイ』一九六〇・五
「ゾルゲ事件の全貌――日本を敗戦に導いた最大のスパイ団」『週刊サンケイ』（別冊）一九六〇・六〜八
「ゾルゲ事件を追って」（グラビア）岸恵子『婦人公論』一九六〇・六
「わたしはゾルゲを見破った」山本満喜子『週刊公論』一九六〇・六・一四
「ゾルゲ・ドキュメントの検討」小山弘健・高屋定国『図書新聞』一九六〇・七・一六〜二三
「日本人はいまこそ『ゾルゲの時代』を思い起せ『スパイ防止法』を斬る」安岡章太郎・尾崎秀樹対談『週刊ポスト』一九六〇・一〇・一一
「大アジア主義に託す夢」青地晨『中央公論』一九六〇・一一
「秘史・満鉄調査部」児玉大造『中央公論』一九六〇・一二
「赤色スパイ・ゾルゲ団の真相」久保耕『民族公論』一九六一・五
「ゾルゲ、お前はなに者だ！――イブ・シャンピが公開した未発表の秘録」『週刊サンケイ』一九六一・五・一五
「私はゾルゲを捕らえた」大橋秀雄『サンデー毎日』一九六一・七・二
「昭和事件史　国際スパイ団はかく組織された」戸川猪佐武『週刊現代』一九六一・一〇・八
「ゾルゲ獄中手記」（第一〜三回）『論争』一九六二・二・四
「生きているゾルゲ事件」尾崎秀樹『現代の眼』一九六二・六
「ふたたび父の無実を訴える」尾崎楊子『女性自身』一九六二・六・一八
「尾崎秀実の抵抗と今日的状況」野原四郎『図書新聞』一九六二・七・七
「オットーと呼ばれる日本人」［「ゾルゲ事件とＧＨＱ」松本清張、「尾崎秀実を思う」風間道太郎・川合貞吉・尾崎秀樹・柘植秀臣、「アジア解放の夢」尾崎秀樹］『民芸の仲間』一九六二
「オットーと呼ばれる日本人」木下順二　一九六二・七・八『世界』
「『オットーと呼ばれる日本人』によせて」神山茂夫『文化評論』一九六二・九
「歴史を裁くことのむっかしさ」村松剛『論争』一九六二・九
「陶晶孫の人と作品」須田禎一『文学』一九六二・九
「ゾルゲ事件二〇年目の真相――公にされた極秘資料から」『週刊朝日』一九六二・九・七
「『極秘』の記録白日下に」（書評）尾崎秀樹『週刊読書人』一九六二・九・一〇
「ゾルゲ報告の分析」（関特演の情報について）藤原彰『歴史学研究』一九六三・四
「歴史的評価の多様性」神田文人『日本歴史』（月報）一九六

三・八
「私の見たスパイ・ゾルゲ」松本徳明『日本週報』一九六四・七・二四
「知られざるゾルゲ事件――スパイ事件関係者一覧表」『週刊読売』一九六四・一〇・二四
「R・ゾルゲの素顔　革命と戦争に生きた男」『時』尾崎秀樹一九六四・一二
「スパイの妻の屈辱に耐えて」山崎淑子『婦人公論』一九六五・二
『尾崎秀実のえらんだ道」尾崎秀樹『文藝春秋』一九六五・二
「尾崎秀実」北沢恒彦『思想の科学』一九六五・五
「ゾルゲ事件の美学的考察」磯田光一『自由』一九六五・三
「ゾルゲ事件の回顧」中村絹次郎『日本談義』一九六五・九
「獄死した薄幸の画家――宮城与徳」尾崎秀樹『文藝春秋』一九六六・二
「尾崎秀実論」風間道太郎『思想の科学』一九六六・一二
「開戦前夜・ゾルゲ諜報団の暗躍」『週刊読売』一九六八・一一・二二
「ゾルゲ事件を追って二三年――兄を売ったのははたして伊藤律なのか・彼を取り調べた特高刑事を私はつきとめた」尾崎秀樹『文藝春秋』一九六八・一一
「尾崎秀実論」中西功『世界』一九六九・三～五
「尾崎秀実さんの思い出」向山寛夫『中央経済』一九六九・一〇
「あの人この人訪問記」（尾崎秀実と白雲録のこと、ゾルゲの印象、尾崎秀実とゾルゲの死刑執行のこと）市島成一『法曹』一九七〇・二
「ゾルゲ・尾崎事件の歴史的意義」中西功『現代と思想』一九七〇・一〇
「尾崎秀実――日中友好につくした人びと」（五）尾崎秀樹『日中』一九七一・一二
「滞日特派員半世紀の秘話――回想のゾルゲ事件」ロベール・ギラン『中央公論』一九七二・四
「あの人この人訪問記」インタビュー吉河光貞『法曹』一九七二・一一～（四回連載）［（一）ゾルゲ事件捜査は偶然の所産、錯覚を抱いた北林トモ、情報を提供したサロン・マルキスト伊藤律、無電機と乱数表を見つける。（二）スパイ団の任務完了を告げたゾルゲの手紙、ゾルゲ、オットーに最後の別れを告げる、ゾルゲを自白に追い込む、ゾルゲの手記の経緯。（三）遠大なソ連の諜報活動、リュシコフ大将のシベリア機密もゾルゲの手に、ゾルゲはノモンハン戦の演出者、在支諜報団検挙に上海へ出張。（四）ウィロビーが資料調査を始めたころ、起訴してからゾルゲ、尾崎に会わず。］
「尾崎秀実と風見章」尾崎秀樹『朝日ジャーナル』一九七二・一一・一〇
「ゾルゲとその同志たち」（1）川合貞吉『知識と労働』一九七二・一二［コミンテルンの機構、赤軍第四部の上海情報機関］

「ゾルゲとその同志たち」（2）右同、一九七三・九［ゾルゲ日本派遣なる、日本潜入準備完了、ヴーケリッチ東京に着く］

「ゾルゲとその同志たち」（3）右同、一九七四・二［宮城与徳アメリカ共産党に入党、宮城与徳の寓居と秋山幸治、久津見房子と山名正実の登場］

「ゾルゲとその同志たち」（4）右同、一九七四・一二［オイゲン・オット大佐とゾルゲ、新京警察の手配の拙劣、クラウゼンの日本観、ゾルゲの謀略と尾崎の進出］

『回想の女友達　九津見房子』近藤真柄『婦人公論』一九七三・四

「尾崎秀実の思想と行動」市川亮一『一橋研究』一橋大学一九七三・一二

「東京調査室の思い出」井上益雄『満鉄会報』一九七三・一〇

『評伝・尾崎秀実』須田禎一『たいまつ』一九七四・三

『尾崎秀実と須田禎二』山崎謙『たいまつ』一九七四・三

「尾崎秀実と陶晶孫を結ぶ須田禎二」柘植秀臣『たいまつ』一九七四・三

「ゾルゲの愛人として目撃したこと」石井花子『潮』一九七四・五

「ゾルゲ事件と敗戦のころ――私にとって敗戦は『売国奴』という呼び名からの人間回復だった」尾崎秀樹『婦人公論』一九七四・八

「処刑から三〇年」『週刊朝日』一九七四・一〇・二四［「ゾルゲ・尾崎事件に残されたさまざまな疑問」菊地昌典・尾崎秀樹対談、「私が知っていたゾルゲの秘密」ロベール・ギラン、「思い出を胸に遺族三女性が生きた三〇年」石井花子・尾崎揚子・山崎淑子］

「ゾルゲ事件と昭和の知識人」座談会・竹内好、橋川文三、尾崎秀樹、『歴史と文学』一九七四・一一

「ゾルゲ事件――戦争と日本人、三つの記録」牧野吉晴『新人物往来』一九七四・一一

「尾崎・ゾルゲ事件と現代――パネルディスカッション」『潮』一九七五・一［「三〇周年にして思うこと」尾崎秀樹、「尾崎秀実は転向したのか」石堂清倫、「三十年代の時代相の中で」橋川文三、「討論のまとめ」今井清一］

「ゾルゲ・尾崎の思想と世界観」（特別企画）『世界政経』一九七五・二［「新帝国主義」R・ゾルゲ、「日本の軍部」R・ゾルゲ、「手記」R・ゾルゲ、「現代支那論」尾崎秀実、「支那社会経済論」尾崎秀実、「ゾルゲ・尾崎の思想と行動」高屋定国ほか］

「宮城与徳」安田徳太郎『現代と思想』一九七五・一～二

「特別企画・スパイと暗号――ゾルゲ南下政策を通報したのは彼だ」『週刊読売』一九七五・六・二一

ファクト・ノベル「陰謀（四）――ゾルゲ事件」『宝石』一九七五・七

「ゾルゲ事件と東研」（注、東亜研究所）柘植秀臣『日中』一九七六・四

「『聞き書』と戦前史の真実」守谷典郎『文化評論』一九七

六・六
「衝撃の新証言――日本で処刑されたゾルゲはソ連に送還されていた」村田聖明『週刊サンケイ』一九七六・一二・六
「叔父宮城与徳の思い出」屋部高志『青い海』一九七七・三
「十五年戦争の闇を横切った光芒」（書評）いいだもも『週刊ポスト』一九七七・四・二九
「尾崎秀実の思想の軌跡」尾崎秀樹・松本健一（対談）『週刊読書人』一九七七・五・九
「現代中国理解の貴重な生面ひらく」（書評）石堂清倫『朝日ジャーナル』一九七七・五・二七
「尾崎秀実論」野沢豊『現代と思想』一九七七・六
「侵略戦争前夜の嵐に立つ中国の姿」（書評）小沢正元『アジアレビュー』一九七七年秋
「白川次郎のこと」尾崎秀樹『公評』一九七七・五
「ヒトラーとゾルゲに出会った男――クラウス・プリングスハイムの回想」クラウス・プリー著　竹本徹訳『経済往来』一九七七・一～三
「元共産党幹部の証言『私の戦後史』袴田里見　ゾルゲ事件にささげた青春」『週刊朝日』一九七八・三・三一
「あの人この人訪問記」（刑死直前の尾崎秀実の映像）小林健治『法曹』一九七八・六
「『特高の感想』ゾルゲ事件に新証言　特高の自分史」宮下弘『週刊朝日』一九七八・七・一四
「訪中で知ったゾルゲ事件　兄・尾崎秀実の上海時代」尾崎秀樹『週刊朝日』一九七八・七・二八
「切手に登場したスパイ」大谷博『潮』一九七八・一二
「ゾルゲ・ロシアへ愛をこめて」寺谷弘壬『諸君！』一九七九・一
「ゾルゲ事件」『現代のエスプリ』至文堂〔「概説・ゾルゲ事件――炎のように燃えつきた男」寺谷弘壬、「ゾルゲの青春時代」エフ・デ・ヴォルコフ、「日本での活動」エス・ゴリャコフ、ヴェ・バニゾフスキー、「ゾルゲと生活して」石井花子、「ドイツ大使館とゾルゲ」マイスナー、「ゾルゲ事件獄中記」川合貞吉、「ゾルゲの短い一生」勝部真長、「すぐれた研究者ゾルゲ」高屋定国、「ゾルゲ団の目的と成果」エフ・デ・ヴォルコフ、「独ソ戦の諜報」エス・ゴリヤコフ、ヴェ・バニゾフスキー、「スパイの組織」R・ゾルゲ〕一九七九・三
「歳時記考――ゾルゲ事件の季題で日本人の季節感覚を語り合う」鶴見俊輔『潮』一九七九・五
「八〇〇冊に見る昭和史――昭和十八年ゾルゲに死刑」植田敏郎『文藝春秋』一九七九・六
「歴史発掘――問題の書の日本語版登場　ゾルゲの謎を解く三六年目の新事実」『週刊ポスト』一九八〇・七・一八
「伊藤律とその家族とゾルゲ事件、朝日架空記事全文発掘！GHQと提出した朝日新聞社の謝罪文」『週刊読売』一九八〇・九・一四
「日共のユダ伊藤律と処刑された尾崎秀実」尾崎秀樹『週刊現代』一九八〇・九・一八

「伊藤律査問の理由はゾルゲ事件だった」『週刊サンケイ』一九八〇・九・一八

「山本権兵衛の孫満喜子さんに直撃インタビュー・伊藤律ユダ説を覆す四〇年目の新事実　私がゾルゲを売った！」『サンデー毎日』一九八〇・九・二八

「伊藤律は何故生きていたか」上之郷利昭『宝石』一九八〇・一二

「なぞの男の半生の軌跡――伊藤律の証言」（六回連載）［（一）私を投獄したのは野坂参三だ（二）文革時の北京獄中で恐怖（三）ゾルゲ事件との微妙な接点一九八一・一・二三週刊朝日（四）ゾルゲ事件で見せた尾崎秀実の政治工作（五）GHQ資料も裏付ける米占領軍スパイ説の虚妄」『週刊朝日』一九八一・一・三〇～

「スパイの生還」しまねきよし『歴史読本』一九八一・一

「侍従長の昭和史（一〇）ゾルゲ事件の尾崎秀実と稲田周一」岸田英夫『週刊朝日』一九八一・七・一〇

「NHK『歴史への招待』にみるゾルゲの現代的解釈」『週刊明星』一九八一・一〇・二九

「ゾルゲ事件――川合貞吉が死の直前に明かした真相」『サンデー毎日』一九八一・八・三〇

「川合貞吉追悼特集号」『状況と主体』一九八一・一一［「死生を超えた川合貞吉君の一生」山崎謙、「ある革命家の死」柘植秀臣、「川合貞吉との出会い」尾崎秀樹、「川合さんと私」亀山幸三、「現代と『ゾルゲ・尾崎問題』高屋定国、「ゾルゲ・尾崎の思想と行動」高屋定国］

「尾崎・ゾルゲ事件の現代的意義」石堂清倫『状況と主体』一九八一・一二

「いわゆるゾルゲ事件について――概要と参考文献」田中梓『国会図書館参考書誌研究』一九八二・三

「もう一つの『ソ連研究』情報・スパイ・ゾルゲからレフチエンコまで」古森義久『文藝春秋』一九八三・八

「バクーで探ったゾルゲ『出生の謎』」寺谷弘壬『プレジデント』一九八三・一〇

「GHQの戦史室長が遺こした労作」（書評）『週刊朝日』一九八五・六・一四

「神話的スパイ事件の精緻な検証『ゾルゲ東京を狙え』」土門周平『サンデー毎日』一九八五・七・一四

「青春の昭和史一九二五～一九八五　ゾルゲ事件」上之郷利昭『スコラ』一九八五・一〇・二四

「ゾルゲ事件の捜査記録」（公安調査庁『公友』誌四回連載）鈴木富来［のち私家版］一九八六・一二

「戦時下における党再建運動」伊藤律述　一九八七・一〇　石川島労働運動研究会『偽りの烙印』所収

書評「ゾルゲとの約束を果たす――特高取り調べの方法と内容」石堂清倫『図書新聞』一九八八・二・二七

「三鷹事件の前と後（三）宮城与徳のこと」喜屋武由放『稲妻』一九八九・七・二五

「敗戦秘史発掘――西園寺公一が明かすゾルゲ事件と八・一

五」『週刊ポスト』一九八八・八・二六
「真栄田三益のこと」喜屋武由放『稲妻』一九八九・九
「異国に眠るか『ゾルゲ事件の真相』」『週刊読売』一九八九・一二・二四
「ハインツ・へーネ・リスナー事件」(一〜三) 勝部　元『桃山大学総合研究所報』一九九〇・七
「宮城与徳遺作展——名護市展の記録」一九九〇・一一　同実行委員会
「未決の現代史　伊藤律」特集『労働運動研究』一九九一・二
『宮城与徳遺作展報告集』那覇展実行委員会編同委員会発行一九九一
「ゾルゲ『新帝国主義論』の意義と現代資本主義分析」降旗節雄『国家機密法に反対する懇談会だより』第五号　一九九一・六
「歴史の中の尾崎・ゾルゲ事件」石堂清倫『国家機密法に反対する懇談会だより』第六号　一九九一・八
尾崎・ゾルゲ事件五〇周年記念特集「未完の画家・宮城与徳の場合」尾崎秀樹『国家機密法に反対する懇談会だより』第七号　一九九一・一一
「歴史の中の尾崎・ゾルゲ事件Ⅱ」(質疑応答) 石堂清倫『国家機密法に反対する懇談会だより』第八号　一九九一・一二
「尾崎・ゾルゲ事件—その後の展開」尾崎秀樹『国家機密法に反対する懇談会だより』第一七号　一九九四・二
「『歴史の見直し』へ創作公演——獄死した画家の半生に光」『朝日ジャーナル』一九九一・一二・二〇
「宮城与徳遺作展報告集」宮城与徳遺作展同実行委員会　一九九一・九
「尾崎・ゾルゲ事件と伊藤律——公開討論集会の記録」公開討論集会実行委員会　一九九二・一
「伊藤律もスパイにした〈野坂参三〉重々の裏切り」渡部富哉『週刊新潮』一九九二・一〇・八
「謀略の構図——伊藤津スパイ説とゾルゲ事件」渡部富哉『文藝春秋』一九九三・二
「日本のユダと呼ばれた男」(三回連載) 伊藤律『文藝春秋』一九九三・二
「『日本のユダ』は『革命売らず』——伊藤律とゾルゲ事件に新証言」長谷川煕『AERA』一九九三・五・二五
「作為と運命・伊藤律スパイ説の真実　ゾルゲ事件発覚は律の供述からではなかった　仕組まれた罠を緻密に立証」石堂清倫著『図書新聞』一九九三・八・二一
「『偽りの烙印』調査は微細を究め、その報告は瞠目に値する」篠田正浩『文藝春秋』一九九三・九
「ゾルゲ事件と伊藤律『偽りの烙印』に答える」尾崎秀樹『情況』一九九三・九・十合併号
「尾崎秀樹氏に問う『ゾルゲ事件と伊藤律』について」渡部富哉『情況』一九九三・一一
「小林義夫氏聞き書」(元和歌山県粉河警察署特高視察係) 社会運動資料センター　一九九四・四

「リヒアルト・ゾルゲと尾崎秀実にかぎりなき敬意を！」スパルタシスト日本グループ　一九九四・一一
「処刑から五〇年――ゾルゲの実像」ロバート・ワイマント『THIS　IS　読売』一九九四・一一
「ヌーラン事件」フレデリック・S・リトン『チャイナクォータリー』一九九四・六　社会運動資料センター訳・社会運動資料センター内部資料
「ゾルゲ最後の日々」アンドレー・フェシューン著　白井久也訳『三号罪犯と呼ばれて』創刊号　一九九五・一一　伊藤律の名誉回復を求める会
「偉大な諜報部員の世紀」エヌ・ポロスコフ著　白井久也訳『三号罪犯と呼ばれて』第二号　一九九六・七
「新たに発掘された『国際共産党諜報団（ゾルゲ）事件の検挙について」『三号罪犯と呼ばれて』第三・四号　一九九七・五
「リヒアルト・ゾルゲの運命に見る『コミンテルンの風景』」ユー・グリコリエフ著　大田久之訳『三号罪犯と呼ばれて』第五号　一九九七・一〇
「ヴランコ・ヴーケリッチの回想」ポール・ヴーケリッチ著　同会訳『三号罪犯と呼ばれて』第六号　一九九八・六
「野坂とソビエト諜報機関との緊密な関係に異議を唱える人はいまはいない」ユーリー・ゲオルギーエフ著　瀬戸はるか訳『三号罪犯と呼ばれて』第七号　一九九九・三
「スターリンと大酒飲みとセックス――ゾルゲのスパイ活動」独誌『シュピーゲル』一九九九・二より　同会訳『三号罪犯と呼ばれて』第八号　一九九九・一〇
「ゾルゲの日本派遣の肩書は『フランクフルト・ツァイトゥンク紙』の特派員ではなかった」加藤哲郎訳『三号罪犯と呼ばれて』第九号　二〇〇〇・五
「ゾルゲ事件判決を読む」横浜弁護士会国家秘密情報問題対策委員編　一九九七年
「『反戦革命家尾崎秀実』」石堂清倫『ゾルゲ事件研究』創刊号　ゾルゲ事件研究会　一九九七・四
「なぜ、弁護士会が『ゾルゲ事件の判決を読む』のか」間部俊明　右同
「リヒアルト・ゾルゲ」大橋秀雄　右同
「尾崎秀実の『著作集』等未収録著作」今井清一『ゾルゲ事件研究』第二号　一九九七・一一
「ゾルゲ事件の群像」（一）（水野成）尾崎秀樹　右同
「ブランコ・ド・ヴケリッチのこと」山崎淑子『ゾルゲ事件研究』第三号　一九九八・五
「日本からの手紙――『ポリティカ』紙特派員として」ブランコ・ヴケリッチ　右同
「ヴケリッチ家のこと」山崎洋　右同
「ロシアのゾルゲ事件研究」白井久也『ゾルゲ事件研究』第四号　一九九八・一一
「ゾルゲ事件の群像」（二）『M・クラウゼン』尾崎秀樹
「獄中手記――宮城与徳」右同

「叔父宮城与徳の思い出」屋部高志　右同
「宮城与徳のこと」喜屋武由放　右同
「尾崎秀実の『著作集』等未収録著作」（続の一）今井清一
右同
「ゾルゲ事件の群像（三）芸術家としての宮城与徳」尾崎秀樹
右同
「川合貞吉と中国」小林文男『ゾルゲ事件研究』第五号　一九九九・五
「革命家として生きた中国―川合貞吉氏に聞く　尾崎秀実の方法論形成の前提」藤間生大　右同
「国際関係論の先駆者・尾崎秀実」石堂清倫　右同
「ゾルゲ事件の群像（四）―川合貞吉」尾崎秀樹　右同
『追悼』尾崎秀樹『ゾルゲ事件研究』第六号　一九九九・五
「尾崎秀樹を追悼する」小野正春、「宮城与徳の軌跡に共感する」大峰林一、「尾崎秀樹さんと国家悪のこと」臼井住夫、「尾崎さんとの出会い」鈴木正、「尾崎事件と残された私たちの宿題」間部俊明、「スメドレーの旅・絹の長衣とスメドレー」尾崎秀樹、「支那抗戦力調査の背景」石堂清倫、「尾崎秀実の『著作集』等未収録著作（続二）」今井清一、「大阪朝日新聞『上海特電』タイトル」田中悦子、「尾崎秀実著作分類目録」など。」
「ゾルゲ、お前は何者なのか?」（対談）R・ワイマント、西木正明『波』一九九六・六
「ゾルゲ事件　リヒアルト・ゾルゲの思想と西欧マルクス主義」大熊利夫　私家版　一九九八年
「ゾルゲとの出会い」福本一郎『満鉄会報』一九九六・七・一
「国際諜報団事件の検挙について」（昭和十八・三月）復刻　一九九七・五　社会運動資料センター
「ロイと呼ばれた男の正体――宮城与徳を日本に派遣した男」渡部富哉『諸君!』一九九八・七
国際シンポジウム「二〇世紀とゾルゲ事件　レジュメ・資料集」一九九八・一一　同実行委員会編（本書収録）
「第二次大戦期独大使館の内側」三宅正樹『図書新聞』一九九八・三・二八
特集「ゾルゲ事件と野坂参三――伊藤律はスパイだったのか」渡部富哉『歴史民俗学』一九九九・二
特集「ゾルゲ事件と野坂参三――ゾルゲ事件の真相」渡部富哉『歴史民俗学』一九九九・七
「人生是れ――夢・ゾルゲ事件尾崎秀実の中国認識」小松良郎　私家版　一九九九・一二

小説

『公爵近衛文麿』立野信之　講談社　一九五〇年
『奇妙な青春』堀田善衛　中央公論社　一九五六年
『翳ある落日』戸川幸夫　東都書房　一九五八年
『斥候《ものみ》よ、夜はなお長きか』いいだ・もも　角川書店　一九六二年
『ゾルゲの遺書』伴野良　一九七三・角川書店

小説『ゾルゲ事件』　牧野吉晴　新人物往来社　一九七三
『囚われの女たち』（全十巻のうち七・八・九巻に北林トモの獄中記録）　山代巴　径書房　一九八〇年
『異人たちの物語』鈴木一史　文治堂書店　一九八二年
『土壇場でハリー・ライム』典厩五郎　文藝春秋　一九八七年
『密葬者たち』（ゾルゲの残党）毎日新聞社　一九九三年
『スパイたちのカーニバル』ロバート・モス著訳　文春文庫　一九九八年
『暗殺者たちの宴』赤羽尭　勁文社　一九八九年
『藤川健夫戯曲集』（二）青雲書房　一九八八年

ビデオライブラリー

「ゾルゲ・お前は何者だ?」岸恵子主演　イヴ・シャンビ監督（英語版）映画　一九六四年
「歴史への招待　国際スパイ　ゾルゲ日本へ潜入す　昭和8年」ＮＨＫ　一九八一・一〇・一七
「歴史への招待　ゾルゲ国際諜報団逮捕　昭和16年」ＮＨＫ　一九八一・一〇・二四
「アジアをスクープした男――特派員ロベール・ギランの40年」ＮＨＫＴＶ・片島紀男　放映第一回、一九九二・五・一四、第二回同五・二一
「国際スパイ・ゾルゲ　初公開――ゾルゲ電報・独ソ開戦を予告」ＮＨＫ取成班　一九九一・一〇・八
「プライム10　現代史ドキュメント　国際スパイ・ゾルゲ　前編」ＮＨＫ　一九九一・一〇・七
「尾崎・ゾルゲ事件いま、それを考える」尾崎・ゾルゲ事件記念集会実行委員会　一九九一・一一・七
公開討論「ゾルゲ事件と伊藤律問題」尾崎秀実ＶＳ渡部富哉（石堂清倫・西野辰吉・山口武秀・斉藤道一他）一九九二・六・二七　社会運動資料センター
「知っているつもり『ゾルゲ事件』」日本テレビ　一九九四・一・二
「ＥＴＶ特集　わが「革命家」たちのレクイエム――社会主義者　石堂清論の七〇年」ＮＨＫ　一九九五・二・六
「ゾルゲ事件・世界・わが心の旅『上海・魔都の残照』」篠田正浩　衛星二　一九九五・三・五
国際シンポジウム「二十世紀とゾルゲ事件」（その一、二、三）社会運動資料センター　一九九八・一一・七
「ＥＴＶ特集　私のゾルゲ事件――ゾルゲが見つめた昭和　篠田正浩監督」ＮＨＫ　片島紀男　一九九八・一一・二三
「ＥＴＶ特集　ブーケリッチ・愛は国境を越えて――ヴーケリッチ夫人・山崎淑子」ＮＨＫ　片島紀男　一九九八・一一・二四
「一〇〇人の二〇世紀リヒアルト・ゾルゲ／裏切られたスパイ」朝日ＴＶ　一九九九・一〇・三

［解説］　この「ゾルゲ事件関係参考資料目録」は、社会運動資料センターが、これまで収録してきた同関係「目録」から、日

本語版（邦訳のもの）で、容易に閲覧可能のものに限定して作製した。一九九八年の国際シンポジゥム「二十世紀とゾルゲ事件」の開催以後、ロシアの研究者との交流がはじまり、今後、ロシア側資料の入手の可能性がでてきた。また、国際シンポジゥムの資料集に「ドイツ大使オイゲン・オット一家の事件後の軌跡」を投稿してくれた、アレックス・ドーレンバッハ氏の協力によって、ドイツで発行されている雑誌「シュピーゲル」にこれまで掲載された、ゾルゲ事件関係記事のあらましを入手することが出来た。現在、翻訳中である。間もなく、これも日本で公開される日が近い。やがて、もっと豊富な「資料目録」ができると思われる。この「資料目録」には、大学の紀要などに掲載された関係資料がかなりあるはずだし、新聞関係では、現在、各社とも項目別の記事索引の作業が進んでおり、パソコンによる検索コーピーが容易となっている。

国立国会図書館、都立図書館所蔵の公開資料及び、大宅壮一文庫所蔵の雑誌関係資料の目録は、すべて確認の上、資料的価値がとぼしく、不要と思われるものは一部、削除して掲載した。

ビデオ関係も今日では各図書館に視聴覚室が設けられ、この分野でのコミニケーションが進んでいるが、各放送局に問い合わせ、調査する時間的余裕がなかった。社会運動資料センターが所蔵するものに限って掲載した。今後の課題であろう。

なお、尾崎秀実にかんする参考資料の詳細は、尾崎秀樹編『回想の尾崎秀実』の付録を参照されたい。また伊藤律に関する参考資料の詳細は、渡部富哉著『偽りの烙印』（五月書房）および渡部富哉監修『生還者の証言』（五月書房）付録を参照されたい。

この「参考資料目録」の作成にあたって、これまでの先達の研究蓄積に負うところが大きかった。全部の資料を厳密に現物と対照することは、時間の関係でできなかったが、可能の限り検証しなおした。にもかかわらず細部に誤りがないとはいえない。今後も読者からの批判とご叱声により改訂作業を続けていきたい。不十分ながらここに社会運動資料センターが調査した限りの参考資料を網羅することで、今回の務めを終わりたい。

（渡部富哉）

［解題］ゾルゲ・尾崎事件の国際的背景

石堂清倫

尾崎秀実の「民族主義的転向」について

ゾルゲ・尾崎事件の歴史的意義については、二〇世紀後半の五〇年間に現われたさまざまな見解を考慮したうえ、シンポジウムにおける白井久也氏の「基調報告」がほぼ要をつくしたと思われるので、私はそれについては触れることなく、事件全体の国際的環境について考えたいと思う。

ただそれに入る前に、一つだけとりあげたい問題は、尾崎の「民族主義的転向」についてである。一般に、諜報関係者が防諜機関に捕えられた場合、その人の行動についてとやかく批評するのは無意味なのである。誰一人としてその救援にあたる者はない。その人は自分で自分の生命を守る外ないのである。その人の任務と政治的生命は逮捕とともに完了したのであって、その後における行動を尋常の論理で批評するのは、批評者が自己の見地を明らかにするだけのことであって、その諜者が寝返ったとか、節操を守ったとか言うことに積極的意味はないとしなければならない。

ゾルゲ・尾崎事件の場合に、両者のため差し入れや面会を実行する人はよくよくの勇気なしには決心できなかった。わずかに尾崎の親友である松本慎一がこの危険な任務を引き受けたのは、当時としては異例のことであった。公判のための弁護人の選定にも憚《はば》かりがあり、官選弁護人に一任するほかはないのが実情であった。一審判決は死刑であった。松本はこの判決を覆えすことがいかに困難であるかを知っていて、もしかして大審院判事の心を動かすかもしれない、そのために「惻々《そくそく》として人を動かす底の上申書」を書くようにと、「しつこく勧めた」と語っている（獄中書簡集『愛情は降る星のごとく』一二四ページ注）。尾崎も本意なくそれに応じて「判事の検閲を予想しての政策的用意」をもって、夫人あての獄中からの手紙を書いている。書簡集の四十一号あたりから変化があり、『古事記』、『日本書紀』、『神皇正統記』、本居宣長や平田篤胤の著書の差し入れ依頼が手紙に現われてくる。それを証拠として、尾崎が日本主義に転向したと主張するのは愚かであり浅薄である。

一九四四年四月五日に上告が棄却され死刑が確定してからはこうした「政策的」な配慮は、手紙から消えてしまっている。獄中からの手紙は二重の検閲をうけるのであって、その文言も必ずしも文字通りに受け取ってはならない場合がある。そのことは手紙だけでなく、裁く側の作成した一部の記録についてもあてはまるのである。そこに書かれていることは、尋問者が要約した文書であり、それ自身が苛烈な闘争の結果である。現実の経過を客観的かつ全面的に叙述した例などは皆無である。何を尋問するかは一方的にきめられる。尋問側は自己に不利な事項は回避する。尋問調書にはゾルゲが軍当局からどんな情報をえたかということは、皆無である。国防保安法違反名義の検挙でありながら、軍とはまったく無関係というのは、かえって奇異の感をあたえる。

たとえばユリウス・マーダーの『ゾルゲ博士報告』をみると、ゾルゲとかかわりのある人名の索引があり、そこには自由意志からではなく、つまりうっかりとゾルゲに情報を提供した人物が二六名ばかりある。主として外国人であるが、日本人も軍人が六名含まれている。しかし、それはゾルゲが尋問に答えたうちにあるのではなく、クラウゼンがゾルゲから聞いた名である。しかもその人々はドイツの軍事技術や兵器について、根掘り葉掘りしつこく聞きだそうとした人々のことである。武藤章軍務局長が牧東京憲兵隊長を呼びつけ、ゾルゲの求める資料はすべて与えるように指示した話は尋問中に一切出なかったらしいのである。つまり尋問しなかった事項は尋問事項とおなじように重要であり、警察官や検事は、まるで軍から命令されたかのように軍関係は最初から完全にシャットアウトしている。これくらい不自然な話はあるものではない。

同じことがゾルゲ集団の女性要員イングリッドについても言われる。本名アイノ・クーシネンのイングリッドは皇室、宗教界、学界などの上層社会に出入りしていたのである。ゾルゲは一度もイングリッドなる人物について、尋問されなかったのである。彼女は、事件発覚のころはソ連に帰っていたが、のちに自伝のなかで、秩父宮邸へ出入りしたことを書いている。裁判記録だけによって事件の全体像をとらえることはできない。記録の作為性を念頭において真実を復元するのは、決して容易なことではない。

レーニンを思い出す尾崎の本当の姿

このことは、尾崎の上申書(「手記」)について「特高月報」が日本的民族観に立つと認定したものについても、再検討を迫るものである。『手記』の中に「一方国際主義者たるとともに、日本民族主義者に成り了せた」と述べている。このことは立脚する基盤としてのナショナルなものと、方向としてのインターナショナルなものの弁証法的統一と言い換えることができるのであって、マルクス主義者として当然のことであろう。

ところが、その翌年の第二の『手記』になると、理論的信条は影をひそめ、もっぱら心情に訴え「皇国の大義に依存して、この国土に悠久に生ききんとする喜び」を表白するようになった。ところが、一旦筆を擱《お》きながら、何を思ってか一転して戦争の最終段階にたいする対策を論ずるのである。彼は戦局がもはや転換の機を失していることを知らないではないであろう。大本営も政府もまったくの無策な現状にたいして、自分が収拾に当たるしかないと信じていたかもしれないのである。日本の当局はそれにいかに対応したか。その年のロシア革命記念日に、ゾルゲと尾崎は絞首台に送られた。はじめから殺すつもりであったなら、屋上屋を架する手記などを執筆させるに及ばない。死刑確定犯に裁判所当局が手記執筆を求めたのは、私の考えでは、ここで日本陸軍省がソ連政府に、ゾルゲの身柄交換を三回にわたって申し入れた事実を思い出す必要がある。敗戦必至を自覚した日本陸軍は、ソ連に頼って講和をはかる望みがあった。ゾルゲはそのための交換材料として、きわめて重大な役割をもっていた。スターリンがゾルゲの引き取りを三回も拒否した事実は、別に研究に値いすることである。

仮に主犯のゾルゲがソ連に引渡されたとしたら、従犯の尾崎も生かしておかれるはずである。あの手記はその場合にそなえての準備であったかもしれないのである。尾崎は近衛文麿首相のブレーンだった人である。状況しだいでは、ふたたび重要な任務につく実力をもった人である。

こうした複雑な問題群を無視して、何が何でも尾崎の民族回帰の結論を引き出そうとする論者が、いまなお存在していることも忘れるわけにいかない。この種の論者にどんな魂胆があるのか想像の限りではないが、この人びとのナショナリズムはおどろくほど底が浅い、と言わなければならない。

ゾルゲの裁判記録を通読して、彼が一貫して自分の命について自信をもっていたことを、感ずる人は多いだろうと思う。それは自己過信ではなく、それだけの国際的な勢力をもっていたのである。尾崎についても同じことが言えるであろう。ソ連でも日本でも、権力上層には彼らを生かしたい勢力があった、そこに、ゾルゲ・尾崎事件の特殊な意味がある。事件をありふれたスパイ物語化したり、「国家にたいする反逆」と理解するのは、事の本質を見失うことになりかねない。一九四四年五月一二日付の英子夫人あての手紙に、今日はしみじみと「……先覚者は『万人がパンを得られないうちは一人の菓子を得るを許さず』といっていることを思いだします……」と語っている。誰も先覚者とは誰のことか気づかなかったらしいが、実はレーニンのことである（くわしいことは、小著『異端の視点』一〇七ページを参照されたい）。刑確定後の尾崎は、民族主義などを持ち出す必要がなかった。レーニンを思い出す尾崎の本当の姿が、ここにでている。強大で狡猾《こうかつ》な敵と格闘する姿と妻に洩らす真情の差がここにある。

二つの祖国は引き裂かれていた

つぎに、ゾルゲや尾崎の位相というべきものを明らかにしたい。ゾルゲは日本に入国する以前に、駐日ドイツ大使フォン・ディルクセンの絶大な信頼をえていた。後任のオイゲン・オットト大使は昇任にいたるまで、ゾルゲの協力ないし援助を受けていた。ディルクセンが昭和天皇に謁見《えっけん》したとき、ゾルゲを随員としていたことは、日本外務省に多大の印象を与えたものと思われる。くわしい事情は語られていないが、参謀本部と陸軍省は最初からゾルゲを厚遇した。武藤章軍務局長みずからゾルゲにたいする情報その他の便宜をはかったことはさきに述べた通りである。このことはゾルゲが最高の情報源に出入することが許されていたことを示すものである。その際、とくに注意すべきことは、ゾルゲが受信者たりえたのは、発信者としての彼が与える情報の質が高く、人々は彼から情報を得る交換条件として、それに見合った情報を提供した事実である。

戦後、アメリカ人はゾルゲの高度の情報技術に注目したが、彼らは彼の知的権威の由来を探究することを怠った。ゾルゲの日本研究は方法論としても、収集した知識の広範囲で、根本的な点でもきわめてすぐれたものであった。入手した情報をそのまま報告するのでなく、多様で複雑な情報を分析し選択し再構成して、真実の動向を的確に判断する能力を発揮したのである。

尾崎についてもほぼ同じことが言い得るであろう。彼が中国問題について最高権威になった経過は、いまの人にはあまり知られていない。西安事変の帰趨《きすう》について、彼が示した展望によって、一躍して彼は声望を高めたが、それは一端にすぎないのであって、彼は中国の民族革命運動をその現場で観察して、最終的には中国共産党による全国的統一への過程を、思い描くことができたのである。軍部こそ新来のジャーナリスト・ゾルゲの助力者として尾崎をえらび、いろいろと手をまわして、ゾルゲ・尾崎の協力体制をつくりあげた責任者であった。

近衛内閣が生れると、彼はそのブレーンの一員として迎えられた。つまり日本国家が尾崎を呼び入れたことになる。尾崎は軍と政府に情報を与えただけでなく、求められればすすんで講演に執筆に努めてもいる。このような活動のなかで、彼は高度の情報を入手することができたと言うべきである。

ゾルゲや尾崎が禁区に潜入し機密の情報を盗みだしたというには違和感がありすぎる。そこで考えるべきことは、二人が活動したとき世界的環境はどんな状況にあったかを明かにすることである。そのとき世界は、ファシズムと戦争か、民主主義と平和かをめぐって、対立していたと言われる。わが日本は、ヒトラー・ドイツ、ムッソリーニのイタリアと結んでいた。「社会主義」ソ連邦と欧米帝国主義国家がそれに対抗していた。イタリアは現実の力としては恃《たの》みにならないであろう。ドイツは独ソ不可侵条約で暴露したように、日本を利用するだけの不実な同盟者であった。他方のソ連邦は、全国を強制収容所化した「裏切られた革命」のなかにあり、本来の社会主義志向は窒息しかけていた。イギリス帝国主義内にもヒトラーを利用して、ソ連を壊滅させたい有力な一群があった。

二重三重の矛盾を内包する危うい対抗軸のなかで、ゾルゲたちは活動しなければならなかった。現に命をかけたゾルゲ情報は、しばしばスターリンがにぎりつぶしている。ゾルゲは「社会主義の祖国」に忠誠をつくしたことにならないのでないか。彼らは、あるいは社会主義の「祖国」のために献身し、あるいはみずからの「祖国」に反逆をくわだてた形になるとはいえ、結果としてはそのいずれも当たらない。二つの祖国はともに内的矛盾によって、二つに裂かれていたからである。それは尾崎の場合、とくにはっきりしている。対米戦争を回避しようとする近衛に代表される努力は、アジアの将来について尾崎の抱く展望に途中までにせよ、同調したいものであった。しかし、たとえクーデタに訴えても対米決戦を敢行しなければ、自らの存立の根拠を失ないういま一つの勢力は、ゾルゲたちを逮捕することによって、近衛を退場させる必要があった。二人はこうした急進軍部勢力を裏切ることになったにしても、逆に言えばこれらの勢力は二人を裏切ったのである。

ゾルゲ事件は「未完」の課題

位相について重要なのは情報の構造であり、ゾルゲも尾崎も、日本社会について高度の歴史的理解を備えていたことである。ゾルゲは日本史についてまとまった研究を行ったが、それは保存されていない。日本にかんするモノグラフ（研究論文）はすでに邦訳されているけれども、現代史への寄与として学問的な検討は加えられていない。日本の侵略的性格、日本の軍事的地政学的特徴、戦争経済、軍部の分析、天皇制の性質などについての文献の検討は、今後の問題である。

尾崎の場合は、著作集のほか、「満鉄時事資料月報」連載の論文は、また現代史分析にとって看過できないものである。社会運動資料センターの内部資料としてプリントされた「尾崎秀実、革命ノ展望等ニ関スル供述」（昭和十七年三月東京刑事地方裁判所検事局思想部印行）を特筆しておきたい。尾崎は、日本帝国主義の否定的側面は「正常ナ資本主義的発展ノ条件ガ抑止セラレタタメ資本主義ガ変形湾曲」されたことに起因すると考えたようである。つまり、日本帝国主義の脆弱性《ぜいじゃくせい》は、第一に、封建的遺制の存在による社会経済体制の立ち遅れと跛行性《はこうせい》（注）、第二に、重要資源の欠如と市場関係における英米への依存、第三に、政治における軍部の比重の過大にもとづくからである。この本来的な脆弱性に加えて支那事変による消耗という致命的打撃がある。日本の支配階級は破局に対応できないのであって、大衆自身の手で民族国家（＝国民国家）の再建を企図せざるをえない。

ところが、日本のプロレタリアートは政治的力量を欠き、そのうえ経験不足であり、党組織をそなえていない。したがって、ソ連と提携し、その援助をうけて社会経済の根本的立直しをはかるほかはない。さらに、共産党が完全にヘゲモニーを握る中国を加え、日本、ソ連、中国の三民族を中核とする東アジアの民族共同体が、アジアの変革を推進することになる。尾崎のいう東亜共同体は、このようなものなのである。中核の一つとして期待されていたソ連は、五十年ののち「社会主義」国家としては崩壊したものの、半世紀前の世界では社会主義のポテンシャルを蔵していたのであるから、あながち尾崎の誤算とすることはできないであろう。この「供述」は社会運動資料センター内部資料として復刻されており、これからの研究者の利用を待っている。尾崎は軍事力によって維持される東亜共栄圏を社会主義を目標とする民主的な東アジア民族共同体に転換させることを展望したのである。

（注）その結果、文化的経済的統合の代わりに、軍事的封建的な帝国主義政策（レーニン）を多用せざるえないこと、別言すれば、封建的外被のもとでの近代化の道（グラムシ）をとったこと、そうした外被としての「全体的君主制」（ゾルゲ）と関連する問題が派生する。

尾崎は「満鉄東京時事資料月報」に政治情勢報告を連載していた。この月報は満鉄の幹部たちに限定配布されたもので、発行部数もわずかなため一般に知られることがなかった。しかも、ゾルゲ事件とともに満鉄は月報を回収し、焼却した。それが今井清一教授の努力により、『開戦前夜の近衛内閣』（青木書店）の題名で刊行され、懇切な解説と事項注までつけてある。この情勢報告を最大限にとり入れたのは、言うまでもなくゾルゲであった。

ゾルゲの日本研究は、今後本格的に見直されるべきであろう。彼が諜報機関に送った秘密電報類はすべて公開されて、現代史の資料として提供されることが望ましい。『新帝国主義論』のロシア語版は、ドイツ語版とは同一でないと考えられるから、その異同を調査することも必要であろう。

ゾルゲと尾崎が「歴史の法則」と信じていたものは、多分にコミンテルン（共産主義インターナショナル）式の構想と交錯していて、歴史の制約は免かれないが、それとともに、これを超える側面も少なくない。それを新しい千年紀の展望のなかで再解釈することは、これからの課題であり、その意味ではゾルゲ事件は「未完」の問題である。

スターリニズムはゾルゲを見捨てたが、世界の民主的人民はゾルゲの先見をとりいれた限りで、ヒトラー・ファシズムに勝利することができた。そのことの意味をこれからもっと具体的に考える条件ができているのである。それがシンポジウムの結論であったと信ずる。

粛清されたソ連赤軍の中枢

ゾルゲたちが、二重三重の矛盾を含む国際情勢のもとで行動しなければならなかったのとおなじ状況は、ゾルゲの上官であるヤン・ベルジンが派遣されていた内乱渦中のスペインにも見られた。

スペイン内乱の歴史的性格については、ここでくわしく論じたてるまでもなく、その当時すでに一部では問題とされていた。あの内乱がファシズムの勝利に帰したいろいろの原因の一つに、ソ連とコミンテルンの正しくない対応があったことは、今日否定することはできない。世界的にファシズムと民主主義の対抗を基軸としていたなかで、スペインでもまた反ファシズム民主主義勢力が躍進していた。東アジアで新民主主義運動が発展しつつあって、ここに世界的呼応がありえたのである。それは旧来のブルジョア民主主義と違って、広範な人民の反独占、反ファッショの進歩的民主主義戦線の拡大を通じて、プロレタリア独裁を経由することなく、民主共和制のもとに、社会主義に移行する現実の可能性が存在していた。

ところが、スペインで戦っている民主主義戦線のなかで、ソ連勢力によって代表される一部のものが、スペインの民主派とアナーキスト派にたいして弾圧を開始していた。

一方、ヒトラーとムッソリーニが内乱に干渉するため軍事力を送りこんでいるとき、ある時点からスターリンは軍事援助を縮小し始めたのである。スターリン派は、自分らの知らない勢力の勝利を、ヒトラーやムッソリーニの勝利よりも、一層恐れたのであろうか。
スターリンは、ソ連赤軍の中枢を粛清によってほとんど壊滅させ、戦力を決定的に弱めていた。ゾルゲやトレッパーによって、ヒトラー軍の侵入の時点まで予告されながら、それを信じたがらず、侵入に備える縦深陣地の構築を怠っていた。それによって、ソ連民衆は無用の損害を強いられた、そのような「指導者」をいただきながらも、ゾルゲも尾崎もその仲間たちも、世界平和のために戦わなければならなかった。それが二〇世紀なのであった。

【筆者紹介】

石堂清倫（いしどうきよとも）

一九〇四年生まれ。東京帝国大学在学中、大正デモクラシー運動の一環として結成された進歩的学生集団「新人会」に加入。マルキシズムの洗礼を受けた。卒業後、日本共産党に入党。一九二八年の三・一五事件で検挙された。釈放後、日本評論社に入社。出版した民主主義的、マルクス主義的傾向の著作が次々と発禁処分にあった。退社後、南満州鉄道（満鉄）調査部に入って活躍するが、四三年の満鉄事件で検挙され、大連で敗戦を迎えた。

戦後の四九年帰国して、再入党。党本部のマルクス・レーニン研究所所員。アカハタ編集委員、東京都委員など歴任。安東仁兵衛らが創刊した『現代の理論』誌上などで執筆活動を行うが、同誌はやがて党中央の圧力で廃刊に追いこまれた。そればかりか党中央の党章・綱領草案と党内官僚主義に対する批判を展開したため、一九六一年に除名された。その後、春日庄次郎「離党」を契機とする党革新運動のなかで、統一社会主義同盟の理論的後ろ楯となって、グラムシ理論の日本への紹介・普及につとめ、党内民主主義確立を含むマルクス主義の現代的な展開を推進した。

ゾルゲならびにゾルゲ事件の研究者としても著名。日本で初めて著者『異論の視点——変革と人間』（勁草書房）の中で、コミンテルン時代のゾルゲを正当に評価、ゾルゲ研究中新天地を開いた。

翻訳書にロイ・メドベージェフ著『共産主義とは何か』（三一書房）、著書に『わが異端の昭和史』（勁草書房）など多数ある。

あとがき

リヒアルト・ゾルゲは、国際諜報事件の中では「スーパースパイ」の称号がつく超大物スパイである。ゾルゲに関する内外の出版物は、数多くあるが、「実像」が伝わっていないように思える。とくに日本においては、国内の資料と調査に依拠した情緒的なものも少なくない。

スパイに対する評価は、国やイデオロギーによって、また時代によって毀誉褒貶《きよほうへん》がある。スターリン時代に、ゾルゲの信頼性も二転三転する。さらに東西冷戦構造の時代、国際的謀略に利用されたり、関係する資料が国家機密扱いだったことも理由の一つだ。

国際的視野に立って「人間ゾルゲ」の真相解明を試みたのが、一九九八年十一月七日に、東京で開催された国際シンポジゥム「二十世紀とゾルゲ事件」だった。ロシア国防省戦史研究所のワレリー・ワルタノフ副所長、ロシア科学アカデミーのユーリー・ゲオルギエフ氏、評論家の石堂清倫氏、東海大学の白井久也教授、NHKの三雲節チーフプロデューサーらの研究報告は、ソ連崩壊後に公開された資料などをもとに、「ゾルゲ研究」の新しい地平を拓《ひら》いた。

本書は、初めて開かれたこの国際シンポジゥムの研究報告、その際のレジュメ・資料集、京都での研究集会、その後に収集したドイツ、ロシアのゾルゲ関係論文、資料をまとめたものである。現時点では最大の「ゾルゲ事件資料」と自負している。ゾルゲの『新ドイツ帝国主義』『二つの危機と政治』などの著作、フランクフルター・ツァイトゥンクの「日本の議会民主主義の危機」「日英交渉の舞台裏」「東京における軍隊の反乱」などの論文の目録は、集められる限り収録した。

ロシア国防省提供の「ゾルゲ暗号電報」は、日本語訳で載せた。この電報は、歴史としてのゾルゲ事件と京都集会のワルタノフ副所長の分析を参考に読んでほしい部分だ。日本からのゾルゲ電報は、一九四一年三月まで一級情報だった。その後、メモに取り扱いが変更。同年六月から再び一級の情報として、スターリンら指導部まで回付されるようになった経緯がわかる。スパイとモスクワの鎖が切れた時期を明確に証明してくれる。

今回の出版で「ゾルゲ事件」の真相が、完全に究明されたとは思っていない。関係各国の本格的ゾルゲ研究の緒となれば、と考えている。そして二十一世紀に向けて次世代のゾルゲ研究が、より包括的に発展することを期待したい。

二十世紀最後の年。戦争とは、平和への希求とは、そして革命とは、人類にとって何であったのか。その渦中に壮絶に生きた「人間ゾルゲ」を通して、二十世紀を理解していただければ幸いである。

ロシアとの交渉や資料提供ばかりか、翻訳まで引き受けられた白井久也氏。事務局として時には叱咤激励してまとめてくれた渡部富哉、村井征子の両氏。以上三人の尽力がなければ、本書の完成はなかった。心から感謝したい。何回もの編集会議に参加された来栖宗孝、井上敏夫、岩上博司、小林峻一各氏からは、幾多の貴重な指摘、助言をいただいた。表紙と本中の写真は、川田博史氏の全面的協力によるものである。本書編集中の九九年、白井久也氏がロシア自然科学アカデミー（オレグ・クズネツォフ総裁）の名誉教授になられたことも記しておきたい。

出版企画を引き受けていただいた社会評論社の松田健二社長には、細部にわたってお世話になった。今回の出版に協力いただいたロシア、ドイツの友人、携わったすべての関係者に厚く謝意を表する。

二〇〇〇年六月

樋口弘志

主要人名索引（五十音順）

※リヒアルト・ゾルゲは多岐にわたるため「全編」とした。

あ行

か行

さ行

た行

な行

は行

ま行

や行

ら行

わ行

写真出典

❶マリア・コレスニコフ／ミハイル・コレスニコフ『リヒアルト・ゾルゲ——悲劇の諜報員』（朝日新聞社，1973）
❷ＮＨＫ取材班／下斗米伸夫『国際スパイ　ゾルゲの真実』（角川書店，1992）
❸Der Mann mit den Drei Gesichtern／Robert Whymant, Hamburg : Europäische Verlagsanstalt, 1999.
❹白井久也撮影
❺Ｆ・Ｗ・ディーキン／Ｇ・Ｒ・ストーリィ『ゾルゲ追跡——リヒアルト・ゾルゲの時代と生涯』（筑摩書房，1967）
❻マーダー／シュフリック／ペーネルト『ゾルゲ諜報秘録』（朝日新聞社，1967）
❼ソビエツカヤ・ロシア出版社『同志ゾルゲ』（刀江書院，1965）
❽現代史資料『ゾルゲ事件(4)』（みすず書房，1971）
❾Ｒ・ディーコン／Ｎ・ウエスト『スパイ！』（早川書房，1981）
❿Sonjas Rapport, Ruth Werner, Verlag Neue Leben, 1980.
⓫風間道太郎『尾崎秀実伝』（法政大学出版会，1968）
⓬石垣綾子『回想のスメドレー』（みすず書房，1967）
⓭川合貞吉『ある革命家の回想』（新人物住来社，1973）
⓮斎藤道一『ゾルゲの日米開戦』（日本経済評論社，1987）
⓯ロベール・ギラン『アジア特電 1937～1985』（平凡社，1988）
⓰石井花子『人間ゾルゲ』（勁草書房，1967）
⓱ロベル・ギラン『ゾルゲの時代』（中央公論社，1980）
⓲ゴードン・Ｗ・プランゲ著『スパイ』リーダーズダイジェスト社，1971）
⓳週刊 Year Book『日録20世紀1941』（講談社，1997）
⓴渡部富哉『偽りの烙印』（五月書房，1993）

編者略歴

白井久也（しらい・ひさや）

1933年，東京に生まれる。1958年，早稲田大学第一商学部卒業後，朝日新聞社に入社。モスクワ支局長，編集委員を経て，1993年定年退社。

1994年から1999年まで，東海大学平和戦略国際研究所教授。現在，日露歴史研究センター代表。

著書：『新しいシベリア』（サイマル出版会）『未完のゾルゲ事件』（恒文社）『明治国家と日清戦争』（社会評論社）『ドキュメント・シベリア抑留——斎藤六郎の軌跡』（岩波書店）ほか。

小林峻一（こばやし・しゅんいち）

1941年，三重県生まれ。早稲田大学文学部中退。

ノンフィクション作家。

著書：『スパイM』（共著，文春文庫）『在日コリアンパワー』（双葉社）『闇の男・野坂参三の百年』（共著，大宅壮一ノンフィクション賞受賞，文藝春秋）『ＪＲの妖怪』（イースト・プレス）ほか。

ゾルゲはなぜ死刑にされたのか

2000年７月10日　初版第１刷発行

編　者——白井久也・小林峻一

装　幀——佐藤俊男

発行人——松田健二

発行所——株式会社社会評論社

東京都文京区本郷２-３-10

☎03（3814）3861　FAX03（3818）2808

http://www.netlaputa. ne.jp/~shahyo

印　刷——ミツワ印刷

製　本——東和製本

ISBN4-7845-0552-0